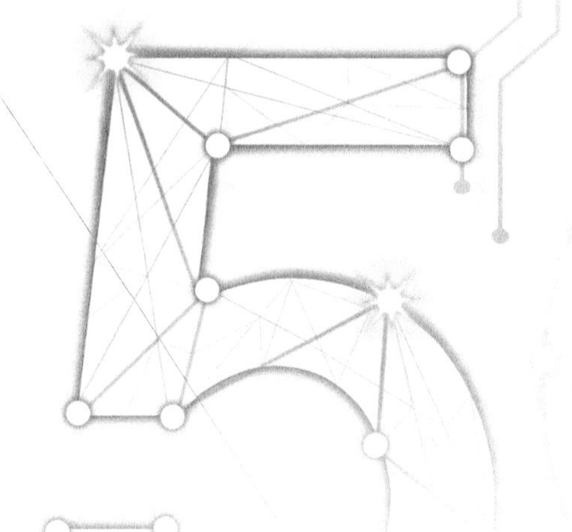

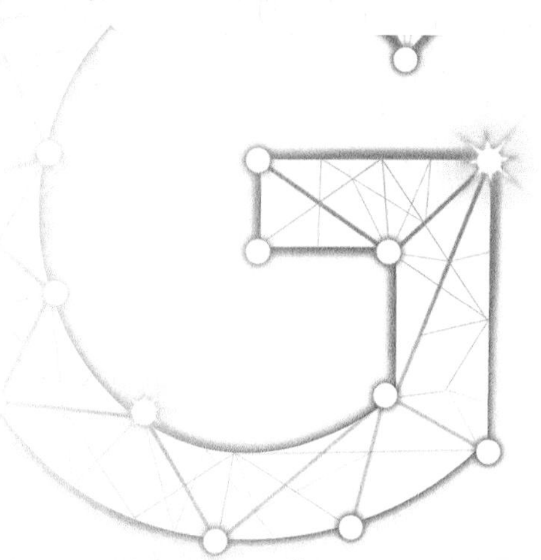

5G网络规模部署与智慧运营

主　编◎张国新
副主编◎陈　凯　王　哲　赵丽敏

人民邮电出版社
北京

推荐序

从运营角度看5G，5G是实现万物智联的基础，是信息化基础设施和实体经济相连的桥梁，是当前全球新一轮科技革命的重点领域，是助推经济发展的关键领地，是建设网络强国、智慧社会和数字中国的战略支撑。

纵观全球的移动通信发展历程，在5G建设方面，我国首次进入第一梯队。2020年的起步阶段，5G主要为公众用户提供大带宽的体验；2021年，5G在政企行业出现了不少标杆示范应用场景；2022年，5G逐步进入规模发展阶段，更广泛地应用于工业互联网柔性制造场景，包括传感器、机械臂、装配车间等，但目前5G的应用仍存在较大挑战。

从网络层面来看，无线感知与控制及通信仍处于分离状态，但未来的工业应用场景对时间敏感提出了新的要求，尤其是人工智能、自动驾驶、区块链、物联网等方面，更需要“云－边－端”的算力资源支撑计算密集型业务的实时高效处理。业界要合力打造“感－传－算－用”一体化的网络架构，以及可灵活配置、可信的交互协议，满足工业互联网安全、可靠、确定时序的要求，让5G更好地为各行各业的数字化转型赋能。

从安全层面来看，5G端到端网络，从终端、无线、承载、核心到客户内网整个段落都面临各种安全风险，需要做好纵深全方位安全防护。

从智能化层面来看，以人工智能与下一代组网技术的一体化为基础，为5G更智能、更简约的运营提供了可能。

《5G网络规模部署与智慧运营》一书，出自5G应用安全生态核心的运营商，作者从网络部署、场景应用和智慧运营的角度编写，集合无线网、核心网、承载网、智慧运营、网络信息安全等多个方面的技术研究和实践经验，让读者换个角度可以真实地看到 5G 端到端落地。本书的内容深入浅出、理论结合实践应用紧密，适合 5G 生态产业上下游的从业者学习和交流。5G 运维人员可以学习、熟悉本书中的无线网、核心网、承载网、边缘计算的 5G 端到端系统架构及演进；各行业信息化人员可以结合企业信息化发展的需要，融合本书 5G 专网的相关内容辅助企业做好数字化运营；5G 生态供应商可以借鉴本书较多的实践方案及应用场景、案例；学校师生可以参考本书中的相关内容更多地从网络部署、行业发展结合“产学研”；传统专业的通信从业者可以结合大数据、人工智能和运营，向 DOICT（Data technology、Operational technology、Internet technology、Communication Technology，数据技术、运营技术、互联网技术、通信技术 4 种技术的统称）复合型人员转型等。相信本书可以给通信行业相关的从业者带来新的网络运营视角。

中国工程院院士　张平

2022 年 11 月 8 日

前言

5G 新基建是数字经济发展的基础，是国家建设网络强国和数字中国的重点工程。2022 年，5G 已经进入规模发展的时期，5G 的大带宽提供了更高的网速，改变了人们的生活；5G 的低时延、高可靠赋能了各行各业，改变了社会。一方面，随着业务的发展，5G 需要投入更多的资源来规模部署，网络复杂度的上升也给运营带来较多困难，运营和安全方面迎来更多挑战；另一方面，5G 支持垂直行业应用已经从示范作用向规模发展前进，5G 也被认为是赋能行业实现数字化转型的关键举措。2022 年 6 月，3GPP 国际组织冻结了 R17 版本，R17 版本针对 5G 专网和行业终端的能力进行了提升，为 5G 前半场的标准画上句号，为后续进入 5G-Advanced（5G 增强）阶段做好铺垫。尽管 5G 仿佛到了一个比较成熟的阶段，但从技术理论到规划建设、从规模部署到智慧运营、从解决方案到应用实践仍然存在很大的探索空间。

本书详细地介绍了 5G 无线网、承载网、核心网的相关知识，以及规模部署实践、5G 公众业务开通和实践的全程全网方案、5G 政企业务的方案和典型场景、5G 智慧运营的探索和应用、5G 的安全防护部署等内容，并展望了 5G-Advanced 和 6G 的前景。从宏观上看整个网络发展，5G 并不是单一的技术，而是在标准架构的基础上，进行技术功能的适配组合、灵活变通，再形成满足当下需求场景的一种组合方案。5G 网络不再是单纯的网络通道，而是作为“云-网-边-端-业”的核心，全面链接终端和应用，是生态产业链的重要推动。本书将从 5G 端到端的部署、应用、运营及安全多个方面论述，为 5G 规模发展及运营维护提供参考。

“图难于其易，为大于其细。天下难事，必作于易；天下大事，必作于细”。这是春秋时期老子的智慧，是习近平主席在2014年比利时布鲁日欧洲学院演讲时候引用的话，我们认为这句话同样适用于新一代移动通信网络的发展，这句话也总结了本书编写的过程。本书通过精耕细作的网络部署和运营提炼，希望能让读者逐步了解5G的实际生产应用，一起憧憬5G-Advanced、6G网络带来的巨大变革。

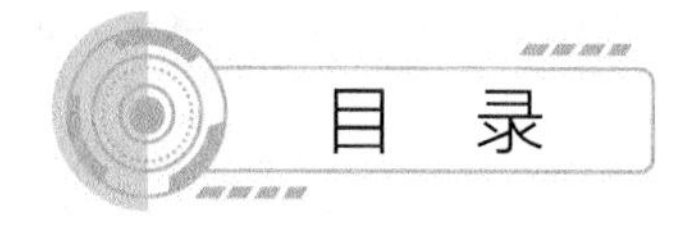
目　录

第 1 章

5G 关键技术及演进

5G 的名称由国际电信联盟（International Telecommunications Union，ITU）在 2015 年确定。ITU 在开发移动通信无线接口标准方面有着悠久的历史，包括制定 IMT-2000（3G）和 IMT-Advanced（4G）在内的国际移动通信（International Mobile Telecommunications，IMT）标准框架，贯穿了整个 3G 和 4G 行业发展。在 2015 年 9 月，ITU 正式发布了《IMT2020 愿景》（以下简称《愿景》)。《愿景》明确了 5G 的三大使用场景和 8 项关键特性参数。其中，5G 的主要使用场景如下。

- **增强型移动宽带（enhanced Mobile Broad Band，eMBB）**

该场景主要面向流量大、速率高、覆盖广、移动性强的使用案例类型，例如，视频业务、即时通信、在线游戏等，覆盖场景既涵盖了道路、楼宇，也包括高铁、地铁等高速移动的场景。在固定位置或低速移动的场景下，用户有望可以获得 100Mbit/s 至 1Gbit/s 的体验速率。

- **超可靠低时延通信（ultra-Reliable and Low-Latency Communication，uRLLC）**

该场景对吞吐量、延迟时间和可用性等性能的要求十分严格。其应用的领域有工业制造、生产流程的无线控制、远程手术、智能电网配电自动化及运输安全等。

- **大规模机器类型通信（massive Machine-Type Communication，mMTC）**

该场景的特点是，连接设备数量庞大，这些设备通常传输相对少量的非延迟敏感数据，设备成本降低，电池续航时间大幅延长。

与 4G 网络相比，5G 的业务特征发生显著变化，在无线接入网方面，5G 将重塑无线网络协议架构，发展大规模天线技术；在核心网方面，采用网络功能虚拟化（Network Functions Virtualization，NFV）架构，云化分布式部署；在承载网方面，要求具有多业务统一承载能力、强大的可扩展能力、灵活的业务调度能力、差异化的网络切片能力、端到端的业务保障能力以及高可靠性和安全性等特点，需要引入新的路由和服务等级协议（Service Level Agreement，SLA）保障技术，以满足大带宽、低时延、高精度同步、网络切片、灵活调度、智能运营的六大功能需求；在安全方面，要求建立和完善包含“云 - 网 - 边 - 端”4 个方面的 5G 应用安全标准体系，建设“主动响应、动态感知、智能监控、全景可视”的 5G 应用安全保障能力，为网络基础设施和应用提供可信可控的应用防护能力。

1.1　5G 无线网

1.1.1　概述

ITU 在 2017 年 11 月发布了《IMT2020 最小性能要求》，该文件定义了达到 5G 无线接口技术门槛需要的 14 项性能指标，是对《愿景》提出的 8 个关键能力指标做的扩充，要求 5G 候选技术方案必须满足全部 14 项指标要求。2020 年 11 月，3GPP 提交自评报告，对单独的新无线（New Radio, NR）无线接口技术（Radio Interface Technology, RIT）和长期演进（Long Term Evolution，LTE）+NR 的无线接口技术集（Set of Radio Interface Technology，SRIT），按 ITU 要求的规范完成了所有测试，结果显示全部满足 ITU 要求。

NR 频率范围 1（Frequency Range 1，FR1）时分双工（Time Division Duplex，TDD）制式下行峰值频谱效率测算见表 1-1，NR FR1 TDD 制式上行峰值频谱效率测算见表 1-2。

表1-1　NR FR1 TDD制式下行峰值频谱效率测算

SCS/kHz		5 MHz	10 MHz	15 MHz	20 MHz	25 MHz	30 MHz	40 MHz	50 MHz	60 MHz	80 MHz	90 MHz	100 MHz	ITU要求
FR1	15	39.6～41.5	43.6～44.5	44.9～45.6	45.6～46.1	46.1～46.4	46.3～46.6	47.1～47.3	47.2～47.4	—	—	—	—	30
	30	31.7～35.2	38.4～40.3	42.1～43.3	43.1～44.0	44.4～45.1	44.6～45.3	45.9～46.3	46.3～46.6	47.1～47.4	47.5～47.7	47.7～47.9	47.9～48.1	30
	60	—	31.8～35.3	37.5～40.1	38.7～40.5	40.9～42.3	42.3～43.5	43.3～44.2	44.5～45.3	45.4～46.0	46.4～46.9	46.8～47.2	47.1～47.4	30

表1-2　NR FR1 TDD制式上行峰值频谱效率测算

SCS/kHz		5 MHz	10 MHz	15 MHz	20 MHz	25 MHz	30 MHz	40 MHz	50 MHz	60 MHz	80 MHz	90 MHz	100 MHz	ITU要求
FR1	15	20.6～21.6	21.5～22.6	21.8～22.9	22.0～23.0	22.0～23.1	22.1～23.2	22.4～23.5	22.4～23.5	—	—	—	—	15
	30	18.2～19.1	20.0～20.9	21.1～22.1	21.3～22.3	21.7～22.8	21.7～22.8	22.2～23.2	22.2～23.2	22.6～23.7	22.7～23.8	22.8～23.9	22.8～23.9	15
	60	—	18.3～19.1	20.0～21.0	20.1～21.0	20.8～21.8	21.2～22.2	21.4～22.4	21.8～22.9	22.1～23.2	22.5～23.5	22.6～23.7	22.7～23.8	15

1. NR 网络架构

在 3GPP 的规范中，下一代无线接入网（Next Generation Radio Access Network，NG-RAN），即 5G 无线接入网，只有 5G 基站（gNodeB，gNB）和升级的 4G 基站（ng-eNB）两种节点。其中，gNB 向用户设备（User Equipment，UE）提供 NR 技术的用户面和控制面协议能力，而 ng-eNB 空口仍使用 LTE 相关协议，但具备接入 5G 核心网（5G Core，5GC）的能力。

两种节点相互之间使用 Xn 接口相连，节点与 5GC 之间使用 NG 接口相连，5GC 及 NG-RAN 架构如图 1-1 所示。

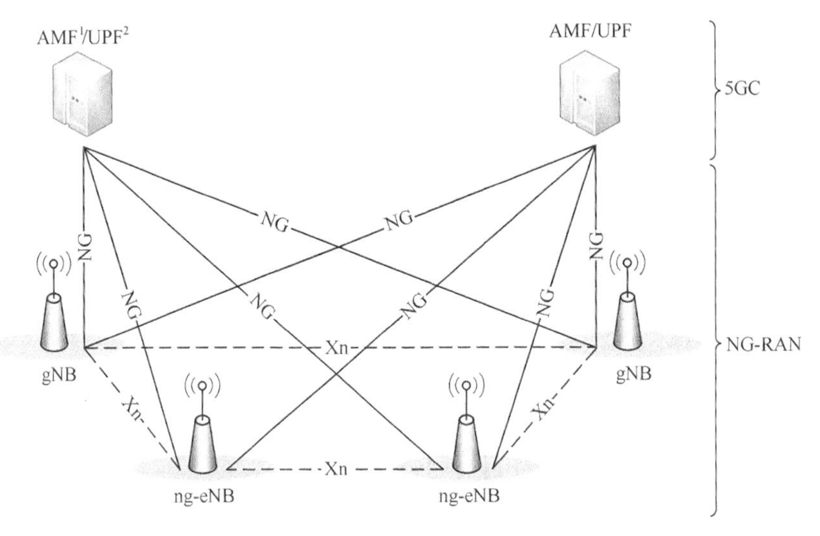

1. AMF（Access and Mobility Management Function，接入和移动性管理网络功能）。
2. UPF（User Plane Function，用户面功能）。

图1-1　5GC及NG-RAN架构

在本章中，我们仅关注 gNB 与 UE 之间使用的 NR 相关协议。

与 LTE 相比，NR 的用户面协议栈新增了服务数据适配协议（Service Data Adaptation Protocol，SDAP）子层，主要用于将多个服务质量（Quality of Service，QoS）流映射到具体无线承载，其余包括分组数据汇聚协议（Packet Data Convergence Protocol，PDCP）层、无线链路控制（Radio Link Control，RLC）层、媒体接入控制（Media Access Control，MAC）层及物理层（Physical，PHY）。NR 用户面协议栈如图 1-2 所示。NR 控制面协议栈如图 1-3 所示。

NR的控制面协议栈基本沿用LTE，但涉及多种新功能，每个协议层均有不同程度的修改。

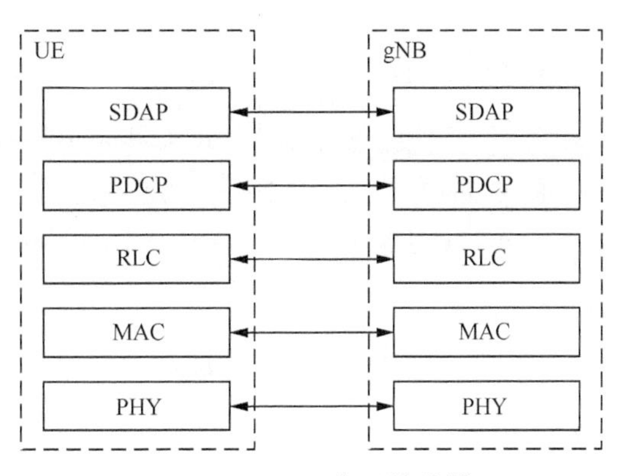

图1-2 NR用户面协议栈

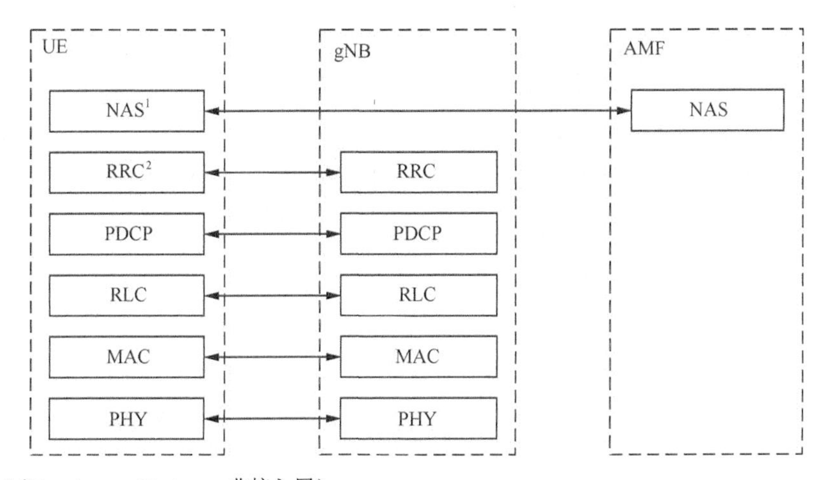

1. NAS（Non Access Stratum，非接入层）。
2. RRC（Radio Resource Control，无线资源控制）。

图1-3 NR控制面协议栈

2. NR 协议栈变化

在整个NR协议栈中，物理层是变化最大的协议层，也是整个5G无线接口能满足ITU愿景的基础。相对于LTE技术，NR需要达到更高的峰值速率、频谱效率和用户体验速率、更低的时延等关键指标。这些指标要求均需通过物理层的设计来达成。为了实现这些目标，

NR 除了在大规模天线技术的进一步发展，还在继承 LTE 已有机制的基础上，带来了非常多的新设计。总体而言，5G 物理层系统设计的最主要特色就是尽可能灵活。其具体内容在本书 1.1.5 小节至 1.1.7 小节进行介绍。

而 NR 的层 2（Layer 2）协议栈设计基本延续 LTE，按功能分为 MAC、RLC、PDCP 和 SDAP 4 个子层。物理层通过传输信道连接 MAC 层，RLC 和 MAC 层之间通过逻辑信道沟通，RLC 与 PDCP 层之间通过 RLC 信道连接，PDCP 与 SDAP 层之间是无线承载数据，SDAP 与上层网元则是以 QoS 流对接。整体框架设计虽然延续 LTE，并引入了新的 SDAP 子层，但是为了适应多样化的业务需求（例如，高可靠低时延等业务场景），各子层的具体功能均有所变化，其具体变化内容在本书 1.1.8 小节至 1.1.11 小节进行详细介绍。

1.1.2 感知保障需求变化

从 3G 开始，用户业务逐步走向多样化，不同业务的保障需求也存在差异，因此，QoS 的概念开始在网络技术中实现。在 4G 制式中，QoS 在无线侧以承载（bearer）为单位，主要分为需要保障比特率的承载（Guaranteed Bit Rate bearer，GBR bearer）和不需要保障比特率的承载（Non-GBR bearer）。

在 5G 架构中，同样支持需要保障比特率的流（GBR QoS flow）和不需要保障比特率的流（Non-GBR QoS flow）。在 NAS 层面，QoS 流是协议数据单元（Protocol Data Unit，PDU）会话中的最小管理对象，由 QoS 流标记（QoS Flow Identifier，QFI）来标识。

在 5G 无线空口中（包括接入 5GC 的 NR 基站，或者是接入 5GC 的 LTE 基站），5G QoS 架构如图 1-4 所示。需要说明的是，5G QoS 架构按以下原则进行管理。

- 5GC 会为每个终端建立 1 条或多条 PDU 会话。
- 除了窄带物联网（Narrow Band Internet of Things，NB-IoT）和集成接入回传（Integrated Access Backhaul，IAB）终端，无线侧会为每个 PDU 会话建立 1 条数据无线承载（Data Radio Bearers，DRB），必要时，可以建立更多 DRB 关联不同的 QoS 流。
- 无线侧会将不同的 PDU 会话映射到不同的 DRB。
- 终端和 5GC 使用非接入层（Non Access Stratum，NAS）的包过滤器分别将上行和下行包映射到不同的 QoS 流。
- 接入层（Access Stratum，AS）通过映射规则将上下行 QoS 流对应到不同的 DRB 中。

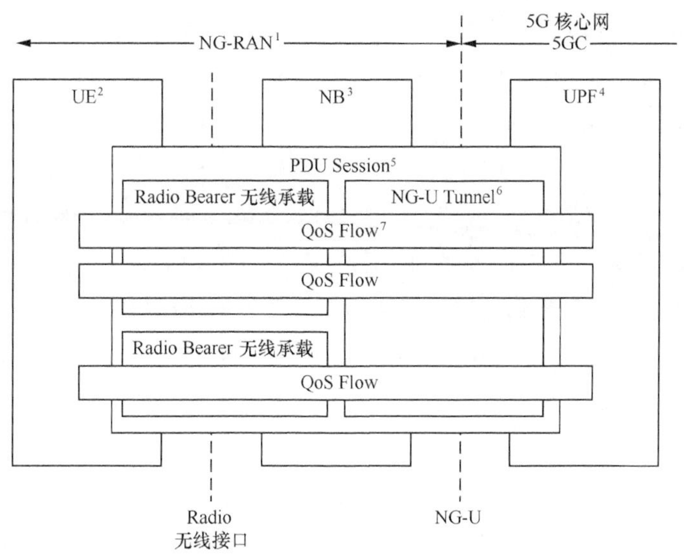

1. NG-RAN：Next Generation Radio Access Network，5G 无线接入网。
2. UE：User Equipment，用户设备。
3. NB：gNodeB，5G 基站。
4. UPF：User Plane Function，用户面功能。
5. PDU Session：Protocol Data Unit Session，协议数据单元会话。
6. NG-U Tunnel：NG-User plane Tunnel，NG 接口用户面隧道。
7. QoS Flow：Quality of Service Flow，服务质量流。

图1-4 5G QoS架构

1.1.3 QoS 参数变化

为了保障 QoS 的有效性，5GC 和无线侧都要对某个业务的需求进行量化管理。因此，在设计时，按两步映射的方式进行：5GC 负责从 IP 流映射到 QoS 流；无线网负责从 QoS 流映射到 DRB。

对于具体某个 QoS 流，NAS 层分别通过 QoS profile（即不同的 QoS 参数）和 QoS rule 来描述它的特性。其中，QoS profile 发给基站，用于让基站了解该 QoS 流的实际需求，从而决定如何映射到 DRB；而 QoS rule 则发送给终端，让终端确定上行 IP 流映射到上行 QoS 流的规则。

QoS 流的具体参数说明如下。

● 所有 QoS 流都包含 5G 服务质量标记（5G QoS Identifier，5QI）、分配和保留优先权（Allocation and Retention Priority，ARP）。其中，5QI 用于标识 QoS 流，并隐含地传递了默认 QoS 的特性要求，例如，优先级、分组时延预算（Packet Delay Budget，PDB）、分组误码率（Packet

Error Rate，PER）、平均滑动窗（Averaging Window，AW）等信息；而 ARP 则规定了这个流的重要程度，例如，是否可以抢占资源、是否可以被抢占资源优先级等。这方面的设置与 4G 相似。

- 对于 GBR 流包括上下行保障流速率（Guaranteed Flow Bit Rate，GFBR）、最大流速率（Maximum Flow Bit Rate，MFBR）、最大丢包率（仅用于语音媒体业务）和通知控制指示（Notification Control，NC）等。其中，GFBR 和 MFBR 的概念与 4G 的 GBR/MBR 相似，其区别在于 5G 的管理粒度是 QoS 流，4G 是演进分组系统（Evolved Packet System，EPS）承载；通知控制可以指示基站在无法满足或重新能够满足某条流的 GFBR 时，是否需要通知 5GC。
- 对于 Non-GBR 流则可能会额外包括反射式映射指示（Reflective QoS Attribute，RQA）。为了减少信令交互资源，5G 规定终端可以通过反射式映射，直接"学习"到某个 IP 流对应的 QoS 流，而不需要显式配置。
- QoS 流资源目前共计有 3 种类型：Non-GBR 资源、GBR 资源及 Delay-critical GBR 资源。某个 QoS 流是否属于 Delay-critical GBR 资源，会影响该流 PER 的统计。根据规范要求，对于 Delay-critical GBR 资源的 QoS 流，当数据包大小没有超过最大数据并发容量（Maximum Data Burst Volume，MDBV），且速率不超过 GFBR 的前提下，如果传输时延大于对应的时延预算 PDB，则算为丢包。
- 最大聚合比特率（Aggregate Maximum Bit Rate，AMBR）分为终端级聚合最大比特率（UE-AMBR）和 PDU 会话级聚合最大比特率（session-AMBR），用于控制终端和会话中所有 Non-GBR 流的总速率。
- 在 AS 层面，基站基于 QFI 和对应的 QoS profile 来完成 DRB 映射。基站对同一个 DRB 内的数据包执行相同的转发策略。特别是对于上行数据，终端可以根据显式配置来完成 QoS 流和 DRB 的映射，也可以基于下行映射关系直接应用在上行，也就是和 NAS 层面 IP 流与 QoS 流类似的反射式映射。如果上行数据既没有显式配置，也未能通过反射式映射获取到明确的 DRB 数据包，则从该 PDU 会话的默认 DRB 中传输。

在目前的规范中，某个 PDU 会话中不同的 QoS 流可以放入不同 DRB，也可以重复利用相同的 DRB，甚至 Non-GBR 和 GBR 流重复利用同一个 DRB 也是允许的，但不允许 1 个 QoS 流对应多个 DRB。需要说明的是，具体映射规则由基站自行确定。

1.1.4 大规模天线技术演进

参考信号（Reference Signal，RS）是整个无线通信系统得以正常运行的关键基础，而 NR 的参考信号设计需要适配 eMBB 和 uRLLC 的业务需求，也就是要通过不同配置，能在不同场景下分别满足大带宽、高可靠、低时延及高移动性的性能要求。考虑国内目前以FR1频段组网为主，暂未使用相位跟踪参考信号（Phase Tracking Reference Signals，PTRS），因此，本节主要简单介绍以下两种参考信号：解调参考信号（DeModulation Reference Signal，DM-RS）和信道状态信息参考信号（Channel State Information Reference Signal，CSI-RS）。

1. DM-RS

DM-RS的设计主要影响业务时延和终端的移动性，因为接收方需要收到完整的DM-RS后才能更好地掌握参考信号到达前后一段时间，以及相邻频域的信道情况，提升解调的成功率，所以在LTE的方案中，下行没有专门的DM-RS，而是由固定发送的小区参考信号（Cell Reference Signal，CRS）兼任，而物理上行控制信道（Physical Uplink Control CHannel，PUCCH）和物理上行共享信道（Physical Uplink Share CHannel，PUSCH）的DM-RS会安插在时隙的中间位置。LTE双天线CRS配置如图1-5所示，LTE不同格式PUCCH的DM-RS时域位置如图1-6所示，LTE PUSCH的DM-RS时域位置如图1-7所示。

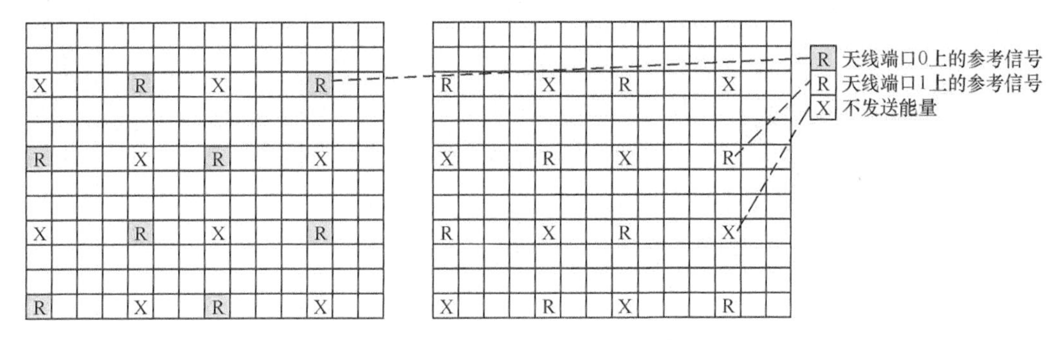

图1-5 LTE双天线CRS配置

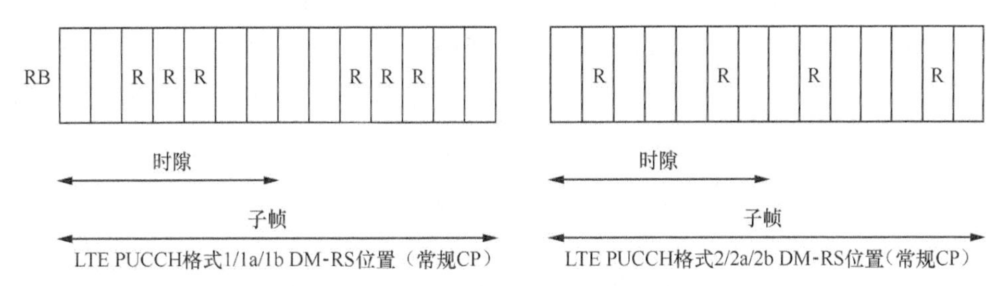

图1-6 LTE不同格式PUCCH的DM-RS时域位置

这样的DM-RS设计虽然兼顾了时频域的可靠性，也能满足4G时速最高300千米的移动性要求，但在一般低速移动环境下，即使没有业务，也会固定发送 CRS 能量，这一现象是造成小区间干扰的重要原因之一，同时也会影响整体网络容量。在高速率场景下，LTE 的下行业务层数与 CRS 端口数相关，如果使用更高的速率，则需要占用更多的 CRS 资源，无疑会进一步加剧系统干扰。而在时延敏感的业务中，接收方需等到第 4 个符号接收到 DM-RS 后，才能开始解调。因此，NR 在设计 DM-RS 时专门针对以上缺点做了优化。

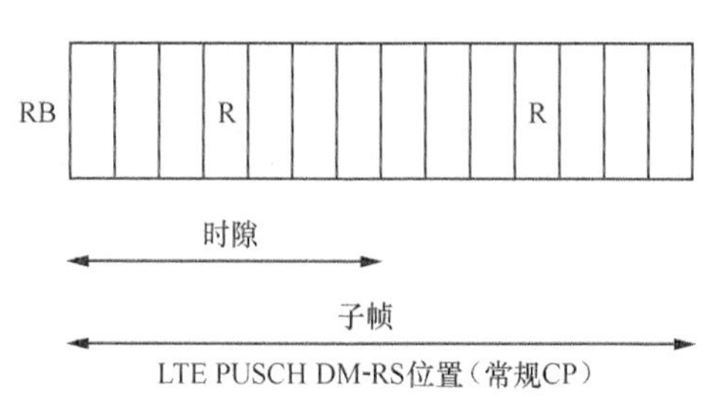

图1-7 LTE PUSCH的DM-RS时域位置

NR 下行取消了固定发送的小区级 CRS 信号，其功能由其他参考信号分担。例如，小区测量、时频跟踪和波束管理由 CSI-RS 负责，解调参考由 DM-RS 负责，相位跟踪由 PTRS 负责等。同时，考虑到上行从 LTE 的单一离散傅里叶变换扩频正交频分复用（Discrete Fourier Transform Spread Orthogonal Frequency Division Multiplexing，DFT-S-OFDM）波形，增加循环前缀正交频分复用（Cyclic Prefix-Orthogonal Frequency Division Multiplexing，CP-OFDM）波形，同样支持多流发送，因此，NR 的 DM-RS 采用了全新的上下行统一设计。为了减少干扰又同时满足高移动性要求，NR 的 DM-RS 分为前置（Front Load）和附加（Additional）两种。为了适应单用户多天线技术（Single User Multiple-Input Multiple-Output，SU-MIMO）和多用户多天线技术（Multi User Multiple-Input Multiple-Output，MU-MIMO）的多流传输，设计了 type1 和 type2 两种频分 / 码分方式，结合单 / 双符号两种长度配置，共可支持最大 12 端口。因此，虽然 NR 的单用户最大上下行流数只有 4 和 8，但 MU-MIMO 下最多可以支持 12 流传输。

（1）DM-RS 时域位置设计

物理共享信道的时域调度方式有 typeA（基于时隙）和 typeB（基于非时隙）两种。在下行 PDSCH 中，typeA 方式的起始符号可以在 0 ～ 3 中选择，长度为 3 ～ 14 个符号。此时，该时隙的前 3 个符号可能需要预留给物理下行控制信道（Physical Downlink Control CHannel，PDCCH），为了尽量使 DM-RS 的位置靠前，一般情况将其起始位置放在该时隙的第 3 或第 4 个符号上，具体位置根据 dmrs-typeA-Position 参数配置而定。下行 typeB 方式的起始符号可以在 0 ～ 12 中选择，长度固定为 2、4、7 共 3 种，主要用于自包含时隙等时延敏感业务，此时，DM-RS 的起始位置不再以时隙边界为参考，而是固定在调度资源区域的第 1 个符号上。

在上行 PUSCH 中，typeA 方式的起始符号固定从 0 开始，长度为 4 ～ 14 个符号。而

typeB方式的起始符号不固定，可以从0～13中选择，而长度则为1～14个符号。上行前置DM-RS起始符号的参考点和位置与下行设置基本一致，即typeA以时隙边界为参考（如果启用了跳频，则以跳频位置为参考），位置由dmrs-typeA-Position参数确定。typeB固定在调度资源区域的第1个符号。

当在终端移动性强的场景下，必须考虑前置DM-RS对于后面符号的解调参考可能不够及时，而需要配置附加的DM-RS。NR标准化过程中对附加的DM-RS设计时主要考虑以下2个原则。

原则1：时域上尽量均匀分布，有利于对前后符号的解调参考。

原则2：不使用最后1个符号，主要用于避免下行转上行或在PUSCH末尾安插信道检测参考信号（Sounding Reference Signal，SRS）/PUCCH时，由于功率变化而被丢弃，从而影响解调性能。

上行PUSCH单符号附加DM-RS位置设计如图1-8所示，上行PUSCH双符号附加DM-RS位置设计（不考虑时隙内跳频）如图1-9所示，下行PDSCH单符号附加DM-RS位置设计如图1-10所示，下行PDSCH双符号附加DM-RS位置设计如图1-11所示。需要说明的是，图1-8、图1-9、图1-10、图1-11中l_d表示调度资源的符号长度；l_0表示前置DM-RS的位置；pos_0表示只有前置DM-RS时，DM-RS的起始符号位置；pos_1、pos_2、pos_3分别代表有1～3个附件DM-RS时，各个DM-RS的起始符号在时隙中的位置。

l_d in symbols	DM-RS positions $\bar{l}$							
	PUSCH mapping type A				PUSCH mapping type B			
	dmrs-AdditionalPosition				*dmrs-AdditionalPosition*			
	pos_0	pos_1	pos_2	pos_3	pos_0	pos_1	pos_2	pos_3
<4	—	—	—	—	l_0	l_0	l_0	l_0
4	l_0	l_0	l_0	l_0	l_0	l_0	l_0	l_0
5	l_0	l_0	l_0	l_0	l_0	l_0, 4	l_0, 4	l_0, 4
6	l_0	l_0	l_0	l_0	l_0	l_0, 4	l_0, 4	l_0, 4
7	l_0	l_0	l_0	l_0	l_0	l_0, 4	l_0, 4	l_0, 4
8	l_0	l_0, 7	l_0, 7	l_0, 7	l_0	l_0, 6	l_0, 3, 6	l_0, 3, 6
9	l_0	l_0, 7	l_0, 7	l_0, 7	l_0	l_0, 6	l_0, 3, 6	l_0, 3, 6
10	l_0	l_0, 9	l_0, 6, 9	l_0, 6, 9	l_0	l_0, 8	l_0, 4, 8	l_0, 3, 6, 9
11	l_0	l_0, 9	l_0, 6, 9	l_0, 6, 9	l_0	l_0, 8	l_0, 4, 8	l_0, 3, 6, 9
12	l_0	l_0, 9	l_0, 6, 9	l_0, 5, 8, 11	l_0	l_0, 10	l_0, 5, 10	l_0, 3, 6, 9
13	l_0	l_0, 11	l_0, 7, 11	l_0, 5, 8, 11	l_0	l_0, 10	l_0, 5, 10	l_0, 3, 6, 9
14	l_0	l_0, 11	l_0, 7, 11	l_0, 5, 8, 11	l_0	l_0, 10	l_0, 5, 10	l_0, 3, 6, 9

注：资料摘自3GPP TS 38.211 version 16.7.0 Release 16中的Table 6.4.1.1.3-3。

图1-8 上行PUSCH单符号附加DM-RS位置设计

l_d in symbols	DM-RS positions $\bar{l}$							
	PUSCH mapping type A				PUSCH mapping type B			
	dmrs-AdditionalPosition				*dmrs-AdditionalPosition*			
	pos_0	pos_1	pos_2	pos_3	pos_0	pos_1	pos_2	pos_3
<4	—	—			—	—		
4	l_0	l_0			—	—		
5	l_0	l_0			l_0	l_0		
6	l_0	l_0			l_0	l_0		
7	l_0	l_0			l_0	l_0		
8	l_0	l_0			l_0	l_0, 5		
9	l_0	l_0			l_0	l_0, 5		
10	l_0	l_0, 8			l_0	l_0, 7		
11	l_0	l_0, 8			l_0	l_0, 7		
12	l_0	l_0, 8			l_0	l_0, 9		
13	l_0	l_0, 10			l_0	l_0, 9		
14	l_0	l_0, 10			l_0	l_0, 9		

注：资料摘自 3GPP TS 38.211 version 16.7.0 Release 16 中的 Table 6.4.1.1.3-4。

图1-9　上行PUSCH双符号附加DM-RS位置设计（不考虑时隙内跳频）

l_d in symbols	DM-RS positions $\bar{l}$							
	PDSCH mapping type A				PDSCH mapping type B			
	dmrs-AdditionalPosition				*dmrs-AdditionalPosition*			
	pos_0	pos_1	pos_2	pos_3	pos_0	pos_1	pos_2	pos_3
2	—	—	—	—	l_0	l_0	l_0	l_0
3	l_0	l_0	l_0	l_0	l_0	l_0	l_0	l_0
4	l_0	l_0	l_0	l_0	l_0	l_0	l_0	l_0
5	l_0	l_0	l_0	l_0	l_0	l_0, 4	l_0, 4	l_0, 4
6	l_0	l_0	l_0	l_0	l_0	l_0, 4	l_0, 4	l_0, 4
7	l_0	l_0	l_0	l_0	l_0	l_0, 4	l_0, 4	l_0, 4
8	l_0	l_0, 7	l_0, 7	l_0, 7	l_0	l_0, 6	l_0, 3, 6	l_0, 3, 6
9	l_0	l_0, 7	l_0, 7	l_0, 7	l_0	l_0, 7	l_0, 4, 7	l_0, 4, 7
10	l_0	l_0, 9	l_0, 6, 9	l_0, 6, 9	l_0	l_0, 7	l_0, 4, 7	l_0, 4, 7
11	l_0	l_0, 9	l_0, 6, 9	l_0, 6, 9	l_0	l_0, 8	l_0, 4, 8	l_0, 3, 6, 9
12	l_0	l_0, 9	l_0, 6, 9	l_0, 5, 8, 11	l_0	l_0, 9	l_0, 5, 9	l_0, 3, 6, 9
13	l_0	l_0, l_1	l_0, 7, 11	l_0, 5, 8, 11	l_0	l_0, 9	l_0, 5, 9	l_0, 3, 6, 9
14	l_0	l_0, l_1	l_0, 7, 11	l_0, 5, 8, 11	—	—	—	—

注：资料摘自 3GPP TS 38.211 version 16.7.0 Release 16 中的 Table 7.4.1.1.2-3。

图1-10　下行PDSCH单符号附加DM-RS位置设计

l_d in symbols	DM-RS positions $\bar{l}$					
	PDSCH mapping type A			PDSCH mapping type B		
	dmrs-AdditionalPosition			*dmrs-AdditionalPosition*		
	pos_0	pos_1	pos_2	pos_0	pos_1	pos_2
<4				—	—	
4	l_0	l_0		—	—	
5	l_0	l_0		l_0	l_0	
6	l_0	l_0		l_0	l_0	
7	l_0	l_0		l_0	l_0	
8	l_0	l_0		l_0	l_0, 5	
9	l_0	l_0		l_0	l_0, 5	
10	l_0	l_0, 8		l_0	l_0, 7	
11	l_0	l_0, 8		l_0	l_0, 7	
12	l_0	l_0, 8		l_0	l_0, 8	
13	l_0	l_0, 10		l_0	l_0, 8	
14	l_0	l_0, 10		—	—	

注：资料摘自 3GPP TS 38.211 version 16.7.0 Release 16 中的 Table 7.4.1.1.2-4。

图1-11　下行PDSCH双符号附加DM-RS位置设计

目前，商用网络的下行调度仍以 typeA 为主，而上行配置的 PUSCH 资源集不同设备厂家有不同的默认配置，例如，爱立信和中兴设备主要使用 typeA，其 SLIV（代表起始和长度指示符）取值一般是 41 和 27，也就是从时隙的 0 号符号开始，长度为 13 或 14 个符号。而华为设备主要使用 typeB，SLIV 也会设置为 27，因此，其本质上依然是基于整个时隙的调度。typeA 和 typeB 的主要区别在于 DM-RS 的时域位置。

（2）DM-RS 端口复用设计

LTE 的下行多端口 CRS 主要依靠不同 RE 资源来区分，而 NR 的 DM-RS 则使用时分、频分和码分相结合的方式，最多支持 12 个端口。具体而言，NR DM-RS 的图样分为 type1 和 type2 两种，再结合单双符号设计，共有 4 种组合。

- 当使用 type1 图样单符号情况时，通过 12 个子载波的梳状频分为 2 个码分复用（Code Division Multiplexing，CDM）组，每个 CDM 组通过正交覆盖码（Orthogonal Cover Code，OCC）码分支持 2 端口，共计支持 4 端口。
- 当使用 type1 图样双符号情况时，通过 12 个子载波的梳状频分为 2 个 CDM 组，每个 CDM 组通过时域 2 个符号及 OCC 码分支持 4 端口，共计支持 8 端口。
- 当使用 type2 图样单符号情况时，通过 12 个子载波频分为 3 个 CDM 组，每个 CDM 组通过 OCC 码分支持 2 端口，共计支持 6 端口。

● 当使用 type2 图样双符号情况时，通过 12 个子载波频分为 3 个 CDM 组，每个 CDM 组通过时域 2 个符号及 OCC 码分支持 4 端口，共计支持 12 端口。

NR DM-RS 端口复用设计概览见表 1-3，type1 图样每个端口占用更多的 RE 资源，因此，其健壮性更好，最多支持 8 端口，而 type2 图样开销更小，可以支持更多的端口，适合在信号覆盖良好的场景提供更高的性能，或实现更好的多用户 MIMO 效果。

表1-3　NR DM-RS端口复用设计概览

		每 CDM 支持端口数	type1 图样	type2 图样
CDM 组数			2	3
最多支持端口数	单符号	2	4	6
	双符号	4	8	12
每端口占用 RE 数			3	2

2. CSI-RS

如前文所述，为了减少系统干扰并增强对多天线端口的支持，NR 取消了全天候发射的小区级 CRS 信号，而全面应用 CSI-RS 来完成信道状态测量、干扰测量、移动性管理、时频跟踪、波束管理及速率匹配等功能。对比 LTE R10 引入的 CSI-RS，NR 对 CSI-RS 功能进一步细分，同时仿照邻区测量上报的方式，将 CSI-RS 的测量和上报进行了解耦，使其配置方法更灵活。CSI-RS 配置概览如图 1-12 所示。

（1）用于信道质量测量的 CSI-RS 资源

这种 CSI-RS 主要是让终端对下行各天线端口的信号质量进行评估，因此，需要适配不同端口数量的场景。如果支持的端口较少，则无法适用多流或多端口波束赋形的需求，反之，如果单纯为适配多端口而设计大量开销来发送 CSI-RS 信号，则会减少系统容量，也会增加终端的计算量。

为了动态平衡开销和做好对未来技术的支持，NR 系统设计了多个简单的图样，用于 1 端口、2 端口和 4 端口，分别对应 1、2 和 4 个相邻的 RE 资源。而如果需要测量更多端口时，则通过重复 2 端口和 4 端口的图样来支持。目前，NR 支持最高 32 端口的 CSI-RS，具体某个 CSI-RS 资源由 nzp-CSI-RS-Resource 信元来指示，分配时，需要指定 1 个标识符（IDentifier，ID）、时频码域资源、端口数、密度、功率偏置、发送周期（和偏置），以及扰码等。

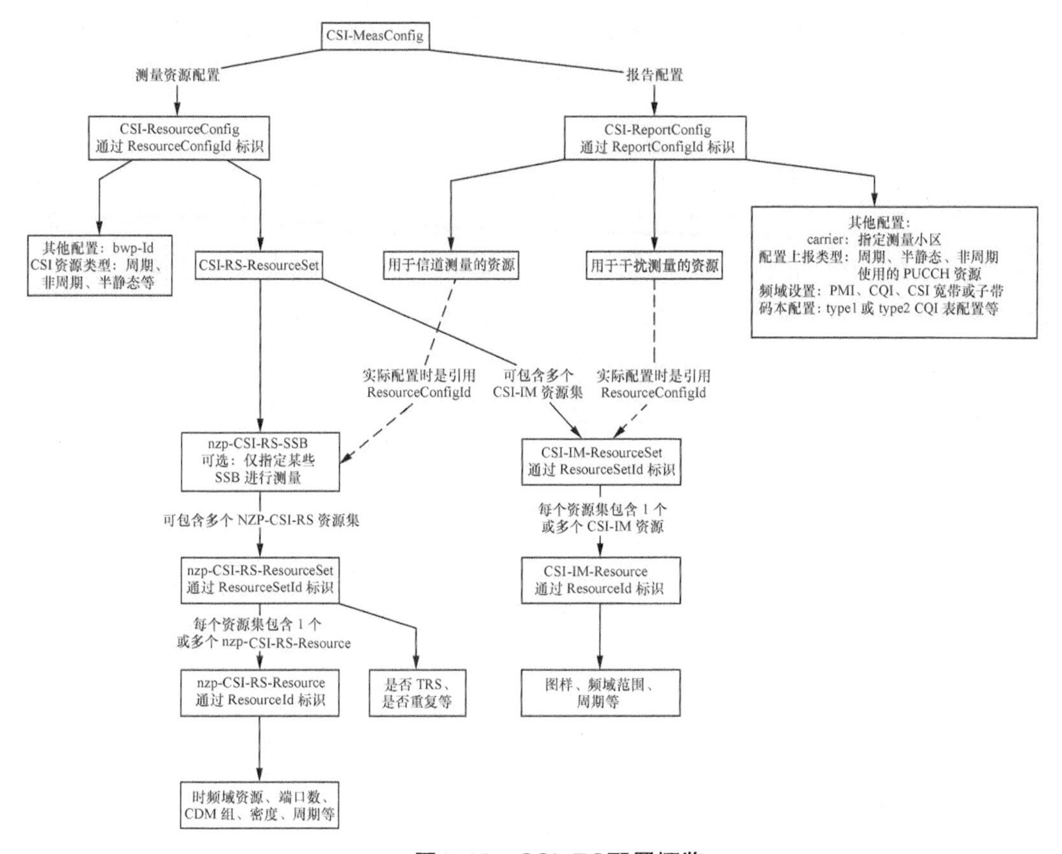

图1-12 CSI-RS配置概览

（2）用于波束管理的 CSI-RS 资源

多天线端口的实现可以使用全数字域加权矩阵方式，对所有端口进行管理。例如，在低频 FR1 所使用 64 端口或以下场景，基本都是全数字天线。此时不需要进行波束管理。而在高频 FR2 64 端口以上的场景，如果依然使用全数字域方式，天线成本将会急剧上升，则建议使用数字与模拟混合型天线，此时需要使用模拟波束管理功能，使用户在移动过程中能够及时发现和切换到更好的波束。

模拟波束的管理是通过波束对应的 CSI-RS 进行扫描测量来完成的，在 NR 系统中，CSI-RS 可以分别应用于收发波束同时扫描、发送波束扫描和接收波束扫描过程。当与 CSI-RS 相关联的 CSI 上报量配置为上报参考信号接收功率（Reference Signal Received Power，RSRP）或不进行 CSI 上报，即分别用于发送波束扫描和接收波束扫描时，指示 CSI-RS 用于波束管理。由于波束管理的 CSI-RS 只进行波束的测量和选择，所以从节省开销角度考虑，可以使用更少的导频端口（例如，1 端口或 2 端口）。考虑到与信道质量测量 CSI-RS 的统一性设计，R15 NR 标准复用 1 端口和 2 端口的 CSI 获取的 CSI-RS 用于波束管理。

（3）用于精确时频跟踪的 CSI-RS

在 LTE 网络中，可以通过时频域固定的 CRS 来进行精确时频跟踪，而 NR 中则需要另外配置对应的 CSI-RS 资源来辅助终端进行跟踪，此类资源会被标记为跟踪参考信号（Tracking Reference Signal，TRS）。在具体实现上，NR 系统设计了周期性 TRS 和非周期性 TRS。这样设计的主要目的在于，平衡时频跟踪的性能和网络的开销及干扰，例如，网络侧通常为连接态终端分配周期为 40ms 或 80ms 的 TRS 资源，此时，与 LTE 的固定每子帧发送相比，其开销要低得多，从而其对邻区产生的干扰也减少。但如此长的跟踪周期间隔，对于一些动态事件，例如，激活辅载波时，最长需要 40ms 或 80ms 才能准确进行时频跟踪，为终端解调带来严重影响。此时，终端可以通过下行控制信息（Download Control Information，DCI）触发非周期 TRS 得到及时的时频跟踪参考信号源。

（4）用于速率匹配的 CSI-RS

相对于 LTE，NR 系统将很多固定发送的信号改为按需发送，或者从小区级改为用户级，例如，上述的 LTE 小区级 CRS 就改为用户级的多个 CSI-RS。理论上，可以为每个连接态用户分配完全不同的 CSI-RS 资源，但也带来了新的问题。如果为 A 用户新增一个周期 CSI-RS 资源后，如何通知小区里的 B 用户解调下行 RB 时，避开这些已被 A 用户 CSI-RS 占用的资源元（Resource Element，RE）呢？其解决思路主要有两种：一是为所有用户分配完全一样的 CSI-RS 资源；二是通过某种方式让 B 用户在解调 PRB 时跳过某些被占用的 RE。如果使用第一种方案，则仍然无法应对突发性非周期的 CSI-RS 分配。因此，NR 系统在设计时，除了上述提及的非零功率 CSI-RS（NZP-CSI-RS）资源，还增加了零功率 CSI-RS（ZP-CSI-RS）资源。

顾名思义，ZP-CSI-RS 是系统“告诉”终端，这些位置对应的 RE 已被征作其他用途，因此，终端在接收对应 PDSCH 时，需要跳过对应的 RE，这就是速率匹配的过程。ZP-CSI-RS 资源信息（主要是时频域、重复周期、持续时间等）会以资源集方式提前通过高层信令配置给终端，当需要终端进行速率匹配时，系统会通过 DCI 指令激活对应的 ZP-CSI-RS 资源集，从而实现动态适配。

1.1.5 灵活参数集

对于 Numerology 这个单词，目前，业内并没有一个统一且直观的翻译，本书将其译为“参数集”。参数集由循环前缀（Cyclic Prefix，CP）及子载波间隔（Sub Carrier Space，SCS）组成。

为了支持低时延、高频段大带宽，NR 在 LTE 的基础上引入多种 SCS，通过 $SCS=15\times2^{\mu}$kHz 表示。当 $\mu=0$ 时，*SCS* 为 15kHz，NR 与 LTE 保持一致，因此，二者的特性也相近。当 $\mu=1$、2、3、4 时，即 *SCS* 对应增加到 30kHz、60kHz、120kHz、240kHz 时，每个符号在时域的长度分别为 LTE 的 1/2、1/4、1/8、1/16，同时在频域的长度则为 2 倍、4 倍、8 倍、16 倍。由此可知，当 *SCS* 增加时，相同带宽下 PRB 数量会减少，但在相同时间内，调度次数会增加，总体传输速率保持不变，但传输时延会有明显的优势。

在 LTE 中，定义有两种循环前缀：普通 CP 及扩展 CP。其中，扩展 CP 的设计初衷是为了适配远距离和信道复杂的环境，以抵抗更严重的多径效应。但在实际网络中，由于考虑到额外开销带来的劣势难以弥补，所以扩展 CP 的应用并不广泛。在设计 NR 时，甚至有成员提出，只保留一种普通 CP 即可。然而最终在规范确定时，仍保留了扩展 CP 的选项，只不过限制了扩展 CP 的使用场景，只能在 $\mu=2$，即 *SCS* 等于 60kHz 时，可配置。

设计 NR 时，其中一个重要目标是支持高频，即 6GHz 以上的频段，其目标将支持到最高 100GHz。NR 将 6GHz 以下频段定义为 FR1，单载波带宽最高为 100MHz；高于 6GHz 的频段定义为 FR2，单载波带宽最高为 400MHz。支持高频和大带宽的其中一个挑战是子载波个数，这将影响到底层的离散傅里叶变换（Discrete Fourier Transform，DFT）阵设计。如果在 NR 决定沿用 LTE 的 2048 DFT 阵，那么大带宽下只能使用更大的 *SCS* 换取较少子载波数量，对于以后的扩展较为不利，因此，最终 R15 规范中定义了 DFT 阵为 4096，这个数据可以较好地满足后续业务的扩展。

NR 参数集配置见表 1-4。

表1-4 NR参数集配置

频段	μ 可配置值	子载波间隔	循环前缀配置
FR1	0	15kHz	普通 CP
	1	30kHz	普通 CP
	2	60kHz	普通 CP、扩展 CP
FR2	2	60kHz	普通 CP、扩展 CP
	3	120kHz	普通 CP
	4	240kHz	普通 CP

1.1.6 灵活帧结构

NR 的帧结构整体沿用 LTE 的帧（frame）、子帧（subframe）、时隙（slot）、符号（symbol）级别。其中，帧和子帧的周期与 LTE 保持一致，分别为 10ms 与 1ms。但由于子载波间隔 *SCS* 有了新设计，所以在时隙的设计中要进行适配。当 μ=0 时，即 *SCS* 为 15kHz 时，时隙长度为 1ms，即 1 个子帧中包含 1 个时隙。当 μ=1、2、3、4 时，每个时隙时域长度为 0.5ms、0.25ms、0.125ms 和 0.0625ms，即 1 个子帧中分别包含 2 个、4 个、8 个和 16 个时隙。

NR 和 LTE 另一个不同点是，NR 的传输时间间隔（Transmission Time Interval，TTI）在不同的 *SCS* 配置下也会不一样，而且在 R15 的设计中，调度的起点 PDCCH 不再局限于每个时隙的第 1 个符号。规范中允许网络指定某个 PDCCH 集合在 1 个时隙中出现多次（通过 SearchSpace 信元中的 monitoringSymbolsWithinSlot 进行指示）。也就是说，5G 无线空口的调度周期可以小于 1 个时隙，为后续的时延敏感业务奠定基础。但就目前主流设备厂家的商用版本与商用终端中，仍未支持该项特性。

考虑到 5G 网络中将广泛应用大规模天线技术（Massive MIMO），TDD 制式的上下行互易性具有较好的信道估计性能，尤其是在高频多天线场景下将成为绝大部分运营商的选择。但由于 TDD 具有的上下行相互干扰特性，所以周边基站之间必须严格时间同步，且统一设定上下行时隙配比和特殊时隙结构。为了兼顾网络稳定性和灵活性，NR 不再使用 LTE 的固定帧结构方案，而是采用“半静态 + 动态”的方案，通过小区级公共配置、无线资源控制（Radio Resource Control，RRC）专用配置、DCI2_0 时隙格式指示（Slot Format Indicator，SFI）以及 DCI 直接调度 4 个层次进行设定，本小节将具体对前 3 个层次进行说明。

1. 小区级公共配置

在 LTE 中，子帧（时隙）配比只能设为单周期，类型只有下行子帧、上行子帧和特殊子帧 3 种。其中，特殊子帧主要用于 TDD 网络的上下行切换点。LTE 的这种设计可以很好地保护整体网络的稳定性，但却无法满足 5G 在相同区域内多样化的业务需求。

在 NR 的规范设计中，时隙类型除了上行和下行，特别增加了一种灵活时隙。小区级的配置在 RRC SIB1 中向用户广播，TDD NR 小区级公共上下行时隙配比参数如图 1-13 所示。

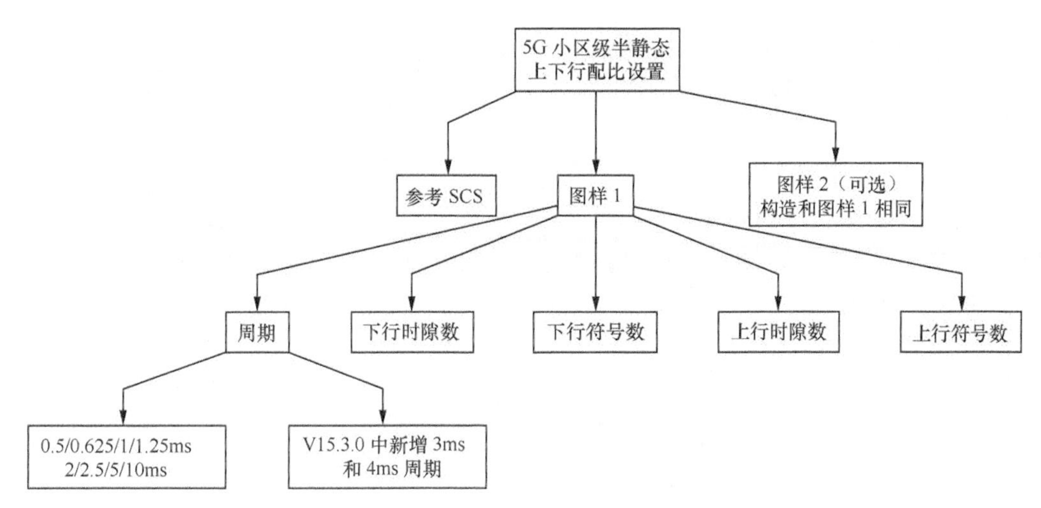

图1-13　TDD NR小区级公共上下行时隙配比参数

参考 *SCS* 为该小区的公共子载波间隔，FR1 网络可以选择 15kHz、30kHz 或 60kHz，FR2 网络可以选择 60kHz 或 120kHz。如果后续 1 个小区内存在多个不同 SCS 的 BWP，则基站应把参考 *SCS* 设为不大于任何一个 BWP 配置的 *SCS* 数值。

图样 1（pattern1）中的周期 p_1（dl-UL-TransmissionPeriodicity）结合参考 *SCS*，相当于规定图样 1 的时隙个数。换句话说，p_1 的取值受参考 *SCS* 的制约，必须是时隙时长的整数倍。例如，当参考 *SCS* 设置为 120kHz 时，即 1 个时隙长度为 0.125ms，p_1 才可以取 0.625ms；当参考 *SCS* 设置为 60kHz 时，p_1 才可以取 1.25ms。而国内使用 3.5GHz 频段时，参考 *SCS* 一般设置为 30kHz，因此，p_1 可以取 2.5ms 或以上。

图样中的下行时隙数（nrofDownlinkSlots）表示在该周期的第 1 个时隙开始连续出现的全下行时隙个数；下行符号数（nrofDownlinkSymbols）表示在最后一个全下行时隙后紧接着出现的下行符号数量；上行时隙数（nrofUplinkSlots）表示该周期结束前连续出现的全上行时隙个数；上行符号数（nrofUplinkSymbols）表示在该周期的第 1 个全上行时隙前连续出现的上行符号数量。

当图样中的周期 p_1 内所有时隙 / 符号资源减去上述配置的下行时隙数、上行时隙数、下行符号数和上行符号数后，如果中间仍有空余资源，则可以作为灵活时隙和灵活符号，并使用专用配置方案对个别终端进行半静态或动态指示。图样设置示例（假设参考 *SCS*=30kHz，周期 p_1=5ms）如图 1-14 所示。

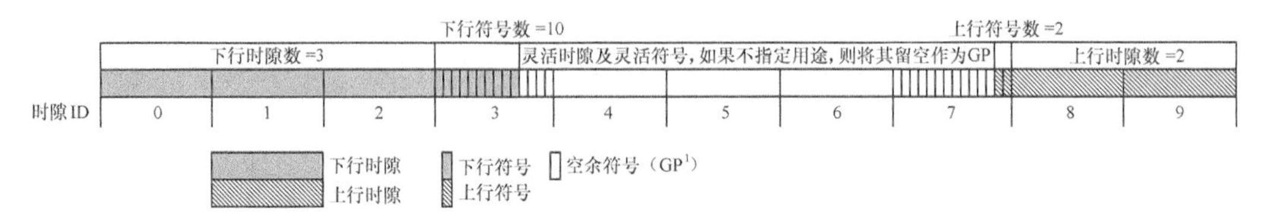

1. GP（Guard Period，保护间隔）。

图1-14 图样设置示例（假设参考*SCS*=30kHz，周期p_1=5ms）

5G 规范中允许配置最多 2 个图样，如果基站下发了 2 个图样的指示，则图样 2 的时隙会紧接着图样 1 的时隙顺序发送。在 3GPP 规范中，这 2 个图样的参数构造和配置方法一样，而且不要求两个图样的周期 p_1 和 p_2 必须相同，但需要满足 p_1+p_2 所得的值能被 20ms 整除。需要说明的是，这里图样 1 的周期为 p_1，图样 2 的周期为 p_2。

2. RRC 专用配置

针对小区级剩余的灵活时隙和灵活符号，可以继续通过 RRC 建立或重配置消息的专用指示，对个别用户终端进行更细致的半静态配置。单独某个时隙可以有 3 种选择：全下行、全上行或符号级配置。当进行符号级配置时，下行符号数从这个时隙的 0 号符号开始计算，而上行符号数则从最后一个符号开始计算。

需要注意的是，RRC 专用配置不能覆盖上述的小区级 RRC 公共配置中已设定的时隙，只能修改其中未定义的灵活时隙，RRC 专用配置参数如图 1-15 所示。

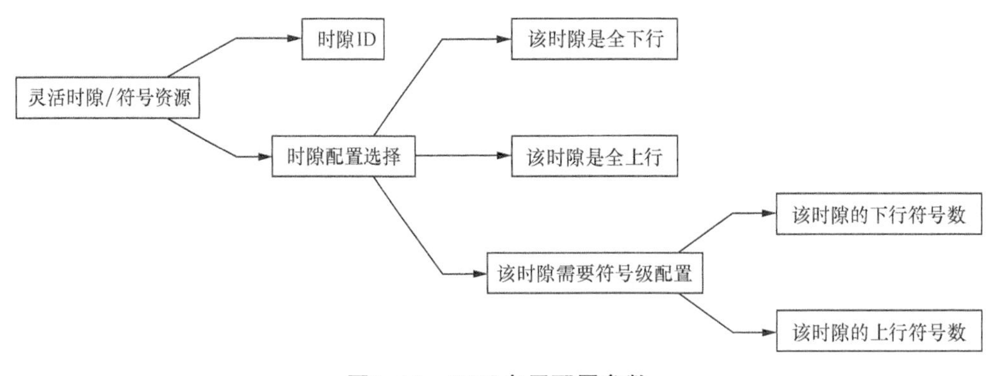

图1-15 RRC专用配置参数

- 时隙 ID：用于指定小区级配置中周期 p 内的具体某个时隙应用接下来的配置。需要注意的是，这里的 ID 是不能指定小区级配置中已经明确定义的时隙。

- 配置选择：指示这个时隙是全下行、全上行还是需要符号级配置。

终端级专用配置主要用于测量配置、UE 专用随机接入、类型 1 的免调度上行发送、类型 2 的免调度上行发送等。

3. DCI2_0 时隙格式指示

为了实现动态上下行时隙格式配置，5G 规范中可以使用 DCI2_0 的 SFI 对预留的灵活时隙进行指示，或者使用 DCI0_0、DCI0_1、DCI1_0 和 DCI1_1 直接对终端在预留灵活时隙中进行上下行调度。其区别在于使用 DCI2_0 时，可以针对一个周期内多个灵活时隙进行整体配置，单次配置多次使用。而如果使用 DCI0_0、DCI0_1、DCI1_0 和 DCI1_1，则只是对单次调度起作用，并不改变时隙结构。

实际上，目前，国内中国电信与中国联通使用 2.5ms+2.5ms 双周期，中国电信与中国联通的 NR 上下行配置方案如图 1-16 所示，而中国移动将其设置为 5ms 单周期，中国移动的 NR 上下行配置方案如图 1-17 所示。目前的配置并没有预留灵活时隙和灵活符号（4 个空余符号用于上下行切换点的保护 GP）。在今后的使用中，预计在不同场景或不同载波上应用上述的灵活时隙和灵活符号特性。

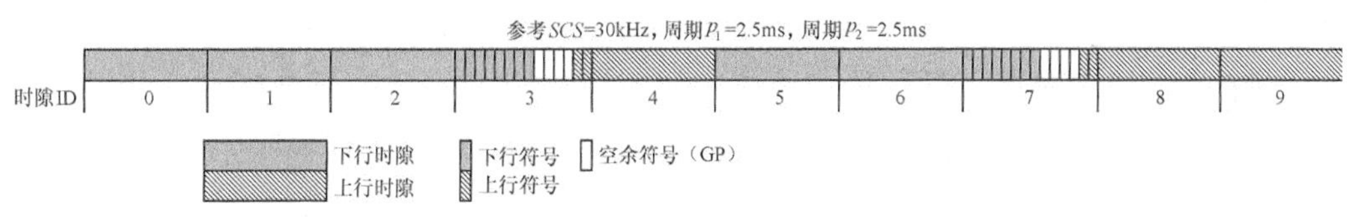

图1-16　中国电信与中国联通的NR上下行配置方案

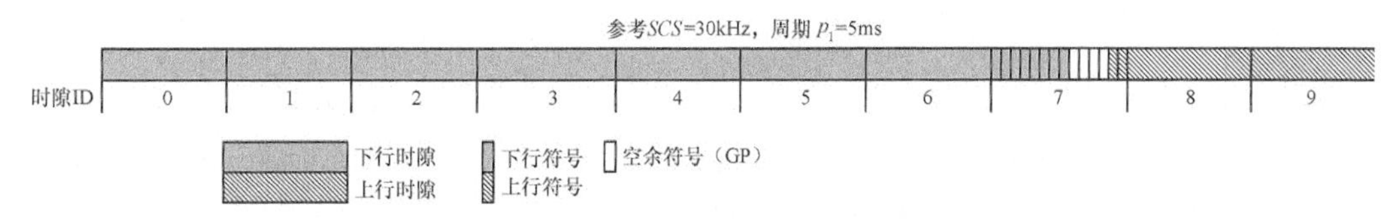

图1-17　中国移动的NR上下行配置方案

1.1.7 PDCCH 变化

在 4G 的设计中，TTI 固定为 1ms，而调度的关键在于物理控制格式指示信道（Physical

Control Format Indicator CHannel，PCFICH）和 PDCCH。这两个物理信道均位于每个子帧（时隙）的最前方，让终端可以在第一时间接收并解调，以便判断本次调度是否涉及自身。其中，PCFICH 内含的 CFI 信息用于指示本 TTI 内的 PDCCH 格式，终端基于 CFI 在自己对应的搜索空间进行盲检。该设计很好地解决了 PDCCH 需要动态变化的场景，在每个 1ms 都能针对当前小区所需的调度量分配 PDCCH 大小，可以有效满足小区的调度需求，但同时也存在一定不足。

- PDCCH 每个周期都要在时域固定发送至少 1 个符号，频域则是全部占用，当业务量较低时，会造成功率浪费和产生一定干扰。
- 同时要求不处于非连续接收（Discontinuous Reception，DRX）状态下的激活终端在每个 TTI 都要盲检 PDCCH，对于业务需求量较低的终端，会产生额外的耗电。
- 对于时延敏感类业务，无法使用更短的调度周期。

因此，在 5G 的设计上，针对以上不足进行了大量优化。其主要优化思路是通过频域和时域分别设置，灵活有效地为每个终端、每个 QoS 流配置不同的 PDCCH 资源。

1. 频域资源指示变化

基站可以每个终端配置 1 个或多个控制资源集（Control Resource Set，CORESET），每个 CORESET 包含 ID、frequencyDomainResources 和 duration 3 个主要参数。

- ID 用于绑定时域配置 searchSpace。
- frequencyDomainResources 通过 45 比特指示在频域上占用多少个 RBG（频域相邻的 6 个 RB 为 1 个 RBG）。
- duration 指示每次出现时会连续出现多少个符号，与 4G 的 CFI 类似。

5G 协议在设计时需要考虑的问题是，终端在接入小区前，必须先了解每个小区的 PDCCH 配置，否则就无法进入 RRC 连接态。因此，每个小区至少会配置 1 个 ID 为 0 的 CORESET，对应配置在 MIB 的 PDCCH-ConfigSIB1 中发送，具体参数是 controlResource SetZero，其取值为 0 ～ 15。考虑到广播信道中的内容应尽可能精简，因此，该参数实际上是对应一整套表格，终端基于当前小区的频段、带宽及子载波间隔等信息可查表得到 CORESET 参数，现网主要使用的配置如图 1-18 所示，同步信号块（Synchronization Signal Block，SSB）和 PDCCH 的子载波间隔都是 30kHz，频段最小带宽为 5MHz 或 10MHz。

索引	SSB与CORESET复用图样	占用RB数 $N_{RB}^{CORESET}$	占用符号数 $N_{symb}^{CORESET}$	偏置（RB）
0	1	24	2	0
1	1	24	2	1
2	1	24	2	2
3	1	24	2	3
4	1	24	2	4
5	1	24	3	0
6	1	24	3	1
7	1	24	3	2
8	1	24	3	3
9	1	24	3	4
10	1	48	1	12
11	1	48	1	14
12	1	48	1	16
13	1	48	2	12
14	1	48	2	14
15	1	48	2	16

图1-18　现网主要使用的配置

例如，当 *controlResourceSetZero*=10 时，表示 CORESET#0 应用图样 1 的复用方式，在频域带宽上占 48 个 RB，每次占用 1 个符号，在频域位置上其下边缘相对 SSB 下边缘往低频方向偏移 12 个 RB（CORESET#0 应用图样 1 示例如图 1-19 所示）。

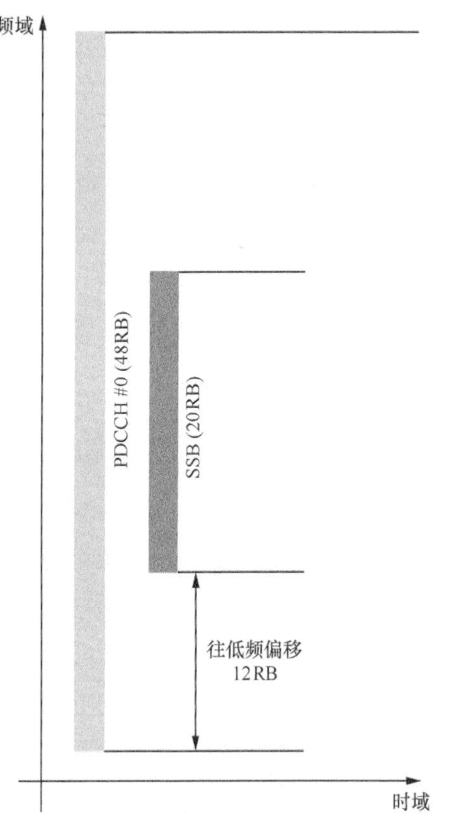

图1-19　CORESET#0应用图样1示例

2. 时域资源指示变化

完成 CORESET 的配置后，基站需要告诉终端多久需要在对应的 CORESET 中进行一次 PDCCH 盲检，或者说每个 SearchSpace 都对应不同的候选 PDCCH 资源集。SearchSpace 的主要参数如下。

- SearchSpaceid：用于后面对这个 SearchSpace 的引用。
- CORESETid：指示这个 SearchSpace 应用于哪个 CORESET。
- monitoringSlotPeriodicityAndOffset：这个参

数分为两部分：监听周期和偏置。其中，监听周期可以从（1、2、4、5、8、10、16、20、40、80、160、320、640、1280、2560）中选择，而偏置则是指具体在周期中哪个时隙进行监听。例如，监听周期设置为 8 个时隙（即配置为 sl8）时，偏置可以取 0 ～ 7；监听周期配置为 20 个时隙（即配置为 sl20 时），偏置可以取 0 ～ 19。

- duration：该参数是指终端在监听周期内应连续监听多少个时隙。需要注意的是，这个参数和 CORESET 的 duration 虽然名字一样，但二者的作用完全不同。
- monitoringSymbolsWithinSlot：该参数表明在监听时隙内，盲检 PDCCH 的具体符号位置。其配置方式是 14 个比特，代表 1 个时隙内的 14 个符号。当某个比特等于 1 时，表示需要在该符号处对 PDCCH 进行盲检。也就是说，5G 的 PDCCH 盲检周期可以小于 1 个时隙，可以实现符号级的调度。这就为后续时延敏感业务提供了物理层基础。现网主流设备厂家暂时只支持在第一个符号映射 PDCCH，即该参数设置为“10000000000000”。
- nrofCandidates：该参数是指不同聚合等级的 PDCCH 候选资源集数量。聚合等级概念和 4G 类似，即单个 DCI 有 n 个 CCE 进行聚合发送，聚合越多的 CCE 发送相同的 DCI，能提供更好的容错性。
- searchSpaceType：该参数是指终端在盲检这个 SearchSpace 对应的候选 PDCCH 时，应该预期使用哪种 DCI 格式。

与 CORESET 考虑的相似，NR 设计时需要考虑终端在进入 RRC 连接态前也要获得最基本的 PDCCH 信息，因此，在 MIB 中和 CORESET#0 一起发送的还有 SearchSpace#0，基于查表的设计思路，其取值为 0 ～ 15。然而在 SearchSpace#0 的设计中还需要额外考虑多波束的影响。

由于 NR 的设计原生支持大规模天线技术（Massive Multiple-Input Multiple-Output，Massive MIMO），SSB 可以在多个波束中轮流重复发送。为了保持 PDCCH#0 的覆盖与 SSB 处于同一级别，PDCCH#0 也需要设计成多个，并与各自对应的 SSB 使用相同的波束赋形进行发送。其中的问题在于多个 SSB 中发送 SearchSpace#0 的内容是相同的，为了实现不同 SSB 波束对应不同的 PDCCH#0 位置，只能把波束 ID 作为输入参数，让终端在查表后自行计算最强 SSB 对应 PDCCH#0 的实际时域参数。FR1 频段 SSB 与 CORESET 使用图样 1 复用时的 SearchSpace#0 参数如图 1-20 所示。

索引	O	每时隙搜索空间个数	M	第1个符号位置
0	0	1	1	0
1	0	2	1/2	{0, 当i为偶数时}, {$N_{symb}^{CORESET}$, 当i为奇数时}
2	2	1	1	0
3	2	2	1/2	{0, 当i为偶数时}, {$N_{symb}^{CORESET}$, 当i为奇数时}
4	5	1	1	0
5	5	2	1/2	{0, 当i为偶数时}, {$N_{symb}^{CORESET}$, 当i为奇数时}
6	7	1	1	0
7	7	2	1/2	{0, 当i为偶数时}, {$N_{symb}^{CORESET}$, 当i为奇数时}
8	0	1	2	0
9	5	1	2	0
10	0	1	1	1
11	0	1	1	2
12	2	1	1	1
13	2	1	1	2
14	5	1	1	1
15	5	1	1	2

图1-20　FR1频段SSB与CORESET使用图样1复用时的SearchSpace#0参数

以现网常用配置4为例，确定第 i 个SSB对应的PDCCH#0时域位置的计算方法如下。

- 计算所在帧号：如果 $\left\lfloor \left(O\cdot 2\mu+\lfloor i\cdot M\rfloor\right)/N_{slot}^{frame,\mu}\right\rfloor MOD2=0$ ，则按 $SFN_{c}MOD2=0$ 所在帧（即偶数帧），否则就在奇数帧。
- 计算所在时隙号：在 $N_{0}=\left(O\cdot 2^{\mu}+\lfloor i\cdot M\rfloor\right)MODN_{slot}^{frame,\mu}=0$ 的时隙开始，连续监听2个时隙。

假设当前终端检测到最强SSB波束ID为2（第3个波束，即 i=2），子载波间隔为30kHz，每帧有20个时隙，即 $\mu=1$ ， $N_{slot}^{frame,\mu}=20$ ，再查图1-20得到参数 O=5，M=1，则其对应的PDCCH#0应该在每个偶数帧的12、13个slot的符号#0检测。

NR PDCCH的完全重新设计通过拆分频域和时域分别配置，使NR的调度机制有了极大的灵活性。其资源消耗既不需要占满全部频域资源，也可以满足最高到达符号级的调度需求（在终端能力上有额外的规定），为5G多样化的业务需求提供了物理基础。

1.1.8　MAC层变化

MAC层位于物理层和RLC层之间，因此，MAC层其中一个重要功能就是将传输信道的传输块（Transport Block，TB）解复用并发送给对应的多个逻辑信道，反之亦然。MAC 层向上层（RLC 层）提供数据传输和无线资源分配服务，同时会期待下层（物理层）提供数据传输、调度请求 SR、HARQ 反馈及网络质量测量等服务。

在提供服务方面，NR 的 MAC 层与 LTE 几乎没有区别，但在功能设计上，针对 5G 多样化业务做了相应优化。其中一个显著改变就是 NR MAC 层新引入了 subPDU 概念。NR MAC 子层下行 PDU 结构如图 1-21 所示。由图 1-21 可以看出 NR 和 LTE 的 MAC PDU 具体结构差异。NR MAC 子层上行 PDU 结构如图 1-22 所示。LTE MAC 子层 PDU 结构如图 1-23 所示。

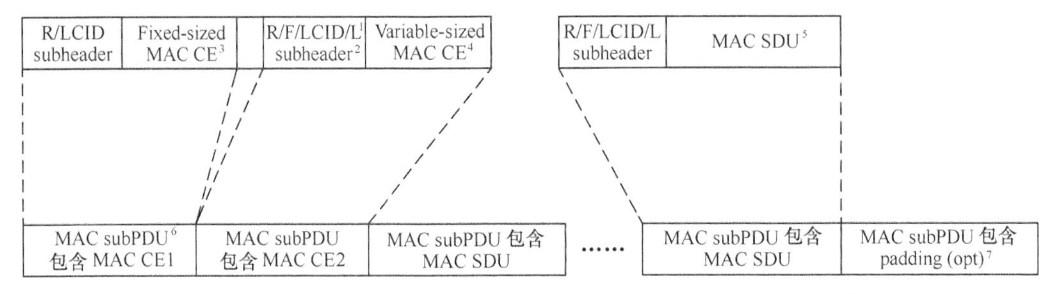

1. R/F/LCID/L：分别代表 R、F、LCID、L 不同的 4 个域。其中，R 域表示当前版本保留未被使用；F 域表示用于指示该包是否被分片；LCID 域用于标识逻辑信道号；L 域用于指示后续包长度。
2. subheader：子包头。
3. Fixed-sized MAC CE：固定长度的 MAC 控制单元（Control Element，CE）。
4. Variable-sized MAC CE：可变长度的控制单元。
5. MAC SDU：MAC 层服务数据单元（Service Data Unit，SDU）。
6. MAC subPDU：MAC 层子协议数据单元（sub Protocol Data Unit，subPDU）。
7. padding(opt)：填充比特（可选）。

图1-21　NR MAC子层下行PDU结构

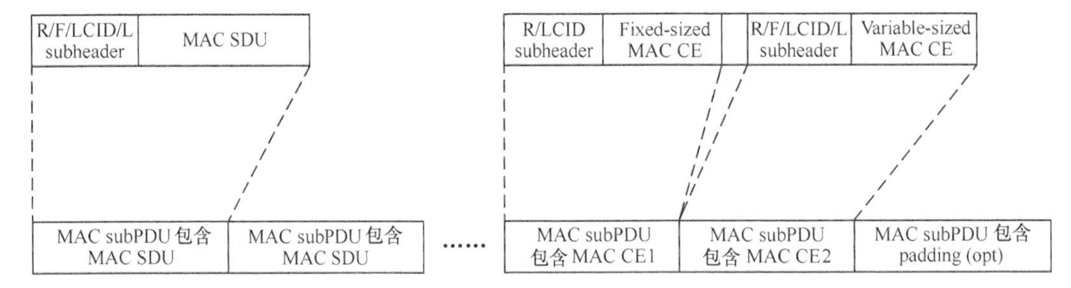

图1-22　NR MAC子层上行PDU结构

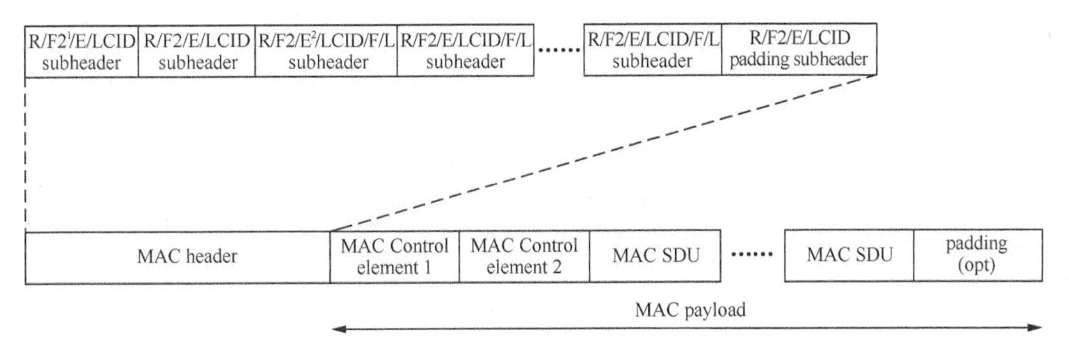

1. F2是指F2域用于指示不同的包格式。
2. E是指E域用于指示是否存在级联MAC SDU。

图1-23 LTE MAC子层PDU结构

对比图1-21、图1-22、图1-23可以看出，NR MAC PDU和LTE有以下差异。

- NR上行PDU把MAC CE放在最后面。
- NR下行PDU把MAC CE放在最前面。
- NR每个子包头（subheader）和对应的SDU放在一起，形成subPDU。

对于上行，终端发送的上行MAC CE主要包括缓存状态报告（Buffer Status Report，BSR）和功率余量报告（Power Headroom Report，PHR），而这些内容通常要等到其他上行数据PDU都准备好之后才能计算得到，因此，将其放在整个PDU的最后更符合计算流程。

对于下行，终端在接收到MAC PDU时，可以优先对位于前方的MAC CE进行解码并直接在MAC层执行，而在最后一个MAC CE后的其他subPDU就可以全部提交到上层处理。

在NR中，把每个SDU和对应的header连续放置，主要是为了尽可能加快终端的处理时间，移除了RLC层的串接功能。这也意味着，现在从PDCP输出的PDU进入RLC层后，通常情况下会直接添加RLC header形成RLC PDU，因此，在接收方处理时，可以每处理一个MAC PDU，跳过MAC subheader和RLC header，直接交付给PDCP层尝试进行解密，不需要像LTE那样等待RLC拼接完成后再解密。如果PDU接收没有误码，则将进一步减少处理时延。

1.1.9 RLC 层变化

NR RLC 层功能设计基本与 LTE 相同，但有个别细节做了优化。例如，发送方实体不会再像 LTE 那样对 PDCP 层 PDU 进行串接来适配 MAC 调度容量，而是每个 RLC PDU 只会包括最多 1 个 PDCP PDU，相当于把 PDCP PDU 的串接功能下移到了 MAC 层。在实际调度过程中，PDCP 层准备好 PDU 后，放入共享缓存中。该缓存可以供多个子层共同使用。RLC 层直接在 PDCP PDU 上附加 RLC header，输出 RLC PDU。只要 MAC 层出现调度机会，就会从共享缓存中按不同逻辑信道优先级取 RLC PDU 放入，直到剩余空间不足以容纳整个 PDU，MAC 层才会通知 RLC 层可以对 PDCP PDU 进行分片。RLC 层对 PDCP PDU 进行分片称为 RLC segment，然而这个分片的动作并不会引起 RLC PDU 的序号增加。

在 RLC 的接收方实体中，不再需要对原来因串接而产生的分拆功能，但需要保留因分片 segment 的拼装功能。基于简化处理的考虑，LTE 的 RLC 层另一个重要功能重排序在 NR 中被移除。具体原因是，PDCP 层本来就存在重排序功能，以应对主小区组（Master Cell Group，MCG）和辅小区组（Secondary Cell Group，SCG）同来源的数据包乱序问题，而在 RLC 层多进行一次重排序是因为 RLC 层乱序主要来自 MAC 层 HARQ 过程。这个过程相对较短，一般只有几毫秒或者十几毫秒，因此，RLC 层先进行一次重排序处理，确保递交到 PDCP 层的 SDU 顺序正常，会对降低时延有所帮助。然而，3GPP 讨论后，认为两个子层重复进行重排序对改善时延效果非常有限，最终决定在 NR 中移除该功能。

1.1.10 PDCP 层变化

PDCP 整体功能结构主要包括序号管理、头压缩 / 解压缩、加解密、完整性保护、重排序、包路由和包重复等。

PDCP 层实体和无线承载一一对应，整体功能框架与 LTE 相似。LTE 与 NR 的主要差异如下。

- LTE 中 PDCP 仅对 SRB 进行完整性保护，而 NR 可以对 DRB 也进行完整性保护。
- 为适配双连接，NR 中 PDCP 引入包路由和包重复功能。例如，在非独立组网（Non-Standalone，NSA）中，就需要 PDCP 层确定流量从 NR 还是 LTE 中传输。
- 序列号（Sequence Number，SN）长度只保留 12bit 和 18bit，其余选项被移除。
- 重排序算法由基于 SN 改为基于 COUNT。

1.1.11 新增SDAP层

无线数据承载DRB与QoS流是一对多的关系，为了实现QoS流和DRB的映射关系，5G无线侧引入SDAP层。

SDAP层主要完成将1个或多个（相似需求的）QoS流与空口的DRB进行关联。这个关联关系可以在RRC显式配置或通过在SDAP包头标记QFI进行隐含式关联。

SDAP实体工作流程简述如下。

- 对于上行数据：终端SDAP实体收到来自上层的数据包时，根据QFI和已有映射规则放入对应的DRB，传递给PDCP层；如果此时还没有针对这个QFI的映射规则，则放入默认DRB中传输。
- 对于下行数据：终端SDAP实体收到来自PDCP层的数据包后，如果这个DRB有配置SDAP包头，则SDAP实体对包头中的反射式QoS流和DRB映射指示（Reflective QoS flow to DRB mapping Indication，RDI）和反射式QoS映射指示（Reflective QoS Indication，RQI）进行额外的判断和操作。如果RDI被设为1，则表示需要对这个QoS流进行反射式映射，SDAP实体需要更新已有的映射规则；如果RQI被设为1，则终端需要通知NAS层QoS流和SDF的关联发生了改变。
- 映射规则管理：SDAP实体可以从RRC配置获取新的映射规则，或者从下行SDAP包头中*RDI*=1得到新的映射规则指示。此时，SDAP实体需要将QoS流映射到新的DRB，并向原DRB发送end-marker控制包。

1.2 5G核心网

本节立足5G核心网（5G Core，5GC），概述移动核心网的演变背景，着重介绍5G核心网的组网架构、5G安全认证架构和关键技术。

1.2.1 5G核心网演进背景

相对于4G核心网专用硬件和封闭生态，进入5G时代后，NFV和软件定义网络（Software Defined Network，SDN）技术推动核心网网络架构再次发生了变革。借鉴IT微服务的理念，5GC变成服务化架构（Service Based Architecture，SBA），从而软件和硬件彻底解耦，打破了核心网专用硬件设备垄断，实现网元自动部署、弹性伸缩、故障隔离和自愈等功能，可以大幅提升 5G 网络运维效率、降低风险和能耗。

1.2.2 5G NSA 组网

在 4G 向 5G 演化过程中，为了快速部署 5G 和充分利用 4G 存量的网络资源，在 5G 建设初期，5G 基站到 4G 核心网的控制信令是通过 4G 接入网传递的，使 5G 在核心网相关协议尚未定稿的情况下，即可完成 5G 空口部分的商用部署。

3GPP R15 版本 Phase1.1 定义了 5G NR NSA 架构，Phase1.2 定义了 5G NR 独立组网（Standalone，SA）架构。因此，运营商有两大类组网选择：NSA 架构和 SA 架构。其中，NSA 架构是 5G 先发的主要选择，5G NSA 架构是以现有的 LTE 接入和演进的分组核心网（Evolved Packet Core，EPC）作为移动性管理和覆盖的锚点，新增了 5G 接入的组网方式，引入双连接概念，信令面由主站处理，用户面可选择主站或者从站。当 LTE 作为主站，5G 作为从站时，从站根据 LTE/5G 的空口质量、RLC buffer 等判决是从 LTE 分流还是从 5G 分流。

5G 组网演变概览如图 1-24 所示。目前，运营商大多选择图 1-24 中 Option3x 版本作为 NSA 架构。

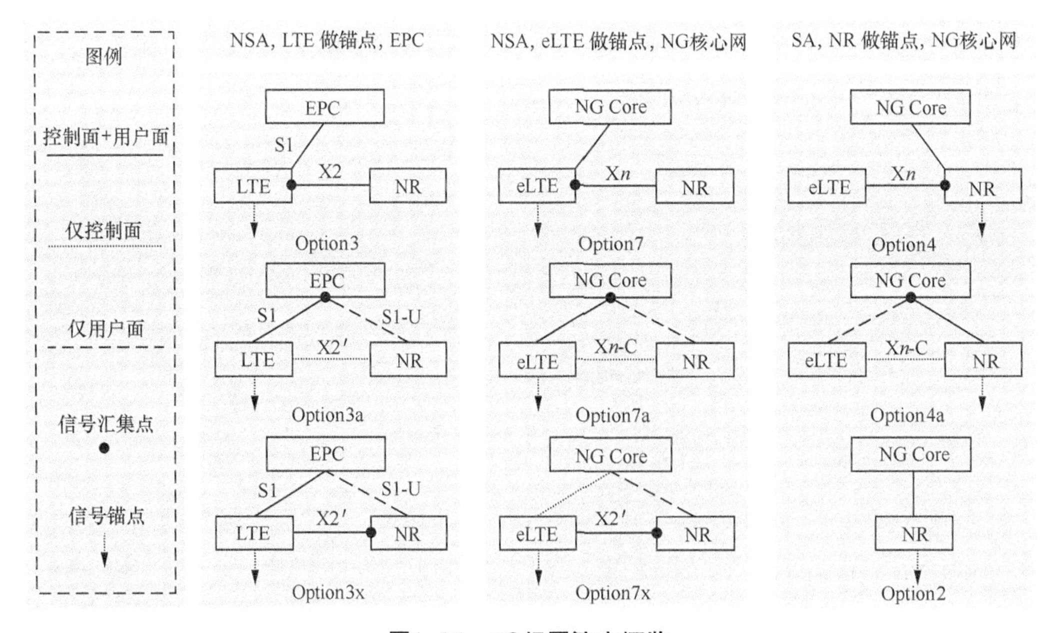

图1-24 5G组网演变概览

1.2.3 5G SA 组网

5G 核心网最终演变架构是 5G SA，相对于 4G NSA，5G SA 其中一个最大的技术变革点是实现了网络功能虚拟化，融入了 SDN 和 NFV 虚拟化技术，可以实现网络切片、边缘计算等关键技术。

在 5G SA 网络架构中，控制面与转发面分离，便于灵活部署和运维。其中，控制面使用服务化架构集中运维，用户面能够按照业务需要进行下沉，在数据传输过程中实现上行分流（Uplink Classifier，ULCL），快速卸载流量，提供定制化、差异化服务的灵活网络部署能力。

NFV 架构如图 1-25 所示。5G SA 核心网的虚拟化架构从底层往上分为硬件层、云操作系统、虚拟化网元层；图 1-25 中的管理和编排（Management and Orchestration，MANO）单元分为虚拟基础架构管理（Virtual Infrastructure Management，VIM）、虚拟网络功能管理（Virtual Network Functions Manager，VNFM）和网络功能虚拟化编排器（Network Functions Virtualization Orchestrator，NFVO）。其中，NFVO 负责跨资源中心的资源管理和业务生命周期的管理，VNFM 负责业务网元的生命周期管理，提供包括网络部署、查询、扩缩容等自动化能力，VIM 负责网络基础设施层资源的管理，包括具备开放式标准的硬件和资源管理。

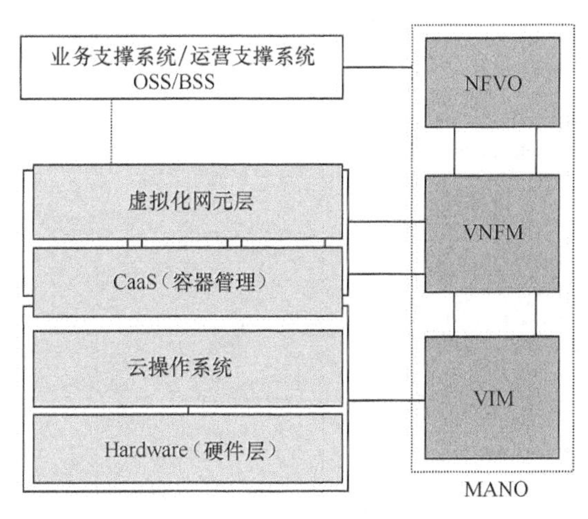

图1-25 NFV架构

5G SA 为最终网络架构，一方面，由于 SA 独立组网不需要对现网做过多的升级改造；另一方面，SA 不需要双连接，对终端要求相对较低。因此，5GC 相对于 EPC 实现了变革式演进，基于虚拟机和容器的网元功能，其实现方式抛弃了以前的专用设备，网络部署变得更加灵活方便。

5G 核心网的服务化架构实现了网络功能（Network Functions，NF）间的解耦与整合，各解耦后的网络功能抽象为网络的服务，独立扩容、独立演进、按需部署。控制面所有 NF 之间的交互采用服务化接口，同一种服务可以被多种 NF 调用，降低 NF 之间接口定义的耦合度，最终实现整网功能的按需定制，灵活支持不同的业务场景和需求。5GC 组网架构如图 1-26 所示。

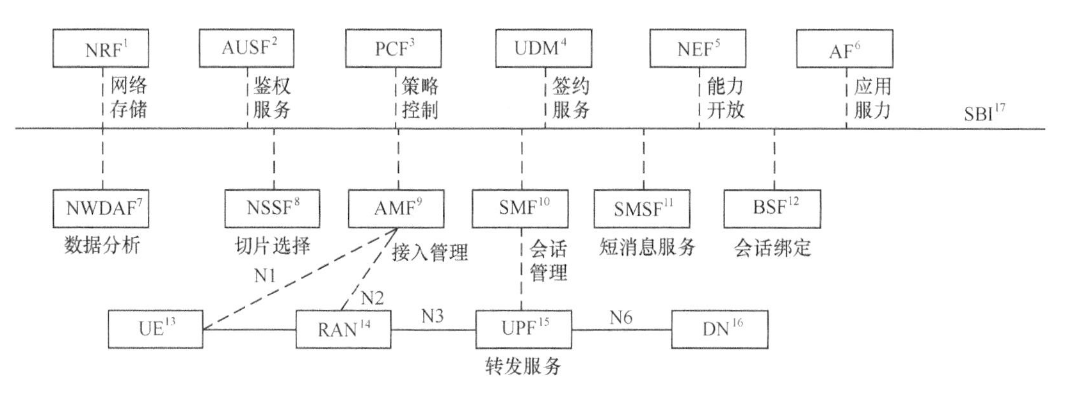

1. NRF：Network Repository Function，网络存储功能。
2. AUSF：Authentication Server Function，鉴权服务功能。
3. PCF：Policy Control Function，策略决策功能。
4. UDM：Unified Data Management，统一数据管理。
5. NEF：Network Exposure Function，网络开放功能。
6. AF：Application Function，应用功能。
7. NWDAF：Network Data Analytics Function，网络数据分析功能。
8. NSSF：Network Slice Selection Function，网络切片选择功能。
9. AMF：Authentication Management Function，认证管理功能。
10. SMF：Session Management Function，会话管理功能。
11. SMSF：Short Message Service Function，短消息服务功能。
12. BSF：Binding Support Function，绑定支持功能。
13. UE：User Equipment，用户设备。
14. RAN：Radio Access Network，无线接入网。
15. UPF：User Plane Function，用户面功能。
16. DN：Data Network，数据网络。
17. SBI：Service Based Interface，基于服务的接口。

图1–26　5GC组网架构

相对 4G 网元的表现形式，5G 核心网的网元功能与其有所区别，5G 核心网的网元业务分布做了重组和优化，总体功能基本不变。

1.2.4 5G 安全认证架构

5G 支持多种接入技术，例如，4G 接入、WLAN 接入等。为了使用户可以在不同接入网间实现无缝切换，5G 网络采用一种统一的认证框架，实现灵活并且高效支持各种应用场景下的双向身份鉴权，进而建立统一的密钥体系。在 5G 统一认证框架中，各种接入方式均可在可扩展身份验证协议（Extensible Authentication Protocol，EAP）框架下接入 5G 核心网。用户通过 WLAN 接入时，可使用 EAP-AKA′ 认证；用户通过有线接入时，可采用 IEEE802.1x 认证；用户通过 5G 新空口接入时，可使用 EAP-AKA′ 认证。不同的接入网在逻辑功能上使用统一的 AMF 和 AUSF/ARPF 提供认证服务。

5G 统一认证可以提供以下 3 种框架。

- 提供对终端身份认证，确保只有运营商认可的合法终端能够接入 5G 网络。认证的同时，5G AKA 机制能够为终端及网络协商出加密及完整性保护密钥，用于在网络接入层面和非接入层面对终端信令及用户数据进行加密，防止用户信息被篡改、窃听。
- 提供切片选择辅助信息的隐私保护。切片选择辅助信息 NSSAI 可以区分不同类型、不同用途的切片。在用户初始接入网络时，NSSAI 指示基站及核心网网元将其路由到正确的切片网元。切片选择辅助信息对于垂直行业属于敏感信息，5G 网络可对 NSSAI 进行隐私保护，提供针对终端的攻击防护。
- 提供双向鉴权认证机制，使用了经过验证的标准机密算法，可防止非授权终端接入与发起攻击。基站对数据只做隧道封装并转发至核心网用户面，其他终端无法基于空口直接发起对行业终端的攻击，必须先攻破核心网，从而确保行业内网的安全性。对于特殊行业需求，终端架构需包含两个平行的执行环境：非安全执行环境和需要认证的安全执行环境，提供多层应用程序接口（Application Program Interface，API）适应不同目标应用的需求。

5G 网络的安全架构与以往移动网络的安全架构明显不同，统一认证框架的引入不仅能降低运营商的投资和运营成本，也为将来 5G 网络提供新业务时对用户的认证打下坚实的基础。

1.2.5 5G 语音方案

相对于 4G 语音使用的 4G-LTE 网络承载语音（Voice over LTE，VoLTE）技术，5G 语音方案有多种选择。5G 语音方案常见的有 EPS Fallback 和 5G 网络承载语音（Voice over NR，VoNR）技术，扩展可以实现 Wi-Fi 网络承载语音（Voice over Wi-Fi，VoWi-Fi），5G 语音接入呈现多样性的特征，本节将对其做详细介绍。

1. EPS Fallback 语音方案

在 5G 建设初期，网络连续覆盖不足，为了保障用户语音的连续性，采用 EPS Fallback 语音方案，当终端在 5G 基站 gNodeB 下接入情况发起语音 IP 多媒体系统（IP Multimedia Subsystem，IMS）通话需求，则会触发信令通道切换，gNodeB 会向 5G 核心网发起重定向或者无线接入技术（Radio Access Technology，RAT）切换请求，终端回落到 4G LTE 网络，通过 VoLTE 进行语音通话。

EPS Fallback 有以下 3 种方式。

- 基于 N26 接口（AMF 与 MME 之间的接口）的切换：通过 N26 接口传递移动上下文信息。
- 无 N26 接口的回落：通过重定向方式传递上下文信息。
- 双注册终端的回落：终端同时注册，通过 VoLTE 进行传递上下文信息。

2. VoNR 语音方案

VoNR 是 5G 基础语音类业务目标解决方案，相比目前采用 EPS Fallback 回落至 VoLTE 的方案具有明显的优势，具体体现在以下几个方面。

呼叫接续时延小：接续过程不切换，接续时延小，接续时延约为 3 秒；而如果接续过程发生切换，则接续时延较大，接续时延约为 4 ～ 5 秒。

数据业务并行使用：当 VoNR 的承载频率与 5G 体验相近时，数据业务承载在 5G，对数据业务不会产生影响，而 EPS Fallback 数据业务切换至 4G，用户在通话中可能影响部分高速数据的业务体验，或导致只能承载在 5G 的面对行业用户（to Business，toB）数据业务中断，VoNR 语音方案如图 1-27 所示。

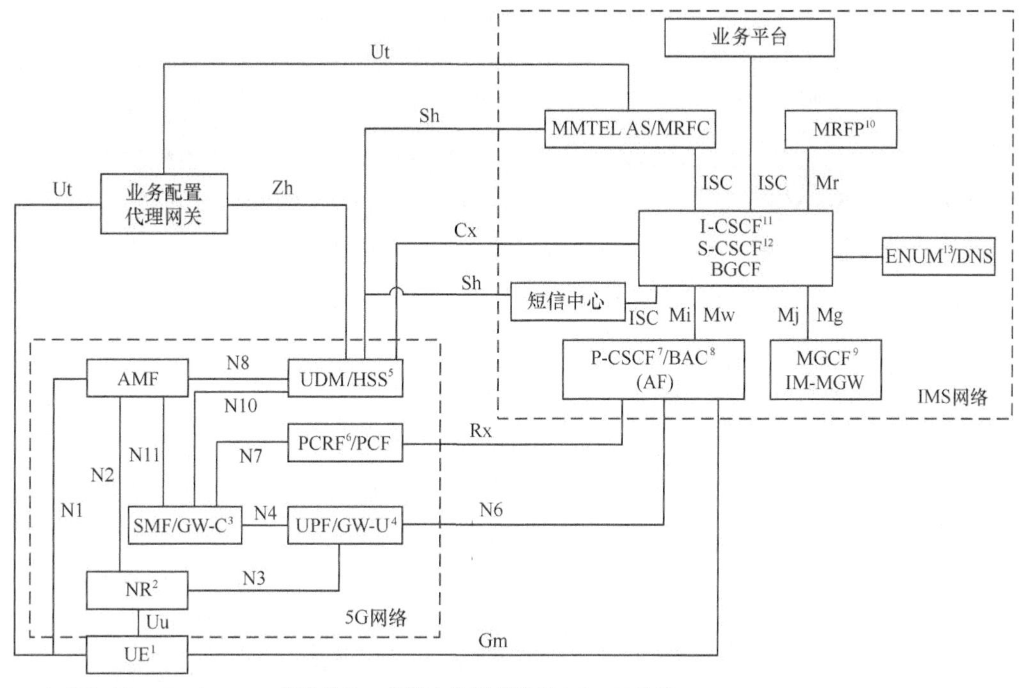

1. UE：User Equipment，用户设备，在图中作用是发起 5G IMS 注册。
2. NR：New Radio，新空口。
3. GW-C：Gate Way Control Plane，控制面网关。
4. GW-U：Gate Way User Plane：用户面网关。
5. HSS：Home Subscriber Server，归属签约用户服务。
6. PCRF：Policy and Charging Rules Function，策略与计费规则功能。
7. P-CSCF：Proxy-Call Session Control Function，代理呼叫会话控制功能。
8. BAC：Border Access Control，边缘接入控制。
9. MGCF：Media Gateway Control Function，媒体网关控制功能。
10. MRFP：Multimedia Rescource Function Processor，多媒体资源功能处理器。
11. I-CSCF：Interrogating-Call Session Control Function，查询会话控制网元。
12. S-CSCF：Serving-Call Session Control Function，服务会话控制功能。
13. ENUM：E.164 Number URI Mapping，电话号码映射。

图1-27 VoNR语音方案

VoNR 的语音需要由 IMS 网络处理，涉及代理呼叫会话控制功能（Proxy-Call Session Control Function，P-CSCF/BAC）、I-CSCF、S-CSCF、E-CSCF、MMTEL AS、MGCF/MGW、IBCF/TrGW、其他应用服务器（Application Server，AS）等。

CSCF/BAC 应能在主叫或者被叫流程中从 Rx 接口获取并识别 5G 位置信息，且通过 P 访问网络信息（P Access Network Info，PANI）携带至 IMS 其他网元，支持 EVS 编解码和 H.265 编解码协商和传递；同时支持呼叫相关关键绩效指标（Key Performance Indicator，KPI）话务统计：增加 4G 用户和 5G 用户的区分统计，增加 VoNR、EPS Fallback、VoLTE 呼叫方式的区分统计。

I-CSCF 和 S-CSCF 应能识别并处理 5G 位置信息，支持 EVS 编解码和 H.265 编解码协商；同时支持呼叫相关 KPI 话务统计：增加 4G 用户和 5G 用户的区分统计。

E-CSCF 根据 5G 位置信息进行紧急呼叫中心的路由映射，完成基于 VoNR 的紧急呼叫流程，支持将 5G 位置信息写入计费信息中；支持新一代的语音频编码器（Enhance Voice Services，EVS）和 H.265 编解码协商。

MMTEL AS 应能识别并处理 5G 位置信息，支持将 5G 位置信息写入计费信息中；支持 EVS 编解码和 H.265 编解码协商；同时支持呼叫相关 KPI 话务统计，增加 4G 用户和 5G 用户的区分统计。

MGCF 应能支持 EVS 编解码和 H.265 编解码协商。MGW 应能支持 EVS 和 H.265 编解码透传、EVS 编解码与其他编解码转换、H.265 编解码与其他编解码转换。

IBCF 应能支持 EVS 编解码和 H.265 编解码协商，TrGW 应能支持 EVS 编解码和 H.265 编解码透明传输。

其他 AS 根据自身业务要求，按需支持对 5G 位置信息进行相应的处理或直接透明传输，支持将 5G 位置信息写入计费信息中；按需支持 EVS 编解码和 H.265 编解码协商，例如，涉及媒体传递，还需支持 EVS 编解码和 H.265 编解码传递。

VoNR 语音对 5GC 网络的 AMF、SMF、PCF 和 UDM/HSS 等网元有如下要求。

AMF 在 UE 注册流程中，需要向 UE 指示 IMS VoPS（基于 PS 域的 IMS 语音业务）支持能力。AMF 向 UDM 发起注册时，携带 IMS VoPS 指示，AMF 向 UE 下发 registration accept（注册接受）时，携带 IMS-VoPS-3GPP 指示。

SMF 网元需要支持 IMS 会话建立时将 P-CSCF IP 地址下发给 UE；可以在 SMF 本地配置 P-CSCF IP 地址。SMF 也可以通过 NRF 发现，NRF 向 SMF 提供 P-CSCF 的 IP 地址或 FQDN。SMF 根据 S-NSSAI、UE 位置信息、本地策略、UE IP、接入类型、UPF 位置、数据网络名称（Data Network Name，DNN）等选择 P-CSCF。SMF 支持 P-CSCF 容灾的相关功能要求。SMF 支持 UDM/HSS Based P-CSCF Restoration 流程，SMF 在接收到 UDM 关于 P-CSCF/BAC 发生容灾的通知时，应能启动 P-CSCF 地址列表更新。

PCF网元需要向P-CSCF提供用户位置信息。UE进行IMS注册时，PCF要通知5GC进行用户位置上报。5GC对PCF进行位置上报后，UE的位置信息会在3GPP-User-Location-Info AVP中随着RAR消息上报给P-CSCF。PCF支持为语音和视频业务建立指定的QoS流：终端发起呼叫，发送SIP INVITE消息到P-CSCF。P-CSCF收到SIP消息后，向PCF触发资源预留流程。P-CSCF发送AAR请求，请求建立语音专用QoS流（5QI=1），并要求获取用户位置信息。PCF通过Npcf_SMPolicyControl_UpdateNotify服务，通知SMF为用户建立5QI=1的语音专有QoS流。

UDM/HSS需要支持基于UDM/HSS based的P-CSCF容灾处理功能。UDM/HSS在接收到S-CSCF的SAR消息中携带P-CSCF/BAC发生容灾的指示时，应能通知AMF完成PDU Session Release，从而更新P-CSCF地址列表，或者直接通知SMF完成P-CSCF地址列表更新，采用哪种方式可配置，支持识别紧急DNN，并能下发紧急策略控制与计费（Policy Control and Charging，PCC）规则和QoS流。

3. VoWi-Fi语音方案

VoWi-Fi主要面向5G SA用户，在运营商部署的家庭网关下使用VoWi-Fi业务，实现5G用户VoWi-Fi基本业务流程、VoWi-Fi业务鉴权、用户位置信息获取及传递、SWF接口互通、终端功能等验证。

业务实现方面，用户终端可以在室内无线弱覆盖或无覆盖场景下，通过接入Wi-Fi进行语音呼叫及短信收发，具体部署和信令细节见本书第3章SA语音方案的相关内容。

1.3 5G承载网

1.3.1 关键技术与架构

5G承载网是位于无线基站和核心网之间的，用于传送各种语音和数据业务的网络。5G承载网络总体架构如图1-28所示。5G承载网包括3个部分：协同管控平面、转发平面、高精度同步网。5G承载网能够基于物理层的差异化切片服务能力，为5G三大类业务应用、边缘计算、toB政企专线等业务提供所需SLA保障的差异化网络服务能力。

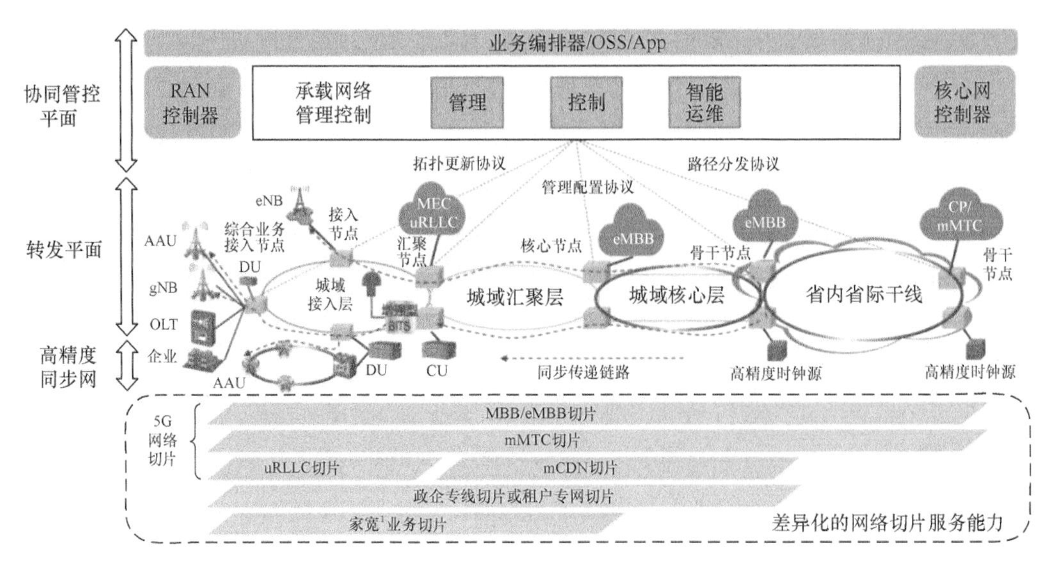

1. 家宽即家庭宽带。

图1-28　5G承载网络总体架构

5G 承载网结构可分为前传（Fronthaul）、中传（Middlehaul）、回传（Backhaul）3 个部分。其中，前传负责射频拉远单元（Radio Remote Unit，RRU）、基带处理单元（Base Band Unit，BBU）、有源天线处理单元（Active Antenna Unit，AAU）、分布处理单元（Distributed Unit，DU）之间的传输，承载通用公共无线接口（Common Public Radio Interface，CPRI）和增强通用公共无线接口（enhanced Common Public Radio Interface，eCPRI）信号对接基站设备。中传和回传分别负责 DU、集中处理单元（Centralized Unit，CU）以及核心网之间的传输。前传采用光纤直驱或波分承载方案，中传与回传一般使用统一的 IP 承载网方案，该方案满足了中传和回传网络的带宽、灵活组网和网络切片需求。

5G 承载网后传可分为省骨干层、城域核心层、汇聚层和接入层。其中，接入层通常为环形组网，城域核心层和省骨干层分为口字形与交叉上联组网两种类型。5G 承载网逐渐实现 3 层（Layer 3，L3）到边缘，为中传、回传以及核心网元提供网状互联，满足大带宽、低时延、高精度同步、网络切片、灵活调度、智能运营六大功能需求。

● 大带宽、低时延

提升网络传输速率的方法除了增加电平信号数目，使用更高速率的光模块，还可以通过链路捆绑或者灵活以太网绑定（Flex Ethernet Bonding，FlexE Bonding）增加链路带宽。但传统的链路捆绑技术由于哈希（Hash）算法的原因，导致链路利用率无法达到 100%。FlexE

Bonding 技术属于 L1 层链路聚合（Link Aggregation Group，LAG）功能，通过 FlexE Shim（FlexE 垫层）的逻辑层功能实现多条物理链路捆绑，以实现更大容量的端口。同时通过时分复用的方式，数据流可均匀的分发到所有的物理端口，链路利用率可以达到 100%。为了降低网络时延，打造低时延承载网络，5G 承载网可以通过 L3 到边缘，采用多接入边缘计算（Multi-access Edge Computing，MEC）/ 内容分发网络（Content Delivery Network，CDN）按需下沉到汇聚甚至边缘等方案减少时延，同时设备可以通过采用直通（Cut Through，CT）技术、低时延快速通路、分离单片系统（System on Chip，SoC）器件等方案，降低设备转发时延。

● 高精度同步

5G 无线业务采用时分双工（Time Division Duplex，TDD）制式，为了避免上下行同频干扰，要求不同基站空口间的相位精度偏差为 ±1.5μs。5G 基站载波聚合、站间协同增强对时间同步有严格的要求。根据 3GPP 规范，其同步精度级别需要达到百纳秒级别。5G 基站主要通过安装卫星接收机的方式接收同步信号。5G 基站的站址密度大，精度要求高，存在大量地下商场、停车场、地铁等难以获取卫星信号的场景，需要部署地面同步网，提供“时间 + 频率”同步功能。

承载网设备开启 1588v2[1] 和以太网同步功能，时间注入点根据实际组网情况，选取城域核心节点或者边缘节点接入时钟源，通过承载网传递同步以太网（Synchronous Ethernet，SyncE）和精确网络时间协议（Precision Time Protocol，PTP）信息，向基站提供“时间 + 频率”同步信号，实现端到端 ±1.5μs 时间同步，满足基本业务同步需求。根据需要，可将时钟源设备下沉到汇聚和接入节点，减少时钟跳数，降低定时链路长度，满足站间协同业务的高精度同步需求。

● 网络切片

5G 网络通过切片来满足多样化的商业需求。在 5G 承载网络中，使用切片 FlexE 管控方案来实现业务快速开通及带宽弹性调整。FlexE 通过严格时分复用的通道化技术，实现物理层的切片并严格隔离，轻松实现业务带宽 25GB → 50GB → 100GB → 200GB → 400GB → xTB 的演进，同时遵循“业务价值与保障标准相适应”的原则，为用户提供高效的网络连接和优良的质量保障。

● 灵活调度

为了满足 5G 网络的灵活性，核心网采用网络功能虚拟化架构，云化分布式部署。移动回传采用扁平化组网结构，核心网的分布式部署导致业务流量模型趋于复杂，不同层级

1. 1588v2：网络测量和控制系统的精密时钟同步协议（Precision Clock Synchronization Protocol for Networked Measurement and Control Systems）。

网元间的直接通信的需求在增强，承载网需要引入新的技术来满足5G业务灵活连接的需求。段路由（Segment Routing，SR）作为一种源路由技术对现有多协议标记交换（Multi-Protocol Label Switching，MPLS）技术进行了改进，在头节点进行路径编程并将标签栈压入报文头即可控制业务转发路由，中间节点进行标签交换，不需要对业务路径进行计算，可以有效减轻控制平面压力。SR 还同时支持第 6 版互联网协议（Internet Protocol version 6，IPv6）网络、MPLS 网络，实现平滑演进。

- 智能运营

5G 承载网管控系统采用模块化设计，同时支撑多个网络多种应用场景的管理控制，具备业务自动化开通、智能运维能力。管控系统应具备自动化、智能化以及开发可编程的特点。

5G 承载网管控系统应支持实时采集网络配置、状态、运行信息，支持管理、控制、分析的融合，通过大数据分析和人工智能推理，做到系统自动闭环、智能自治。系统需要支持全功能的能力开放，提供开放可编程框架，支撑场景化小程序（App）创新，实现南向接口[1]（Southbound Interface，SI）对设备进行管理，提供北向接口[2]（Northbound Interface，NI）与智能运维单元及业务运营支撑系统（Business Operation Support System，BOSS）或者第三方 App 互通。

进入 5G 时代，通信网络指标发生了巨大变化，要求支持用户体验高速率、端到端业务低时延的需求，承载网为了满足各种速率和业务的灵活通信，需要引进多种关键技术（FlexE、SR），以满足承载网不同功能需求。

1.3.2 SRv6

1. SR 概述

SR，即段路由，网络节点可以通过 SR 策略转发数据报文，该策略使用称为“段（Segment）”的有序指令列表。段可以表示任何指令，这个转发指令可以基于拓扑或者基于服务。

通常情况下，一个转发段由其标识符（Segment ID，SID）表示。

转发段可以基于网络拓扑进行定义。基于拓扑定义的本地转发段（Local Segment，LS）代表本地节点执行的指令，例如，通过特定的出接口转发数据包。全局转发段（Global

1. 南向接口是指管理其他厂家网管或设备的接口，即向下提供的接口。
2. 北向接口是指提供给其他厂家或运营商进行接入和管理的接口，即向上提供的接口。

Segment，GS）代表在SR转发域内通过特定路径将数据包转发到目的地。为了使用本地段的预期指令，首先数据报文要通过全局段路由到达本地段所在节点。通常情况下，在全局段下进行层次化的规划，制定本地段占用的比特位，然后将全局段通过内部网关协议（Interior Gateway Protocol，IGP）/边界网关协议（Border Gateway Protocol，BGP）发布到SR域内所有的节点，引导数据包去往目的节点。

（1）SR控制平面

SR架构支持任何类型的控制平面，例如，分布式、集中式或混合式。

在分布式控制平面中，转发段由中间系统到中间系统协议（Intermediate System-to-Intermediate System，IS-IS）或开放最短路径优先（Open Shortest Path First，OSPF）协议或BGP进行分配。网络节点独立计算转发路径，独立转发报文。

在集中式控制平面中，所有的转发段都由控制器分配。控制器决定报文需要被哪些控制器上的SR策略进行转发。控制器计算所有的源路由策略（SR策略）。SR架构不限定控制器计算路径的方法，通常使用的有网络配置协议（Network Configuration Protocol，NETCONF）、路径计算单元通信协议（Path Computation Element Communication Protocol，PCEP）或者BGP。

混合式控制平面以分布式控制平面为基础，再增加集中式控制平面为辅助。例如，分布式控制平面通过转发器独立算路完成IGP域内的所有段转发，但是对于IGP域外的转发需要控制器计算并下发SR策略。控制器计算路径的方法通常使用PCEP或者BGP。

（2）IGP段

在SR域内，具有SR功能的IGP节点使用IGP为其附属的前缀和邻接进行段泛洪（英文为flooding，意为网络路由传递），这些段称为“IGP段”或“IGP-SIDs”。

以IGP为基础的分布式控制面定义了两种基于拓扑的段：IGP邻接段（IGP-Adjacency segment）和IGP前缀段（IGP-Prefix segment）。这两种类型的段是SR的基本元素，可以基于这些元素规划生成所需要的转发路径和指令。

IGP前缀段需要手工配置，要求域内唯一，通过IGP泛洪到域内，保证域内所有节点都可以学习到。IGP前缀段表示网络中的某个目的地址前缀（Prefix），数据报文沿着支持等价路由的最短路径，转发至通告该目的地址前缀的节点。IGP节点段（IGP-Node Segment）是一种特殊的前缀段，用于标识网络中的某个目的节点，通常是该节点的环回地址。

IGP邻接段可以由SR协议动态生成或手工配置，通过IGP泛洪到整个SR域，域内所有节点都可以学习到，但只有在本地节点有效，不管到目的节点最短路径的路由是什么，邻接段都指示将流量转发到某个特定邻接。

（3）算法

SR 支持使用多种路由算法，支持不同的基于约束的最短路径计算算法。

最短路径优先（Shortest Path First，SPF）：基于链路度量值的最短路径优先算法通过扩展 IGP 将标签在 IGP 域中扩散，使用 IGP 链路度量值作为链路成本，动态生成最短路径，数据包沿最短路径进行转发。默认情况下，SR 使用此算法计算最短路径，节点的本地路由策略可以改变由 SPF 计算出来的下一跳。

严格最短路径优先（Strict SPF）：该算法同样是基于链路度量值的最短路径优先算法，但是要求路径上的所有节点遵守 SPF 路由决策，本地路由策略不会改变转发决定。

（4）转发平面

SR 架构可以同时支持 MPLS 或者 IPv6 作为 SR 转发的数据面，兼容现有设备。SR 可以直接应用于 MPLS 架构而不改变转发平面。在 MPLS 环境下，SID 表现为 MPLS 标签或 MPLS 标签空间中的索引，SR 策略可以视为对 MPLS 标签栈的编排。

采用 IPv6 作为段路由的数据面（Segment Routing IPv6，SRv6），与传统基于 MPLS 转发平面的段路由（Segment Routing MPLS，SR-MPLS）的 3 层类型标签（VPN/BGP/SR）相比，SRv6 在标签分发上更简单，只有一种 IPv6 头，因此，SRv6 对网络的兼容性更高，网络中间节点不需要支持 SRv6，只须支持 IPv6 路由转发即可，轻松实现统一转发。

2. SRv6 原理

IPv6 转发平面的段路由通过在 IPv6 报文中的段路由扩展报文头（Segment Routing Header，SRH）实现 IPv6 的 SR 转发。SR 转发列表可以使用 IPv6 的 IP 地址表示，通常叫作 SRv6 SID。SR 策略就是在 SRH 中的 SRv6 SID 的有序编排列表（Segment List，SL）。

（1）IPv6 报文头

IPv6 报文头由基本报头和有效载荷两个部分组成。IPv6 报文头基本格式如图 1-29 所示。

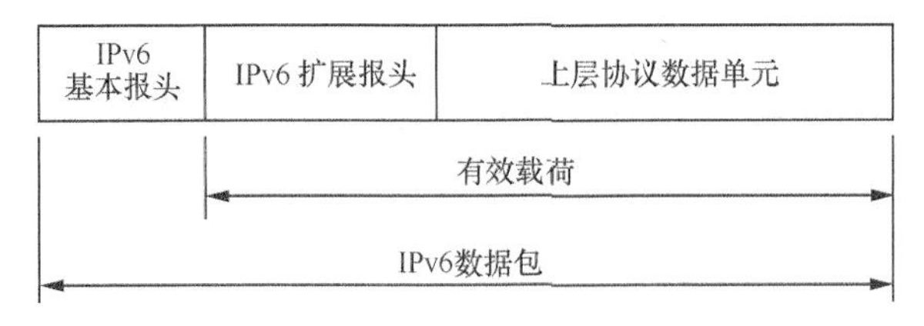

图1-29　IPv6报文头基本格式

IPv6 报文头是由 IPv6 基本报头、IPv6 扩展报头和上层协议数据单元组成的。IPv6 基本报头包含版本号、流分类、流标签和下一报头（Next Header）等 8 个字段。其中，下一报头字段指示 IPv6 基本报头之后的数据包处理方式；IPv6 扩展报头是可选的报头，包含逐跳选项报头、目的选项报头、路由报头等。

（2）SRv6 报文头

为了实现 SRv6，协议重新定义了一种新的扩展报头，称作 SRH。该扩展报头由 Next Header 表示下一个报文头的格式，路由类型（Routing Type，RT）字段值为 4 表明，这个拓展头的类型就是 SRH，Segment Left 表示剩下的需要执行的 Segment 的数量。Segment List[0] ～ Segment List[*n*] 携带的是显式指定的路径信息，路径信息以 128bit 的 IPv6 地址表示。需要注意的是，Segment List[0] 是路径最里面的标签，放在最上面，Segment List[*n*] 是路径最外层的标签，放在最下面。SRH 扩展头格式如图 1-30 所示，SRH 扩展头各字段解释如图 1-31 所示。

目的选项报头、路由报头等。

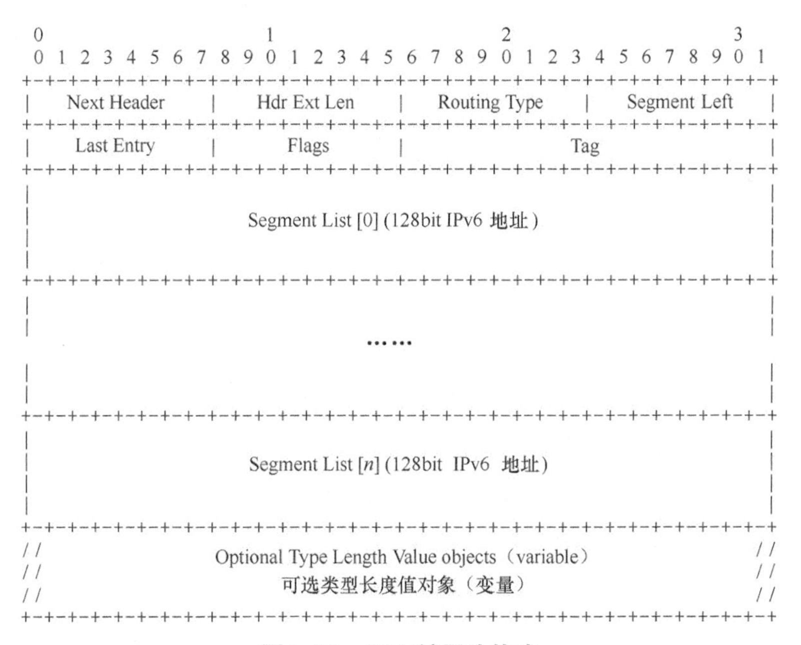

图1-30 SRH扩展头格式

字段名	长度	含义
Next Header	8比特	标识紧跟在SRH之后的报文头的类型。常见的几种类型如下。 ● 4：IPv4封装。 ● 41：IPv6封装。 ● 43：IPv6-Route。 ● 58：ICMPv6。 ● 59：Next Header为空
Hdr Ext Len	8比特	SRH的长度，是指不包括前8字节（前8字节为固定长度）的SRH的长度，主要是指从Segment List[0]到Segment List [n]所占用的长度
Routing Type	8比特	标识路由头部类型，SRH Type取值为 4
Segment Left	8比特	到达目的节点前仍然应访问的中间节点数
Last Entry	8比特	在段列表中包含段列表的最后一个元素的索引
Flags	8比特	数据包的一些标识
Tag	16比特	标识同组数据包
Segment List[0]	128比特	128比特段列表，段列表从路径的最后一段开始编码。Segment List是IPv6地址形式
Segment List[0]~Segment List[n]	128比特	Segment List[0]是路径的倒数第一个Segment，Segment List[1]是路径的倒数第二个Segment，以此类推，Segment List[n-1]是路径的第二个Segment，Segment List[n]是路径的第一个Segment
Optional Type Length Value objects (variable)	可变长度	可选类型长度值对象（变量）：TLV，包含可选信息，可以进一步定义功能、指导报文转发

图1-31　SRH扩展头各字段解释

3. SRv6 Segment

SRv6 Segment 是 IPv6 地址形式，也称为 SRv6 SID（Segment Identifier）。SRv6 SID 格式如图 1-32 所示，SRv6 SID 是一个 128bit 的值，由定位器（Locator）和功能（Function）两个部分组成。

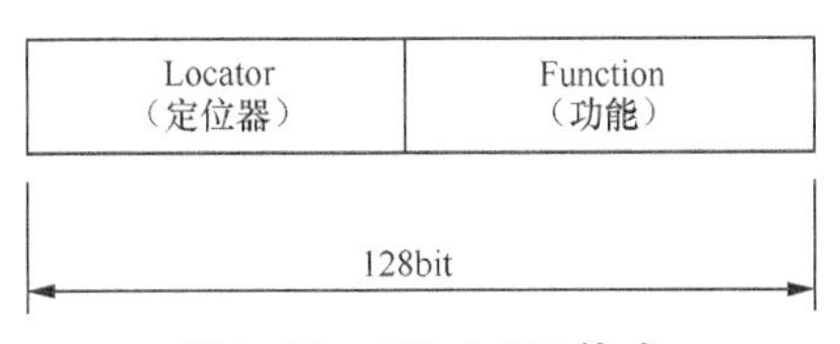

图1-32　SRv6 SID格式

Locator 具有定位功能，提供 IPv6 的路由能力，报文通过该字段实现寻址转发，在 SR 域内唯一。节点配置 Locator 后，协议会生成一条 Locator 的网段路由，网络里其他节点通过 IGP 学习到该 Locator 网段路由，就可以将报文转发到该节点，同时该节点发布的所有 SRv6 SID 也都可以通过该条 Locator 网段路由到达。

Function 部分用于标识设备的功能和动作，例如，到二层虚拟专用网络（Layer 2 Virtual

Private Network，L2VPN）/ 三层虚拟专用网络（Layer 3 Virtual Private Network，L3VPN）业务终结点，二三层交叉连接等。Function 部分有一个可选的参数部分（Arguments）。Arguments 占据 IPv6 地址的低比特位，是对 Function 的补充，通过 Arguments 字段可以定义一些报文的流和服务等信息，当前一个重要应用是基于 BGP 和 MPLS 的以太虚拟专用网（Ethernet VPN，EVPN）实现的虚拟专用网业务（Virtual Private LAN Service，VPLS）用户网络边缘设备（Customer Edge，CE）多归场景[1]，转发广播 / 未知单播 / 组播（Broadcast/Unknown-unicast/Multicast，BUM）流量时，利用 Arguments 实现水平分割。

Locator 的长度是灵活可变的，管理员可以自由定义 Locator 的长度，只要 Locator+Function+Arguments ≤ 128，Function 和 Arguments 就可以是任意值。

当 Locator+Function+Arguments<128 时，SID 的剩余位必须置为零。

Locator 可以表示为 B:N/M。其中，B 是 SRv6 SID 地址段（运营商为 SRv6 SID 分配的 IPv6 前缀）；N 是网络节点的标识符；M 是子网掩码。例如，运营商可以将地址段 2002:0188:001E::/48 分配给 SR 域，然后为域中每个启用 SRv6 的节点分配一个唯一的 2002:0188:001e:0000:0000:0000::/84 前缀作为 IGP 节点段。该节点的所有 SID 都是从该前缀中分配，包括前缀段和邻接段。

每个 SRv6 SID 都会与一个指令绑定，不同的 SRv6 SID 代表不同的功能和执行的动作。SRv6 SID 基本类型有以下几种。

End：表示 Endpoint SID，是最基本的 Segment Endpoint 执行指令，用于标识网络中某个目的节点。对应的转发动作是将 Segments Left 的值减 1，指针指向下一个活跃 SID，将 IPv6 报文头的目的地址更新为下一个 SID，然后根据更新的目的地址查找 FIB 表向下一个节点转发。当 Segments Left 的值为 0 的时候，节点弹出 SRH 扩展头。

X：指定一个或一组 3 层接口转发报文，对应的转发行为按照指定接口转发报文。

T：查询路由转发表并转发报文。

D：解封装，移除 IPv6 报文头和与其相关的扩展报文头。

V：根据虚拟局域网（Virtual Local Area Network，VLAN）查表转发。

U：根据单播 MAC 查表转发。

M：查询二层转发表，进行组播转发。

B6：应用指定的 SRv6 Policy。

---

1. 多归场景：CE 多归属（连接）到超过 1 台运营商边缘设备（Provider Edge）场景。

BM：应用指定的 SR-MPLS Policy。

SRv6 的具体指令为上面所列基本指令的组合，常见的指令如下。

- End.X：是“Endpoint with L3 cross-connect”的缩写。End.X 通常绑定一个或者多个邻接段，节点收到报文后将从指定的三层接口进行转发。
- End.T：是“Endpoint with specific IPv6 table lookup”的缩写。End.T 通常绑定一张 IPv6 路由表，支持节点在指定的 IPv6 路由表中对报文进行寻址，通常用于普通 IPv6 路由场景和 VPN 场景。
- End.DX6：是“Endpoint with decapsulation and IPv6 cross-connect”的缩写。End.DX6 可以认为是 End+D+X6 的组合，End 表示网络中某个目的节点；D 表示解封装，剥离 IPv6 报文头和 SRH 扩展头；X6 表示指定一个或一组 IPv6 3 层邻接转发报文。组合在一起代表的指令是将报文剥离 IPv6 报文头和 SRH 扩展头后，从指定的 IPv6 3 层接口进行转发，主要作为 L3VPNv6 场景中的 CE 标签使用。End.DX6 SID 必须是 Segment List 的最后一个段。
- End.DX4：是“Endpoint with decapsulation and IPv4 cross-connect”的缩写。End.DX4 可以认为是 End+D+X4 的组合，End 表示网络中某个目的节点；D 表示解封装，剥离 IPv6 报文头和 SRH 扩展头；X4 表示指定一个或一组 IPv4 3 层邻接转发报文。组合在一起代表的指令是将报文剥离 IPv6 报文头和 SRH 扩展头后，从指定的 IPv4 3 层接口进行转发，主要作为 L3VPNv4 场景中的 CE 标签使用。End.DX4 SID 必须是 Segment List 的最后一个段。
- End.DT6：是“Endpoint with decapsulation and specific IPv6 table lookup”的缩写。End.DT6 可以认为是 End+D+T6 的组合，End 表示网络中某个目的节点；D 表示解封装，剥离 IPv6 报文头和 SRH 扩展头；T6 表示在 IPv6 路由表中寻址并进行转发。组合在一起代表的指令是将报文剥离 IPv6 报文头和 SRH 扩展头后，从 End.DT6 绑定的 VPN 实例 IPv6 路由表或者普通的 IPv6 路由表中寻址并进行转发，主要作为 L3VPNv6 场景中的 VPN 内层标签使用。End.DT6 SID 必须是 Segment List 的最后一个段。
- End.DT4：是“Endpoint with decapsulation and specific IPv4 table lookup”的缩写。End.DT4 可以认为是 End+D+T4 的组合，End 表示网络中的某个目的节点；D 表示解封装，剥离 IPv6 报文头和 SRH 扩展头；T4 表示在 IPv4 路由表中寻址并进行转发。组合在一起代表的指令是将报文剥离 IPv6 报文头和 SRH 扩展头后，从 End.DT4 绑定的 VPN 实例 IPv4 路由表或者普通的 IPv4 路由表中，主要作为 L3VPNv4 场景中的 VPN 内层标签使用。End.DT4 SID 必须是 Segment List 的最后一个段。

- End.DT46：是"Endpoint with decapsulation and specific IP table lookup"的缩写。End.DT46可以认为是End+D+T46的组合，End表示网络中某个目的节点；D表示解封装，剥离IPv6报文头和SRH扩展头；T46表示在IPv4路由表或者IPv6路由表中寻址并进行转发。组合在一起代表的指令是将报文剥离IPv6报文头和SRH扩展头后，根据内层报文的协议类型，从End.DT46绑定的VPN实例IPv4/IPv6路由表或者普通的IPv4/IPv6路由表中寻址并进行转发，主要作为L3VPN场景中的VPN内层标签使用。End.DT46 SID必须是Segment List的最后一个段。

- End.DX2：是"Endpoint with decapsulation and L2 cross-connect"的缩写。End.DX2可以认为是End+D+X2的组合，End表示网络中某个目的节点；D表示解封装，剥离IPv6报文头和SRH扩展头；X2表示从一个二层邻接转发数据帧。组合在一起代表的指令是将报文剥离IPv6报文头和SRH扩展头后，从End.DX2绑定的一个二层邻接转发数据帧，主要用于L2VPN和EVPN VPWS场景。End.DX2 SID必须是Segment List的最后一个段。

- End.DX2V：是"Endpoint with decapsulation and VLAN L2 table lookup"的缩写。End.DX2V可以认为是End+D+X2V的组合，End表示网络中某个目的节点；D表示解封装，剥离IPv6报文头和SRH扩展头；X2V表示从二层转发表中用报文携带的VLAN信息进行寻址并转发数据帧。组合在一起代表的指令是将报文剥离IPv6报文头和SRH扩展头后，从End.DX2V绑定的二层转发表中根据报文携带的VLAN信息进行寻址并转发数据帧，主要用于EVPN灵活交叉场景。

- End.DX2U：是"Endpoint with decapsulation and unicast MAC L2 table lookup"的缩写。End.DX2U可以认为是End+D+X2U的组合，End表示网络中某个目的节点；D表示解封装，剥离IPv6报文头和SRH扩展头；X2U表示从二层转发表中用单播目标MAC地址进行寻址并转发数据帧。组合在一起代表的指令是将报文剥离IPv6报文头和SRH扩展头后，学习内层的源MAC地址，从End.DX2U绑定的二层转发表中根据报文携带的目的MAC地址信息进行寻址并转发数据帧，主要用于EVPN灵活交叉场景。

- End.DT2M：是"Endpoint with decapsulation and L2 table flooding"的缩写。End.DT2M可以认为是End+D+T2M的组合，End表示网络中的某个目的节点；D表示解封装，剥离IPv6报文头和SRH扩展头；T2M表示在二层组播表内进行查表转发。组合在一起代表的指令是将报文剥离IPv6报文头和SRH扩展头后，学习内层的源MAC地址，然后从End.DT2M绑定的二层转发表中，向除了End.DT2M SID携带的ESI过滤参数所指定的接口的所有二层接口进行数据帧泛洪，主要用于EVPN桥接的BUM（广播、未知单播、组播）流量与

EVPN E-Tree 场景。

● End.B6.Encaps：是“Endpoint bound to an SRv6 policy with encapsulation”的缩写。End.B6.Encaps 可以认为是 End+B6+Encaps 的组合，End 表示网络中某个目的节点；B6 表示应用一个 SRv6 Policy；Encaps 表示采用封装外层 IPv6 报文头和 SRH 扩展头。组合在一起代表的指令是将报文内层的 Segments Left 值减 1，指针指向下一个活跃 SID，将 IPv6 报文头的目的地址更新为下一个 SID，然后在外层再封装新的 IPv6 报文头和 SRH 后进行转发，主要用于跨域的流量工程策略。

● End.B6.Encaps.Red：是“End.B6.Encaps with Reduced SRH”的缩写，主要功能是对 End.B6.Encaps SID 进行优化，在封装 SRH 时，采用 Reduced SRH 模式，将第一个需要处理的 SID 封装到 IPv6 报文头目的地址字段，缩短了 SRH 扩展头的长度。

● End.BM：是“Endpoint bound to an SR-MPLS Policy”的缩写。End.BM 可以认为是 End+BM 的组合，End 表示网络中的某个目的节点；BM 表示应用一个 SR-MPLS Policy。组合在一起代表的指令首先将报文内层的 Segments Left 值减 1，然后在 IPv6 报文头前面封装新的 SR-MPLS 标签栈，最后根据 MPLS 标签进行转发，主要用于 SR-MPLS 域与 SRv6 域的跨域对接。

4. SRv6-BE

SRv6 可以在没有任何段列表的情况下进行，即在部分端点配置 SRv6，在头节点封装报文头，将 SID 作为 IPv6 报文的目标地址，中间所有传输节点按照基于等价路由的最短路径优先算法得到的转发路径进行正常的 IPv6 转发。当报文到达远端节点时，发现目标地址等于本端 End.DT6 的 SID，然后剥离外层 IPv6 头，查找转发表（Forward Information dataBase，FIB）中的内层 IPv6 地址，然后查表转发即可。这种基于 IGP 最短路径优先算法计算得到最优 SRv6 路径，仅使用一个业务 SID 来指引报文在链路中的转发，是一种尽力而为的工作模式，即这种工作模式可以称为 SRv6 尽力而为（Best Effort，BE），类似于 MPLS 网络中的标签分发协议（Label Distribution Protocol，LDP）。其没有流量工程能力，一般用于承载普通 VPN 业务，快速开通业务。

5. SRv6-TE

需要说明的是，SR-TE 是 Segment Routing-Traffic Engineering 的缩写，是使用 SR 作

为控制协议的一种新型的TE隧道技术。SR-TE隧道有3种组合方式。第一种是基于前缀段：使用多个前缀段SID组合，使用节点段SID组成的路径基于最短路径优先算法，由于在两个节点之间可能存在等价路由，也可能存在更优路由，不会指定具体走哪条路径，只会通过更优的路径到达下一个节点，这种形式也被称为松散形式的SR-TE。第二种是基于邻接段：头节点指定严格显式路径（Strict Explicit），使用邻接段SID组成的路径是严格指定的，必须沿着指定的出接口，沿着特定的链路进行转发。这种方式可以集中进行路径规划和流量调优。第三种是松散路径（Loose Explicit），该方式基于邻接段和节点段：使用节点段SID和邻接段SID组成的显式路径，并结合最短路径，实现严格指定网络中部分路径，其他部分则根据最短路径进行转发。

SRv6-TE数据转发分为基于End SID和End.X SID。SRv6 TE Policy的工作流程分为以下4步。

- 节点通过BGP链路状态（BGP-Link State，BGP-LS）将网络拓扑信息上报控制器。其中，拓扑信息包括节点链路信息、链路的开销、带宽、时延等TE属性。
- 控制器对收集到的拓扑信息进行分析，按照业务需求计算路径，符合业务的SLA。
- 控制器将路径信息下发网络的头节点，头节点生成SRv6 TE Policy。其中，路径信息包括头端地址、目的地址和扩展团体属性（Color）等关键信息。
- 网络的头节点为业务选择合适的SRv6 TE Policy指导转发。网络中各节点根据IPv6目的地址查询本地SID表，判断其如果是End类型，则节点会继续查询IPv6 FIB表，然后根据IPv6 FIB表查到的出接口下一跳进行转发。如果是End.X类型，则会直接根据End.X指定的出接口进行下一跳转发。

SRv6不再使用基于流量工程扩展的资源预留协议（Resource ReSerVation Protocol-Traffic Engineering，RSVP-TE），也不需要MPLS标签，既简化了协议，也方便管理。EVPN和SRv6的结合可以使IP承载网配置简化，易于实现VPN。SRv6基于Native IPv6进行转发，SRv6是通过扩展报文头来实现的，没有改变原有IPv6报文的封装结构，普通的IPv6设备也可以识别SRv6报文。SRv6设备能够和普通IPv6设备共同部署，对现有网络具有更好的兼容性，可以支撑业务快速上线，平滑演进。

SRv6可以和SDN技术相结合，具备强大的可编程能力，SRv6具有网络路径、业务、转发行为3层可编程空间，便于IPv6转发路径的流量调优，使其能够支撑大量不同业务的不同诉求。

1.3.3 FlexE

随着以太网速率颗粒度逐渐增大，单端口的速率远远超过了业务需要的带宽增长需求，整个网络的业务场景多样化的要求迫切需要细化带宽等级，适配不同业务的差异化诉求。

以太网共享带宽的特性导致承载的业务之间不能严格隔离，无法满足 5G 业务产品要求提供确定带宽的资源预留的需求，进而使网络架构需要从“一刀切”的网络结构向端到端差异化网络切片的组网架构进行演进。

FlexE 技术就是在这样的背景下诞生的，是在以太网技术的基础上，支持通道化技术实现物理隔离和带宽保证，同时支持 Bonding 大端口以满足高速传送、带宽灵活配置的需求。首先，FlexE 技术的出现实现了 1TE 大端口，解决了以太网口与光传输网络解耦的问题，匹配“用户侧 + 彩光侧”速率，简化数据中心互连（Data Center Interconnect，DCI）网络。其次，以太网接口支持可变速率，提供更加灵活的带宽颗粒度，比固定速率链路建网成本显著降低。最后，FlexE 技术解决了现有以太网 LAG 捆绑存在哈希（Hash）效率固有的问题。

以太网接口通过严格的时分复用通道化技术，实现物理层的切片并严格隔离，使多业务统一承载到同一张网络上成为可能。

1. FlexE 原理

IEEE 802.3 定义了以太网的物理层（Physical Layer，PL，一般写作 PHY）和数据链路层（Data Link Layer，DLL）标准。FlexE 技术在物理层的物理编码子层（Physical Coding Sublayer，PCS）和数据链路层的媒体访问控制子层（Media Access Control，MAC）新增一个 FlexE Shim，实现了物理层与数据链路层的解耦，以太网和灵活以太网结构如图 1-33 所示，打破了原来两层之间严格的速率匹配关系和 1∶1 的对应关系，从而实现了灵活的速率匹配和时分复用的通道化功能。

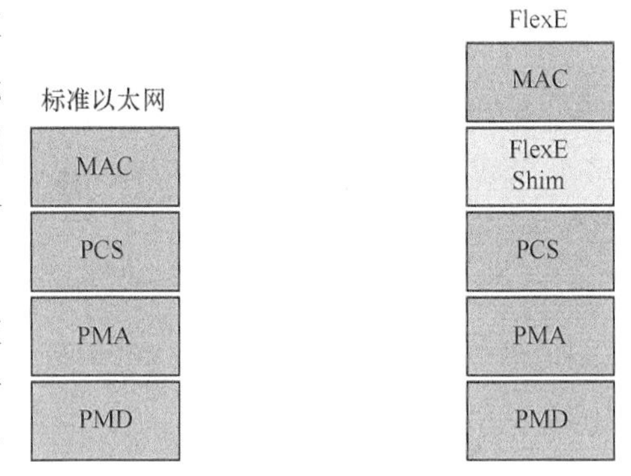

图1-33 以太网和灵活以太网结构

（1）FlexE 的基础架构

FlexE 的基础架构由 FlexE Group（FlexE 组群）、FlexE Client（FlexE 用户端）、FlexE

Shim 3 个部分组成，FlexE 基础架构如图 1-34 所示。

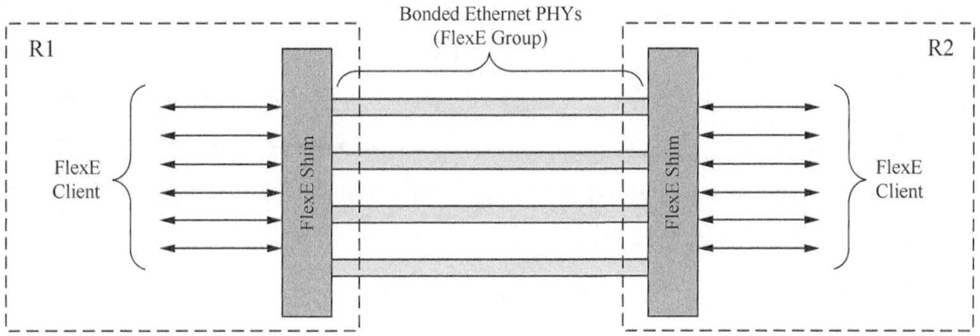

图1-34 FlexE基础架构

① FlexE Group

FlexE Group 是指一个或者一组捆绑的以太网物理端口，属于以太网物理层，相当于“MAC 芯片 + 光模块”。

组成 Group 的端口类型有 50G、100G、200G、400G（Gigabit 是数据传输单位，用符号 Gbit 或 Gb 表示，行业内通常缩写为 G）共 4 种，为了保证传输在不同链路上的数据能够正确重组，同一个 Group 里的所有物理端口类型必须相同且共用一个时钟。

Group 里的一个物理端口上传送的信息基本结构单元称为 FlexE 实例（Instance），包含 50G 或 100G 容量，能够承载 FlexE Client 数据及其相关开销。50G 的实例只能承载在 50G 的物理端口上，100G 的实例只能承载在 100G 的物理端口上，200G 的物理端口可以传输 2 个 100G 的实例，400G 的物理端口可以传输 4 个 100G 的实例。

每台设备上的物理端口都需要对应一个 PHY 号，Group 两端的 Shim 必须使用相同的 PHY 号识别一条链路，用相同的实例号识别实例。PHY 号在组里面不需要保持连续，但是在 200G 和 400G 的 PHY 中，100G 的实例号必须保持连续分配。

② FlexE Client

FlexE Client 是一个基于 MAC 数据速率的以太网流，支持各种以太网速率（标准的 10G、40G、n×25G 速率或这些速率的子速率），通过逻辑连接，每个 FlexE Client 都以 64B/66B 编码比特流的形式传递给 FlexE Shim。每个 FlexE Client 在 FlexE Shim 上都有自己独立的 MAC。在同一个 Group 上传输的所有 FlexE Client 都需要与同一个通用时钟对准，以及速率与 FlexE Calendar 的可用空间自动适应。

③ FlexE Shim

FlexE Shim 位于 PCS 层之上，上接 MAC 层，下接 PHY 层，负责将传递到 FlexE Shim 的 64B/66B 编码比特流进行 FlexE Client 和 FlexE Group 的分发或重组。从而将每个 FlexE Client 独立的 MAC 和速率进行任意组合，在一组 FlexE Group 上进行复用，实现捆绑、通道化等功能。

（2）FlexE 数据格式

一个 FlexE Group 由多个 FlexE 实例组成，下面以 100G 实例为例来说明 FlexE 的数据格式，FlexE 数据格式如图 1-35 所示。

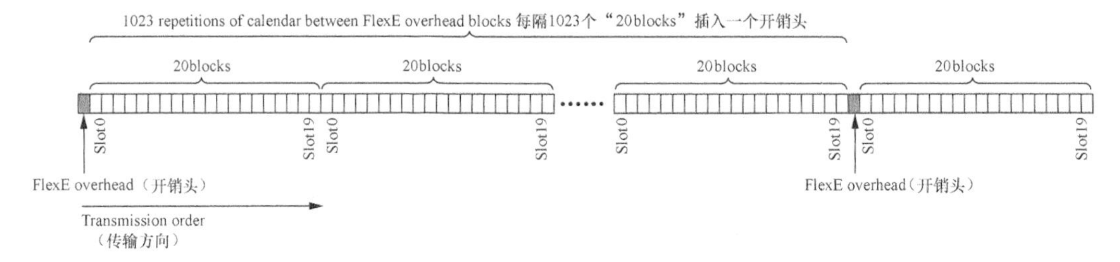

图1-35　FlexE数据格式

每个 100G FlexE 实例被划分为 20 个 block（64B/66B 编码的数据块）。其中，每个 block 的带宽为 5Gbit/s，如果 Group 有 n 个 100G FlexE 实例，则长度为 $20n$。FlexE Client 以 block 块为最小颗粒度进行组合，支持标准的 10G、40G、$n\times25$G 速率或者以 5 为倍数的其他速率，支持灵活的多速率承载。

FlexE Shim 通过定义开销帧和复帧（Overhead Frame/ MultiFrame）的方式，将 FlexE 开销插入 FlexE Group 中携带的 66B 块数据流中进行 PHY 数据的同步及数据的重组。以 100G FlexE 实例为例，开销如图 1-35 中黑色数据块所示，FlexE 开销由 64B/66B block 描述。该块可以独立于 FlexE 用户端数据进行识别。每隔 1023 个"20blocks"插入一个开销，每 8 个开销组成一个开销帧（Overhead Frame）。一个开销帧传输的信息在实际应用时是不够的，完整信息需要复帧来传，因此，每 32 个开销帧组成一个开销复帧（Overhead MultiFrame）。

（3）FlexE Calendar 调度机制

FlexE 的核心功能通过 FlexE Shim 实现，对 64B/66B 编码后的数据流进行时隙分配、成员分发和开销填充。

在 FlexE Calendar 调度机制中，以 100G 实例为例，FlexE Group 的总长度为"20blocks"$\times n$，按照"20blocks"的长度数据块被划分为一个个 Sub-Calendar 逻辑单元。这些 Sub-Calendar 逻辑单元通过简单轮询的方式按照顺序被分发。FlexE 接口数据映射过程如图 1-36 所示，以 10G Client 映射到 100G FlexE 接口占用两个 5G 时隙为例，MAC 层将 10G 数据流进行 64B 到 66B 的转码后变成 2 个 5G 颗粒度的 block，第一秒 Shim 将 2 个 block 放入第一个“20blocks”中的 2 个 block，第二秒将 2 个 block 放入第二个“20blocks”中的 2 个 block，如此循环往复，形成 Client 到一个或多个 block 的映射。

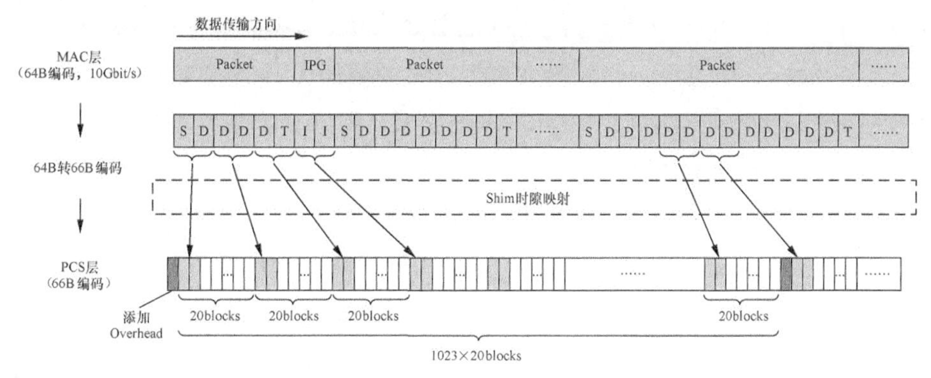

图1-36 FlexE接口数据映射过程

（4）FlexE 动态带宽调整

FlexE 通过为每个 Client 提供 Slot/Calendar 配置可更改机制，实现所需带宽的动态调整。FlexE Calendar 配置更改如图 1-37 所示。FlexE Group 中的每个实例都有 CalendarA 和 CalendarB 两个 Calendar 配置，Calendar A 由编码 0 表示，CalendarB 由 1 表示。一般情况下，这两个 Calendar 同时只有一个在用，只对未使用的 Calendar 进行更改，端到端协商成功后，按照更新完的 Calendar 传输，从而实现对应 Client 的无损带宽调整。

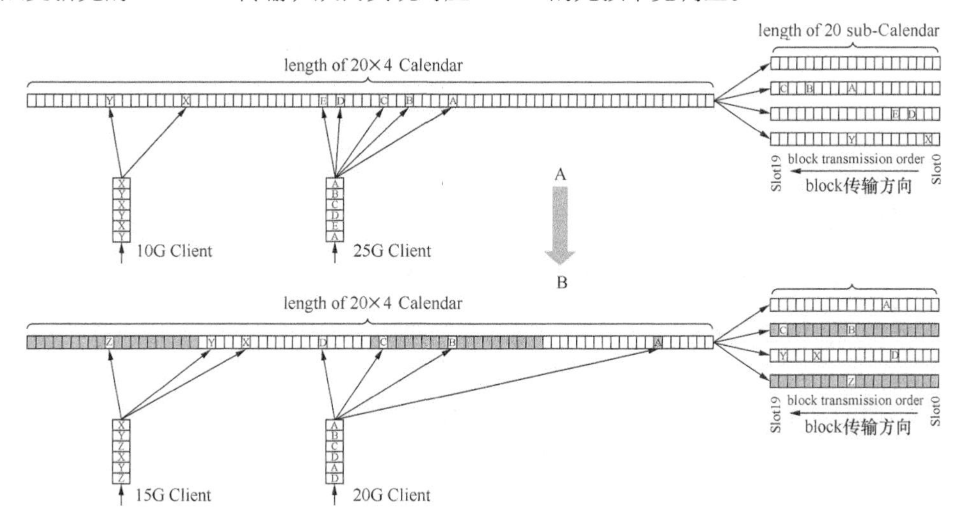

图1-37 FlexE Calendar 配置更改

（5）FlexE 交叉

FlexE 组网主要两种：一种是 FlexE 接口 + 分组转发组网，其特点是途经设备仍然需要逐跳进行分组转发；另一种是 FlexE 交叉组网，入节点基于分组转发并实现统计复用，中间节点支持 FlexE 交叉。“FlexE 交叉”是 FlexE Group 接收数据不进入芯片内部，直接从一个 FlexE Client 转发到另一个 FlexE Client，实现数据的一层快速转发。层次化转发示意如图 1-38 所示。传统转发数据报文需要经过 IP 层和 MAC 层，完成 L3 路由转发和 L2 交换转发，中间存在 IP 转发的成帧、组包、查表、缓存等设备处理时延。“FlexE 交叉”直接在 L1 完成数据交换，不需要缓存处理。“FlexE 交叉”的优点一是基于时隙交换硬管道，不经过分组交换，业务安全无忧，基于时序 block 交换，“0”拥塞，质量有保证；二是端到端（End to End，E2E）确定性超低时延转发，业务转发解析到 FlexE，不处理报文封装，业务处理时延低至微秒级，基于时隙调度，“0”拥塞，微秒级抖动。

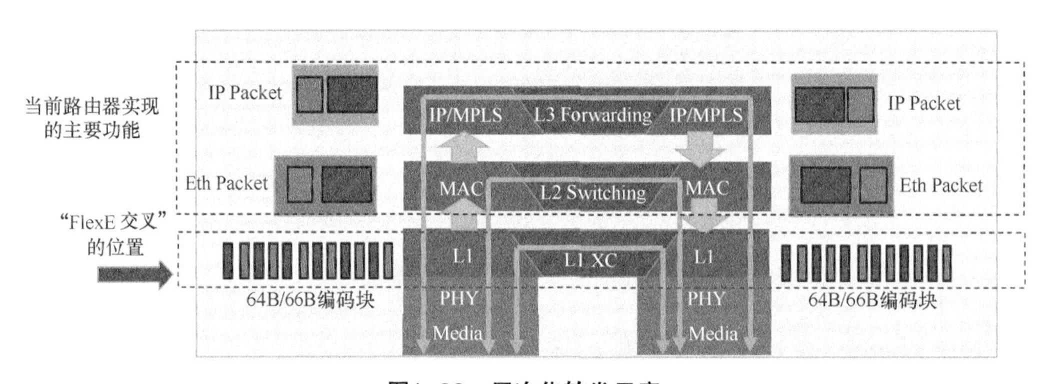

图1–38　层次化转发示意

2. FlexE 应用

根据 Client 与 Group 的映射关系，FlexE 可以提供以下 3 种主要功能。

① 端口绑定（Bonding）功能：基于多路 PHY 捆绑，支撑扩展大端口，突破 400GE 限制；基于 66B 级调度，解决 LAG 捆绑带宽不均匀问题。

② 通道化（Channelization）功能：基于时隙严格隔离，根据需求划分不同的切片，保障不同业务 SLA。

③ 子速率（Sub-Rate）功能：FlexE端口降速工作，光传送网（Optical Transport Network，OTN）/光波分复用（Wavelength Division Multiplexing，WDM）设备解析到FlexE Shim，剔除空闲时隙，仅对有效时隙进行传输。

IP网络的融合承载是未来的发展方向，5G的发展是一个技术创新的过程，其需求的多样性也对移动承载在带宽、时延、业务隔离、虚拟化等方面带来诸多挑战。5G以FlexE上述三大功能为基础，实现转发分片、业务的差异化承载、带宽平滑扩展，同时，基于FLexE超低时延转发架构，通过超低时延队列技术、缓存零等待技术、超低时延调度算法、智能化缓存管理等技术，实现低时延通道应用。

1.4 5G安全

1.4.1 5G应用安全面临的挑战

5G网络的大带宽、低时延、广连接等优点极大程度提升了世界各领域的信息化水平，推动了互联网从量变到质变的改革创新。5G已经深入各行各业，推动产业优化，促使人们的生活方式更加多元化，给全社会各行各业注入新活力。

1. 5G+工业互联网

当前正处于一个大变革、大发展、大融合的时代，以人工智能、大数据等为核心技术的第四次工业革命正冉冉兴起，工业互联网是21世纪互联网技术与制造业互相碰撞、交织的新产物，以人、机、物为核心全方位互联，构建起全空间、全产业链、多层次全方位连接的新型生产制造和服务体系，是数字化转型的实现路径，是实现动能全新转化的关键源泉。为了牢牢把握住新一轮科技革命和产业变革的重大历史机遇，世界多个发达国家、发展中国家和地区都在积极推进制造业数字化转型，以及前瞻性开展工业互联网的战略部署。全世界各行业头部企业积极响应，产业发展新格局正逐步形成。工业互联网先进工业网络的总体架构如图1-39所示。

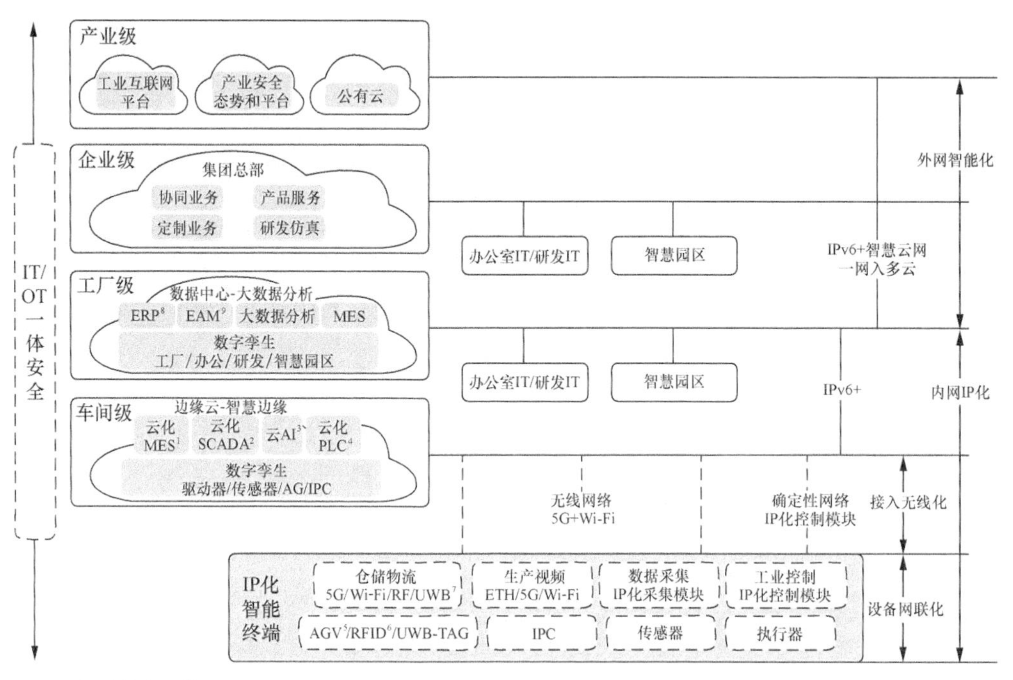

1. 制造执行系统（Manufacturing Execution System，MES）。
2. 监控与数据采集系统（Supervisory Control And Data Acquisition，SCADA）。
3. 人工智能（Artificial Intelligence，AI）。
4. 可编程逻辑控制器（Programmable Logic Controller，PLC）。
5. 自动导引车（Automated Guided Vehicle，AGV）。
6. 射频识别技术（Radio Frequency Identification，RFID）。
7. 超宽带（Ultra Wide Band，UWB）。
8. 企业资源规划系统（Enterprise Resource Planning，ERP）。
9. 企业资产管理系统（Enterprise Asset Management，EAM）。

图1-39　工业互联网先进工业网络的总体架构

一个先进的工业互联网网络包含 AGV、RFID、UWB、机器人等智能终端；车间级包含 MES、SCADA、AI、PLC；工厂级包含 ERP、EAM、企业级的集团总部平台、产业级的工业互联网等平台，以及 Wi-Fi 和 5G 等连接网络。由于 Wi-Fi 网络的信号覆盖弱，接入点（Access Point，AP）信号不稳定等，5G 网络逐步成为企业生产和远程办公的首选连接网络。5G 网络在提升企业的生产效率、提高企业员工办公工作便利的同时，也带来了诸多安全风险：其一，5G 网络支持更多的连接，接入更多的智能终端，一旦某些终端感染“勒索病毒”，影响面会更广，会导致更多智能终端无法使用，乃至更大范围的业务中断；其二，5G 网络允许公司的研发人员远程获取工业企业的研发代码，从而进行协作开发，但是同时这也可能导致第三方非法盗取研发人员身份，进而获取研发代码等机密信息；其三，5G 网络的大带宽特性，可以让少量可信任终端具备超大流量攻击能力，危害企业内网的业务稳定。综上所述，一个先进的工业互联网网络，在使用 5G 网络提升企业生产和办公效率的同时，还需要一个智能化、一体化和内生化的安全防护体系进行保障，确保工业互联网网络能够稳定发展，支撑工业企业的数字化转型。

2. 5G+智能采矿

近几年，国家高度重视生态文明建设，推动矿业发展智能化是创新发展的必由之路，是推动矿山建设迈向更安全、高效率、更经济、更环保与可持续发展的驱动力，是优化产业层次、加强创造、效益最大化的基础。

矿山智能化是煤炭工业发展转型的重要保障，5G 技术所带来的智能化，推动了传统行业的智能化管理转型，使其向安全、高效、绿色的目标迈进。煤矿开采技术以物联网为基础，结合大数据和云计算等技术，集成“人－机－环”全方面感知、动态智能化预警、有效识别、共同控制的系统，实现满足需求的生产和高质量发展。某智能采矿企业的现场如图 1-40 所示。

图1–40 某智能采矿企业的现场

我国现存的大部分煤矿开采方式为井工开采，是典型的深入地下工作，工人工作环境危险程度较高，不仅生产环境、生产现场环境恶劣，还呈现状态多变，工作时间周期长、使用设备数量多、人口密集等特点。过去，传统的网络和信息传输技术无法满足煤炭开采的智能化高效建设需求，存在矿井环境下网络信号不好、海量用户无法通过有线网络接入，难以实现移动生产设备的控制、信息共享难以被满足、无法及时处理多种复杂数据等问题。

5G 技术生态系统在逐渐完善的过程中，极大程度上解决了数据传输能力不足的难题，实现数据互通融合共享，避免“数据孤岛”。融合大数据、云计算和 AI 等技术打造智能化采矿应用，更好地推动煤炭全行业从劳动密集型走向技术密集型发展，实现全方位多层次感知、实时动态分析、自主决策、前瞻性预测和人机联动控制。

3. 5G+智慧物流

第四次工业革命时期，物流公司向数字化转型的过程面临严峻挑战，与此同时，还要应对升级 5G 技术所带来的高额成本，前期进行大量运营投资、无法迅速覆盖全部地区的挑战。虽然迈向互联互通之路道阻且长，但实现人、车、货物智能互联，给全物流行业带来的不仅是速度的提升，还有流量和借助人工智能、大数据等技术带来的场景智能、相关产业升级。

5G 对推动智能物流有着关键性作用。5G 的高速海量数据传输特性使物品从各地仓库装车、运送，再传送到顾客手中，各个环节中所有节点均可以“实时”同步到物流管理平台，构建真正实时化、可视化的监察管理和调度平台，再联动后台的智能化物流服务，可以极大地提升物流配送服务质量，全面提升快递物流行业的整体高效运行。某智慧物流企业的 AGV 如图 1-41 所示。

图1-41　某智慧物流企业的AGV

4. 5G+智能油气

为了解决传统油气炼化企业安全环保管控、生产效率提高和工艺技术进步等问题，满足行业对于安全环保管控等重要诉求，不仅要对作业现场环境进行视频监控，还需要对油气开采作业数据进行采集。传统油气炼化企业的监控和数据采集一般使用光纤，移动网络包括3G/4G等通信网络，初步满足了企业的作业需求，但是这些网络存在诸多缺点。例如，部署成本较高、网络带宽不大、企业维护难度较高等。传统油气炼化企业对于新型综合能力强的通信技术需求日益迫切。随着5G通信技术产业链逐步完善，5G网络已经规模建设部署，油气行业普遍期待通过5G技术，满足安全环保管控等重要需求，推动油气行业的数字化转型。

5. 5G+智慧城市

为了解决公安机关和环境保护有关部门机关的需求，各地方政府以推动一体化政务服务为动力，以5G、人工智能、大数据、云计算等为核心技术，致力于推进新型通信技术与城市规划、建设、战略、运营和服务全方位的交织相融，精准地把城市综合治理的每个环节，通过感知、分析、汇总各项城市运转的核心关键数据，打造“5G+智慧城市”。“5G+智慧城市”可以智能、快速、人性化地响应人们的综合需求，显著提高地方政府治理的整体效率，满足人民群众对美好生活的向往。某智慧城市后台全景图示意如图1-42所示。

图1-42　某智慧城市后台全景图示意

6. 5G行业应用安全要求

为了更好地为传统企业服务，5G还将适用于社会的其他行业，除了智能制造、智能采矿、智慧物流、智能油气和智慧城市，还有智慧旅游、智能交通、智能港口等行业。5G 网络的应用，在承载更多的企业业务、社会责任和企业资产的同时，受到第三方攻击的概率大大提高，也考验着多个行业的网络信息安全保障能力。

5G 时代，如果依旧沿用传统互联网的方法论、设计模本、应用技术，则以往的常态攻击手段和漏洞利用工具等会对行业资产构成危害，也使网络的模式、环境、商业形式、信任与风险关系呈更加复杂的态势。

5G 采用网络切片，为不同行业网络提供差异化的服务。5G 网络由于采用了 SDN、NFV 等大量新 IT 技术，这些新技术的安全威胁也随之带入垂直行业。为了满足垂直行业低时延的要求，边缘 UPF 和 MEC 下沉到地市甚至用户机房，造成 5G 核心网暴露面进一步扩大、安全风险进一步提升等问题。

在工业互联网、智能采矿、智能油气、智慧物流场景中涉及的工业控制、工业机器人等场景对时延的要求极高，需要控制信令端到端的精确传送。只有保障 5G 网络环境下时延与时延抖动需求，才能实现上述场景中多个控制系统的协作。工业互联网的操作系统与应用协议在软件设计的时候，可能未考虑安全需求，例如，完整性、身份校验等。原来互联网不通或相对封闭的控制专网通过 5G 网络连接到互联网上，无形中会使其暴露面增加，进而大大增加了 IT 系统被攻击的风险。

1.4.2 5G 应用安全关键技术

随着 5G 技术的迭代演进和商业应用快速推广，5G 与工业制造、教育、医疗、物流等垂直行业深度融合，在带来了更大带宽、更低时延、更多接入的通信技术能力的同时，也为各行各业的实际应用场景提供了可信可控的安全服务。5G 安全防护能力可以划分为 5G 网络基础设施安全和数据安全两个层面。

- 5G 网络基础设施安全：5G 网络基础设施安全主要包括接入层面、网络层面（涵盖边缘节点、核心网）和网元虚拟化层面等。5G 通过对接入认证、网络隔离、访问控制以及能力开放控制等技术手段，保障 5G 网络基础设施安全运行。
- 数据安全：5G 敏感数据通常包括与用户个人隐私相关的身份标识信息、网络位置信息、业务应用数据，以及设备属性、网络运营配置、资产脆弱性信息、业务营收数据等重要运营数据。在 5G 网络中通过开展敏感数据识别、采集、处理、存储、共享和销毁等活动，实现敏感数据的全生命周期安全防护。

1. 接入安全

接入层面可以利用零信任技术提升安全性。零信任安全最早是由行业研究机构（Forrester Research）提出，其主要思路是企业网络的信任重构依赖于全新身份标识的构建，默认不授予任何访问信任，而是基于对访问程序的不断评估动态授予所需的最小权限。现在随着5G为代表的下一代数字化时代的广泛应用，“零信任”已经成为网络安全行业研究探讨的热点之一。

软件定义边界（Software Defined Perimeter，SDP）是国际云安全联盟提出的基于零信任理念的安全技术架构，坚持“持续验证，永不信任”的原则，采用基于个人身份的访问控制和动态的接入环境风险评估作为核心思路，实现业务资源访问的最小化权限控制。SDP安全架构一般分为3层：网络能力层、平台能力层、终端能力层。基于零信任的SDP安全架构如图1-43所示。其中，网络能力层基于单包授权（Single Packet Authorization，SPA）协议为用户提供唯一的网络入口；平台能力层实现人员身份认证、访问权限规则发布、访问行为审计等功能，可以实现根据接入环境的风险等级动态调整访问权限；终端能力层负责采集用户的操作环境和应用安全配置，并具备数据安全保障措施、多类终端及应用适配的特性，与传统网络安全架构比较，SDP具有较大安全优势。

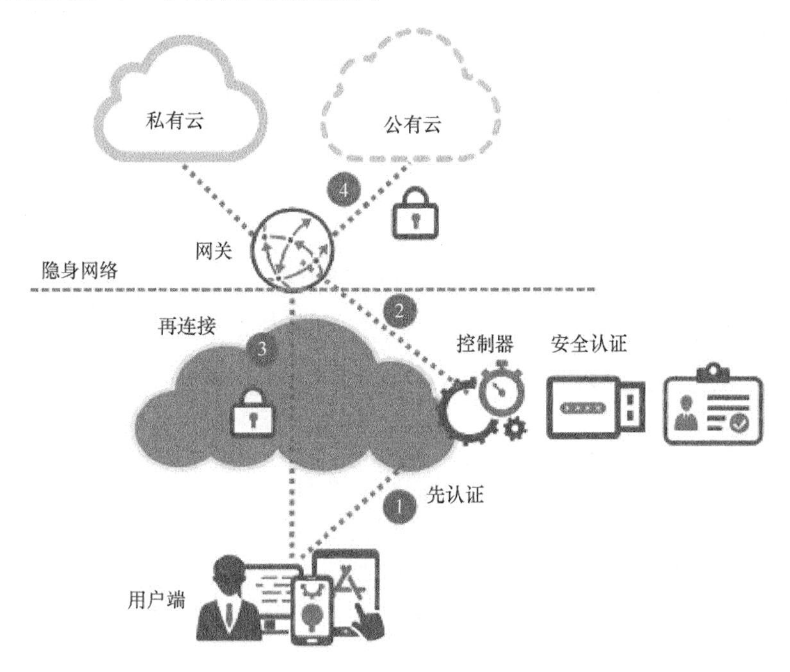

图1-43　基于零信任的SDP安全架构

（1）精细化的权限管理

基于零信任的 SDP 模型有别于传统宽泛的网络接入，不再以 IP 地址作为网络访问策略的授权依据，而是采用身份访问管理（Identity and Access Manager，IAM）技术实现企业网络中的应用服务、通用操作系统和硬件设备的 4A 管理。SDP 身份访问管理技术逻辑架构如图 1-44 所示。无论互联网还是企业内部网络接入环境均以个人身份信息作为认证依据，只有通过认证和授权才能允许对系统进行单次有效访问，降低了账号管理的复杂度，同时避免了访问过程中低效的重复认证，提升了用户感知和工作效率。

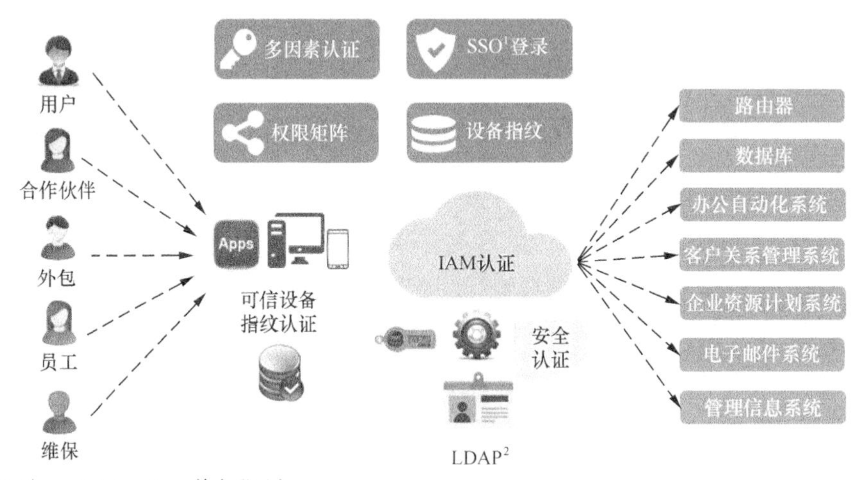

1. SSO（Single Sign On，单点登录）。
2. LDAP（Lightweight Directory Access Protocol，轻量级目录访问协议）。

图1-44　SDP身份访问管理技术逻辑架构

整个认证授权过程中，首先通过多因子认证方式对用户及其使用的终端进行校验。认证校验通过之后，通过采集的接入环境安全参数评估出初始信任等级并根据等级进行授权。这两步均是 SDP 用户端与服务端进行交互，不涉及具体访问的业务系统。当认证通过后，用户端才能够建立安全连接，通过代理方式访问所需业务应用。

（2）动态风险评估

SDP 基于“持续验证，永不信任”原则，在用户通过认证进行业务访问的过程中，SDP 会持续监测终端设备的接入环境和安全配置参数，结合时间、频次、访问资源预设级别、用户身份等要素，动态判定用户的安全风险级别。因此，用户的信任度和风险级别会随着时间和空间的动态变化，促使针对重大安全风险及时预警并触发安全防护措施，达到信任和风险的动态平衡。

（3）用户权限动态调整

SDP模型强调访问权限是实时调整的，根据用户、接入环境风险级别、数据、业务系统等要素形成差异化的访问请求，通过动态防火墙技术快速部署安全访问控制策略，及时调整整体网络环境的安全防护措施。在实际运行中，SDP通常会为每个用户设定最小权限和最大权限范围，即为安全访问控制策略设立基于用户个人的基线和上限集合。在用户访问过程中，SDP会依据动态判定的用户风险级别和可信度，在用户最小和最大权限范围之间快速调整访问权限。对于实时调整后访问权限受限的用户，可以触发SDP的二次认证机制，通过强化身份认证提升用户的可信级别，实现用户网络最小访问权限的动态扩展。

（4）业务安全访问

与传统VPN服务器将服务器IP及端口暴露在互联网不同的是，SDP通过SPA单包认证方式实现服务及资产隐藏，避免恶意的扫描及暴露渗透等攻击风险。SPA单包认证技术是一种轻量级的认证协议，遵循RFC4226标准文件。通过SPA技术，SDP默认不响应任何TCP或UDP请求，只响应通过授权的请求，达到了网络隐身和服务隔离的防护效果。另外，SDP使用安全加密传输技术，建立安全可靠的专用信道进行信令和数据交互，数据传输加密防护，有效保障了网络传输的安全。

2. 网络安全

5G虚拟专网、共建共享、切片、资源云化等部署方案和应用场景导致虚拟网络边界的形成，例如，边缘计算节点的虚拟资源之间、网络切片之间、App应用之间和不同接入终端之间等，甚至不同运营商之间共享基站而出现新的网络边界。运营商与企业用户之间需要明确在混合组网、共享边缘计算云平台、共享UPF等场景下的维护和安全边界划分，并在网络边界部署虚拟化或者硬件的安全设备，落实攻击监测、病毒拦截、访问隔离等安全防护措施。

（1）应用边界防护

5G应用层的网络边界安全主要包括MEC与互联网之间的边界安全、MEC与园区企业网内部之间的边界安全、下沉网元与5GC之间的边界安全。

① MEC与互联网之间的边界安全

将允许通过互联网访问5G应用、5G MEC边缘应用的IP纳入白名单，禁止其他系统从互联网访问5G应用、5G MEC边缘应用。同时，在边缘侧按需部署网站应用防火墙（Web Application Firewall，WAF）等防护系统，降低互联网侧引入的安全风险。

② MEC 与园区企业网内部之间的边界安全

MEC 与园区企业网内部之间通过防火墙进行安全隔离和访问控制，对 5G MEC 边缘应用能主动访问的企业网内部系统与企业网能主动访问 5G MEC 边缘应用的终端 IP 进行白名单控制，减少非授权控制风险。

③ 下沉网元与 5GC 之间的边界安全

针对 5GC 对企业园区下沉网元的安全隔离需求，为了降低下沉网元对 5GC 的安全威胁，国内三大运营商均采取了一致的 5G 专网基本架构。中国电信通过自研 5G 定制网信令互通网关 C-IWF，基于虚拟专网、混合专网和独立专网的模式进行 5G 网络架构设计，创新性地实现了下沉网元安全接入、信令监测、消息过滤、拓扑隐藏等安全能力，同时基于 5G 企业专网的网元连接故障诊断分析、业务性能指标分析，提供专网连接状态、关键 SLA 指标检测、连接诊断、通道可达性诊断等能力，提供用户面链路插入、修改、冗余建立等智能路由控制，以跨域能力开放、安全防护视角，满足智能制造用户对定制网的差异化安全需求。5G 定制网信令互通网关 C-IWF 架构如图 1-45 所示。

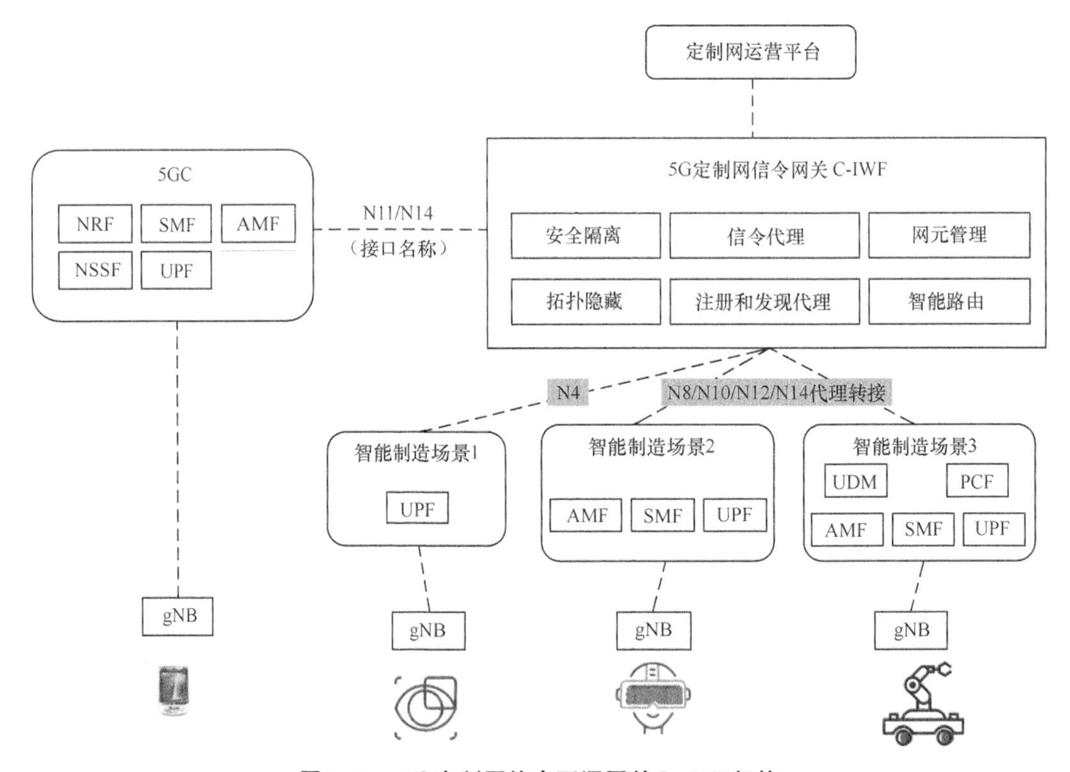

图1-45　5G定制网信令互通网关C-IWF架构

（2）网络能力开放安全

5G具备网络能力开放功能（Network Exposure Function，NEF），支持通过能力开放平台的API对外部提供调度、流控、监控、计费、授权控制、安全配置等网络业务和安全服务能力，同时外部企业应用也可以向5G网络开放应用功能、定位信息、业务数据等，促进5G网络能力与企业业务应用的良性互动，改善网络能力配置，从而更好地满足企业业务需求。但网络能力开放也导致北向接口的管理和传输面临安全风险，需要通过双向认证、访问授权、TLS安全加密传输等防护机制保障开放接口的安全，杜绝非法用户的5G网络访问。

① 能力开放安全检测

5GC定义了标准化API，支持网络能力的对外开放。开放的网络和接口可能将安全风险引入5G网络。增加基于零信任技术的API安全网关，一方面实现对网元NEF API的AF访问异常检测，感知外部恶意AF对核心网的网络攻击；另一方面实现对开放API的安全防护，包括对请求参数与调用频率的控制及异常请求的熔断。

② 网元接口安全检测

5GC网元通过API调用实现信令交互，攻击者可以利用API的设计漏洞对5GC网元进行攻击。例如，攻击者可以通过发送占用空间异常的超长的数组参数对网元数据库进行攻击，使缓存区溢出。网元接口通过检测网元间的信令消息，利用机器学习进行参数异常检测，对信令中携带的请求参数进行整合分析，发现特定信令携带参数的规律，以此规律为基准可以判断通信过程中传递的请求参数是否异常。

（3）全流量威胁分析

随着5GC的商用，5GC网元虚拟化及能力开放特性，5GC面临新的安全风险，包括信令安全、用户访问安全及5G部署环境的云安全问题。5GC全流量的安全检测分析可以实现终端的恶意接入检测、资产识别、漏洞和威胁利用行为检测、信令攻击检测、业务渗透入侵检测，以及流量追溯取证等。同时，该检测亦可以面向基于5G网络的各类典型场景，例如，物联网、工业互联网等，赋能使用5G网络的企业安全能力。

全流量威胁分析基于大数据挖掘、机器学习、AI等技术，结合威胁情报信息，通过对链路全部流量数据的分层解析和综合分析，实时监测发现网络入侵攻击、病毒传播等威胁事件，并具备流量回溯、用户访问行为画像、系统业务响应性能分析等能力。一般来说，全流量威胁分析系统由采集探针、分析模块、文件沙箱等构成。

① 采集探针

采集探针是一种部署于通信网络中，能够对流量进行采集、解析、还原和分析等工作，同时具备全量流量包、威胁流量包存储的网络安全设备。5GC 网络出口是通过原始流量分光 / 镜像方式将网络出口处和 5GC 内部网元间的流量送入全流量采集探针设备的。

② 分析模块

分析模块是全流量威胁分析的核心部分，可以对流量数据进行清洗、范化和归拢，利用高效的大数据组件及多样化的攻击模型算法，实时监测网络攻击行为，掌控网络层面上恶意代码传播、入侵攻击、木马远控的态势情况，并可以对历史事件进行追溯，通过从攻击源、被攻击系统、攻击类型、通信特征等不同维度深度回溯分析，准确把握事件发生的过程及影响。

③ 文件沙箱

文件沙箱是一类虚拟系统程序的统称，通过在操作系统中建立一个独立隔离的虚拟化系统运行环境，确保其内部运行的程序不能对真实操作系统的文件、服务、进程等造成损害，可以用于测试威胁未知的应用程序、脚本代码和网络访问操作，从而发现各类新型的恶意样本和攻击方式。

3. 虚拟化安全

5G 网络广泛采用云化架构，大量引入 Hypervisor（虚拟机监视器）、Kubernetes（简称 K8S，是为容器服务而生的一个可移植容器的编排管理工具）、Docker（应用容器引擎）等虚拟化技术，从核心网到 MEC 节点均使用服务化架构（SBA）理念构建 5G 云原生应用，满足 eMBB、uRLLC、mMTC 三大应用场景的需求。在网络实现上，容器作为网络功能虚拟化（NFV）的最佳载体，通过运用命名空间在宿主机内部进行资源隔离的方式实现高效的资源利用，可以更好地满足在各类不同场景下灵活配置、增加扩展能力、调度过程简单的要求，使基于容器技术的 5G 云原生应用脱颖而出，在各国广泛推广部署。NFV 中的容器架构如图 1-46 所示。

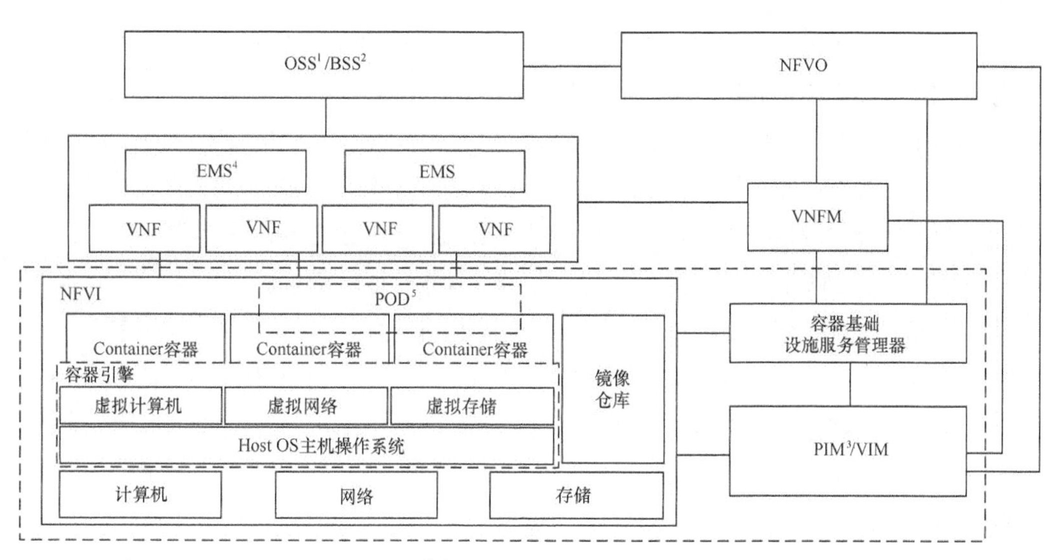

1. OSS（Operation Support Systems，运营支撑系统）。
2. BSS（Basic Service Set，业务支撑系统）。
3. PIM（Physical Infrastructure Management，物理基础设施管理）。
4. EMS（Element Management System，网元管理系统）。
5. POD 是 Kubernetes 中最小资源管理组件。

图1–46　NFV中的容器架构

5G 网络在大量使用 Hypervisor、K8S、Docker 等技术的同时，也同步引入了虚拟化技术中带有的安全风险。在虚拟化环境下，容器隔离失效、镜像遭受恶意植入、虚拟化层逃逸、非授权管理资源等都会引发严重的安全问题。恶意攻击者可以通过非法消耗 CPU、内存和网络资源引发分布式拒绝服务（Distributed Denial of Service，DDoS）攻击，导致正常业务服务请求被全部拒绝；通过利用虚拟化层的安全漏洞，对宿主机及其应用进行“穿透”攻击，造成敏感信息泄露、非授权资源访问、服务器资源滥用等问题；利用虚拟化层不完善的隔离防护和安全监测配置，可以在容器间开展隐秘的安全攻击而不被轻易发现，甚至攻击者可以上传带有恶意软件的镜像文件，导致新部署的容器在初始化阶段就已经被攻击者非法利用。因此，5G 网络需要采取针对性的安全防护措施，遏制虚拟化技术的安全风险，防止网络窃听、通信篡改、数据泄露和非授权访问等攻击对正常网络功能虚拟化服务造成影响。

（1）镜像安全

容器镜像是一种标准软件包，将应用程序代码、相关配置文件、库文件、相关依赖关系，以及其启动时所运行进程的信息等捆绑在一起，实现跨操作系统环境正常运行。一般来说，镜像文件的安全性评估需要解包操作，对获取的代码、文件进行安全风险分析，从代码漏洞、木马病毒、文件篡改、非授权信息获取、可信任镜像等多个角度进行深入安全检测，发现存在的各类安全隐患，避免存在高危风险的镜像被使用。

镜像安全检测技术的核心是通用漏洞披露（Common Vulnerabilities Exposures，CVE）信息漏洞检测，在将镜像文件分离成相应的层和软件包后，将获取的软件包的名称和版本等信息与标准 CVE 漏洞库中该软件包数据进行对比，从而判定镜像文件的安全漏洞状况。

镜像安全检测技术还具备恶意代码检测、历史操作分析、可信鉴别等能力。开展恶意代码检测一般有 3 种检测方式。哈希算法的文件摘要信息匹配方式，可以快速识别镜像中包含的已知的可疑代码文件和程序文件。同时，病毒查杀技术可以检测镜像解包后的文件，识别文件中隐藏的恶意代码。另外，CNN-Text-Classfication 分类算法也可以检测文件。综合 3 种方法的检测结果，可以更准确地判断镜像中各类文件的安全状况，有效发现存在的网马（WebShell）和病毒木马等恶意代码。

镜像文件的历史操作信息是记录在特定文件 manifest.json 中的，通过对镜像解包可以获取相关信息，结合基于安全规则的操作行为与安全分析能力，可以快速识别文件的可疑历史操作，为镜像的防篡改判定提供技术支持。

结合哈希算法等对镜像完整性校验，同时对镜像的证书标签和仓库来源进行可信检测，综合判断其是否为可信任镜像，避免源于不可信仓库的镜像文件被安装。镜像深度检测流程如图 1-47 所示。

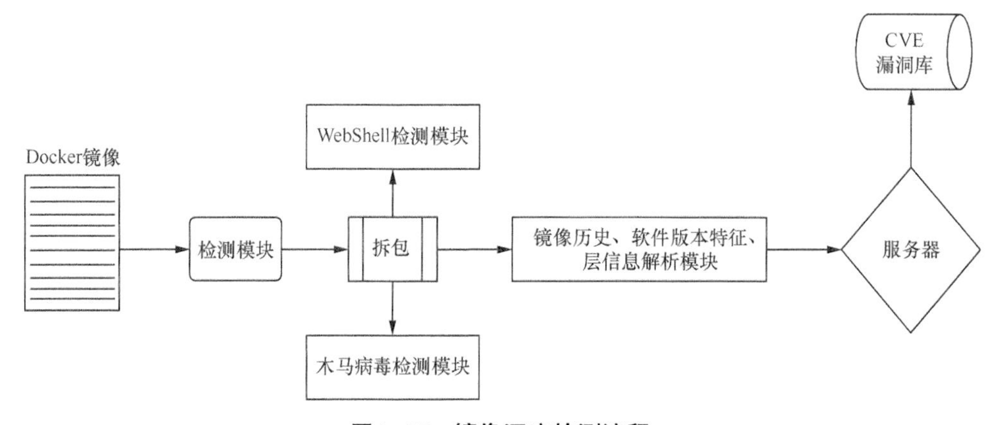

图1–47　镜像深度检测流程

（2）微隔离

微隔离是一种小颗粒度精细化的网络隔离技术，一般包含流量流向可视化和自适应安全微分段两项技术。其主要应用于虚拟化资源，重点杜绝虚拟化资源之间的非必要访问，阻止入侵渗透攻击在虚拟化资源间的横向蔓延，是软件定义安全（Software Defined Security，SDS）的一种具体实践。微隔离技术的实现是基于虚拟化资源池、基础设施即服务（Infrastructure as a Service，IaaS）等云平台内建立的，例如，Hypervisor支持设置虚拟主机的操作权限，可以为每个虚拟主机配置使用资源的限制，对同一物理主机上不同虚拟机之间的资源进行隔离。这种模式部署简单、对用户透明，但其功能较为简单。为了满足现网复杂多样的应用场景，也可以通过在目标虚拟机上部署Agent程序来实现更复杂的微隔离，使其功能更灵活、更有针对性，也有利于功能快速迭代。

① 流量流向可视化

流量流向可视化是针对虚拟化环境开发的一种技术，主要实现虚拟化资源内部数据流的可见性，进而为虚拟主机之间、容器之间横向访问流量的隔离和控制提供基础。流量流向可视化技术可以实时监测虚拟主机、容器间的数据互访情况，为微隔离策略的配置和调优提供判断依据。

虚拟主机和容器的访问流量、监听端口、进程、POD数据等信息的自动化采集和集中计算分析，基于机器学习可以对云资源池内网主机、服务器之间的流量、流向进行监测，形成可视化拓扑图，实现池内异常流量的自动感知，可以及时发现网络中的异常流量行为。

② 自适应安全微分段

基于SDN计算实现控制和转发平面分离，结合流量流向可视化技术统一收集多维度流量信息，可以快速适应网络的变化情况，对各虚拟主机进行动态网络微分段隔离操作，确保云资源池内部流量互访实现最小权限及颗粒度控制。

在虚拟主机操作系统层面部署Agent组件，可以自动化采集系统流量及端口监听等信息，通过SDN控制器集中运算后，再通过Agent下发策略方式对每个虚拟主机及容器之间的网络通信进行最小化网段隔离，进而保障主机层面的安全隔离与访问控制，有效避免恶意病毒、黑客入侵、横向渗透、非授权访问等潜在风险。

（3）容器运行安全

在kubernetes集群环境中，容器服务是运行在POD中的，POD是特定应用服务容器的集合，可以包含一个或多个应用容器。POD中的容器应用都使用相同的网络命名空间（相同IP和端口空间），能与整个网络上的其他物理机或虚拟机进行通信。POD使用网络命名空间来隔绝应用和环境，并通过安全挂载来附加物理存储，可以有效控制对物理资源的访问权限，结合对异常内存访问的监测技术，防止发生虚拟层逃逸等问题。

另外，评估容器的安全漏洞风险可以通过kubernetes的API获取集群中POD所提供服务的详细信息，并针对 POD 所对应的域名和端口信息进行应用扫描。专用的容器安全漏洞检测工具可以爬取服务的页面文件与目录信息，以及端口服务版本信息，使用通用漏洞检测和专用 exploit 检测技术发现容器应用服务的安全漏洞。

4. 数据安全

5G 的企业应用场景，使用无线通信模式取代有线通信模式，并将 UPF 网元下沉到园区，各类办公、生产终端可以通过无线方式以最短路径接入企业数据中心，模糊了企业数据中心网络的安全边界，导致传统的网络安全防护无法有效发挥其作用。因此，5G 的企业应用场景需要重点关注基于新网络架构下的安全防护措施，特别是数据全生命周期的安全保障能力，保障企业在 5G 网络环境中的业务安全。

（1）业务数据梳理

传统网络的应用安全一般由企业安全部门负责，而随着 5G 应用数据治理工作的深入开展，企业的前后端部门均应参与数据治理工作，对 MES、超速保护控制单元服务器、ERP、UPF 等网元的业务数据和维护运营数据开展数据识别和分类分级，以便更准确地评估数据价值与重要性。因此，业务数据梳理和制定制度体系需要横跨业务部门、维护部门与安全部门开展，由不同层级的团队负责落地，在不同 5G 切片、边缘或安全区域落实相应的安全策略。

针对 5G 应用场景，数据安全防护的首要任务是根据行业特点和企业实际情况开展敏感数据识别，将设计图纸、模型、物料、配方、订单、价格、物流信息、用户信息等数据按照重要性、数据数量，对其进行评估定级。由于 5G 应用涉及多个网络的数据类型，发生数据泄露后对企业影响较大，所以需要根据《中华人民共和国网络安全法》《中华人民共和国数据安全法》《中华人民共和国个人信息保护法》等法律法规要求，对个人信息、企业运营和经营数据等进行识别和梳理，分类开展评估与定级。如果涉及智能制造数据，那么还需要依据《工业数据分类分级指南（试行）》进行评估与定级。如果同一数据条目的评估定级结果不一致，那么依据“就高不就低”的原则确定其定级级别。

5G 应用数据分类分级后，可以分别从 SCADA、MES、产线视频视觉检测、高清视频监控、办公等不同应用场景中分析具体的数据流转路径，并梳理个人敏感信息和企业重要数据的流经路径和留存网元，全面发现 5G 应用运行过程中的敏感数据，为后续数据流转各环节所涉及的安全风险评估打好基础。

（2）数据全生命周期安全风险评估

根据《信息安全技术 数据安全能力成熟度模型》（GB/T 37988—2019）的数据安全能

力成熟度模型（Data Security capability Maturity Mode，DSMM）架构，基于数据全生命周期分析，5G 应用数据安全风险评估分为 6 个阶段：数据采集、数据传输、数据存储、数据处理、数据交换、数据销毁。5G 应用数据安全风险评估如图 1-48 所示。整个风险评估的工作要结合人工服务和专业工具共同完成。

5G数据全生命周期					
数据采集	数据传输	数据存储	数据处理	数据交换	数据销毁
•数据分类分级 •数据采集安全管理 •数据源鉴别与记录 •数据质量管理	•数据传输加密 •网络可用性管理	•存储媒体安全 •逻辑存储安全 •数据备份与恢复	•数据脱敏 •数据分析安全 •数据正当使用 •数据处理环境安全 •数据导入导出安全	•数据共享安全 •数据发布安全 •数据接口安全	•数据销毁处置 •存储媒体销毁处置

图1-48　5G应用数据安全风险评估

（3）数据安全纵深防护

在 5G 数据全生命周期的 6 个阶段，5G 应用场景下需要加强用户（员工、供应商等）、终端（物联网设备、智能制造设备等）、网络（5G 无线接入、核心网等）、应用服务，以及企业数据中心的数据安全防护，防范外部入侵攻击、窃取盗用和非法篡改，并监测审计内部的数据滥用、违规访问和误操作。

基于历史的可信访问行为提取访问规则，利用各类算法进行行为聚类，分析企业的图纸、物料、配方、订单、价格、物流、用户等业务数据，形成可划分的访问行为簇，并形成数据安全图谱进行可视化呈现，使 5G 应用的敏感数据流转情况由一无所知转变为可视可管。

数据流转全路径敏感数据的持续监控和动态保护控制，常态化分析大数据模型，可以实现可信访问、攻击监测、安全审计，及时发现数据安全问题，从而使智能判断数据安全事件成为可能。另外，综合利用防泄漏、加密、脱敏、水印、安全传输、流量监测等纵深防御手段，也可以实现自动化的响应能力，快速开展事件处置工作。

1.4.3　5G 应用安全标准体系

工业和信息化部联合九部委印发的《5G 应用“扬帆”行动计划（2021—2023 年）》（以下简称“行动计划”）明确指出，要完善 5G 应用安全标准体系，加强标准宣贯，推动发展零信任安全、内生安全、动态隔离等关键安全产品，创新开展安全评测、风险识别、网络身份信任管理、态势感知等 5G 应用安全服务，提升基于服务的 5G 应用安全保障能力。

建立和完善5G应用安全标准体系，要坚持一体化纵深防御、动态防护、最小化特权等原则，不仅考虑5G网络的端到端保障，还要考虑5G应用的接入鉴权、信息传输和存储、仿冒等安全。具体原则如下。

一体化防御原则。由于工业云、物流云和智造云等云端系统的可信边界逐渐被削弱，云平台在物理上、应用上和管理上的缺陷导致云平台的安全脆弱性，需要从预防、防护、检测、响应等方面多维度考虑安全防护设计，构建纵深防御体系。

动态防护的原则。对于工业云等云平台，要更多地考虑在动态方面的安全防护措施，结合工业云等云平台安全防护的需求，提供个性化要求防护，采取动态防护与静态防护相结合的方式，及时发现并有效处置安全事件。

最小特权原则。泛在连接是5G云平台的重要特征，不管是工业云还是物流云，二者都要实现人、机和物的全面连接，因此，最小特权原则尤为重要。最小特权的配置和管理可以管控各对象的互相访问，进而能控制、降低乃至杜绝高级权限的不当操作。

平衡性原则。无论哪种类型的网络，都难以达到绝对定义上的安全，安全性也不一定是最关键的需求，因此，要平衡用户需求和安全性。安全体系设计需要全面评估需求、风险与代价的关系，做到既安全可靠，又在实现层面合理。

遵从性原则。工业互联网系统是一个庞大的系统工程，其安全体系的设计必须遵循一系列的标准，这样才能确保各个分系统的一致性，使整个系统能够做到信息共享、互联互通。

技术与管理并重原则。安全体系是一个复杂的系统工程，涉及技术、人、应用等要素，单靠技术或单靠管理都不可能实现。因此，各种安全技术与运行管理机制、人员思想教育与技术培训、安全规章制度建设必须相结合。

建立和完善5G应用安全标准体系是一个系统性的工程，涉及“云－网－端－边”4个方面，要统筹兼顾，加强“云－网－端－边”4个方面的安全能力建设，信息集中监控和综合研判，建设“主动响应、动态感知、智能监控、全景可视”的5G应用安全保障能力，具体介绍如下。

（1）云

5G应用企业自建或托管的工业云、物流云、智造云和协作云等安全保障可分为网络、边缘、IaaS、平台即服务（Platform as a Service，PaaS）层和软件即服务（Software as a Service，SaaS）层5个层面。

工业云、物流云、智造云和协作云等系统存储了大量与工业生产资料相关的敏感数据，提供工业生产管理的服务因此极其重要，也更容易遭受更多外部的威胁。与一般环境的云服务相比，这些云系统应更加重视云服务的健壮性和应急恢复能力。

（2）网

5G网络包括5G的无线网、承载网和核心网及5G专有的切片等。网络运行稳定是5G应用正常运行的基础，由于5G网络的大带宽、低时延和广连接要求，所以5G网络的端到端都很重要，任何一个子网络出现异常，都会影响5G网络承载的应用，有可能导致应用运行达不到预期目的。因此，5G网络需要实现5G无线网、承载网和核心网的冗余备份、负载均衡或主备切换，保障5G网络在故障时能够自动快速应急，实现网络的无缝切换和稳定运行，保障5G应用的核心指标正常运行，不会出现大幅波动，实现5G应用的无感知稳定运行。

5G网络最开始在垂直行业进行推广，例如，制造工厂等，这些行业对网络的时延、抖动都非常敏感，因此，5G端到端网络需要能自动感知网络异常，自动快速切换到正常的链路，保障行业用户的5G应用可持续性和高可靠。

（3）端

5G网络终端是处于5G网络接入最末端的设备，数量最多、分布最广，包括工厂的AGV、摄像头、机器人和机械臂等。5G网络终端的稳定性、可靠性、安全性是生产正常运行的关键因素。首先，5G网络终端要耐受生产过程中的高温、湿滑、高辐射等恶劣环境。其次，5G网络终端应具备双卡自动切换的能力，如果主卡出现故障，则能够快速自动切换到副卡，保持5G网络的高可用性。最后，5G网络终端应具备一定的安全防护能力，防止出现网络安全和信息安全的风险。

5G网络终端的安全防护能力主要分为3个方面：第一，禁止使用弱密码，账号密码不能使用出厂默认设置；第二，加强5G网络终端的接入鉴权，增加对5G网络终端号码、位置等信息的认知，减少5G网络终端可能被非法仿冒和替换的风险；第三，加强对5G物联网号卡的管理，减少物联网卡未实名注册产生的被滥用风险。

（4）边

一般情况下，5G应用逐步会部署边缘UPF和MEC平台。其中，边缘UPF可能部署在运营商机房，也可能部署在用户机房；MEC平台可以是5G用户自建，也可以是5G用户租用运营商的平台。对于部署到用户机房的边缘UPF，要增强物理访问、远程访问、网络互访等方面的安全防护措施；对于MEC平台，要关注虚拟机、容器之间的边界访问、流量行为监测，以及IaaS、PaaS和SaaS层的虚拟化安全。

1.5 参考文献

[1] ITU, ITU-R M.2083—2015，IMT 构想 . 2020 及以后 IMT 未来发展的框架和总体目标 [R].

[2] ITU, ITU-R M.2410—2017，Minimum requirements related to technical performance for IMT-2020 radio interface(s)[R].

[3] ETSI, TR 137 910-2020,5G; Study on self evaluation towards IMT-2020 submission (V16.1.0; 5G; 3GPP TR 37.910 version 16.1.0 Release 16)[S].

[4] ETSI, TS 123 501-2021,5G; System architecture for the 5G System (5GS) (V16.7.0; 3GPP TS 23.501 version 16.7.0 Release 16)[S].

[5] ETSI, TS 138 300-2018,5G; NR; Overall description; Stage-2 (V15.3.1; 3GPP TS 38.300 version 15.3.1 Release 15)[S].

[6] ETSI, TS 138 211-2021,5G; NR; Physical channels and modulation (V16.5.0; 3GPP TS 38.211 version 16.5.0 Release 16)[S].

[7] 刘晓峰，孙韶辉，杜忠达，等 . 5G 无线系统设计与国际标准 [M]. 北京：人民邮电出版社，2019.

[8] ETSI, TS 138 331-2021,5G; NR; Radio Resource Control (RRC); Protocol specification (V16.4.1; 3GPP TS 38.331 version 16.4.1 Release 16)[S].

[9] ETSI, TS 138 213-2021,5G; NR; Physical layer procedures for control (V16.5.0; 3GPP TS 38.213 version 16.5.0 Release 16)[S].

[10] ETSI, TS 138 321-2021,5G; NR; Medium Access Control (MAC) protocol specification (V16.4.0; 3GPP TS 38.321 version 16.4.0 Release 16)[S].

[11] ETSI, TS 136 321-2017，长期演进技术（LTE）；演进型通用陆地无线接入（E-UTRA）；媒体接入控制（MAC）协议规范（V14.2.0; 3GPP TS 36.321，版本 14.2.0 发行版本 14）[S].

[12] ETSI, TS 138 322-2021,5G; NR; Radio Link Control (RLC) protocol specification (V16.2.0; 3GPP TS 38.322 version 16.2.0 Release 16)[S].

[13] ETSI, TS 138 323-2021,5G; NR; Packet Data Convergence Protocol (PDCP) specification (V16.3.0; 3GPP TS 38.323 version 16.3.0 Release 16)[S].

[14] ETSI, TS 137 324-2020,LTE; 5G; Evolved Universal Terrestrial Radio Access (E-UTRA) and NR; Service Data Adaptation Protocol (SDAP) specification (V16.1.0; 3GPP TS 37.324 version 16.1.0 Release 16)[S].

[15] 3GPP, 5g: A tutorial overview of standards，trials，challenges，deployment and practice[R], Technical Report TR38.913, 2016.

[16] 中国电信 . 中国电信 VoWi-Fi 网络技术现场试验现网测试规范 [R]，2016.

[17] IMT-2020(5G) 推进组，5G 承载网络架构和技术方案白皮书 [R]，2018.

[18] E. C. Filsfils, E. S. Previdi, L. Ginsberg, B. Decraene, S. Litkowski 和 R. Shakir, “Segment Routing Architecture[J],” RFC 8402, 2018.

[19] C. Filsfils, Ed., E. P. Camarillo, J. Leddy, D. Voyer, S. Matsushima 和 Z. Li, “Segment Routing over IPv6 (SRv6) Network Programming[J],” RFC 8986, 2021.

[20] 李振斌 . SRv6 网络编程：开启 IP 网络新时代 [M]. 北京：人民邮电出版社，2020.

[21] C. Filsfils, Ed., D. Dukes, Ed., S. Previdi, J. Leddy, S. Matsushima 和 D. Voyer, “IPv6 Segment Routing Header (SRH)[S],” RFC 8754, 2020.

[22] 中国电信股份有限公司，华为技术有限公司，灵活以太网技术白皮书 [R]，2018.

[23] Optical Internetworking Forum. “OIF Flex Ethernet Implementation Agreement: IA OIF-FLEXE-02.1[S]” .

[24] 中兴通讯 . 5G 行业应用安全白皮书 [R]，2019.

[25] 庞浩，何渊文 . 基于零信任的网络安全架构研究与应用 [J]. 广东通信技术，2022，42(2)：63-67.

[26] 郝梓萁 . 5G 新技术面临的安全挑战及应对策略 [J]. 信息安全研究，2020，6(8)：694-698.

[27] 全国信息安全标准化技术委员会 . GB/T 37988-2019 信息安全技术 数据安全能力成熟度模型 [S]. 中国标准出版社，2019.

[28] 绿盟科技，绿盟工业互联网安全能力框架 [R]，2020.

[29] 吴运腾 . 构建电信企业的信息安全保障体系 [D]. 重庆：重庆大学，2005.

[30] 陆燕，瞿燕萍，金晶，等 . 运营商在 5G 边缘计算的平台运营 [J]. 通信企业管理，2021(11)：72-74.

第2章

5G 网络规模部署

2.1 5G 从规划到规模部署路线

2.1.1 无线网

2019 年 5G 刚刚起步时，在无线网部署上，运营商都会优先考虑自身的成本投入、业务需求及终端普及程度等，然后判断建设的切入点。3GPP 提出适合国内使用的方案有 Option2 和 Option3x 两种。其中，Option2 为 SA 方案，其优点是能应用 5G 的多种新特性，例如，切片、uRLLC 业务等，但需要建设完整的 5GC 网元，且需要终端配合支持，该方案适合作为中远期的建设目标；Option3x 只须升级已有 4G 核心网少数网元和相关锚点的基站版本，即可按需建设 5G 站点，为局部区域提供高速的 eMBB 业务，大幅提升用户的使用体验，因此，Option3x 被全球多个运营商所接受。

在无线侧规模部署工作上，与以往 3G、4G 的规划类似，需要经历的步骤有：确认使用场景、设定覆盖和容量目标、了解所使用频段的频谱特性、了解 5G 的关键技术及确定关键参数等。

对于普通公众用户（to Customer，toC），5G 的应用场景以 eMBB 为主。除了常规的网页浏览、即时通信和手机游戏，高清视频将会越来越普及，同时更多用户会将 5G 终端用作宽带上网或临时热点；AR/VR 应用受限于软硬件的发展，其普及速度可能没那么快。

通过对用户应用的估计，可以进行覆盖目标和容量目标的设计，具体需要考虑的因素包括峰值速率、平均体验速率、连续覆盖的边缘速率、覆盖区域、用户移动性、用户激活比例、运营商的市场渗透率等。

设定覆盖与容量目标后，将根据自身获得频段的特性，通过链路预算和小区容量估算，得到满足上述目标的二者较大值来规划基站 / 小区数量。

同时，宏观层面需要考虑部署的网络架构（NSA/SA）和无线侧是否共享（多 PLMN[1]）等问题。如果决定使用 NSA 架构，则需要额外考虑对应的锚点规划和组网方案，例如，Option3 或者 Option3x 等；如果明确无线侧有共建共享需求，则需要额外考虑 gNB ID、跟踪区范围、双方锚点共享等关键参数设置原则。

1. PLMN（Public Land Mobile Network，公共陆地移动网）。

2.1.2 核心网

在5G网络的规模部署中，核心网更多扮演的是网络能力准备及网络资源准备的角色。5G核心网需要遵循以下原则。

- 5G核心网建设规模要以现网4G用户规模及增长速度为参照，充分考虑业务发展速度、批量用户开通等因素对网络容量的考验，保证5G核心网容量能够满足业务灵活性、容灾可靠性。
- 5G核心网建设规模需要充分考虑与4G网络共存的部署方案，4G向5G的演进涉及5G终端的普及度、渗透率及5G无线信号的覆盖程度，这通常需要很长的时间，4G、5G必将长期共存，此过程需要保证4G与5G用户在各种网络环境下都能正常使用。因此，5G核心网在部署建设阶段需要考虑用户4G接入、4G与5G互操作、4G与5G语音方案等多种情况。
- 5G核心网建设规模需要考虑存量用户迁移方案和业务开通方案。5G核心网在规模部署过程中，必然会经历用户数据迁移与演进的过程，同时想要发展5G业务，也需要存量用户进行业务开通，因此，需要考虑存量用户迁移方案业务开通方案，部署必要的网元与接口，以便进行相关的业务迁移。

根据以上原则，5G核心网的规模部署将依照以下路线。

- 通过现网4G用户规模，建立业务发展模型，根据业务发展模型、单网元容量、容灾组网设计等涉及的因素，确定5G核心网初步建设规模。
- 进行小范围部署，完成小规模5G核心网部署，核心网中需包含所有规模商用网络包含的网元。
- 通过手工制卡、手工迁移等形式在小规模5G核心网进行穿测联调，联调需包括基本业务联调、增值业务联调、端网协同测试、5G新能力联调、业务开通方案联调、容灾切换联调等，其目的在于通过联调发现网络部署的网络参数、组网方案、设备配置、接口参数等存在的问题，然后对这些问题进行调整，以便后续规模部署时继续使用。
- 进行规模建设，在小规模5G核心网测试通过后，沿用已确定的各项参数，按照设计的规模建设，使核心网规模达到一定商用规模。
- 业务割接上线，对现网的基站、业务开通系统、需要迁移的存量用户数据进行割接，使用户能按照5G网络设计的组网架构（例如，容灾局点与负荷分担局点）使用5G核心网功能。

● 网络优化，对实际运行中出现的问题进行持续优化、版本升级、整改等工作，将核心网建设得更完善。

● 业务扩容与冗余设计，实时监控业务发展情况，调整业务发展模型，针对容量不足、license（许可）量不足的情况做出预测，及时扩容网络，也可以进一步提升网络冗余性。

针对 5GC 的特性，进行新能力的迭代、测试与加载。5GC 与过去的移动网最大的区别在于高可靠、大带宽、低时延、广连接等特性，支持切片、CU 分离、5G LAN、路由选择策略（User Route Select Policy，URSP）等一系列适用于工业互联网、物联网等 toB 行业的功能，因此，5GC 在规模发展的过程中，除了需要时刻考虑 toC 的业务感知，还需要积极探索 5GC 新能力的迭代、测试与加载。随着协议版本的优化，核心网、无线、终端、承载网厂家的开发与升级，将会有越来越多的新功能得以实现，在规模部署的过程中，我们需要谨慎评估新功能部署的工作量、用户需求的急切程度、对现网带来的优劣、市场效应等，胆大心细地探索与测试新功能，并顺应甚至超越时代的发展，上线支持新功能，为 5GC 带来更多的商机。

2.1.3 承载网

在标准和设备成熟之后，5G 部署的节奏大致如下：前期聚焦“五高一地”（高铁、高速公路、高校、高密度住宅区、高流量商务区和地铁，共六大高流量和高话务场景）先行启动，划分不同区域模型，分别进行流量预测，按照“先排查、再优化，后建设”的原则，不断向前发展推进；R16 标准正式推出后进行大规模部署，继续扩大网络部署的广度和深度，结合无线覆盖、核心网组网架构演进和政企用户 toB 业务需求，满足 UPF/MEC 能力下沉需要。承载网的建设节奏应匹配 5G 的建设节奏，加强与无线网 /5GC/MEC 的衔接，网络设备部署节点要与 MEC 的布局统筹考虑，网络能力建设适度超前。

5G 承载网络规模部署可分为以下 3 个阶段。

● 第一阶段：以带宽扩容为主，5G 在 2019 年年底初步商用，5G 终端在 2019 年年底正式发布。该阶段的 5G 基站数量少，终端还不成熟，渗透率低，流量增长缓慢，带宽需求弱，接入层只须升级到 10GE，核心汇聚层按需 10GE 扩容即可满足流量增长需要，同时，现阶段 50GE 模块产业链尚不成熟，100GE 光模块成本较高，不具备大规模建设的条件；该阶段 5G 业务以 eMBB 为主，暂不部署 uRLLC；SR/EVPN 等新技术相较于 RSVP-TE 无明显优势，不具备现网部署的条件。

● 第二阶段：规模建设期，本阶段5G标准成熟，开始规模商用，终端数量增加，用户和业务量上升，随着规模增加，渗透率提高，流量逐步增大，承载管道带宽逐步提升，接入汇聚核心带宽需求全面爆发，100GE技术成熟，接入层按需部署50GE/100GE，核心汇聚全面采用100GE建网，随着FlexE、SR等新技术的成熟，5G承载网开始全面部署新技术。

● 第三阶段：成熟部署期，5G建设进入中后期，基站数量激增，对带宽需求旺盛，同时uRLLC业务开始部署，对低时延要求较高；低容量老旧设备逐步退网，接入层全面部署100GE，核心汇聚层开始部署200GE/400GE；全面部署FlexE、SRv6、EVPN，实现低时延、大带宽、灵活的5G承载目标网络，提升差异化服务能力。同时，该阶段进一步完善网管/控制器，实现业务自动开通、SLA可承诺、可保障，提高网络的智能化能力。

2.2 5G 规模部署的端到端痛点

2.2.1 无线网

根据工业和信息化部等十部委联合印发的《5G应用"扬帆"行动计划（2021—2023年）》，预计到2023年，我国5G应用发展水平显著提升，综合实力持续增强。5G用户普及率超过40%，用户数超过5.6亿。5G网络接入流量占比超50%。全国每万人平均拥有的5G基站数量达18个。由此推算，届时全国5G基站数量将超过240万个。根据国内目前建设的情况，可以预期中国移动独立建设120万个基站，中国电信、中国联通共建共享同等规模的基站。如此大规模的无线设备部署，将会面临不少困难，具体包括5G新频段特性的影响、小区SSB位置、TDD上下行配比和特殊时隙配置、不同天线型号Massive MIMO效果影响、额外的总体拥有成本（Total Cost of Ownership，TCO）考量（能耗要求、站址租金）等问题，相关问题说明如下。

1. 高频特性影响

为了达到5G较高的峰值速率，运营商一般会使用具有大量未分配频谱的3.5GHz频段或毫米波频段。在这些高频段内组网，与传统传播模型相比，最大的挑战在于传播损耗，例如，穿透损耗、人体损耗、植被损耗等，在使用毫米波频段时要额外考虑雨衰和大气吸收等影响（需要说明的是，频率在 60GHz 左右影响最大）。

2. 小区 SSB 位置

5G 无线小区由于带宽较大（低频最大为 100MHz，高频最大为 400MHz），考虑到在空闲态或业务态的邻区测量时可以更准确地测量到不同频域上的质量，因此，小区内 SSB 的位置可以灵活放置，一个小区内可以存在多个 SSB。这些 SSB 中只有 1 个与小区定义相关联，被称为 Cell-Defining SSB（即 CD-SSB），其他的 SSB 仅用作测量，被称为 NCD-SSB。目前，在国内运营商规模部署时，仅配置 1 个 SSB，然而为了减少异频测量，SSB 还需要全网统一规划。

3. 上下行配比和多天线技术

高频段的传播损耗远大于低频段，需要使用 Massive MIMO 这类多天线技术去弥补。然而为了让 5G 原生支持 Massive MIMO，在系统设计和无线参数上引入了大量新方案，需要在规划时考虑，包括 SSB 扫描、SSB 码本规划、开销信令和寻呼信令在波束上的重复等。同时，为了减少下行测量与上报带来的开销和时延等问题，5G 方案更多利用了 TDD 的上下信道互异特性，因此，需要全网统一规划好对应的上下行时隙配比。特别地，运营商在规划时还需要考虑连续下行符号数量和 SSB 波束数量的关系。如果不足以放置所有 SSB 波束，则会减少广播波束的数量，从而影响小区覆盖的范围。

4. 特殊时隙配比

由于 TDD 制式的特性，下行时隙和上行时隙之间必须插入 1 个特殊时隙，TDD 中的 14 个符号可以按需分为 3 类：下行符号、空余符号和上行符号。在现行主流版本中，下行符号数量需在 6 个以上才能满足调度下行数据的要求，否则只能用于放置 PDCCH，这样就会导致开销过大和资源浪费；而上行符号至少需要 2 个，用于终端发送 SRS 或者短格式 PUCCH。如果配置更多的上行符号，则可用于日后的快速上行数据响应，然而当前受限于终端的性能，暂时不会如此配置；另外，中间的空余符号主要用于分隔下行和上行作为转换保护带，其规划依据应基于区域的站间距。按理论计算，当前 FR1 使用 30kHz 子载波间隔时，一般配置 2 ～ 4 个符号，相当于站间距约为 21 ～ 43km[1]。

5. 能耗问题

随着带宽的增加，为了保持参考信号 RSRP 的覆盖性能，小区整体功率与小区带宽呈正比。由于应用了更复杂的编码技术、更灵活的调度需求，要求基带处理能力明显上升，5G 基站和小区的能耗会是 4G 的 5 倍以上。同时，由于高频段的深度覆盖能力相对低频段存在明显劣势，为了满足多种行业的业务发展，预期未来 5G 的站点和小区数量会远远大于 4G，因此，如何降低 5G 网络 TCO 将是网络规划需要考量的重点问题之一。

2.2.2 承载网

现有 3G/4G 承载网络由接入层、汇聚层及核心层组成，综合承载 3G/4G 移动业务和政企专线业务。以 4G 承载网为基础引入大容量设备和新技术构建承载网，两种承载网络不可避免地长期融合共存，网络和业务部署方案面临巨大的挑战。

- 5G 带宽需求更大，5G 基站要求承载网络下行 10GE/25GE 接入 DU，上行 100GE 组环。目前，上行 10GE 组环无法满足带宽要求，汇聚、核心设备转发性能有限，无法支持高密度大带宽的 100GE 链路组网。
- 5G 连接不确定性，边缘云业务下沉，业务网关位置从传统的核心层向接入层、汇聚层转移，需要灵活 L3 调度。目前，接入环采用 L2 组网，流量需要从汇聚设备绕行。
- 承载网协议过多，业务承载使用 VPLS/ 虚拟专线业务（Virtual Private Wire Service，VPWS)/L3VPN 等多种协议，业务分段打通，业务配置与设备强相关，配置复杂，继续使用当前网络协议架构，随着 5G 业务的增加，相关配置和维护会更复杂。
- 网络切片规模部署，FlexE 当前部署采用 IGP 多进程切片部署方案，总体上需要根据切片数配置对应的 IGP 进程，分配多套 Loopback/IP、多个 SID，同时，多个 IGP 进程间要配置路由互相注入策略，随着切片数量增加，增加 IGP 实例的网络部署方案无法接受。另外，由于当前 4G 承载网设备不支持硬切片，无法满足差异化业务发展要求，所以两个网络的对接互通使部署方案更复杂。
- 5G 网络维护智能化，相比 4G，5G 业务连接关系、数量和 SLA 需求均有巨大提升，

1. FR1 使用 *SCS*=30kHz 为例，1 个时隙时长为 0.5ms，其中包含 14 个符号，则每个符号时域长度约为 0.03571ms。当保护间隔空余符号数量设置为 2 时，保护间隔时长约为 0.0714ms。然后，光速乘以时域长度所得结果即为站间距，即此处 2 ～ 4 个符号的站间距约为 21 ～ 43km。

运维需要更加自动化和智能化，网络切片的部署也需要一套更可靠、更灵活的系统。

- 5G 基站要求高精度时钟同步，4G 承载网未部署 IEEE 1588v2，无法满足 5G 对时间同步的要求。

5G 承载网作为 3G/4G/5G 等移动回传业务的统一承载网络，受限于 5G 规模部署进度，针对上述难点，5G 承载网部署需要采取以下积极措施。

- 5G 承载网以新建为主，部署高密度、高可靠的路由器，接入层组建 10GE/50GE 接入环，汇聚、核心层使用 100GE/400GE 链路进行组网，保证网络满足 5G 业务大带宽需求。
- 网络简化，网络 L3 到边缘，保证多场景流量就近转发，避免到汇聚设备绕行。
- 协议简化，承载网部署 SRv6+EVPN 协议，EVPN 统一 L2/L3 业务承载，实现虚拟网络功能 (Virtual Network Function，VNF) 在云间的灵活迁移。基于业务需求创建 SR 隧道，灵活访问任意网络资源，应对 CU 位置的不确定性。同时，协议简化要考虑同时部署 EVPN + SRv6（优先）和 VPN + MPLS 双转发平面，采用 VPN + MPLS 方式兼容 4G 承载网不支持 SRv6 的设备，保证 4G/5G 业务互通需求和网络的平滑演进。
- 5G 承载网新建设备必须支持硬切片能力，根据 5G 业务需要，针对不同行业、用户及应用对 SLA 保障的差异化诉求，支持不同粒度、不同层次的切片方式。
- 运维简化、管控融合，统一运维，网络管控系统需要支持端到端多个维度（多层次、多领域及多厂家）的自动化业务发放。网随云动，根据业务变化动态创建 / 修改 / 删除云内 / 云间的网元，建立统一的管理控制和分析系统，实现端到端业务级别监控，实时收集告警、性能、设备状态、业务信息，保证网络状态可视，根据策略自动调整路径。
- 承载网络部署 IEEE 1588v2 和 SyncE，满足 5G 基站时间同步要求，并根据业务需要，部分节点可以考虑下沉时钟源到汇聚层或接入层设备。

2.3 5G 无线网规模部署

2.3.1 频段及小区频点规划

一般而言，运营商在选择频段时应首先考虑业务需求和获取频谱的成本。其中，FR1 的主要优势在于频段比 FR2 较低，深度覆盖能力更强，同时能提供 100MHz 带宽资源，满足基本5G速率需求，适合连续成片覆盖的组网目标；而FR2频段可以提供高达400MHz带宽的资源、更多的天线端口和SSB波束数量，波束赋形能力进一步加强，适合定点高容量热点需求。目前，中国市场主流使用的频谱是FR1的N78（3.5G TDD）、N41（2.6G TDD）及N1（2.1G FDD）共3种。

在小区SSB频点规划上，5G相对4G更加灵活，允许在小区带宽范围内动态放置SSB，而不必强制放在小区中央，甚至可以设置多个SSB位置。因此，SSB中心频点位置的规划问题也需考虑，在实际网络规划时，可以考虑以下两种方案。

- **放置在小区带宽中间位置**。例如，小区带宽范围为3400~3500MHz，SSB中心频点位置为3450MHz，此时频点号应设为630000[1]。这个方案的规划较为简单，SSB频点计算也容易理解，但由于SSB与PDCCH #0的频域位置有固定的映射关系，在此配置下PDCCH #0也会位于小区带宽范围的中间位置附近，可能导致下行资源调度时遇到不连续的PRB区间。如果是使用RBG为单位进行调度，则由于RBG中某些PRB被SSB和PDCCH占用而使整个RBG无法被调度，将会带来一定的系统资源浪费。
- **放置在小区带宽边缘**。这种方案可以使下行资源调度更高效，但也相对更复杂。假设要把SSB放置在小区带宽的下边缘（低频），需要先规划PDCCH #0的RB数。这个配置由主信息块（Master Information Block，MIB）中的PDCCH-ConfigSIB1信元的高4位（即CORESET#0）确定。其具体含义与小区SSB和PDCCH的SCS及带宽相关。CORESET#0配置表如图2-1所示。当SSB和PDCCH的SCS均为30kHz，最小带宽为5MHz或10MHz时，适用图2-1所示的设置。在标准中，该频段小区的CORESET#0的RB数有两种选择：24和48。时域连续出现符号数量为1~3个。当选择频域24个RB时，时域符号数量为2或3；当选择频域48个RB时，符号数量为1或2。最后一列的偏移值表示PDCCH #0的下边缘与SSB下边缘之间的偏置。如果打算尽量把SSB放置在小区的最下端，则相当于要选择这个偏移值最小的一项。仍以上述3.5G小区为例，如果计划设置PDCCH #0为48个RB，持续1个符号，同时让SSB尽可能靠近小区下边缘，则应该将CORESET #0设置为*Index*=10，SSB频点号设为627264[2]。

---

1. 根据3GPP标准，该频段的频点计算方法为（3450–3000）/0.015 + 600000=630000。
2. 计算过程如下：SSB自身占用20个RB，因此，其中心位置距离SSB下边缘10个RB，距离小区下边缘再加PDCCH #0的12RB偏置共计22RB。FR1 100MHz带宽小区SCS为30kHz，SSB中心频点应该距离小区下边缘至少需要22 ×12 ×0.03=7.92 MHz，即SSB实际中心频点距离小区频率下边缘3400MHz至少要大于7.92MHz。因为标准要求此频段内SA小区的SSB中心频点要满足同步栅格1.44MHz整数倍要求，所以最终SSB中心频点要被设为3408.96MHz，对应绝对频点号为627264。

索引	SSB 与 CORESET 复用图样	占用RB数 $N_{RB}^{CORESET}$	占用符号数 $N_{symb}^{CORESET}$	偏置（RB）
0	1	24	2	0
1	1	24	2	1
2	1	24	2	2
3	1	24	2	3
4	1	24	2	4
5	1	24	3	0
6	1	24	3	1
7	1	24	3	2
8	1	24	3	3
9	1	24	3	4
10	1	48	1	12
11	1	48	1	14
12	1	48	1	16
13	1	48	2	12
14	1	48	2	14
15	1	48	2	16

图2-1　CORESET #0配置表

2.3.2　帧结构规划

1. 速率需求

如果我们预期用户的主要应用场景是 eMBB，那么容量和覆盖设计可以参考下一代移动网络联盟（Next Generation Mobile Networks Alliance，NGMN Alliance）和 3GPP 提出的业务需求类型、分类，然后根据自身市场渗透率和成本因素，制定短期、中期与长期的目标。不同场景下，eMBB 业务性能需求见表 2-1。

表2-1　不同场景下，eMBB业务性能需求

使用场景	下行体验速率目标	上行体验速率目标	区域内下行容量/($bit \cdot s^{-1} \cdot km^{-2}$)	区域内上行容量/($bit \cdot s^{-1} \cdot km^{-2}$)	用户密度	激活因子	用户移动性	覆盖场景
市区宏站	50Mbit/s	25Mbit/s	100G	50G	10000/km^2	20%	行人及驾车（最高时速 120km）	全网
乡村宏站	50Mbit/s	25Mbit/s	1G	500M	100/km^2	20%	行人及驾车（最高时速 120km）	全网
室内热点	1Gbit/s	500Mbit/s	15T	2T	250000/km^2	—	慢速移动或固定使用	办公室、住宅

续表

使用场景	下行体验速率目标	上行体验速率目标	区域内下行容量/($bit \cdot s^{-1} \cdot km^{-2}$)	区域内上行容量/($bit \cdot s^{-1} \cdot km^{-2}$)	用户密度	激活因子	用户移动性	覆盖场景
密集市区	300Mbit/s	50Mbit/s	750G	125G	25000/km^2	10%	行人及驾车（最高时速 60km）	市中心
高铁	50Mbit/s	25Mbit/s	每车厢 15G	每车厢 7.5G	每车厢 1000	30%	高速列车内用户	沿铁路覆盖
高速	50Mbit/s	25Mbit/s	100G	50G	4000/km^2	50%	高速移动的用户	沿高速覆盖

需要注意的是，考虑到边缘速率目标以制定验收规范，在边缘覆盖目标上，可以参考目前的主流大流量业务需求，包括主流网站 1080P 视频码率，还可以参考并发用户数与成本预算等因素。一般认为，当前主流 1080P 视频码率需求为 4 ～ 6Mbit/s，4 个并发用户，边缘速率目标可以设定为 16 ～ 24Mbit/s。

2. 时延需求

虽然在建网初期可以只将 eMBB 业务作为首要目标，但由于 TDD 制式特性，上下行之间需按特定规则进行轮换，这个上下行时隙配置将对上下行速率（容量）和时延产生明显影响。5G 网络的设计将上下行配比进一步细化设置，除了延续 4G 的单一周期（以帧为单位），还引入了最多 2 个图样的配置，且不要求图样周期一致，但要求两个周期之和能被 20ms 整除。

规划时除了需要考虑上下行资源比例，还需要考虑两次上行之间或两次下行之间的最大平均间隔。上下行时隙配比的两种方案如图 2-2 所示，这两种方案分别代表了下行速率优先和顾及上行时延两种思路。

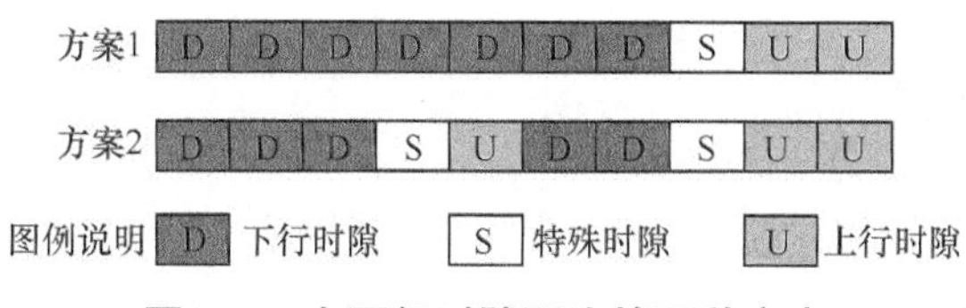

图2-2 上下行时隙配比的两种方案

其中，方案 1 为 5ms 单周期设计，特殊时隙 S 配置为 6 : 4 : 4，有 4 个上行符号用于在一定程度上弥补上行时隙 U 数量过少的问题，其优点在于下行资源较为充裕，而且空余符号数量为 4 个，消耗较少，且可以使用全部 8 个 SSB 波束，但其缺点是上行资源较少，且两次上行之间的时延相对较大。

方案 2 为 2.5ms 双周期设计，对应的两个特殊时隙 S 均配置为 8：4：2。可以看出，该方案中下行时隙 D 的数量较少，因此，需要将特殊时隙 S 的下行符号设置得更大，而且因为有 2 个特殊时隙 S，所以会有 8 个空余符号开销，同时只能使用全部 8 个 SSB 波束中的 7 个。其优点是上行资源更充裕，而且由于上行资源的间隔更紧密，所以时延可以得到更有效的保障。

3. 峰值速率

根据上述两个上下行时隙配比和特殊时隙的设置方案，以及 3GPP 终端能力标准相关要求，可以计算得到对应的理论上下行峰值速率。两个方案的峰值速率计算结果见表 2-2。由表 2-2 可知，在 100MHz 带宽小区，近点用户假设可使用下行 4 流和 256QAM，上行 2 流和 64QAM 调制解调，方案 1 比方案 2 具有更好的下行速率优势，但上行则有较大差距。

表2-2　两个方案的峰值速率计算结果

	方案1			方案2		
	下行速率	上行速率（NSA）	上行速率（SA）	下行速率	上行速率（NSA）	上行速率（SA）
最大层数	4	1	2	4	1	2
最高解调阶数	8	6	6	8	6	6
能力因子	1					
最大编码效率	0.926					
子载波间隔μ	1					
最大RB数	273					
开销比例	0.14	0.08	0.08	0.14	0.08	0.08
下行时隙数	7	7	7	5	5	5
上行时隙数	2	2	2	3	3	3
特殊时隙的下行符号数	6	6	6	8	8	8
特殊时隙的上行符号数	4	4	4	2	2	2
峰值速率/（Mbit/s）	1656	102	204	1369	147	294

4. SSB 波束数量

目前，标准（R16）中要求基站的每次 SSB 波束扫描（Beam Sweeping，BS）必须在 5ms 内完成，而 SSB 波束的发送时机共有 5 种图样形式，分别是 CASE A、CASE B、CASE C、

CASE D、CASE E。其中，CASE A、CASE B和CASE C适用于FR1，CASE D和CASE E适用于FR2。各个CASE的具体要求和设计原因简述如下。

- CASE A适用于15kHz的SSB子载波间隔，在3GHz以下频段，最大发送4个SSB波束，3GHz以上频段支持8个波束，在1个时隙的14个符号内发送2个SSB波束，因此，最多需要4个时隙（4ms）可完成一次轮发。
- CASE B适用于30kHz的SSB子载波间隔，与CASE A相同，在3GHz以下频段，最多发送4个SSB波束，在3GHz以上频段支持8个波束，在2个时隙、28个符号内发送4个SSB波束，因此，最多4个时隙（2ms）可发送完8个波束。
- CASE C同样适用于30kHz的SSB子载波间隔，也是在低频最多支持4个SSB波束，高频支持8个，但FDD和TDD制式的高低频分界点不同，最多在4个时隙（2ms）可发送完8个波束。目前，国内运营商主要使用CASE C。
- CASE D适用于120kHz的SSB子载波间隔，可发送位置最多有76个，但由于SSB index中仅有6bit，所以最大支持64个SSB波束。
- CASE E适用于240kHz的SSB子载波间隔，可发送位置最多有72个，同样受限于SSB index长度，最大支持64个SSB波束。

CASE B和CASE C的一个区别在于二者的4波束和8波束分界频点不同：CASE C将TDD制式中分界点降低到1.88GHz[1]，而CASE B则将TDD与FDD制式都设在3GHz。二者的另一个差异是每个SSB波束的起始符号不同，CASE B中SSB的起始符号为4、8、16、20，即在奇偶时隙中的位置有所不同，而CASE C的起始位置在不同时隙中都是2和8。CASE A、CASE B、CASE C中SSB位置示例如图2-3所示。

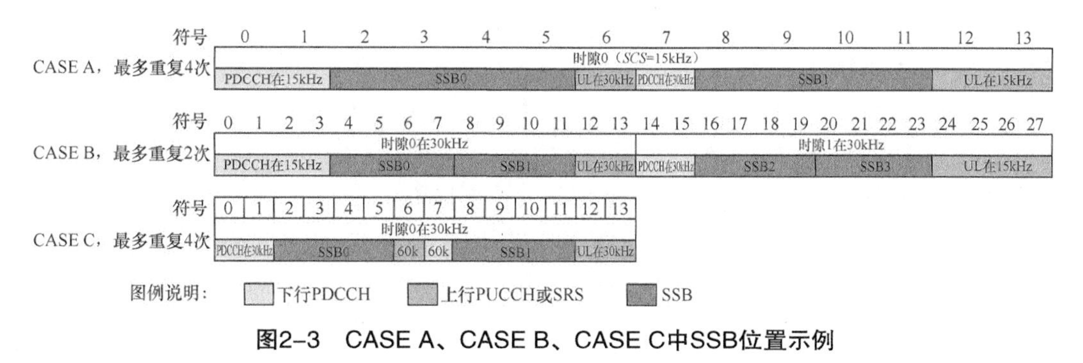

图2-3 CASE A、CASE B、CASE C中SSB位置示例

1. 实际上，在R15初期版本中，图样C的波束数量分界点同样为3GHz，但在中国移动等运营商的建议下，将TDD的分界点修订为2.4GHz。在R15后期版本中，TDD的分界点进一步下降到1.88GHz，而FDD依然维持在3GHz不变。

国内主要使用 100MHz 带宽的 FR1 小区，PDSCH 都将使用 30kHz 的子载波间隔，为了减少系统复杂性，SSB 也会统一使用 30kHz，因此，CASE A 不适用。对比 CASE B 和 CASE C 可以看出，二者的主要差别在于 SSB 的起始位置和间隔。在 CASE B 中，SSB#0 起始位置在符号 #4 上，前面预留的 4 个符号的设计本意是在 30kHz SSB + 15kHz 数据信道场景下使用。30kHz 中的 4 个符号相当于 15kHz 中的 2 个符号，刚好可以承载 1 个 PDCCH 位置。而在下 1 个时隙中，SSB#2 的起始位置前面仅预留 2 个符号可用于 30kHz 的 PDCCH。在偶数时隙的最后 4 个符号也是预留用作与 15kHz 子载波共存时的上行使用，例如，PUCCH 或 SRS（需包括上下行的切换保护间隔）。与之相似，在 CASE C 中，SSB#0 前面和 SSB#1 的后面仅预留 2 个符号，因此，只能用于 30kHz 的 PDCCH、PUCCH 或 SRS，但在 SSB#0 和 SSB#1 之间也预留了两个符号，由于这里刚好是 30kHz 子载波间隔的时隙中点，也可以是 60kHz 信道中两个时隙的边界，每个 30kHz 符号相当于 2 个 60kHz 符号。因此，这里的设计初衷是为了与 60kHz 数据信道共存时，可以放置 PUCCH、SRS 和 PDCCH 的位置。

结合上述 TDD 上下行配置方案，可以看出，在当前使用的 CASE C 中，需要完整的 4 个连续下行时隙（或者配置了 12 个下行符号的特殊时隙）才能完整发送全部 8 个 SSB 波束。因此，使用上下行配比的方案 2 时最多只能发送 7 个 SSB 波束。上下行配置方案 2 与图样 C 结合场景如图 2-4 所示。

图2-4　上下行配置方案2与图样C结合场景

2.3.3　组网架构

5G 网络的建设最终预期是所有运营商都会达到全面 SA 组网的架构，在建设初期仍可能会选择从 NSA 架构切入，从而实现快速建网开通的目标。

1. NSA 架构

NSA 架构主流使用的是 Option3/3a/3x 的组网方式。简单来说，这 3 种组网方式均被称为 EN-DC，即 EUTRAN-NR 双连接。这 3 种组网之间的重要区别在于决定数据分流节点不同，EN-DC 架构的 3 种方案如图 2-5 所示。

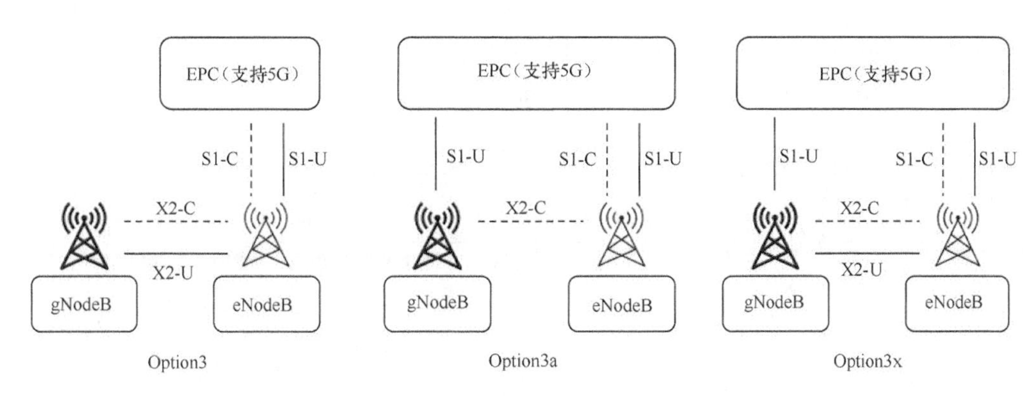

图2-5　EN-DC架构的3种方案

在Option3中，上行数据汇聚到4G基站后送往核心网，下行数据则统一先发送到4G基站，再由4G基站决定是否分流和分流多少到5G基站。其优点是核心网架构改动相对较少，用户面网元SGW/PGW不需要与5G基站建立连接；其缺点是对4G基站已有的硬件连接的带宽要求明显增大，无论是S1-U还是X2接口，都需要做扩容升级，成本较高。

在Option3a中，5G基站用户面直接与SGW相连，可以与SGW传输上下行数据，不需要配置X2-U接口，因此，此方案中的分流节点在SGW，而4G/5G基站之间不需要传输数据。其优点是可以节省大量X2带宽，4G基站的连接带宽需求与之前保持不变，其缺点是SGW需要承担分流任务，在实际网络中，由于核心网无法快速了解无线侧覆盖情况，难以快速改变分流比例以适配当时的覆盖环境。

Option3x可以认为是上述两种方案的综合，5G基站直接与SGW相连，也保持X2-U接口以便在4G/5G基站之间进行快速分流调整。此方案由5G基站进行分流，下行数据先到达5G基站侧，然后通过X2-U接口按需分流到4G基站。上行数据同样可以通过X2-U从4G基站汇聚到5G基站再统一传输到SGW。比较明显的是，在Option3x中，X2-U的带宽需求小于Option3，因为Option3x只须承担分流出来的小部分流量，同时SGW也不需要兼顾分流任务，架构改造工作较少，所以Option3x成为大部分运营商的首选。

选择了NSA组网方案后，需要规划4G/5G双连接时的锚点、5G信号显示、辅站分支的切入和去除门限等参数，具体介绍将在本章后面其他小节进行介绍。

2. SA架构

对比NSA，SA架构相对简单，不需要依赖4G的无线网或核心网，但需要新建完整的5GC关键网元（部分网元可通过原EPC网元升级实现），在涉及多运营商共建共享时，更能体现其便捷的优势。然而在 2019 年推出的部分 5G 终端可能仅支持 NSA 制式，且新型号终端也有另外的 SA 开关来控制是否打开 SA 功能。终端网络能力信元结构如图 2-6 所示。

8	7	6	5	4	3	2	1	
UE network capability IEI								octet1
Length of UE network capability contents								octet2
EEA[1]0	128-EEA1	128-EEA2	128-EEA3	EEA4	EEA5	EEA6	EEA7	octet3
EIA[2]0	128-EIA1	128-EIA2	128-EIA3	EIA4	EIA5	EIA6	EIA7	octet4
UEA[3]0	UEA1	UEA2	UEA3	UEA4	UEA5	UEA6	UEA7	octet5*
UCS2	UIA[4]1	UIA2	UIA3	UIA4	UIA5	UIA6	UIA7	octet6*
ProSe[11]dd	ProSe	H.245-ASH[10]	ACC-CSFB[9]	LPP[8]	LCS[7]	1xSR VCC[6]	NF[5]	octet7*
ePCO[15]	HC-CP CIoT[14]	ERw/o PDN[13]	S1-U data	UP CIoT[12]	CP CIoT	Prose-relay	ProSe-dc	octet8*
15bearers[21]	SGC[20]	N1Mode[19]	DCNR[18]	CP backoff	Restrict EC[17]	V2X PCS[16]	multiple DRB	octet9*
0	0	0	0	0 Spare	0	0	0	octet10*～octet15*

1. EEA0 ～ 7：4G 加密算法（EPS Encryption Algorithm，EEA）选项支持标记位。
2. EIA0 ～ 7：4G 完整性校验算法（EPS Integrity Algorithm，EIA）选项支持标记位。
3. UEA0 ～ 7：3G 加密算法（UMTS Encryption Algorithm，UEA）选项支持标记位。
4. UIA1 ～ 7：3G 完整性校验算法（UMTS Integrity Algorithm，UIA）选项支持标记位。
5. NF：Notification 功能支持标记位。
6. 1xSR VCC：语言业务 2G 网络呼叫连续性（1x Single Radio Voice Call Continuity，1x SR VCC）能力支持标记位。
7. LCS：地理服务（Location Services，LCS）支持标记位。
8. LPP：4G 定位协议（LTE Positioning Protocol，LPP）支持标记位。
9. ACC-CSFB：基于接入等级控制的语音业务回落（Access Class Control for CS Fall Back，ACC-CSFB）支持标记位。
10. H.245-ASH：在 SRVCC 切换后使用 H.245 编码（H.245 After SRVCC Handover，H.245-ASH）能力支持标记位。
11. ProSe dd/dc/relay：邻近业务（Proximity-based Services，ProSe）及其对应的直接发现（direct discovery，dd）、直接通信（direct communication，dc）和充当中继的能力支持标记位。
12. UP/CP CIoT：针对 4G 移动物联网（Celltlar Internet of Things，CIoT）的用户面（User Plane，UP）和控制面（Control Plane，CP）优化能力支持标记位。
13. ERw/o PDN：无 PDN 连接进入 4G 注册态（EMM-REISTERED without PDN connection）的能力支持标记位。
14. HC-CP CIoT：CP CIoT 的头压缩（Header Compression，HC）能力支持标记位。
15. ePCO：扩张协议配置选项（extended Protocol Configuration Options，ePCO）能力支持标记位。
16. V2X PCS：基于 PCS 协议的车联网通信（V2X communication over PCS，V2X PCS）能力支持标记位。
17. Restrict EC：增强覆盖的限制（Restriction on use of Enhanced Coverage support，Restrict EC）能力支持标记位。
18. DCNR：4G 和 5G 双连接能力支持标记位。
19. N1Mode：5G SA 能力支持标记位。
20. SGC：服务间隙控制（Service Gap Control，SGC）能力支持标记位。
21. 15 bearers：支持最大 15 个 4G 承载上下文的能力支持标记位。

图2-6　终端网络能力信元结构

要评估网络中终端对 NSA 或 SA 的支持能力情况，可以在网络侧通过深度包检测（Deep Packet Inspection，DPI）技术或核心网话单，提取 Attach（或 TAU）流程信令，检查其中的 ue-network-capability 信元，如果第 2 个字节（终端网络能力内容长度）小于 7，则该终端不支持 5G。如果第 2 个字节大于等于 7，则检查能力内容的第 7 个字节（对应图 2-6 终端网络能力信元结构中的 octet9*）的第 5 个和第 6 个 bit，分别表示 DC-NR 和 N1-mode 的支持能力，也就是该终端的 NSA 和 SA 网络的支持能力。

3. 共建共享下架构选择

鉴于 5G 小区的覆盖范围较 4G 要小，耗电达到 4G 的 5 倍左右，预期运营商在 5G 网络的投资成本会远大于 4G，因此，多家运营商共建共享网络的技术方案会逐步被应用。网络共享方案中包括无线网共享、承载网共享和核心网共享等。目前，国内主要以无线网共享为主，本节仅对无线网共享的实践进行讨论。

在共建共享的前提下，5G 无线网在选择部署 SA、NSA 或双模组网时，需要考虑更多的要素，具体如下。

- 在 NSA 组网架构下，5G 基站需要连接到多个运营商的 EPC，同时要与周边 4G 基站打通 X2 链路，并配置好对应的锚点和切换关系。而配置锚点时，还需考虑 5G 基站和 4G 基站是否属于同一厂家来选择单锚点独立载波、单锚点共享载波或双锚点方案。因此，该组网架构远比 SA 组网复杂，且无法提供 5G QoS、切片等进阶能力，但可以实现在热点区域快速部署 5G 网络，让用户体验高速数据业务，适合建网初期选用。在 NSA 组网下，控制终端显示 5G 信号是一个比较复杂的逻辑关系。全球移动通信系统协会（Global System for Mobile communications Association，GSMA）和 3GPP 为此进行了多次讨论，最终决定在 4G SIB2 消息中为每个 PLMN 增加 1 个比特的 upperLayerIndication（高层指示位）来提示终端已进入 5G 覆盖区域，但是否显示及何时显示 5G 标记则由终端（或运营商入网规范）决定。
- 在 SA 组网架构下，无线网共建共享相对简单，在基站配置到多个运营商 5GC 的连接，不需要考虑与 4G 基站和核心网的关系，但 NSA 终端或 SA 用户在接听 VoLTE 呼叫时无法使用 5G 网络。这种架构适合 SA 终端市场已经成熟且在网超过一定比例后选用。
- 在 SA/NSA 双模组网架构下，5G 基站需要同时按上述两个方案进行部署，这是最复杂的组网方式。其优点在于能同时满足 NSA 用户需求，也能实现 5G 的全面能力，适合在 NSA 组网向 SA 组网过渡时期使用。

SA 组网架构的共建共享相对简单，仅涉及 5G 共享站点。5G 共享站点分别连接参与共享的各方 5GC，而已有的 4G 基站可以不共享。但需要确保共享各方的核心网均已升级为 5GC，同时为了保障用户在 4G/5G 网络边界的体验，应该尽量部署 5GC 与 EPC 的 N26 接口和 5G QoS 流与 4G 承载的映射关系。

2.3.4 共建共享下 NSA 锚点部署

在 NSA 组网架构下，共建共享的锚点配置方案存在 3 种：双锚点方案、单锚点独立载波方案、单锚点共享载波方案。

1. 双锚点方案

由承建方建设 5G 共享基站，以双方原有的 4G 站点作为锚点基站。本方案的优点是配置比较简单，且 4G 站点不需要共享，不会影响各自原有的 4G 用户和 VoLTE 用户；其缺点是需要共享方 4G 基站与承建方 5G 基站同厂家。如果共享方在 5G 小区所在位置附近没有 4G 小区，则共享方用户在使用 5G 时体验较差。

在语音解决方案上，双方 NSA 用户的 VoLTE 业务各自回落至本方 4G 锚点基站，NSA 锚点小区直接承载 VoLTE 业务，时延无影响。

2. 单锚点独立载波方案

由承建方建设 5G 共享基站，并在自身 4G 基站中为共享方新建 1 个共享方频点的小区作为锚点小区。本方案的优点是双方用户体验达到最佳的一致性，且共享方相当于增加了 4G 的覆盖；其缺点是承建方需要承担额外的费用，包括 4G 基带处理板、信道处理板、小区相关功能许可证等，还要考虑 RRU、天线是否支持对方频段，4G eNodeB ID 是否与对方冲突等。在本方案中，NSA 用户的语音业务承载在锚点站各自独立的 4G 载波上，时延无影响，适用于共享方在 5G 建设区域的 4G 基站设备厂家与承建方不一致的场景。

3. 单锚点共享载波方案

由承建方建设 5G 共享基站，并将自身的部分 4G 锚点小区共享给共享方。本方案的优点是成本较低，部署简单；其缺点如下。

- 需要考虑省内 / 跨省双方 eNodeB ID 和 Cell ID 冲突。
- 带来跟踪区码（Tracking Area Code，TAC）冲突和造成“插花”问题（表示双方站点建设位置互有穿插或参数配置边界不规整）。

- 邻区配置和异频搜索会变得异常复杂。
- 为保障用户语音业务体验，使用 VoLTE 业务时需要回到运营商各自非锚点小区，造成时延增大。
- 承建方原有 4G 小区会引入更多的话务量，容易造成拥塞，而且当共享方周边 4G 基站出现故障时，共享锚点小区会出现严重拥塞，影响承建方用户。
- 需要更复杂的参数配置以避免共享方纯 4G 用户使用到共享锚点小区。
- 要求承建方和共享方在 4G 核心网的 QoS 签约配置保持一致。
- 共享方 5G 用户远离锚点小区要重选或切换回自身 4G 小区时，需要配置额外的异频策略。

4. 关键参数规划

选用双锚点方案的区域，双锚点方案关键参数规划原则见表 2-3。

表2-3 双锚点方案关键参数规划原则

共享站点	TAC	基站编号	PCI	PRACH
4G	不涉及		不涉及	
5G	承建方规划，共享方配合检查冲突问题		承建方规划	

选用单锚点独立载波方案的区域，单锚点独立载波方案关键参数规划原则见表 2-4。

表2-4 单锚点独立载波方案关键参数规划原则

共享站点	TAC	基站编号	PCI	PRACH
4G	双方按频点各自规划	双方共同规划，注意避免省际/省内ID冲突	双方按频点各自规划	
5G	承建方规划，共享方配合检查冲突问题		承建方规划	

选用单锚点共享载波方案的区域，单锚点共享载波方案关键参数规划原则见表 2-5。

表2-5 单锚点共享载波方案关键参数规划原则

共享站点	TAC	基站编号	PCI	PRACH
4G	优先考虑承建方方案，特殊情况双方协商处理	双方共同规划，注意避免省际/省内ID冲突	双方按频点各自规划	
5G	承建方规划，共享方配合检查冲突问题		承建方规划	

综上所述，共建共享各方在决定 NSA 锚点方案时，可以考虑以下优先原则。

- 一是共建共享各方在所在区域的 4G 基站设备为同厂家时，优先选择双锚点方案。
- 二是如果无法满足上述第 1 条，则共建共享各方根据成本预算、软硬件条件及所在区域负荷等情况共同协商决定。
- 三是确实需要使用单锚点共享载波方案时，共建共享各方应尽量避免在局部区域“插花”共享。

2.4 5G 核心网健壮部署

2.4.1 核心网健壮性架构

想要提供平稳的 5G 网络服务，重中之重是构建一个健壮的 5G 核心网，而要实现这个目标，就要从 5G 核心网基础架构开始说起。5G 核心网最显著的特征是云化核心网技术的使用。随着 NFV 的发展，运营商在 5G 部署上选择采用云化核心网架构。同时，随着 3GPP 5G R16 标准的冻结，5G 也正式走向规模商用。

面向 5G 的云化核心网需要充分利用云化及虚拟化技术，对核心网网络功能进行优化重构，从物理硬件层、网络层、云化虚拟层、网元业务层等多个层面实现弹性敏捷的云化网络。云化虚拟层使用无状态设计、微服务化、虚拟机容器等关键技术，构建具备高健壮性的云化核心网，实现系统组件高可用性、服务部署可靠、数据同步保护及备份可靠性等健壮性能力，具体包括以下技术方案。

1. OpenStack 高可用性（OpenStack High Available，OpenStack HA）

要实现云化虚拟层的健壮性，首先云化操作系统需要具备高度健壮性，5G 核心网充分利用 OpenStack（一个开源的云计算管理平台项目，是一系列软件开源项目的组合，目前 5G 核心网基于该技术进行云化）自身组件架构特性，实现对外提供服务功能的可靠性，总体架构可靠性需要通过以下 3 个部分的可靠性得以保证。

- API 服务可靠性，云化操作系统需要保证各组件 API 服务的连续性。
- 数据库服务可靠性，云化操作系统需要保证用户数据的完整性和可用性。

● 通信服务可靠性，云化操作系统需要保证架构内各组件间的通信连续性。

为了实现上述可靠性要求，OpenStack 中的服务组件需采用冗余部署方案，主要采用 active-active（主备双活）模式或 active-standby（主备）模式，OpenStack HA 示意如图 2-7 所示。

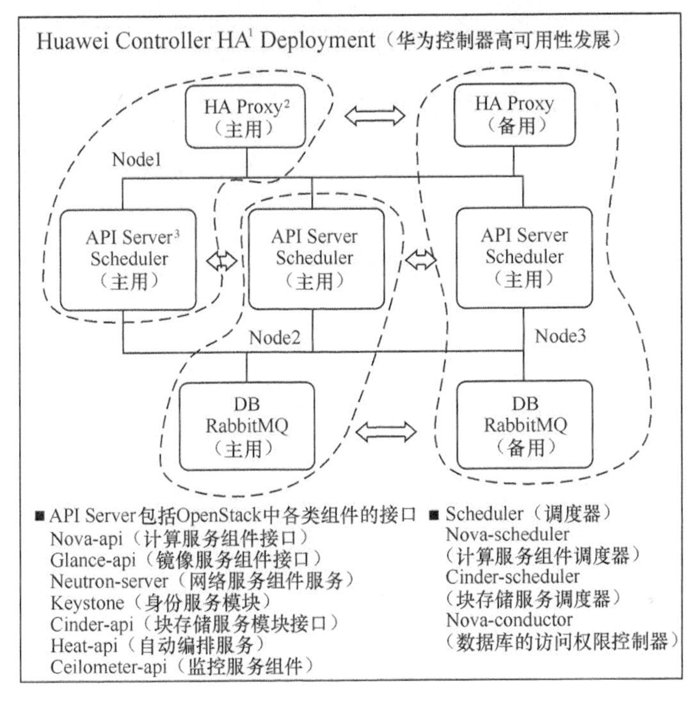

1. HA（Highly Available，高可用性）。
2. HA Proxy（一个使用 C 语言编写的自由及开放源代码软件）。
3. API Server（Application Programme Interface Server，应用程序接口服务）。

图2-7　OpenStack HA示意

以管理节点为例，图 2-7 中 HA Proxy 组件主要负责 Rest API 服务的负载分发，支持部署为 active-standby（主备）模式。

API Server 和 Scheduler（调度器）负责为虚拟机对外提供无状态服务，这两个组件通过负载均衡方式提供服务，支持部署为 active-active（主备双活）模式。

数据库采用 Gauss DB（高斯数据库），使用热主备方式，支持部署为 active-standby（主备）模式。

数据库中间件采用 RabbitMQ，使用热主备方式，支持部署为 active-standby（主备）模式。

图 2-7 中不同组件通过反亲和形式部署在相互独立的虚拟机中，当主用组件所在虚拟机出现故障时可由备用虚拟机承载业务，保证服务的可用性。实际部署时会部署多对组件节点，以确保更高的可靠性。

另外，网络节点支持部署为 active-active（主备双活）模式，计算节点支持部署为 active-active（主备双活）模式。

2. 服务部署可靠性

云资源调配服务（Cloud Provisioning Service，CPS）采用 Server&Client（服务端 & 用户端）架构模式，负责云化核心网中物理服务器的服务部署、升级（包括服务器操作系统）及服务器状态的监控。云数据中心 CPS 逻辑架构及部署方式示意如图 2-8 所示。

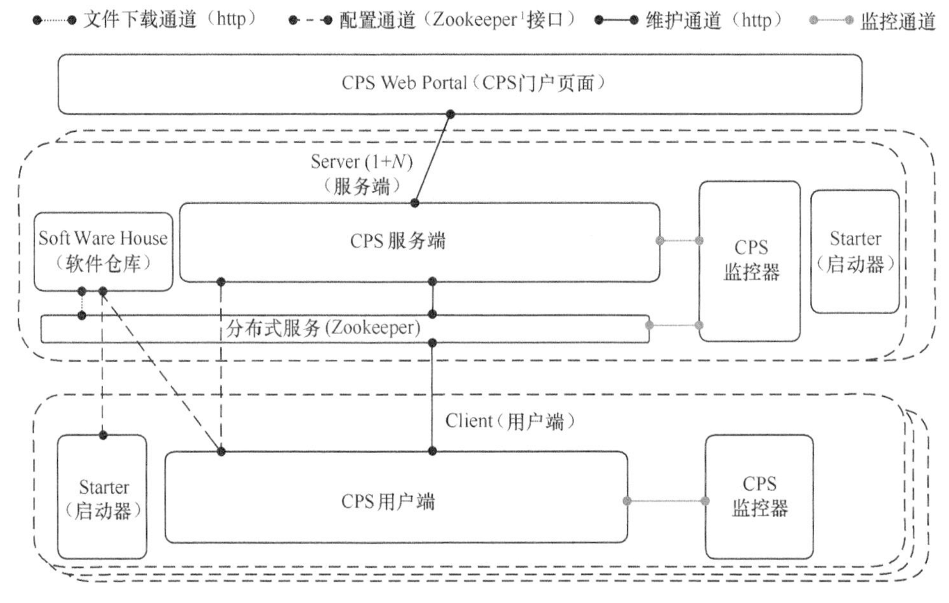

1. Zookeeper 是一款分布式应用程序协调服务。

图2-8　云数据中心CPS逻辑架构及部署方式示意

CPS Client 部署在每台服务器上，监控 Host 服务器操作系统中部署的服务，当服务器中部署的服务发生故障时，CPS Client 将重新启动该服务。另外，CPS Client 会定期向 CPS Server 发送心跳，当 CPS Server 检测到 CPS Client 的心跳丢失超过阈值时，可判断出 CPS Client 所在服务器发生故障，通过虚拟机的高可靠性能力在其他服务器上重新拉起原故障服务器上部署的虚拟机。

而 CPS Server 则采用集群模式部署，通常部署在 3 ～ 7 台服务器上，通过 Zookeeper 组件选出主用 CPS Server，以此保证 Server 节点的冗余性与健壮性，确保能在 CPS Client 异常时及时提供服务。这种架构保证了服务部署的可靠性。

3. 数据同步保护及备份机制

为了保证用户数据的完整性与可用性，云化操作系统对系统组件及各个节点的数据具备数据同步保护机制及备份机制，通过冗余保存的方式，保证数据的高可靠性。根据冗余保存方式和应用场景不同，管理数据和业务数据同步保护机制及备份机制不同，具体说明如下。

（1）数据同步

一方面，数据同步能力依赖于管理系统本地的高可靠性，例如，ManageOne 组件支持故障自动快速微损切换，且管理节点 ManageOne 采用集群部署，节点的数据库和配置文件等被修改后会实时同步到其他集群节点。当集群某节点发生故障时，其他节点自动接管业务，确保数据不丢失。其中，业务指标参考值为：故障数据丢失时间（Recovery Point Objective，RPO）小于等于 10 分钟；从发生故障开始执行倒换到容灾站点接管业务历时（Recovery Time Objective，RTO）小于等于 30 分钟。

另一方面，数据同步能力还可以通过管理系统异地容灾部署实现，例如，ManageOne 组件支持异地容灾，提供 1 对 1 容灾能力，分别在生产站点和容灾站点部署 ManageOne。生产站点的 ManageOne 的数据周期性备份到第三方备份服务器。当主站点发生故障时，管理系统可将第三方备份服务器中的数据恢复到容灾站点中的 ManageOne，切换到容灾站点接管业务。

（2）数据备份

NFV 解决方案支持将节点中的数据通过手工备份或自动备份的方式备份到本地或第三方备份服务器上，数据备份示意如图 2-9 所示。维护人员在对系统进行重大操作（例如，升级、重大数据调整等）前或面对相关管理系统发生故障时，支持通过备份文件恢复全系统管理数据，快速恢复业务，保证系统的可用性，保证对业务的影响降到最低。

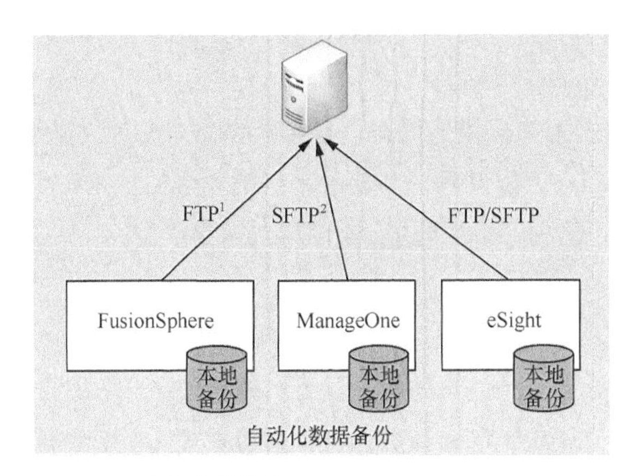

1. FTP（File Transform Protocol，文件传输协议）。
2. SFTP（Secret File Transfer Protocol，安全文件传输协议）。

图2-9 数据备份示意

备份数据除了保存在管理节点内，还可以保存到第三方存储设备，第三方存储设备包括 FTP 服务器等。数据备份支持定时备份和手工备份两种，备份数据最大保存份数、定时备份时间、第三方存储设备路径等可以根据应用需求进行调整。当需要恢复数据时，根据用户指定的备份文件，管理节点可以自动恢复到备份时间时的数据。

运营商维护人员可以在以下场景对各组件数据进行备份，以便组件在出现异常情况时能够快速恢复数据。

- 日常维护，通过手工备份或采取自动备份任务的方式实现管理数据定期备份，在系统异常时，通过最近时间点备份文件恢复全系统管理数据。
- 升级服务实例前，通过手工备份管理数据，备份正常运行状态的管理数据，在业务升级出现异常时快速停止升级操作，并恢复业务。
- 重大业务调整前，通过手工备份管理数据，方便在组件出现异常情况时，快速停止和恢复数据。

4. 数据一致性审计

云化操作系统架构可以提供数据一致性审计功能。除了系统本身针对关键资源提供的自审计和恢复能力，还支持系统定时和手动执行虚拟机、网络等关键资源的数据一致性审计，一旦审计发现异常，云化操作系统会自动生成审计报告和告警，并针对记录情况提供

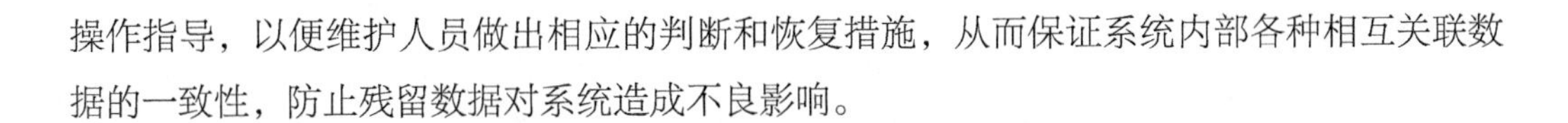

操作指导，以便维护人员做出相应的判断和恢复措施，从而保证系统内部各种相互关联数据的一致性，防止残留数据对系统造成不良影响。

5. 黑匣子

云化操作系统中虚拟化软件和虚拟化管理软件支持黑匣子功能，在管理节点或者计算节点出现系统崩溃、内核 panic（内核错误，通常是指 Unix 或类 Unix 操作系统在监测到内部的致命错误，并无法安全处理此错误时采取的动作）或异常故障复位等状态时，会将“临死信息”备份到本地目录，用于后续故障定位。

黑匣子主要用于收集并存储安装了欠电压保护（Under Voltage Protection，UVP）的管理节点和计算节点操作系统异常退出前内核日志和诊断工具中的诊断信息等数据，以便操作系统宕机后，系统维护人员能将黑匣子保存的数据导出，并分析系统异常的原因。

黑匣子可以使用非易失性存储硬件作为存储介质，黑匣子信息收集功能实现需要单板硬件提供相应的存储设备，包括随机存储器（Random Access Memory，RAM）等。如果硬件不能提供非易失性存储设备，则黑匣子可通过 kdump 组件导出存储介质中的日志并存储到本地目录。

6. 进程“僵死”保护

进程在运行的过程中，可能会因为进程内部流程死锁、底层软件代码漏洞等异常原因出现进程仍在运行，但不提供服务的情况。此时，对于管理节点而言，如果判断方式有误，仍然认为进程正常不需要接入处理，则有可能进一步影响业务，这种状态叫作进程“僵死”。云化操作系统通过增加关键进程“僵死”保护机制，检查出处于“僵死”状态的进程，并自动将处于“僵死”状态的进程重新启动，从而让进程恢复正常。

7. 故障快速上报

OpenStack 原生告警机制检测周期和上报周期均为 1 分钟，即组件、虚拟机或进程出现故障时，最长可能用 1 分钟才能发现故障。通过增强扩展 OpenStack 原生告警上报机制，OpenStack 运行管理系统（Openstack OM）继承原生告警组件，实现业务故障告警主动上报和关键业务故障秒级上报。

8. 网络路径全冗余

目前，运营商使用的云化核心网按照层次划分，可以分为核心层、汇聚层、接入层和虚拟网络层。网络路径全冗余示意如图 2-10 所示。

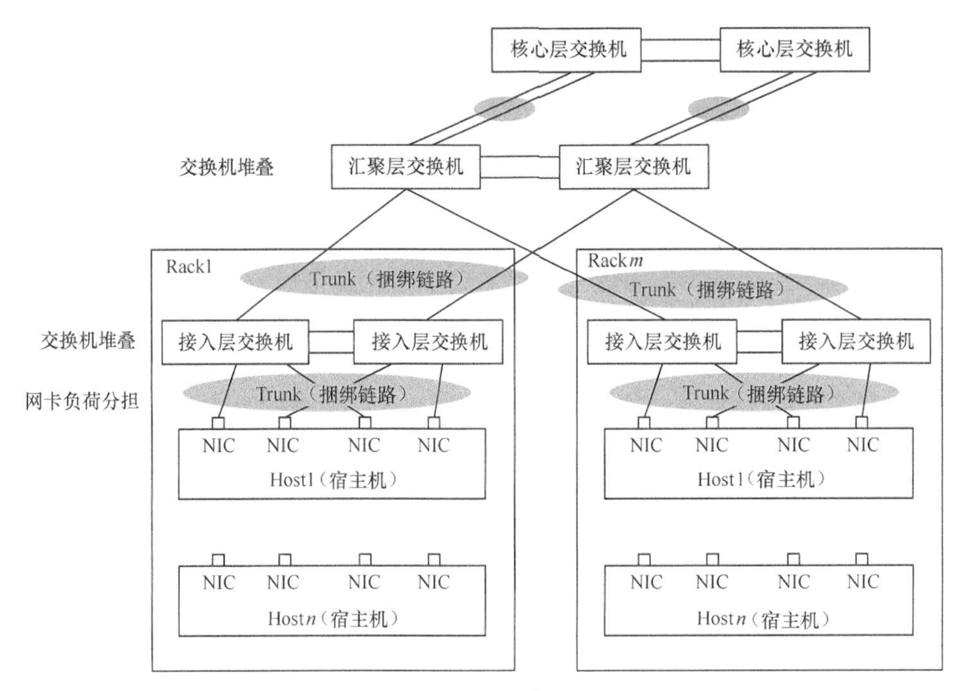

图2-10　网络路径全冗余示意

核心层交换机主要完成数据中心内部的通信互联，同时负责数据中心对外网络出口。通过使用路由器集群，保证与上联路由交换设备及下联路由交换设备链路的冗余性，另外，核心层交换机在数据中心内部使用虚拟可扩展局域网（Virtual extensible Local Area Network，VxLAN）+ 以太网虚拟私有网络（Ethernet Virtual Private Network，EVPN）方案时，可作为内部接入层交换机 VxLAN 网关，实现跨 VxLAN 网络标识（VxLAN Network Identifier，VNI）/ 跨广播域（Bridge Domain，BD）通信。核心层交换机采用常用的动态路由协议或者静态路由协议的方式同上层设备对接。

汇聚层交换机位于各个数据中心机房内部，完成本数据中心内各接入层交换机的流量汇聚，根据不同运营商的部署方案，汇聚层交换机可与核心层交换机通过三层网络互通，与接入层交换机通过二层网络互通，或仅提供二层网络汇聚能力。这种交换机堆叠或主备容灾技术保证了对外与核心层交换机及数据中心内接入层交换机连接的冗余。

接入层交换机直接与服务器网络相连，负责服务器的网络接入，在VxLAN技术下承担虚拟机网关功能。这种交换机对接或其他负载技术，保证对外与汇聚层交换机及对内与物理服务器连接的冗余。

虚拟网络层在服务器内部，负责服务器承载的虚拟机内部通信及与外部虚拟机之间的通信，采用的是多网卡绑定及虚拟网卡映射技术，将虚拟网卡映射到特定的一组物理机网卡上，再通过冗余链路与接入层交换机连接，可有效避免网卡故障场景下业务中断。

9. 网络分平面通信

为了实现组件之间的通信和业务数据交换网络的可靠性，除了在设备的物理设计上进行链路冗余、还在硬件服务器与虚拟机上实现高可靠性部署，在逻辑网络平面上进行逻辑平面划分，以避免网络发生故障时所有业务都受到影响。网络分平面通信示意如图2-11所示，云化操作系统通信平面分为4类，分别是管理平面（Internal Base）、存储平面（Storage Base）、业务平面（Tenant Base）和硬件管理平面（IPMI Manage Base）。

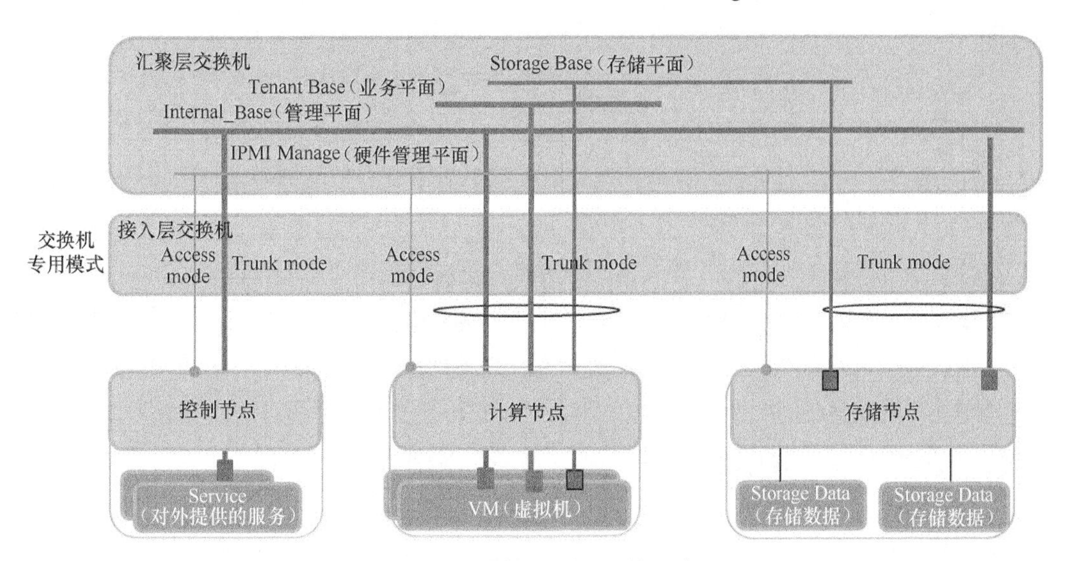

图2-11 网络分平面通信示意

其中，管理平面用于承载控制节点与业务节点之间的API消息流量，即云化操作系统与组件对外接口流量；业务平面用于承载虚拟机业务数据；存储平面用于承载业务节点与存储平面的通信；硬件管理平面则用于承载服务器硬件管理消息。

为了保证各种网络平面数据的可靠和安全，在云核心网架构的多网络平面架构方案中，不同平面间采用 VLAN 进行隔离，单个平面的故障不影响其他平面继续工作。例如，当管理平面暂时发生故障时，业务平面仍能够正常传输业务数据。另外，系统还支持基于 VLAN 的优先级设定，使管理平面具有更高的优先级，在网络存在拥塞时，管理平面仍能够正常转发数据，便于维护人员控制系统。

服务器内部可将多个网卡进行绑定分类，区分管理网卡、业务网卡、存储网卡，对于服务器而言，其硬件管理口通常为固定位置，无法改变。为了配合网络平面划分，云核心网中对接入层交换机加以分类，分类方式与平面网络划分的方式相同，具体分为管理交换机、业务交换机、存储交换机和硬件管理交换机。不同平面的网卡连接到不同网络平面的接入层交换机接口上，实现物理层面的网络隔离。

10. 虚拟化及微服务架构健壮性

除了利用云化架构自身组件健壮性技术，云化核心网也可以引入通用的云计算技术健壮性方案，在虚拟化业务层制定不同虚拟机的状态、角色、规格，发挥云化技术的健壮性优势。

无状态化设计是指通过冗余部署，部署多份完全对等的业务处理单元，请求发送到任一处理单元都能获得相同的处理结果，实现业务处理单元的无状态设计。在这种设计下，业务处理单元可以进行弹性伸缩，同时任意单个或多个业务单元故障对业务无影响，从而提升了虚拟化软件的弹性和健壮性。

服务化解构是指根据业务场景和网络功能，将网元软件功能划分为独立的微服务，并通过虚拟化软件进行承载，但是划分的粒度并非越小越好，重点是提升网元软件的部署和扩容的效率，减小服务故障的影响面。因此，划分的微服务具备一定的整体性和重用性，这样不会导致微服务间有过多依赖及交互，同时可以减少微服务的种类，使部署、扩缩容、故障处理变得敏捷，健壮性得到提升。

另外，云化核心网中引入容器，容器作为轻量级虚拟化技术的承载设备，在资源效率、性能、部署和启动速度、可迁移性等方面有着明显优势，在部署服务时，我们不需要拉起一套完整的虚拟机，只须拉起轻量级容器。当然，相比容器，虚拟机长期使用的虚拟化技术仍然具有安全性、资源隔离性的优势。因此，我们更多使用的是容器对微服务进程进行封装并通过虚拟机承载，从而使系统获得更好的健壮性。

11. 网元组网健壮性架构

随着5G的快速发展，物联网、自动驾驶、VR等业务带来了海量数据转发和业务持续在线等新的网络要求。企业、个人对业务系统的依赖程度越来越高，业务的连续性和灾难保护的重要性也日渐凸显。另外，在引入硬件和虚拟化层后，云化网元故障概率增加，业务网元自身可用性要求相较于传统核心网产品要求变得更为严格。

5G核心网部署区域示意如图2-12所示，5G核心网容灾通常采用跨数据中心（Data Center，DC）的地理容灾，即在不同地理位置的数据中心部署5G核心网。跨DC容灾组网中包含NSSF、NRF、融合PCF/策略与计费规则功能（Policy and Charging Rules Function，PCRF）、融合UDM/HSS、IWF、新一代计费网关（New Charging Gateway，NCG）、SMSF、融合SMF、用户网关—控制面功能（GateWay Control plane，GW-C）、AMF及UPF、用户网关—用户面功能（GateWay User plane，GW-U）等网元。

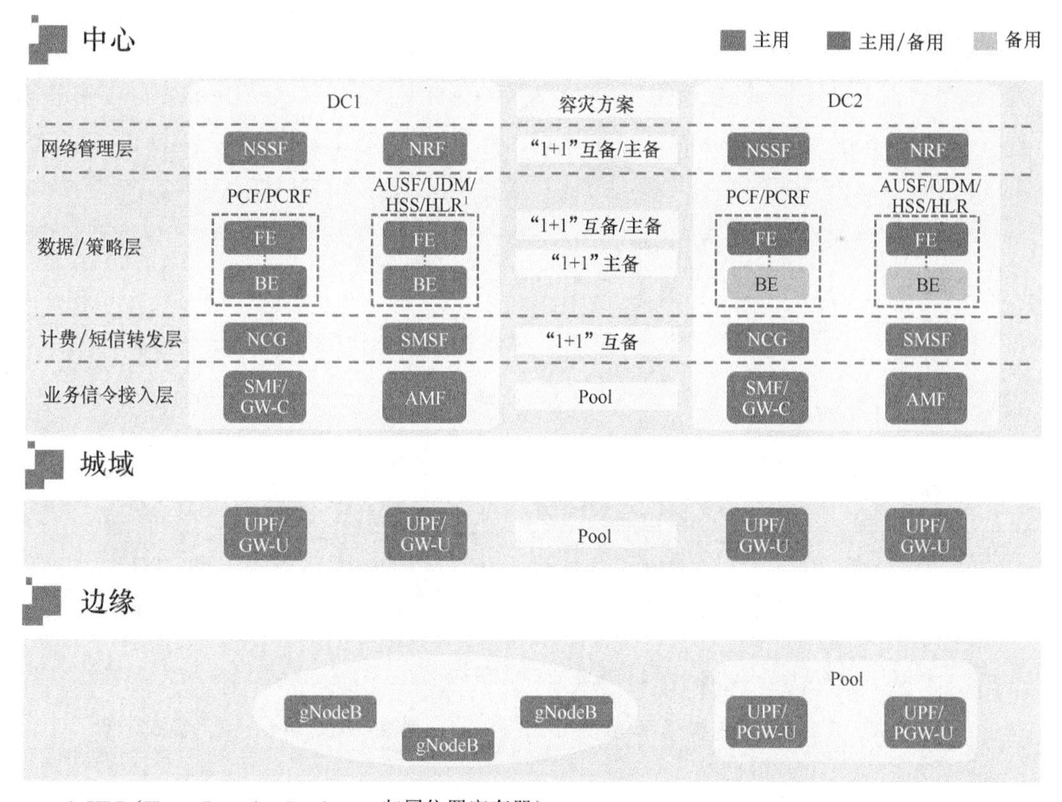

1. HLR（Home Location Register，归属位置寄存器）。

图2-12　5G核心网部署区域示意

从部署位置上来看，5G 核心网控制面网元部署在中心区域，用户面网元 UPF/GW-U 为了适应大带宽、低时延的 5G 业务，可分别部署于中心、城域和边缘。例如，如果 UPF/GW-U 服务于用户的互联网访问，则部署于中心或城域；如果 UPF/GW-U 服务于企业园区网络访问，则下沉到边缘位置。

5G 核心网网元支持的容灾模式包含“1+1”主备模式、“1+1”互备模式、Pool 模式 3 种。

“1+1”主备模式示意如图 2-13 所示。“1+1”主备模式即 2 个网元部署在不同 DC，正常情况下仅主用网元处理用户业务，另一个备用网元不承载用户业务。如果主用网元出现故障，则由备用网元承接业务。以 PCF 为例，为了保证在主用网元发生故障时，备用网元能正常承接用户语音业务，主备 PCF 间还需要配置会话绑定与同步，保证主备网元用户动态数据一致。典型网元有 NRF、NSSF、UDM、PCF，但在实际业务拓扑中，除了 UDM、PCF 这类用户数据网元，为了避免网元负载不均衡造成资源浪费，通常会按照 DC 配置优先选用主备模式。

“1+1”互备模式示意如图 2-14 所示。“1+1”互备模式即 2 个网元部署在不同 DC，正常情况下两个网元都要工作，均处理业务。2 个网元间按需配置数据备份关系，如果一个网元发生故障，则由另一个网元接管业务。典型网元有 BSF、UDM FE、PCF FE，其中，BSF 最具有代表性。BSF 网元用于 IMS 语音域向 5GC 特定用户会话下发策略时，向 IMS 侧网元提供正确的业务路由，BSF 通常部署为“1+1”互备模式，这是为了保证 IMS 网元无论通过哪一台 BSF 都能正确寻址，互备的 BSF 之间通过会话备份，保证用户会话绑定信息可以同时在两台 BSF 上。

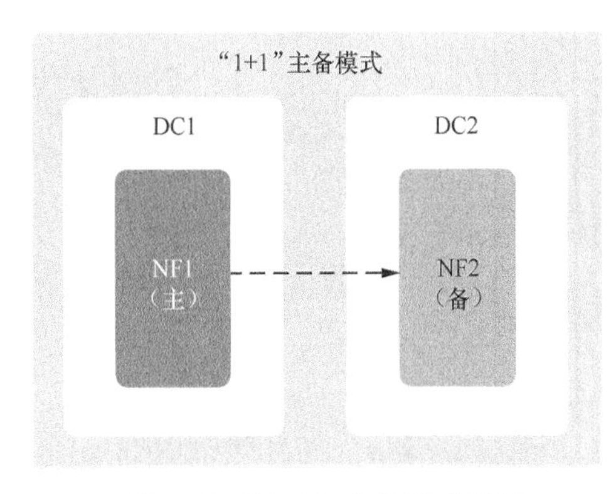

图2–13 “1+1”主备模式示意

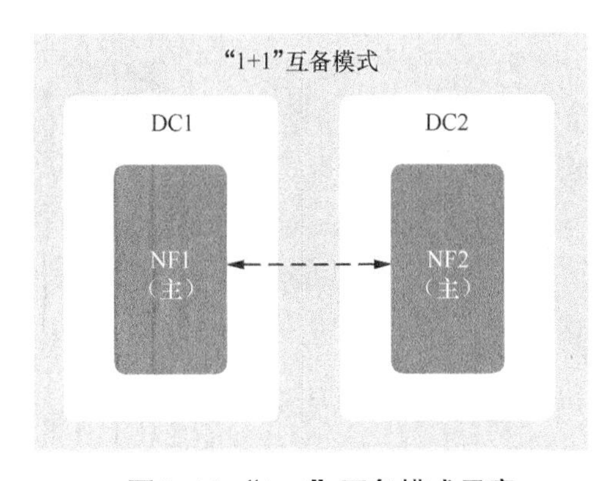

图2–14 “1+1”互备模式示意

Pool 模式示意如图 2-15 所示。Pool 模式即多个网元组成一个业务 Pool。正常情况下，Pool 内各网元共同处理用户业务。如果一个网元发生故障，则由其他网元接管业务。典型网元包括 AMF、SMF、UPF，如果需进一步划分业务组网，则 Pool 模式还可以按各类划分原则继续划分，例如，地理位置、业务种类等。

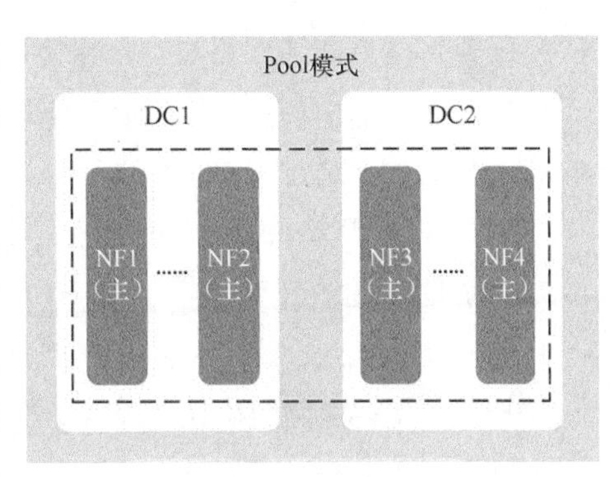

图2-15 Pool模式示意

网元间的链路探测机制是网元间业务容灾是否切换的重要判断依据之一。如果网元通过链路检测到对端网元故障，则各网元会根据业务情况切换到可用的网元上。5G 核心网接口示意如图 2-16 所示。5G 核心网中网元间对接的接口分为服务化接口和非服务化接口，不同的接口采用的通信协议和探测机制不同。

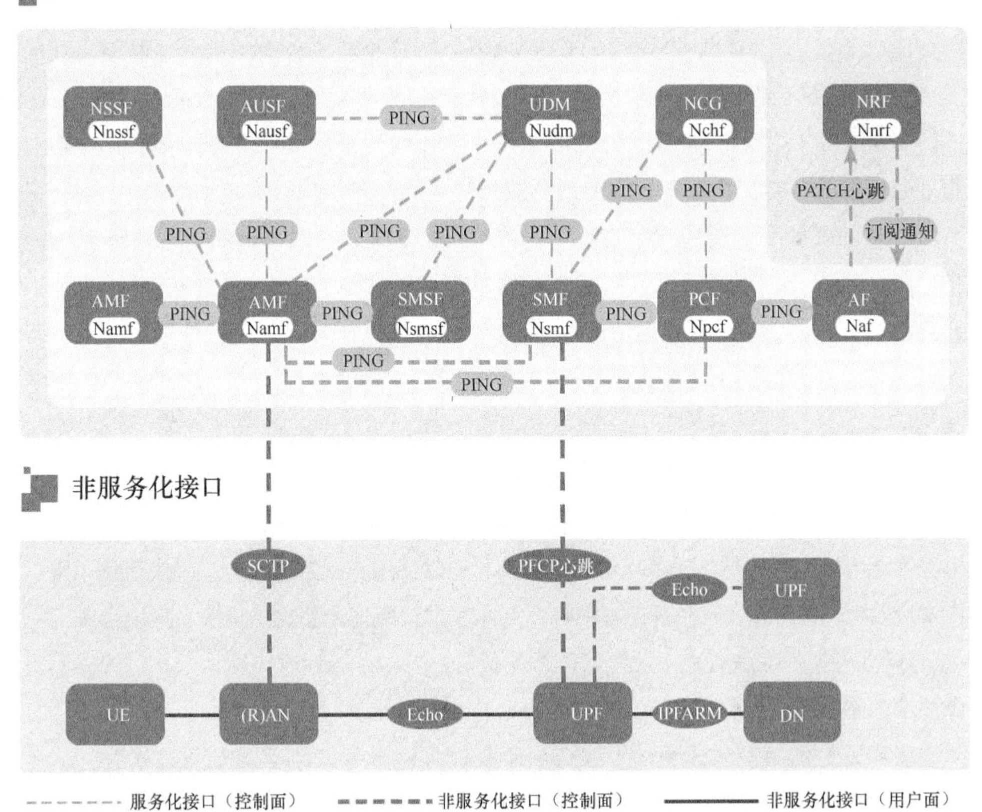

图2-16 5G核心网接口示意

服务化接口间通过超文本传输协议（Hyper Text Transfer Protocol，HTTP）互通，网元间链路通过 PING 探测或者通过 NRF 的订阅通知功能实现对接网元故障状态的感知。而 NRF 与周边网元通过 HTTP 互通，NRF 通过 PATCH 心跳感知周边网元的状态，当 NRF 将某 NF1 状态设置为 suspended（暂停），NRF 会将该信息通知到订阅其状态的网元 NF2，由 NF2 决定是否将业务切换到可用的 NF1 上。

非服务化接口之间则通过流控制传输协议（Stream Control Transmission Protocol，SCTP）、报文转发控制协议（Packet Forwarding Control Protocol，PFCP）、适用于用户面的 GPRS 隧道传输协议（GPRS Tunnel Protocol Userplane，GTPU）、互联网控制报文协议（Internet Control Message Protocol，ICMP）等互通，网元间链路状态通过 SCTP 偶联心跳、PFCP 心跳等链路检测机制实现。

12. 硬件架构健壮性

在建立了灵活、健壮、高可用的软件架构后，5G 核心网庞大的计算、网络、存储能力的基础硬件设施的健壮性也备受考验。在云化核心网架构下，硬件通常包含通用服务器、磁阵、交换机及路由器。为了保证硬件架构的健壮性，通常以双节点部署、异地容灾、主机组划分等方式，避免各级别较小范围的故障对硬件设备带来较大范围的故障。

双节点部署能有效避免单节点、整局点故障对 5G 核心网的影响。硬件部署时需要考虑单节点、整局点故障场景，例如，业务出口路由器故障、局点云化操作系统故障、局点关键链路断链等，为了避免上述情况对 5G 核心网业务带来冲击，通常使用双节点部署（如果条件允许，则推荐使用多节点部署）。双节点部署架构通常要求节点之间的硬件资源、组网架构完全一致，并具备单节点承载全部业务的能力，以便故障节点在短时间内无法恢复业务的情况下，双节点部署架构可用于抢通业务。

异地容灾能有效避免单机房 / 整机房故障对 5G 核心网的影响。为了避免整机房掉电、自然灾害等不可抗力因素对单一节点带来的影响，通常使用异地容灾的方式来规避该风险。该方案要求运营商将 5G 核心网部署在与中心节点地理位置距离足够远的机房。异地容灾除了可对 5G 核心网业务备份，重点在于对存储数据的备份，其中，异地容灾这种方式可按需引入远程镜像技术、快照备份技术等存储备份方案。

主机组划分能够有效避免单台服务器承载过多网元业务或单网元业务分散在过多服务器。该措施能有效避免单台或多台服务器出现故障时，单台服务器同时承载多个网元的关键进程，导致对大量网元造成业务影响。主机组按照网元类型进行划分，可有效控制服务器出现故障时的影响范围。

2.4.2 5G 核心网应急预案

应急预案是指为了防止网络正常运行中突然发生重大通信故障，导致大面积用户受到影响或对重点用户业务产生严重影响，而采取的一系列预防性工作，包括发生故障后，实施高效的调度抢修和恢复业务等。为了建立健全通信保障和通信恢复应急工作机制，提高应对突发事件的组织指挥能力和应急处置能力，保证应急通信指挥调度工作迅速、高效、有序地进行，确保通信的安全畅通，应急预案的制定不可或缺。而应急预案涉及的故障场景的全面性、应急措施的及时性、有效性则成为衡量应急预案的标尺，为了最大限度地保障用户业务可用，应急预案涉及的故障场景需要尽可能细致、全面地考虑，避免在故障场景真正到来时没有相应的预案。应急措施的及时性、有效性决定了能够在多少时间，以什么样的质量保障用户业务。本节将从故障发生的概率、影响面、应急难度、应急措施等几个维度介绍 5G 核心网的应急预案。

1. POD 级故障

POD 级故障发生概率中等，影响面往往较小，且应急难度低。5GC NFV 架构中的 1 台虚拟机同时承载多个 POD，而单一 POD 仅负责网元功能的部分进程，且通常与其他虚拟机上的 POD 组成负荷分担、主备或 N-way 的容灾模式。在虚拟机正常运行的情况下，POD 发生故障的概率通常较小，如果因为内存、CPU 等状态异常出现“挂死”等情况，则业务将自动切换至正常的 POD 负载，系统也会将“挂死”的 POD 自动中止，并在其余虚拟机上重新拉起。如果系统未能正常自动中止故障 POD，则可手工删除故障 POD，系统将自动根据容灾架构设立新的 POD。

2. 虚拟机级故障

虚拟机级故障发生概率较高，这是因为虚拟机内存 CPU 异常或者所在物理机存在故障都可能会引起虚拟机故障，但影响面较小，应急难度较低。如果虚拟机出现故障，则有以下应急措施。

（1）虚拟机热迁移

在 5G 核心网中，为了尽量避免物理硬件层操作对业务层造成影响，云化操作系统支持虚拟机的热迁移，即虚拟机可在不中断业务的前提下在服务器之间进行迁移。虚拟机热迁移特性示意如图 2-17 所示。虚拟机在迁移时，管理节点会在目标服务器上创建该虚拟机的完整镜像，在源端和目的端进行同步。其中，同步的内容主要包括内存、寄存器状态等所有虚拟硬件动态信息。在迁移过程中，虚拟机管理器使用内存数据快速复制技术，从而保证在不中断业务的情况下将虚拟机迁移到目标服务器。

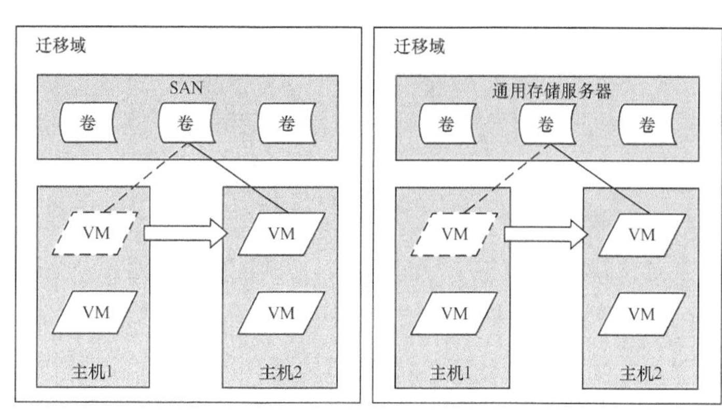

图2–17　虚拟机热迁移特性示意

虚拟机热迁移技术具有以下优点。

① 业务运行成本较低：在业务不多时或者业务架构调整时，部分服务器会处于相对利用率较低的状态，此时如果将利用率较高的服务器上的虚拟机迁移到这部分服务器上运行，或将没有承载业务的服务器直接关闭，就可以降低业务运行成本，达到节能减排的目的。

② 可以更好地支持硬件在线升级或故障处理：当服务器需要升级或服务器发生故障时，可以先将该服务器上的所有虚拟机迁移，避免升级对业务造成影响，升级或完成硬件更换后再将所有虚拟机归位，从而保证业务的连续性。

虚拟机热迁移典型操作场景包括手动把故障服务器上的虚拟机迁移到无故障的服务器，或将虚拟机批量迁移到资源利用率较低的服务器。

（2）虚拟机高可用

虚拟机高可用能力示意如图 2-18 所示。当计算节点服务器或者虚拟机出现异常时，云化操作系统支持将具有高可用属性的虚拟机自动迁移到其他正常运行的服务器上，保证虚拟机能够快速恢复工作。需要说明的是，自动迁移不会将虚拟机迁移到管理节点服务器上。

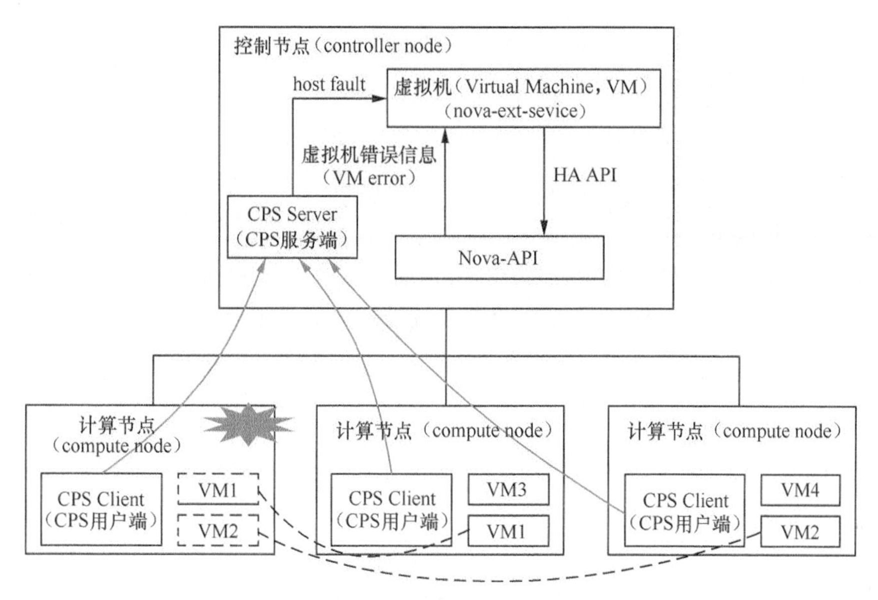

图2-18 虚拟机高可用能力示意

架构计算节点的CPS Client定期向集群内的CPS Server发送“心跳”，当“心跳”丢失超过阈值后（默认30秒），CPS Server通知VM HA管理模块，转化为HA事件触发虚拟机HA，在其他正常计算节点快速恢复有故障节点的虚拟机。

VM HA管理模块（nova扩展服务）会周期性地检测虚拟机状态，当检测到虚拟机状态异常时，转化为HA事件触发虚拟机HA，系统会避免同一个虚拟机实例在多个计算节点上同时被“拉起”。单个虚拟机可以在90s内完成从故障检测到HA成功。

3. 服务器级故障

服务器级故障发生的概率中等，一般是因为设备硬件故障或系统版本问题。影响面较POD级故障和虚拟机级故障都大，这是因为单台服务器上通常承载多台虚拟机，每台虚拟机又承载多个POD，当服务器发生故障时，其承载的业务都将受到影响。服务器级故障应急难度不大，具体应急措施如下。

云架构支持容器故障及虚拟机故障场景下的自动HA切换，因此，当服务器因发生故障宕机或重启时，虚拟机将自动触发迁移机制，迁移故障服务器。

而对于故障服务器，服务器中部分组件（例如，硬盘、CPU）或是整机发生故障后，通过重启等方式处理后告警仍无法恢复时，建议优先使用云化操作系统对该节点进行隔离、退出当前主机组（HA 组），并持续到故障服务器完成故障维修（例如，硬件更换）后，再重新加入主机组，云化操作系统支持命令行方式快速恢复服务器业务和配置，但一般情况下，只须重新拉起服务器，不需要恢复原先承载的虚拟机。

对于目前常用的云化架构而言，以内存故障为例，云化操作系统触发虚拟机自动 HA 切换或复位的场景如下。

- 故障内存被宿主机操作系统（Host Operate System，HostOS）上运行的进程使用时，会触发操作系统进程重启，进而导致主机重启，VM 自动 HA 到冗余主机自愈。
- 故障内存被 HostOS 上运行的网络转发进程使用时，会导致网络转发进程重启，影响业务网络转发，业务发生切换。
- 故障内存被 HostOS 上运行的 VM 进程使用时，会触发虚拟机故障，业务切换到备用虚拟机或其他负荷分担虚拟机，完成自愈。
- 故障内存被 HostOS 上运行的 FS（Fusion Sphere 的英文缩写，是一款华为的云操作系统）管理进程使用时，会触发管理进程重启，不影响虚拟机运行和网络转发，不影响业务。
- 内存故障导致 iBMC 进行内存故障诊断失败时，iBMC 硬复位主机。

虽然上述场景下主机自身可实现故障自愈或业务迁移，不需要人工干预，但是为了避免出现故障主机上的故障组件被重复触发，例如，内存故障场景时，故障内存被重复调用，导致进程反复出现故障，进而影响业务，运营商通常采用手工隔离的方式将故障服务器隔离在主机外，避免服务器再次承载业务，等待故障服务器修复后再重新并入主机。需要注意的是，如果主机上存在虚拟机，则所有虚拟机都将被异常关闭并触发 HA，因此，建议先将虚拟机迁移到其他节点或者关闭后再进行下电主机操作，下电过程耗时小于 5min，且只有 3 个控制节点主机必须有 2 个或 2 个以上运行时，才能保证硬件层业务正常运行。因此，控制节点主机中只能有一台主机进行下电操作，待主机再次上电后，其他控制节点主机才能下电。重启服务器数量不能超过当前 HA 组刀片数量，否则 VNF 业务会受损。

4. 网元级故障

网元级故障虽然发生的概率低，但影响面较大，往往出现在网元配置故障、整机故障等场景，有多种故障场景，例如，网元无法承载业务或无法正常处理业务等。网元级故障应急难度较大，具体应急措施如下。

网元发生整机故障时，往往会对业务造成一定的影响，但具体的影响与网元类型、组网拓扑有关，例如，负责接入与移动性管理的AMF出现故障时，会影响用户在5G SA下的接入或4G到5G的切换感知，但不影响用户在4G下的接入，而负责策略控制的PCF出现故障时，会影响用户动态策略的下发及语音的使用；对于负荷分担组网的网元，在部分网元整机出现故障时，正常的网元将继续承载业务，而对于主备容灾的网元，如果备局发生故障，业务不受影响，但主局发生故障时，则需要进行业务倒换，由备局承载业务。因此，不同的网元类型及对应的组网拓扑，需要准备不同的应急措施，而且在应急措施中，需要考虑网元无法登录、业务无法完全卸载等紧急情况。网元级故障应急措施需要遵循以下原则。

- **故障网元所有外部链路需要隔离。**在5GC中，网元有多种建立链路方式，例如，通过服务化接口建立的SBI链路，通过域名服务器（Domain Name System，DNS）与4G网元建立的非服务化接口链路，通过网元静态配置到外系统或UPF的静态链路等。为了避免在业务流程中选择故障网元，需要隔离故障网元的所有外部链路。例如，如果AMF出现故障，则需要隔离AMF的N2、N26等非服务化接口，以及基于SBI链路的服务化接口，例如，通过关闭AMF N2端口或配置全局访问控制列表（Access Control List，ACL），避免建立N2链路，关闭AMF N26端口及调整DNS中AMF N26解析记录，避免移动管理实体（Mobility Management Entity，MME）与AMF建立N26链路，关闭AMF SBI端口，主动在网络注册功能（Network Register Function，NRF）上注册或在NRF手动下线网元避免服务化接口被访问。
- **遵循最小化操作及最大化保证业务连续性原则。**在网元发生故障需要进行应急处理时，为了避免应急处置操作进一步扩大故障影响，需要尽可能最小化操作及最大化保证业务连续性，只隔离故障网元，且非必要不进行大量业务的切换操作，保持网络的惯性运行。例如，在UDM/PCF等用户数据网元发生故障时，网元架构上区分FE与BE部分，且FE和BE部分均为容灾部署，因此，当其中某个组件发生故障时，不需要启动整机切换，只进行组件切换即可。
- **应急方案需确保容量能满足现网业务量。**在考虑部分网元故障场景的应急预案时，必须考虑应急后的网络容量是否能够承载全量业务，如果评估的网络容量不足，则需要通过其他方式减少现网负荷，例如，调整用户4G/5G互操作策略等。
- **需要保证设有应急通道。**如果网元因故障无法登录并进行操作，则必须利用相应的方式从周边网元对故障网元进行业务隔离。

5. DC 级故障

DC 级故障发生的概率低，但影响面较大，应急难度也较大。DC 级故障是指核心网某一 DC 所在机房因不可抗力（例如，地质灾害、自然灾害等）因素导致整个机房掉电，或关键节点设备出现故障（例如，出口路由器出现故障），或单个 DC 内大量网元不可用，使单个 DC 退出服务状态，处于不可用，应急措施如下。

为了更快地恢复业务，不需要隔离各个网元，可以直接在 5GC DC 出口屏蔽故障 DC。该操作可直接断开故障 DC 内的各类接口，触发业务倒换到业务正常运行的 DC，但该方案需要在应急预案准备时充分考虑单 DC 业务容量及最大峰值负荷，必要时需要调整业务逻辑，强制将业务下切至 4G 状态。

6. 5GC 全面故障

5GC 全面故障发生概率极低，但影响面极大。当 5GC 双 DC 因极低概率因素全面故障，或关键用户数据网元、主备网元均发生故障无法提供服务时（例如，UDM 主备节点均发生故障），5GC 完全无法对外提供服务，此时用户无论是从 4G 还是从 5G 接入都无法使用，这将对用户业务造成极大影响。为了尽快恢复业务，最大限度地保证用户能够正常使用，运营商需要准备对应的应急预案。

4G 向 5G 的平滑演进使用户终端支持在 4G 核心网接入，而且为了保证 5G 用户能正常接入 4G，UDM 会保存用户 4G 数据供 EPC 的 MME、服务网关（Serving GateWay，SGW）、分组数据网关（Packet Data GateWay，PGW）使用，因此，在 5GC 全面故障或关键用户数据网元主备节点均无法提供服务的情况下，可以尝试利用 4G 核心网保障用户的接入需求。

为了保证用户 4G 签约等数据的时效性，可采取备份机制，按周期对相关数据进行备份，备份至 EPC HSS/PCRF 或第三方服务器。在发生 5GC 全面故障或关键用户数据网元无法提供服务的情况时，在 HSS/PCRF 进行上述备份数据的导入，待备份数据成功导入后，用户从 4G 接入时即可获取正确的鉴权及签约数据，即可正常开启数据与语音等常用业务。

该方案有两个基本要求。一是容量要求，该应急措施要求 EPC 网络容量能够完全承载需要倒换的用户，因此，在准备该应急措施时，需要谨慎评估 4G 用户与 5G 用户的数量，在必要情况下可优先恢复部分用户数据，并同步修复故障。二是需要保证用户数据的完整性，在 UDM 中保存了用户 4G 接入的鉴权与鉴权数据、VoLTE 语音静态签约与透明数据，在数据恢复时，需要同步恢复 VoLTE 业务相关数据，以保证用户语音业务正常可用。

为了避免关键用户数据网元主备节点故障导致 5G 业务完全无法使用，我们还推荐第三节点容灾、异 Pool 容灾等方案。第三节点容灾，即除了主备节点容灾，建设第三节点作为主备节点的备份，在主备节点均无法正常使用时，即可启用第三节点提供服务。异 Pool 容灾的方案用于关键用户数据网元划分多个业务 Pool 的场景，在无故障时，可将业务备份至当前业务 Pool 隔离的另一业务 Pool 中，当前业务 Pool 发生故障时，可通过 NRF 调整业务路由的方式，启用异 Pool 用户数据，快速恢复业务。

2.5 承载网健壮部署

2.5.1 承载网结构

以某运营商为例，4G/5G 融合统一承载网目标架构如图 2-19 所示，面向 5G 承载的智能传送网（Smart Transport Network，STN）总体网络架构由接入层设备（A 类设备，简称为 STN-A）、汇聚层设备（B 类设备，简称为 STN-B）、核心层设备（边缘路由，简称为 STN-ER）、5G 核心网用户边缘设备（5G Core Customer Edge，5GC CE）、自治系统边界路由器（Autonomous System Boundary Router，ASBR）组成，接入层采用环形结构，汇聚层及汇聚层以上采用口字形或者交叉上联的方式，以满足业务的快速切换和可靠性要求。在省核心 DC、本地核心 DC 新建 5GC CE 和 ASBR，统一接入 5G 核心网元和下沉到本地转发面的 UPF/MEC 网元，toC 的省核心 UPF 仅需接入 5GC CE，toB 或 toC/toB 共用的 UPF 同时接入 5GC CE 和 ASBR；边缘 DC 按需建设，可通过 5GC CE 和 ASBR 接入按需建设的 STN 承载网核心层设备，也可以直接接入 STN 承载网汇聚层设备。在部分有特殊要求的用户园区 DC 内可按需部署 STN 设备，接入下沉到用户园区 DC 的 UPF/MEC 网元。

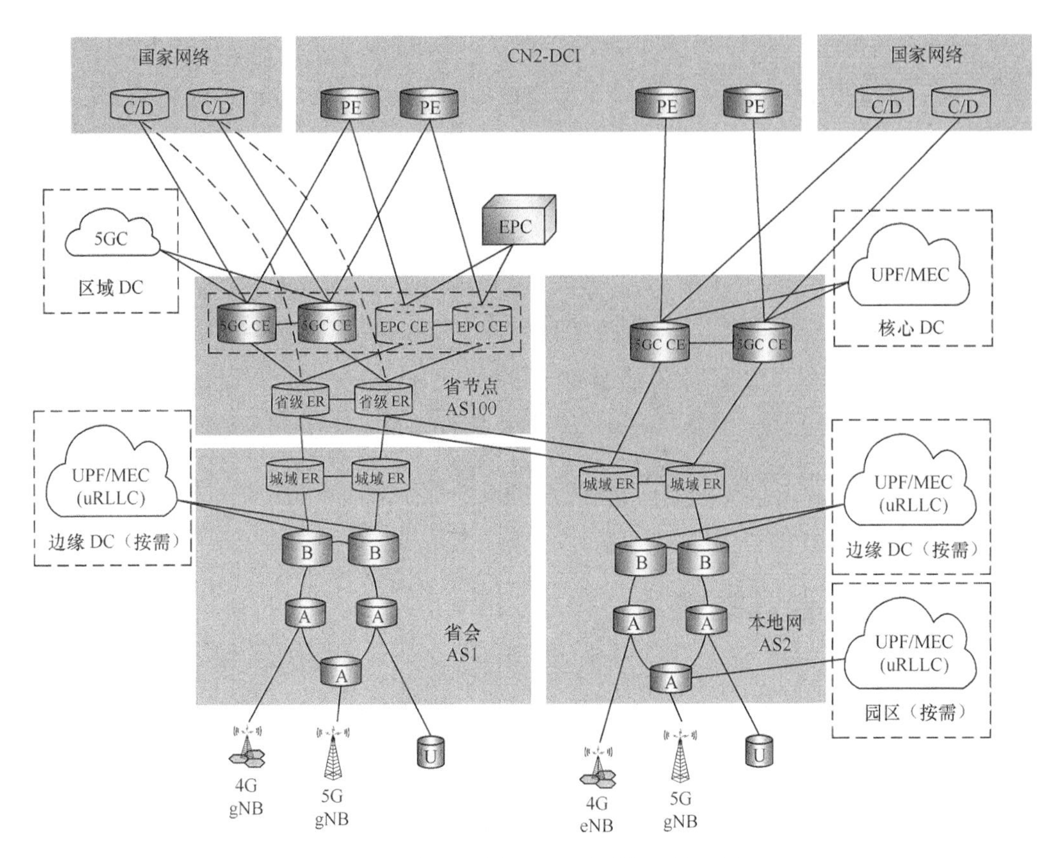

图2-19　4G/5G融合统一承载网目标架构

5GC CE 用于 5GC 的接入与汇聚，定位为业务 VPN（RAN VPN、EPC VPN、PI-0/1/2 VPN 等）落地设备，在省核心采用 STN-ER 规格，在城域内可按需采用 STN-ER 或 STN-B 规格。

ASBR 用于 5G toB 业务流量在 UPF N6 接口的落地，同时用于承载固定接入的跨域政企 VPN 业务流量，采用 STN-B 规格。

云 ASBR 用于入云业务和云间互联业务在云资源池侧的落地，采用紧凑型 STN-B 规格。

同省及本地网内的 4G 核心网元与 5G 核心网元，通过本省 STN 实现互通，通过 DCI 实现跨省互通。

2.5.2　承载网切片部署方案

5G 网络切片是指在同一网络基础设施上，将 5G SA 架构的物理网络划分为多个端到端的、虚拟的、隔离的（物理隔离/逻辑隔离）、按需定制的专用逻辑网络，每个虚拟网络具备不同的功能特点，以满足不同行业用户对网络能力的不同要求（时延、带宽、连接数等）。

5G SA新增签约切片标识（Single Network Slice Selection Assistance Information，S-NSSAI）时，网络侧应确定相应的组网配置逻辑，以实现5G网络对该切片业务的端到端承接。

- 5GC

应确定针对新增签约切片标识的核心网方案，即明确用已创建的某现存核心子网切片实例（Network Slice Subnet Instance，NSSI）或新创建一个核心子网切片实例来承接新增签约的切片标识；同时向其他设备域提供承接新增切片标识的核心子网切片实例相关信息，例如，PLMN、AMF/UPF的IP地址、跟踪区域标识（Tracking Area Code，TAC）等。

- 5G承载网

应确定针对新增签约切片标识的承载网方案，即明确用已创建好的承载网切片（硬切片或软切片）或新创建一个承载网切片来承接新增切片标识；同时向其他设备域提供承接新增切片标识的承载侧相关信息，例如，基站接入侧VLAN标识、核心网承载侧VLAN等。

- 5G无线网

SA商用初期，重点针对新增签约切片标识，在5G无线网侧完成新增签约切片标识与VLAN绑定、新增签约切片标识与业务场景对应TAC绑定，以支撑用户设备（UE）注册、会话建立等阶段的切片选择和接入。

为了做好各类5G切片类业务保障，适应5G SA在商用运营时期新增开启特定5G切片业务的需求，5G承载网可以采用软切片与硬切片相结合的方式，根据业务发展情况开启两个切片，分别承载toC和toB业务。

在汇聚层（B及B以上设备）的南北向网络侧至少部署toC和toB两个切片，初期建议切片带宽比为75%：25%；东西向网络侧接口不部署切片，仅采用VLAN进行区分；业务侧接口不部署切片，采用QoS保证用户业务流量的优先级和访问体验，通过部署路由策略和转发策略，将相应的业务流量导入相应的切片进行承载。在实际部署中，运营商可根据行业云网发展情况和自身运维能力按需增加新的切片，并根据实际需要调整各切片的带宽比。移动网业务主要包括基站toC业务和政企toB业务。其中，toB业务包括5G专线和通道类toB业务，底层承载包括基于硬切片和基于软切片两种实现方式，遵循“业务价值与保障标准相适应”的原则，为用户提供最能满足其业务需求的实现方案。

1. 硬切片实现方式

硬切片基于 FlexE 和优先队列（Priority Queueing，PQ）实现，如果条件具备，则在汇聚层设备以上分别部署 toC 和 toB FlexE 硬切片；如果不具备 FlexE 能力，则采用 PQ 方式实现 toB 切片。接入设备部署 PQ 来实现对 toB 业务的优先调度，硬切片实现方式如图 2-20 所示。

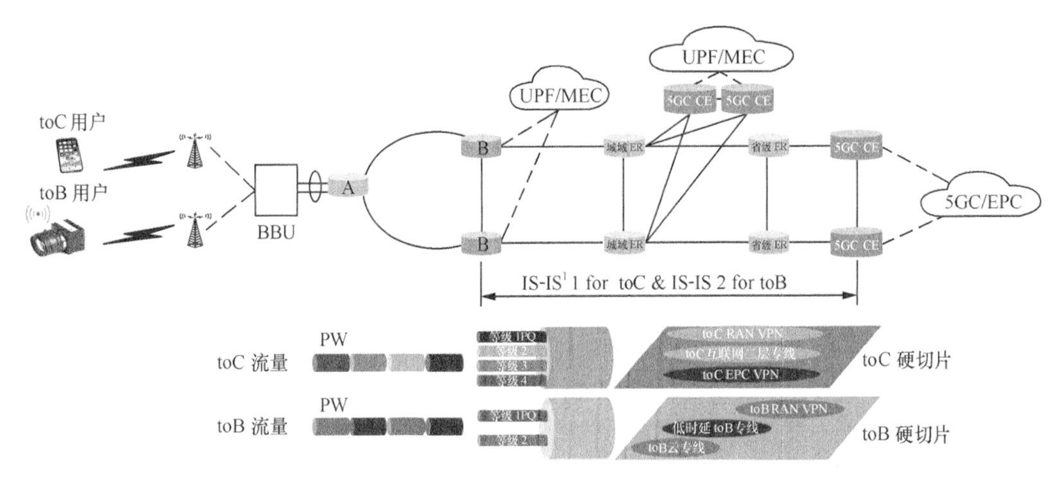

1. IS-IS（Intermediate System to Intermediate System，中间系统到中间系统）。

图2-20　硬切片实现方式

基站侧通过独立 VLAN 子接口区分 toC 和不同 toB 切片流量，不同切片通过不同伪线（Pseudo Wire，PW）分别进入汇聚设备的 toC RAN VPN 或 toB RAN VPN。在汇聚设备和 5GC CE 上绑定 Binding SID 或者根据 toB 专用路由目标（Route Target，RT）值更改其 VPN 路由的下一跳环回地址，从而将业务流量迭代到相应的切片。

在 toC 硬切片中叠加 RAN VPN、EPC VPN 和 toC 互联网二层专线等承载通道，对接 5GC 的 toC 切片，承载 toC 流量，在 toC 硬切片上为业务流量提供 4 个等级的 QoS 保障。

在 toB 硬切片中叠加 RAN VPN、EPC VPN 和 toB 云专线等承载通道，对接 5GC 的 toB 切片，承载 toB 流量，在 toB 硬切片上为业务流量提供 2 个等级的 QoS 保障。

toC 业务流量的锚点在省核心的 toC UPF 切片。

toB 业务流量的锚点按需部署在省核心 DC、城域核心 DC 或者城域边缘 DC 的 toB UPF 切片。

2. 软切片实现方式

软切片基于现网的 VPN + QoS 方式实现，其实现方式遵循已有的业务规范和组网策略规范。软切片实现方式如图 2-21 所示。

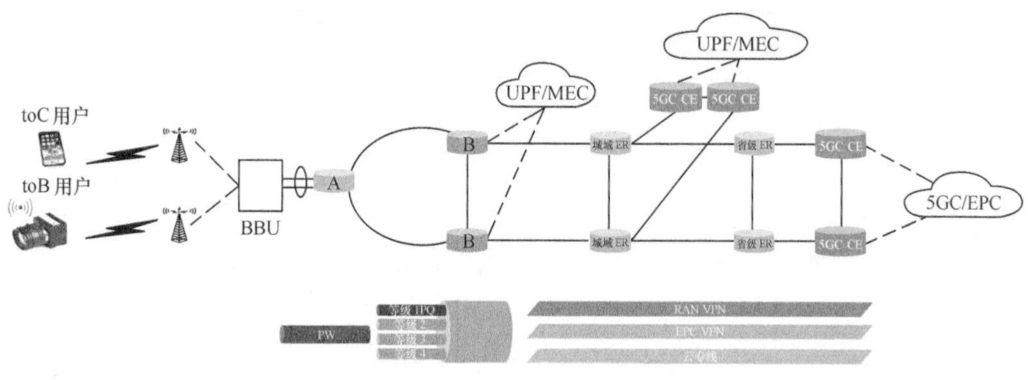

图2-21 软切片实现方式

3. toB 业务切片部署建议

硬切片适用于对带宽、时延、可靠性要求高，无线资源消耗大，QoS 保障要求严格，终端移动性强，网络连接和切片价值高的场景，包括但不限于智能电网、远程医疗 / 应急救援、智能制造、智慧园区、智慧港口等场景。硬切片按照优享通道方式部署，即所有 toB 用户在网络侧采用一个 toB 硬切片。同一个硬切片内可以通过叠加软切片实现不同等级业务的优先调度和保障。

软切片适用于对带宽、时延、可靠性要求不高，无线资源消耗不多，QoS 保障要求不高，终端移动性较弱，网络连接和切片价值一般的场景，包括但不限于智能抄表、道桥巡检、景区 AR 导航等场景。

2.5.3 承载网 SRv6 部署方案

为了满足 5G 网络的灵活性，承载网全面引入 SRv6 技术，以满足核心网云化部署、移动回传扁平化带来的不同层级网元间直接通信的需求，使网络具备 3 层可编程空间，使网络具备敏捷、高效的能力，契合了业务驱动网络发展的大潮流。承载网 SRv6 整体部署方案如图 2-22 所示。

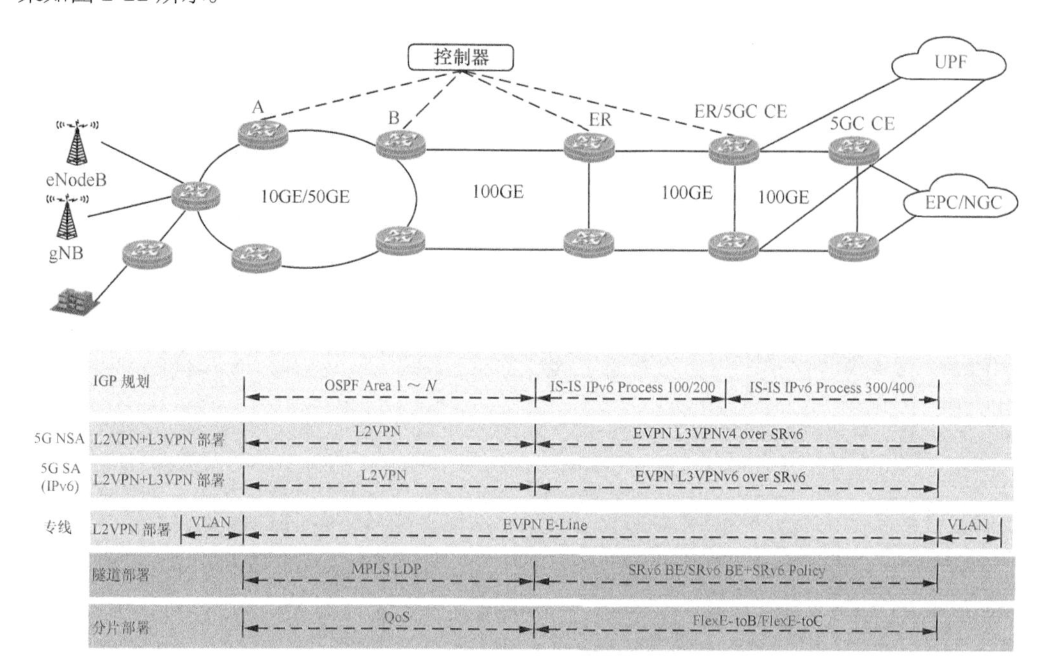

图2–22 承载网SRv6整体部署方案

承载网 SRv6 整体部署方案说明如下。

- 接入侧使用 10GB/50GB 环，汇聚层采用支持 FlexE 的 100GB 端口成环上行；汇聚层以上采用 L3 等价多路径路由（Equal Cost Multi Path，ECMP）方式部署，不部署链路捆绑。
- IGP 层次化部署，接入环部署 OSPF 多区域，汇聚环 / 核心环部署 IS–IS IPv6 不同进程，实现路由隔离；汇聚环 / 核心环存在多 IS–IS IPv6 进程场景（路由互引）。
- 汇聚以上针对 toC 和 toB 业务部署 toB 和 toC 两个网络切片，部署不同的 IS–IS IPv6 进程。
- 业务层次化，基站业务利旧原有 VPN，4G/NSA 使用 L2VPN+SRv6 L3EVPNv4 方案部署；SA IPv6 基站业务采用 L2VPN+SRv6 L3EVPNv6。
- 新老网络 SRv6 和 MPLS 共存，新网络开启 SRv6 和 MPLS 双转发平面，STN–B 设备和 5GC CE 采用优选 SRv6 隧道方式。
- L2 专线采用传统方案（分段 PW 等）或 SRv6+EVPN 端到端方案部署。

● 专线通过 CPE VLAN 方式接入 STN-A 设备。

1. SRv6-BE 隧道部署方案

在 5G 网络规模部署前期，网管 / 控制器还不够成熟，汇聚网络部署 toB SRv6-BE 和 toC SRv6-BE 隧道，SRv6 隧道部署方案如图 2-23 所示。

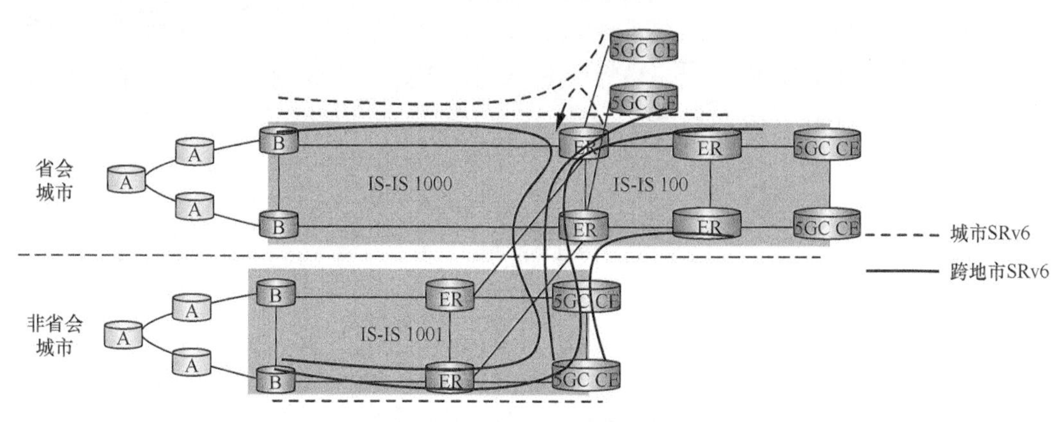

图2-23　SRv6隧道部署方案

（1）省会城市部署方案

该方案通过 IS-IS 单进程内部，通过 IGP 扩散 IS-IS IPv6 信息，地市 B 与地市 5GC CE 形成 SRv6-BE 隧道。

通过 IS-IS 多进程路由互引，同时 Locator 信息跨进程发布，形成地市地市 B、地市 ER、省级 ER、省会 5GC CE 的端到端 SRv6-BE 隧道。

（2）非省会城市部署方案

该方案通过 IS-IS 单进程内部，通过 IGP 扩散 IS-IS IPv6 信息，地市 B 与地市 5GC CE 形成 SRv6-BE 隧道。

（3）跨地市部署方案

该方案通过 IS-IS 多进程路由互引，同时 Locator 信息跨进程发布，形成跨地市 SRv6-BE 隧道。

N2/N3 接口访问路径：地市 B—地市 ER—省级 ER—省会 5GC CE。

N4/N9 接口访问路径：地市 5GC CE—地市 ER—省级 ER—省会 5GC CE。

5G 专线路径：地市 5GC CE—地市 ER—省级 ER—地市 5GC CE；地市 B—地市 ER—省级 ER—地市 B。

其他：部署 Loopback 接口，分配独立的 Locator 网段地址，用于隧道源地址。

使能拓扑无关的无环路备份路径（Topology Independent-Loop Free Alternate，TI-LFA），加快故障收敛。

2. BGP-LS IPv6/BGP SRv6 Policy 部署方案

在 5G 网络规模部署后期，随着技术成熟，全面部署 FlexE、SRv6、EVPN，完善第三方网管 / 控制器，实现业务自动开通、SLA 可承诺、可保障，提高网络的智能化。汇聚网络部署 toB SRv6-TE 和 toC SRv6-TE 隧道，BGP-LS IPv6/BGP SRv6 Policy 部署方案如图 2-24 所示。

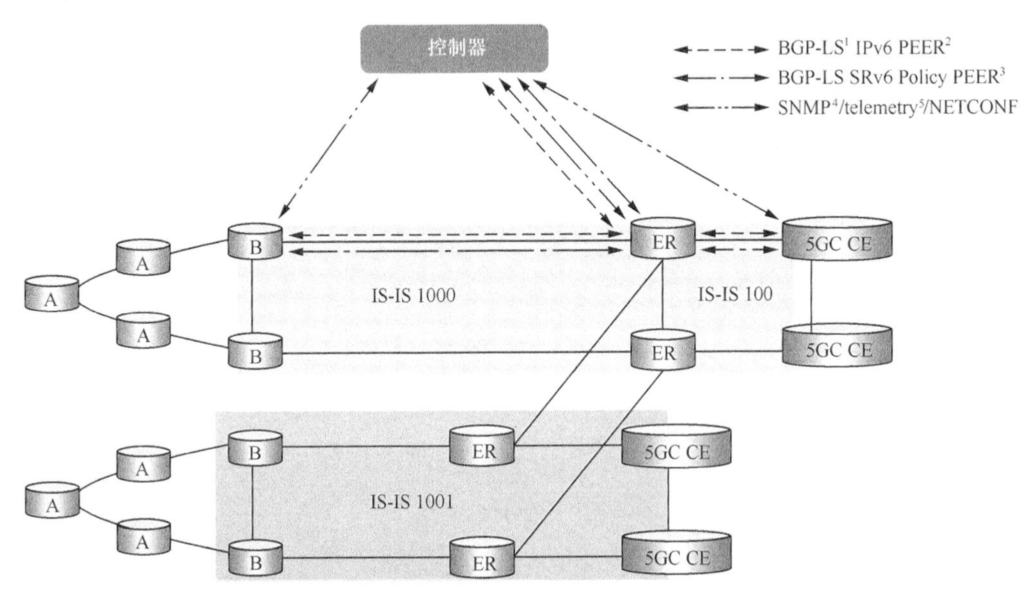

图2-24 BGP-LS IPv6/BGP SRv6 Policy部署方案

- 控制器通过 BGP-LS 收集网络拓扑和 SID 信息。
- 控制器与 B/ER/5GC CE 建立 SNMP/telemetry/NETCONF 通道进行设备信息收集、流量采集和配置下发等，选用地市 ER 设备作为 RR 反射器。
- 控制器与 ER 建立 BGP-LS 邻居，收集地市信息（地市内部通过设备与 ER 建立

BGP-LS 上报信息）。

- 控制器计算 SRv6 Policy，然后通过 BGP 邻居下发给头端，头端转发器生成 SRv6 Policy 表项。

2.6 5G 网络安全能力部署

5G 网络安全能力部署应坚持一体化纵深防御、最小化特权等原则，先根据 5G 网络的功能划分不同的安全域，然后在 5G 网络的入口部署防火墙等设备，负责南北向流量的控制和防护，再针对 5G 网络的云化安全部署 5G 全流量检测设备，负责东西向流量的检测，最后在5G 网络的每个安全域部署蜜罐，主动发现内网的攻击流量和攻击源进入内网的行为。

2.6.1 安全域划分

根据 5G 网络组网架构、网络平面、网络功能及部署方式，5G 网络可划分为接入、承载、核心控制、核心转发、支撑管理及 MEC 等一级安全域。5G 安全域划分示意如图 2-25 所示。

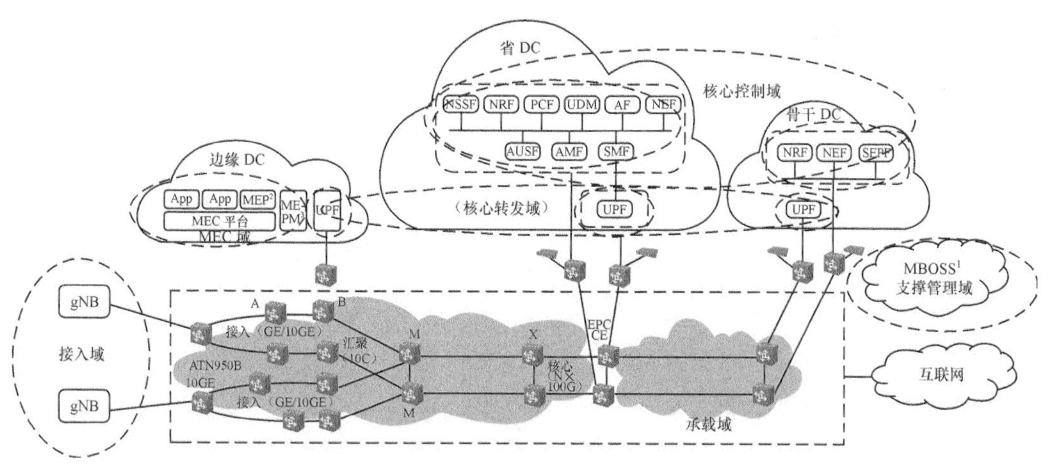

1. MBOSS（Management Business Operation Supporting System，运营商的运营支撑系统）。
2. MEP（MEC Platform，MEC 平台）。
3. MEPM（MEC Platform Management，MEC 平台管理）。

图2-25　5G安全域划分示意

5G 安全域划分的组网示意如图 2-26 所示。5G 核心网转发节点、信令节点、管理及存储节点物理分区部署，转发节点、信令节点、管理及存储节点的接入交换机（Top Of Rack，TOR）、汇聚交换机（End Of Row，EOR）均独立部署。

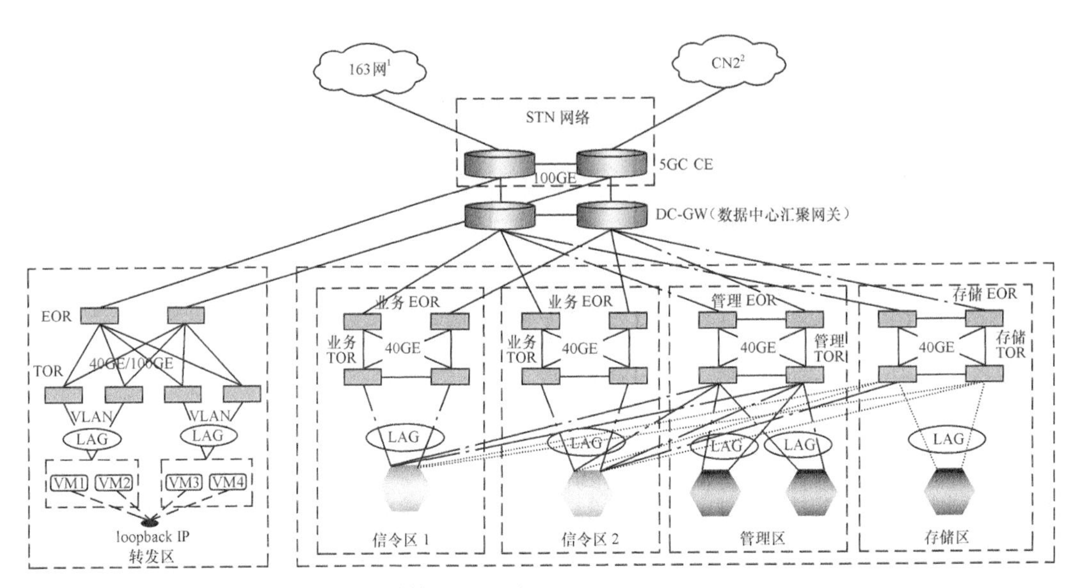

1. 163 网（CHINANET，中国公用计算机互联网）。

2. CN2（China Net Next Carring Network，中国电信下一代承载网）。

图2-26　5G安全域划分的组网示意

5G 安全域划分的网络平面示意如图 2-27 所示。在接入层和汇聚层将 5G 核心网划分为业务平面、管理平面、存储平面，提升 5G 核心网的安全性。数据中心汇聚网关（Data Center GateWay，DC-GW）根据业务功能的规划，为不同类型的业务划分不同的虚拟路由转发（Virtual Routing Forwarding，VRF），满足平面逻辑隔离的需求。

资源池划分为管理域、业务域及存储域 3 个安全域。其中，业务域可根据 NF 的功能划分为业务接入区、开放连接区、认证控制区、核心数据区等子域。

资源池的管理域服务器（部署 VIM、SDN 控制器等）、业务域服务器（部署 VNF）及存储服务器（提供存储）单独配置资源，各个域之间不共享物理资源，实现不同安全域的计算和本地存储资源的物理隔离。

VNF 所在的虚拟机，通过虚拟化技术实现 vCPU、内存、网络和输入 / 输出（Input/

Output，I/O）的隔离，确保虚拟机之间的计算资源不冲突。虚拟机的存储资源分布式存储在物理机本地磁盘和磁盘阵列中，通过虚拟化技术实现逻辑隔离。

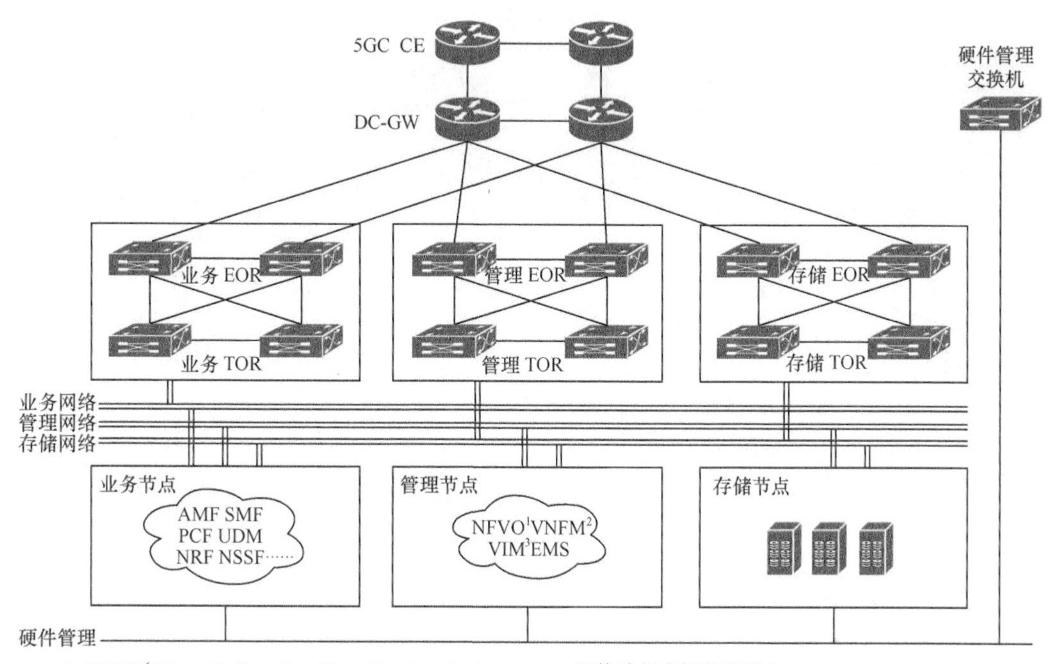

1. NFVO（Network Function Virtualization Orchestrator，网络功能虚拟化编排）。
2. VNFM（Virtualized Network Function Manager，虚拟化的网络功能管理器）。
3. VIM（Virtualized Infrastructure Manager，虚拟基础设施管理器）。

图2–27　5G安全域划分的网络平面示意

1. 防火墙

网络出口采用双上联的方式旁挂部署物理防火墙，负责南北方向流量的控制及防护。防火墙需具备统一网管，具有实现历史会话记录留存等基本功能。

5G 网络的防火墙组网示意如图 2-28 所示。南北向防火墙分别与 5GC 用户边缘设备（CE）互联，链路采用跨板卡聚合，设备间通过以太网链路聚合子接口互联，上下行及东西向数据流进入 5GC CE 时，通过重定向策略使需要保护的数据流经防火墙转发。

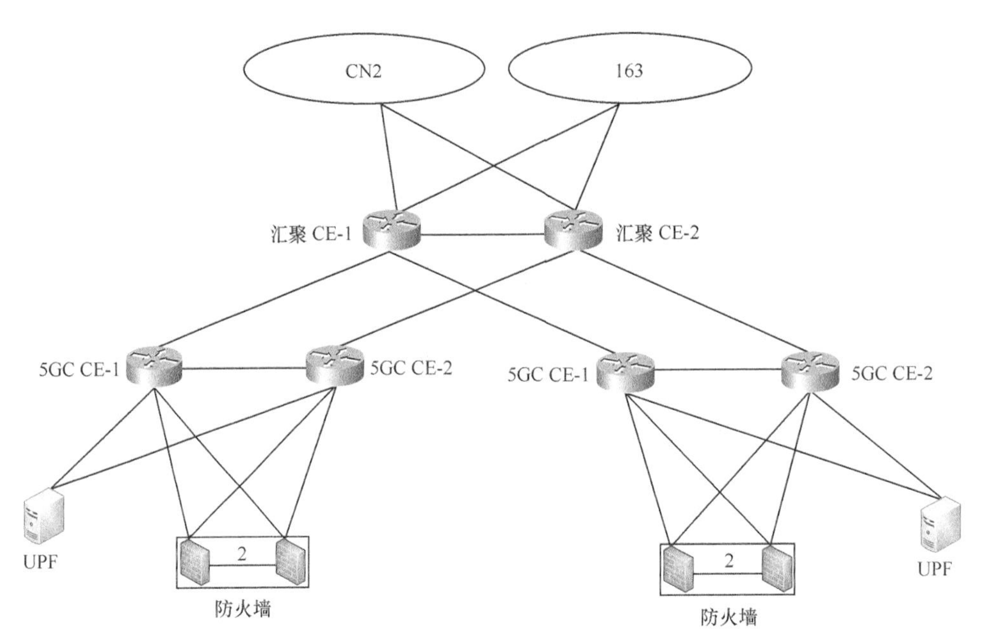

图2-28　5G网络的防火墙组网示意

2. 全流量检测

全流量检测系统包括全流量分析平台、全流量采集探针和动态沙箱，用于监测统一 DPI 设备分流的全量信令面和管理面流量，具备数据采集与解析、威胁检测、回溯分析、威胁展示、威胁响应、资产管理、事件管理、报表管理、系统管理和业务监控等能力。

全流量检测系统部署示意如图 2-29 所示。如果部署双节点 5GC，且采用异地容灾组网，则只有采集双节点 5GC 才能保证数据完整，业务分析准确。首先，在 DC-GW 到 5GC CE 的链路间采用分光集南北向入 DC 流量，按照 8：1：1 或者 7：1：1 的比例输出，输出的 10% 传送到统一 DPI 的汇聚分流器。其次，在 TOR 配置若干个镜像端口到汇聚分流设备，将 TOR（Leaf）服务器侧入方向基于桥接域（Birdge Domain，BD）+ 流本地镜像到汇聚分流设备，所有流量都是原始 VLAN 封装。最后，在汇聚分流器上配置基于信令面设备 IP 的转发规则，将东西向信令面流量转发到 5G 全流量检测系统的采集服务器，再进行检测与分析。

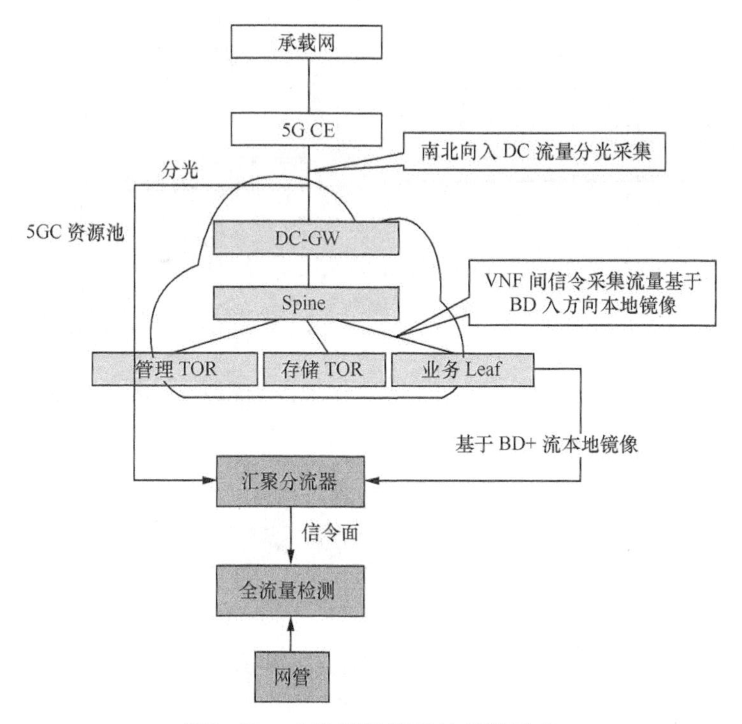

图2-29　全流量检测系统部署示意

3. 蜜罐

5G 网络蜜罐部署示意如图 2-30 所示。蜜罐的主控下挂在 5GC CE 或 DC-GW，要求具备多张虚拟网卡的能力，能接入 5GC 的各个 VPN，从而与各个 VPN 的伪装代理连通。伪装代理按需部署，建议下挂在核心 DC 的 TOR，并且针对用户面及信令面的不同安全域旁路部署。

蜜罐伪装代理模拟 5GC 虚拟出假的 5GC 网元业务，系统配置代表性的 5GC 网元接口漏洞吸引攻方进行攻击。由于伪装代理没有任何真实服务，所以捕获的流量均为可疑流量。首先，将攻击假的 5GC 网元的日志上报到蜜罐主控进行研判分析，然后将研判结果上传至后台，进行数据展示，以及生成告警信息。

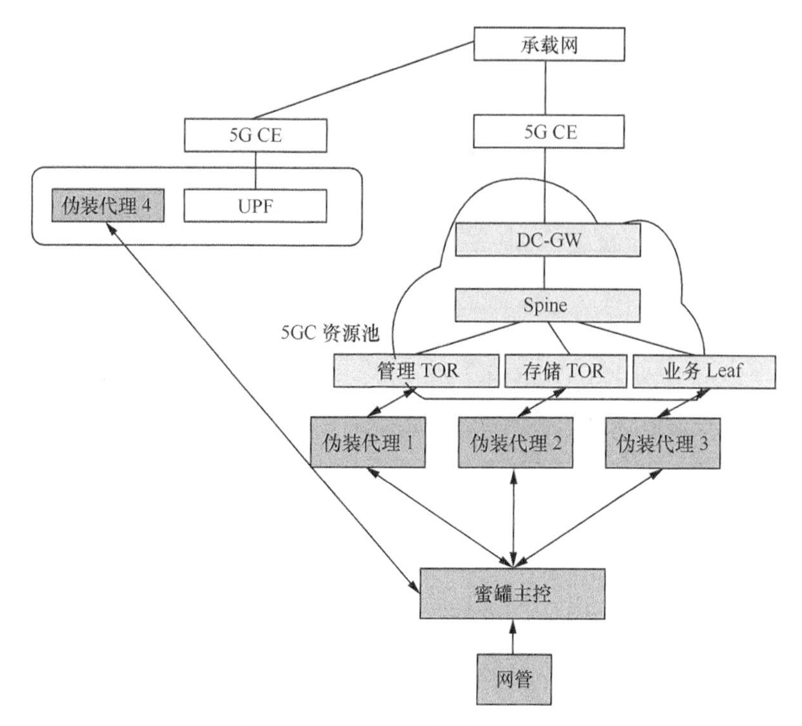

图2–30　5G网络蜜罐部署示意

2.6.2　5G 共建共享安全部署

2019 年 9 月 9 日，中国电信和中国联通宣布合作共建 5G 网络，并成立 5G 共建共享工作组。5G 共建共享使网络体系由封闭转向开放共享，可能引发一系列安全风险，具体包括共享网元内安全存储具有一定风险，网管能力开放时需防止敏感数据泄露、网管域未授权访问，IP RAN 互通带来资源过载与跨网攻击风险，共享组网模式对 MEC、切片等端到端业务引入安全风险等。面对突发安全事件，双方需快速有效地响应与协作。

为了解决上述关键问题，5G 共建共享工作组从基本安全原则、网元安全、网管能力开放安全、业务安全、安全协作与管理等方面出发，研究出一套 5G 共建共享安全方案，明确共建共享过程中的安全策略、防护手段及运营管理等安全要求，并通过了试验网的验证和完善，为 5G 规模商用提供指引。

1. 网络架构

5G 网络共建共享采用的方案是共享 5G 接入网，各自负责 5G 核心网。5G 网络共建共享以SA组网为目标架构，初期采用NSA组网共享过渡，加快推动SA成熟，后续向SA共享演进。NSA（左）与SA（右）接入网共享组网方案示意如图2-31所示。

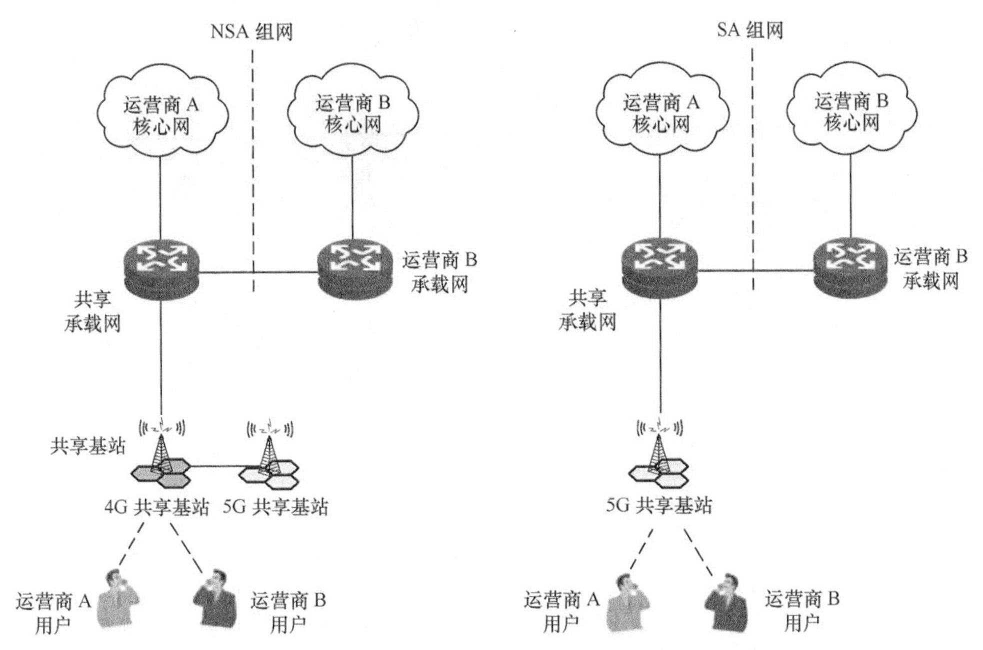

图2-31 NSA（左）与SA（右）接入网共享组网方案示意

2. 基本安全原则

双方网络内部操作不应影响对方网络。

双方在省公司层级，共建共享网络对应专业的网络安全等级应保持一致。

双方共建共享网络设备安全防护基线与配置合规要求应遵循各自集团的规范，并在省公司层级共同协商保持一致。

双方应采取安全措施，保证共建共享网络设备的安全。

3. 网元安全

（1）基站多运营商公钥基础设施（Public Key Infrastructure，PKI）

共建共享基站应支持多套运营商证书，支持加载和管理多个运营商的证书，且证书申请、证书更新和证书撤销等动作在运营商之间彼此独立。互联网安全协议（Internet Protocol Security，IPsec）通道采用各自PKI服务器颁发的证书进行认证。基站多运营商

PKI 场景如图 2-32 所示。

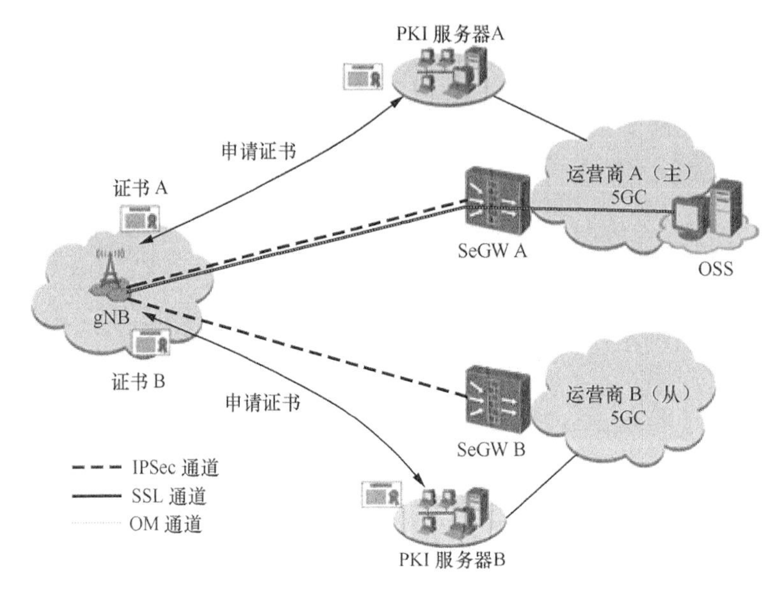

图2-32　基站多运营商PKI场景

在共建共享场景下，共享基站在出厂前应预置设备商证书。共享基站在部署时，应与承建方和共享方运营商各自的 PKI 服务器建立连接，通过不同 IP 隔离传输路径，并通过超文本传输安全协议（HyperText Transfer Protocol Secure，HTTPS）和证书管理协议（Certificate Management Protocol，CMP，一般写作 CMPv2）保证共享基站与双方 PKI 服务器之间的传输安全。共享基站应支持通过设备商证书分别向双方的 PKI 服务器申请双方的运营商证书，PKI 服务器完成对设备商证书的认证后向共享基站签发运营商证书。

（2）接口安全机制

共享基站作为运营商之间回传网络的 gNB 节点，其非服务化接口需支持第五代移动通信技术系统（5th Generation mobile networks System，5GS）非服务化接口安全机制，实现双向网元间通信。gNB 节点组成的回传网络应采取双向认证、安全环境、安全隔离等措施，做好接口和链路的传输安全防护。

① 非服务化接口安全机制应支持对 N2、N3 和 Xn 等 gNB 内外部传输链路，以及有直联链路的 gNB 和 eNB 之间启用 IPsec VPN 加密并支持 IPsec 封装安全负载（Encapsulating Security Payload，ESP）和互联网密钥交换（Internet Key Exchange，IKE）的认证。

② 回传网络安全隔离。gNB 节点至 5G 核心网入口是按需部署安全网关进行隔离的，

避免核心网遭受因基站节点发起的攻击。安全网关对流量进行监测控制，并作为 IPsec VPN 的终结点，安全网关和 gNB 之间需采用 PKI 证书进行双向认证。

（3）密钥、证书的安全存储

共享基站存储双方网络会话密钥、私钥、证书等关键信息，应确保安全环境下的安全存储。

基站侧产生的临时会话密钥应在安全上下文建立时临时存储在基站内存中，并具备安全手段确保 AS 安全上下文及临时会话密钥的机密性、完整性，同时应遵循密钥生命管理周期的要求，在密钥刷新、重建时删除旧的密钥，在会话结束时删除会话相关的安全密钥，在安全连接断开时删除相应的 AS 安全上下文。

基站上所有的证书包括私钥和根证书，应统一进行基于硬件的加密式存储，例如，加盐 SHA256、高级加密标准（Advanced Encryption Standard，AES），同时确保加密密钥的安全存储。基站不能提供任何证书私钥的查看和导出功能，确保共享双方无法获取，防止证书与私钥信息泄露。基站中存储的每个证书应具有唯一标识，根据业务与证书的引用关系来使用证书。

（4）gNB 安全加固

gNB 安全加固应从物理安全、口令账户、配置及策略、操作系统等方面进行；共建共享网元应在上述安全要求的基础上，二者采取同一套加固标准，并通过定期打补丁、检查安全配置、增加安全机制等方式提高网元的安全性。

（5）网管能力开放安全

5G 共建共享网络将开放无线网管能力，满足双方对共享网络的生产运营要求，操作维护中心（Operation and Maintenance Center，OMC）网管能力的开放模式分为反拉终端和双北向两类。其中，反拉终端作为临时性的手段，其最终目标是要实现两个运营商的北向接口开放的，共享网络的核心指标数据。

4. IP RAN 互通安全

互通策略：第一阶段 IP RAN 互通采用的是省级互通策略，5G 共享基站先接入承建方 IP RAN，通过省级节点 X 设备实现承建方和共享方的 IP RAN 互通。下一阶段的发展 IP RAN 将采用本地互通策略，将 IP RAN 互通节点下降到 M 设备或 A、B 设备，实现接入网本地共享。

5. IP RAN 安全策略

（1）BGP 路由控制与过滤

A/B 运营商 IP RAN 之间通过外部边界网关协议（External Border Gateway Protocol，

EBGP）方式对接，EBGP 中通过白名单方式，只发布 A 运营商地市内共建共享的基站网段地址，及 A 运营商核心网网段地址路由，只接收 B 运营商核心网地址网段，及 B 运营商承建电信基站地址网段路由，不接收及发布其他路由，避免非基站地址用户访问 A 运营商核心网。EBGP 不向对方广播携带 community 属性的路由，同时剥离接收到的对方路由 community 属性。

（2）ACL 访问安全加固

运营商承载网互联的接口配置的是 ACL 策略，只允许源地址为 B 运营商承建的 A 运营商基站地址，目的地址为 A 运营商核心网地址 + 目的端口是 2123/2152（GTP[1] 端口）的报文通过，其他报文全部拒绝。

6. 核心网接入安全

为了进一步提升网络安全性，防止共建共享接入带来的攻击风险，需要向基站开放接口的 SMF 和 AMF 网元增加控制策略。

（1）路由过滤策略

共建共享基站会成段分配 IP 地址，通过 IP RAN 接入核心网的 AMF 和 UPF 网元。在 AMF 和 UPF 网元配置段路由，过滤规划的 IP 段以外的 IP 地址，防止非共建共享规划内的基站接入运营商的核心网网元。

（2）UPF 启用 N3 接口安全策略

核心网 UPF 的 N3 接口启用 GTP 端口安全策略，只允许目的端口为 GTP 端口的报文通过，对于目的端口非 GTP 端口的报文会自动抛弃，保护 UPF 防止违规基站的接入。

（3）核心网侧接入网元访问加固

AMF 与 UPF 都需要和基站建立接口，在 AMF 与基站对接的 N2 接口和 UPF 的 N3 接口配置 ACL 策略限制报文访问的目的地址和目的端口，其他路由不接收及发布，避免非共享基站地址用户访问运营商核心网。

（4）非服务化接口安全机制

核心网网元可按需启用非服务化接口安全机制，通过 IP SEC ESP 和 IKEv2 认证对非服务化接口的网元间通信提供机密性、完整性和重放保护。

1. GTP（GPRS Tunneling Protocol，GPRS 隧道协议）。

7. 共建共享的切片安全

网络切片的实现需要进行端到端的网络质量保障，在接入网共建共享场景下，为了实现端到端的网络切片，重点在于切片策略信息的传递和执行，当前存在以下3种传递方案，需要实现不同层级的网络/系统互通，同时引入了不同的安全风险。

（1）BSS层实现互通

共享方的通信服务管理功能（Communication Service Management Function，CSMF）向承建方的CSMF传递共享方用户订购的通信服务需求，承建方的CSMF接收到相关信息后转换为对切片的需求，并向本网OSS层的网络切片管理功能（Network Slice Management Function，NSMF）下发SLA要求。

该方案的安全风险在于共享双方CSMF间传递的用户业务需求信息存在用户隐私、市场竞争力等敏感机密信息被泄露的风险。

（2）OSS层实现互通

共享方的CSMF根据用户业务需求向本网OSS层的NSMF下发切片需求及SLA要求，本网的NSMF将切片需求及SLA要求传递给承建方的NSMF，承建方的NSMF对这些需求和要求进行转换并实现。

该方案的安全风险在于需要对双方的NSMF开放互通，需要进行严格的安全域隔离、双向认证、访问控制和加密保护。

（3）执行层实现互通

共享双方的网络子切片管理功能（Network Slice Subnet Management Function，NSSMF）进行开放互通（可能涉及RAN-NSSMF与TN-NSSMF），传递子切片需求，每个厂家都有自己的NSSMF，开放互通的实现难度大，安全风险暴露面较广，实际可行性较低。

8. 业务高突发场景的网络高可靠性

在无线网共享、承载网互通的组网模式下，面对具有业务高突发性、高安全性威胁等情况的场景，应在无线侧、IP RAN侧与核心网侧分别部署以下安全方案，确保网络的可靠性和可用性。

（1）无线侧

负载与资源监控：应对共享基站（包括共享gNB与共享锚点eNB）的主设备负载、配套设备负载（动力、空调），持续监控传输光缆利用率与载频资源利用率，双方应协商确定一致的

过载 / 高负荷预警阈值，及时对过载 / 高负荷的网络设备 / 资源实施扩容与负载均衡操作。

容灾备份能力：承载双方关键业务或服务重要用户的共享基站设备应注意设备布放、传输链路、配套设施的容灾规划，例如，基站光模块采用双芯双向模式、大容量备电等。突发灾害或故障时，无线侧能通过初步的资源共享和负载分担，具备一定持续服务能力。

负载均衡能力：在长期业务量大、流量较大的场景下，建议按需扩容至多载波和采取对应的负载均衡方案。对突发高负荷场景，必要时，可以通过临时改变同频、异频及异系统切换门限，将高负荷小区的边缘用户迁移到周边小区或异系统上，从而达到缓解业务量大、流量大的目的。

信令控制与优化：在出现突发的大量用户 / 业务接入时，应针对具体情况采取合理的接入控制与拥塞控制方案。在无线接入网侧开启快速休眠等信令优化方案，减少因小包消息、心跳消息等业务产生的大量信令流程；对物联网终端，采用群组认证、分布式认证等机制优化接入，降低对网络的冲击。

（2）承载网侧

泛洪攻击保护：在承载网互联互通的场景下，路由器面临共享方流量的泛洪攻击风险，应在路由器部署 CPU 防护策略，例如，基于控制平面承诺访问速率（Control Plane Committed Access Rate，CPCAR）限制攻击。另外，互联网站点的转发流量存在泛洪攻击的情况，路由器应部署异常流量监测与分析能力，丢弃或调度发现的攻击流量。

路由过载保护：对于承载共享 5G 基站、共享锚点 4G 基站的承载网路由，考虑利用组网多链路、物理路由分离等方式提高承载网的可靠性，另外，运营商应特别重视对路由光缆资源利用率、传输网络设备负载的持续监控与高负荷预警。双方应协商确定一致的过载 / 高负荷预警阈值，及时对过载 / 高负荷的网络设备 / 资源实施扩容与负载均衡操作。另外，互通路由结构、传输网络设备应具备高可靠的容灾能力。

（3）核心网侧

面对业务高突发性场景，例如，共享方基站受到攻击，向承建方核心网接入管理网元 AMF 恶意灌包，核心网侧需要具备安全防护手段和管控手段，可通过配置 TCP/IP 攻击防范、ARP 攻击防范、CPCAR、ACL、黑白名单、应用层联动等功能保护核心网网元，具体包括在核心网侧配置 TCP/IP 攻击防范，防止从共享基站、IP RAN 互通节点攻击核心网网络设备。AMF 配置地址解析协议（Address Resolution Protocol，ARP）报文合法性检查、ARP 严格学习等安全防范策略从而防范、检测和解决 ARP 攻击。

9. 策略与参数冲突检测

网络参数、策略冲突或不合理规划可能导致共享网络出现信令风暴、资源过载、基站偶发性断连、计费错误等问题，影响业务的可用性与可靠性。

同一个AMF/MME Pool内出现gNodeB ID/eNodeB ID冲突，将导致其中一方链路中断造成断站。如果在全国范围内出现全球小区标识（Cell Global Identity，CGI）冲突，则会造成基于CGI的定位和计费业务的严重错误。因此，在全国/全省范围内必须做好统一ID规划方案，保证CGI的唯一性。

TAC/TAL配置规范： 在4G共享锚点站与现网4G站之间、双方承建5G共享站之间，如果TAC/TAL配置策略不一致，则多个TAC重叠区域将出现频繁TAU现象，导致附近基站小区反向负荷过高，存在信令风暴和无线基带处理资源过载的风险。因此，在大规模共建共享前应共同协商完整的规划方案，统一部署，并对问题区域的存量基站小区做适当的TAC修改。

基站侧DNS代理配置： 基站侧启用DNS代理功能，可以显著提升DNS解析性能，但某些无加密的VPN业务用户需要特定的DNS解析结果，因此，存在此类业务的基站应通知承建方关闭DNS代理功能，或向特定DNS服务器请求列入不代理清单，防止代理结果影响VPN用户的正常使用。

基站和网元IP地址规划： 共享方基站与承建方核心网互通时，为了保证IP RAN互通节点和核心网侧的安全策略不会拦截正常的业务，双方基站的IP地址需要统一规划管理，保证核心网侧不会拦截规划内的IP。

切片ID统一规划： 切片业务会涉及无线侧切片、IP RAN切片和核心网切片，对于本网/异网用户终端上带的切片ID，异网/本网共享基站、IP RAN和本网/异网核心网都需要采取对应的响应策略。为了避免切片业务冲突，切片ID需要统一规划。

2.7 参考文献

[1] ETSI, TS 138 213-2021, 5G; NR; Physical layer procedures for control (V16.5.0; 3GPP TS 38.213 version 16.5.0 Release 16)[S].

[2] ETSI, TS 122 261-2018,5G; Service requirements for next generation new services and markets (V15.6.0; 3GPP TS 22.261 version 15.6.0 Release 15)[S].

[3] ETSI, TS 138 306-2021,5G; NR; User Equipment (UE) radio access capabilities (V16.4.0; 3GPP TS 38.306 version 16.4.0 Release 16)[S].

[4] 刘晓峰，孙韶辉，杜忠达，等 . 5G 无线系统设计与国际标准 [M]. 北京：人民邮电出版社，2019.

[5] ETSI, TS 124 301-2020,Universal Mobile Telecommunications System (UMTS); LTE; 5G; Non-Access-Stratum (NAS) protocol for Evolved Packet System (EPS); Stage 3 (V15.8.0; 3GPP TS 24.301 version 15.8.0 Release 15)[S].

[6] 中国电信，5G 网络共建共享指导意见 [R]，2020.

[7] 华为技术有限公司，Telco Cloud NFVI 8.0.0 可靠性技术白皮书（精简）[R]，2021.

[8] 刘雁 . 5G 核心网的建设与演进 [J]. 邮电设计技术，2018（11）：23-28.

[9] 中国电信 . 中国运营商广东电信 5GC-ToB&ToC 应急预案 V1.2[Z]，2022.

[10] 梁筱斌，杨广铭，孙嘉琪，等 . 中国电信 5G 承载组网规范 [R]，2020.

[11] 沈军，赵丽敏，潘家铭，等 . 中国电信 5G 共建共享试点安全方案 [R]，2021.

[12] 谢泽铖，徐雷，张曼君，等 . 5G 网络共建共享安全研究 [J]. 邮电设计技术，2021（4）：5-9.

第3章

5G 公众业务运营实践

5G 在核心网和无线网的网络架构优势及技术优势决定了 5G 技术会在各个行业中发挥重要作用，赋能千行百业，构建 5G 行业应用业务。但是公众业务用户仍然是运营商用户中数量最多的部分。公众业务用户往往对网络没有过高的 QoS 或增值业务的需求，但在互联网时代，每个人都离不开手机，对基础业务（例如，数据业务和语音）的可用性要求很高，这些基础业务一旦发生不可用的情况，则会对公众业务用户带来极大困扰，产生严重的社会影响。另外，公众业务用户对业务受理的便利性也有较高的要求。因此，在 5G 公众业务运营实践中，这些都是必须考虑的因素。本章先从 5G SA 语音方案开始介绍。

3.1 5G SA 语音方案

随着通信技术及移动互联网行业的发展，数据业务在移动业务中的占比越来越高，但是语音业务仍然是用户在实际使用中的刚需，尤其是多种紧急场景对语音的需求更为强烈，这要求运营商切实保障用户的语音业务，保证语音业务在各种接入环境、各种场景下均可以使用。

移动业务的语音方案伴随着网络的演进发生了很大的变化，在 2G/3G 时代，运营商普遍使用分组域语音方案或电路交换域语音方案，到了 4G 时代，随着 VoLTE 的部署及 VoLTE 终端的普及，VoLTE 成为 4G 的主流语音方案。而随着 5G 的部署、商用及推广，语音方案也将迎来新一轮改变。

5G 基站存在信号覆盖范围较小、信号穿透性较差（相较于 4G 信号）等固有无线特性，因此，对于 5G SA 语音方案，需要考虑多种语音方案相结合，以满足多种无线场景下对应的语音模式，以及在各场景间切换的技术方案。按场景分，5G SA 语言方案可分为 EPS Fallback 模式、VoNR 模式、VoWi-Fi 模式共 3 种，具体说明如下。

3.1.1 EPS Fallback 模式

在 5G 部署初期，NR 小区覆盖受限，未能形成连片覆盖区域的阶段，为了保证用户语音业务的可用性、连续性，EPS Fallback 为主流的语音方案。该语音方案要求 NR 基站通过关闭 VoNR 使能开关，使在 5G SA 驻网的用户发起语音主被叫流程时，5GC 因无法通过 NR 基站创建语音承载，而强制终端和核心网承载回落到 4G 基站及部分 4G 核心网，通过 4G 基站演进型 eNB（Evolved Node B，eNodeB）及 MME 创建 VoLTE 语音承载。

VoLTE是目前4G网络环境下使用最广泛的语音方案，在广泛的4G网络覆盖下，用户无论处于什么位置，都可以通过eNodeB和EPC建立起终端到IMS域网元间的媒体面通道，而进入5G SA部署初期，EPS Fallback模式将成为最平滑、最受推崇的过渡语音方案之一。EPS Fallback模式是指在无线网络没有部署VoNR的情况下，当UE从5G网络接入时，允许其在IMS（目前在运营商网络中多用于提供语音服务）中注册；但是当UE要进行通话时，会通过切换或者重定向的方式回落到4G网络利用VoLTE进行通话。这种模式是VoLTE向VoNR演进的过渡语音方案。

为了支持5G和4G网络间的语音业务互操作，需要对EPC和5GC部分网元功能进行融合部署，包括SMF与PGW-C融合、UPF与PGW-U融合、UDM与HSS融合、PCF与PCRF融合。

5G核心网业务拓扑与数据流向如图3-1所示。

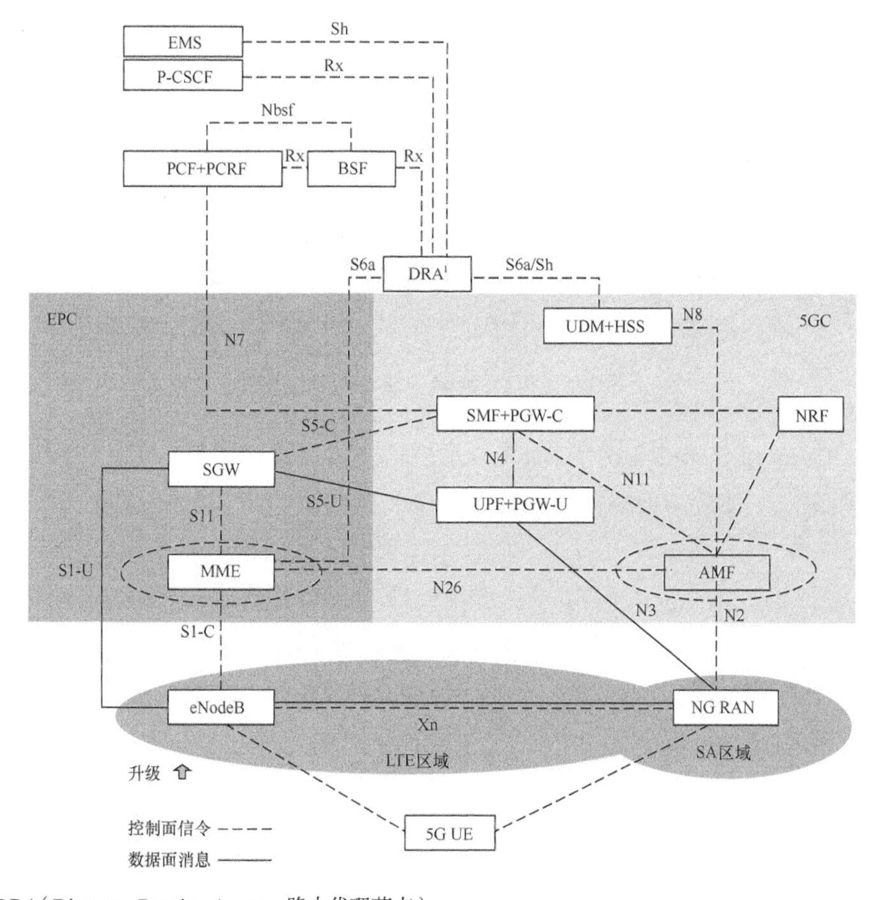

1. DRA（Diameter Routing Agent，路由代理节点）。

图3-1 5G核心网业务拓扑与数据流向

基于 VoLTE 组网叠加部署 NR 和 5GC，经 EPS Fallback 模式的过渡再演进至 VoNR，可基于 Option2（在 5G 演进路线中，Option2 即 SA 组网）和 Option3/3a/3x[1] 组网实现演进。5G 无线网与核心网演进路线如图 3-2 所示。

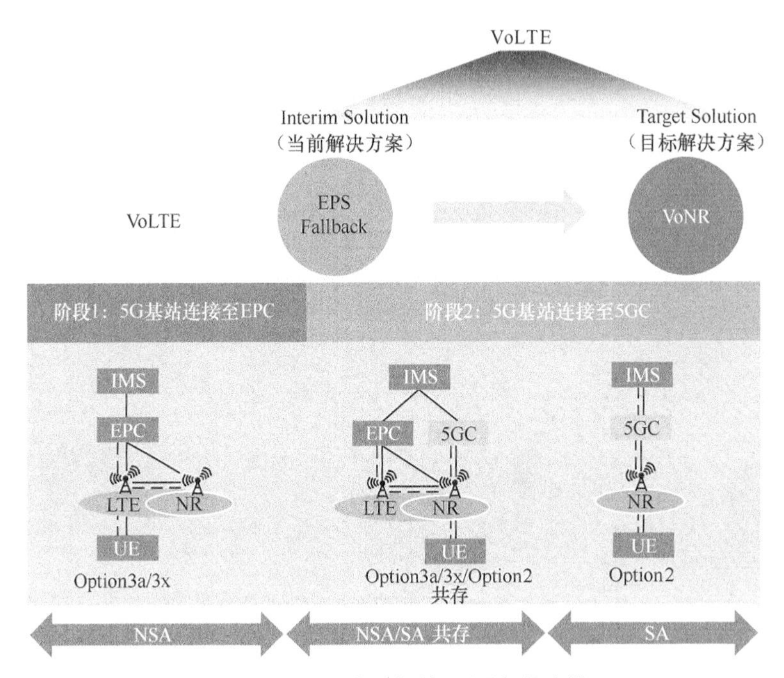

图3-2　5G无线网与核心网演进路线

EPS Fallback 模式的主要目的是能让用户从 5GC 平滑切换到 EPS。平滑切换到 EPS 有两种模式。一种是基于切换的 EPS Fallback 模式；另一种是重定向的 EPS Fallback 模式。

上述两种方式的选择主要取决于无线侧资源，如果无线侧支持切换，则从业务连续性的角度来看，更倾向于通过切换的方式进行回落，可避免重定向带来时延较大的问题。在 EPS Fallback 模式之前，NG RAN（同 NR）会通知 UE 测量 LTE 的信号，在确认可回落的条件下，再进行后续的步骤。

1. 3GPP 定义的 5G 演进路线中 NSA 的选项，终端信令锚点均在 4G 基站。其中，Option3 为通过 4G 基站将用户流量分流至 5G 基站；Option3a 为核心网将用户流量分流至 5G 基站；Option3x 为通过 5G 基站将用户流量分流至 4G 基站。

EPS Fallback 模式的流程示意如图 3-3 所示。UE 已经在 5G 网络下完成注册，IMS DNN 建立 PDU 会话（即建立了 IMS DNN 缺省的 QoS 流），并且完成 IMS 的注册流程。

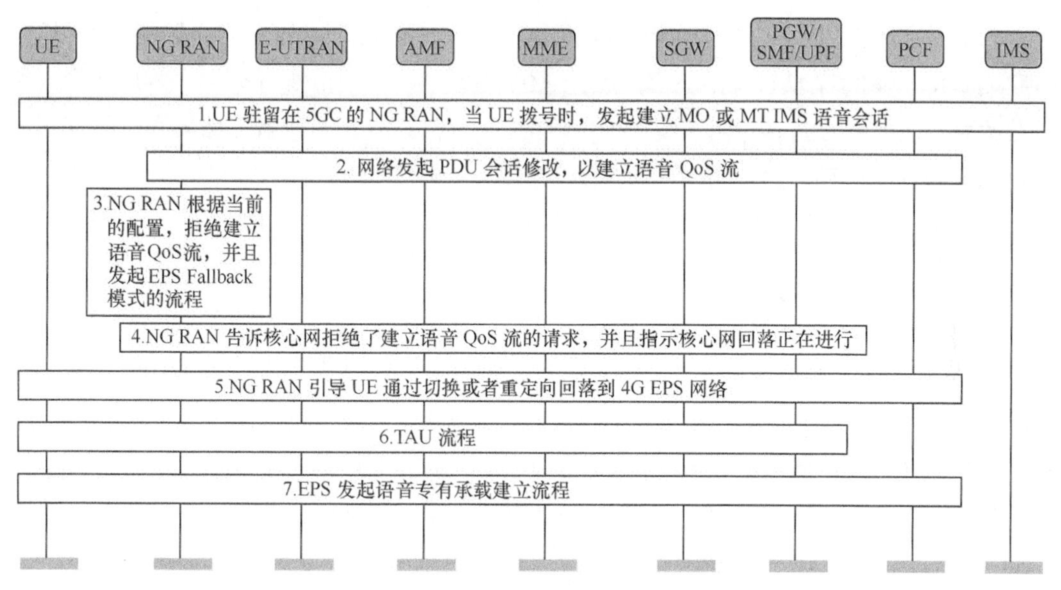

图3-3　EPS Fallback模式的流程示意

① UE 驻留在 5GC 的 NG RAN，当 UE 拨号时，发起主叫（Mobile Origination call，MO）或被叫（Mobile Termination call，MT）IMS 建立语音会话。

② 网络发起 PDU 会话修改，以建立语音 QoS 流。在 PDU 修改过程中尝试添加一个新的 QoS 流，也就是语音 QoS 流，并且会提供语音 QoS 流的描述信息和所需要的 QoS 参数，尝试为 5G 音频做资源预留。

③ 请求发给 NG RAN，但是 NG RAN 根据当前的配置，拒绝建立语音 QoS 流，并且发起 EPS Fallback 模式的流程，引导 UE 回落到 4G EPS 网络再发起呼叫。

④ NG RAN 告诉核心网拒绝了建立语音 QoS 流的请求，并且指示核心网回落正在进行。NG RAN 通过 AMF 向 PGW-C+SMF 发送 PDU 会话修改响应消息，指示拒绝接收到为 IMS 语音建立 QoS 流 PDU 会话修改的消息，并指示 IMS 语音回落。PGW-C+SMF 维护与 QoS Flow 关联的策略控制和计费（Policy Control and Charging，PCC）规则，如果 PCF 订阅了 EPS 回落事件，则向 PCF 报告 EPS 回落事件。

⑤ NG RAN 引导 UE 通过切换或者重定向回落到 4G EPS 网络。

⑥ 如果有 N26 接口的切换或者重定向消息，则 UE 发起 TAU 流程。

⑦ EPS 发起语音专有承载建立流程。

专载建立完成后，终端可在 4G 下进行 VoLTE 呼叫流程。另外，在完成 EPS 移动性过程或 5GC 到 EPS 切换过程的一部分后，SMF/PGW-C 在④中重新启动 PCC 规则的专用承载建立，包括 IMS 语音专用承载，将 5G QoS 映射到 EPC QoS 参数。如果 PCF 订阅，则 PGW-C+SMF 上报资源分配成功和接入网信息。

EPS Fallback 呼叫流程的基本条件与具体流程如下。

1. EPS Fallback 注册

EPS Fallback 回落流程的前提是完成 5G 核心网侧 IMS DNN 默认 QoS Flow 的建立及 IMS 侧的注册。

EPS Fallback 的注册过程与 4G VoLTE 基本相同，二者的主要区别在于 5G 将初始注册的 Registration 过程与会话建立的 PDU Session 过程拆分为两个独立的过程。用户在 EPC 网络附着时，同时伴随着默认接入点名（Access Point Name，APN）（通常签约为数据 APN）的公用数据网（Public Data Network，PDN）建立连接，然后再建立 IMS APN，才可建立后续音视频会话。当用户在 5GC 网络注册时，不一定伴随 PDU 会话的建立，当终端为语音优先类型时，会在完成网络注册后发起建立 IMS PDU 会话。

IMS PDU 会话建立流程与 5G 数据 PDU 会话建立流程类似，不同之处在于 IMS PDU 会话流程增加了 PCF 通过动态用户组下发语音相关策略及 SMF 选择会话边界控制器（Session Border Controller，SBC）下发给终端的过程。IMS 网络注册流程与 4G 基本一致，二者的区别在于 4G 时代，终端通过 SGW+PGW 与 SBC 建立媒体面承载，而在 5G 时代，终端则是通过 UPF 与 SBC 建立媒体面承载。

IMS 语音 PDU 会话流程与普通数据 PDU 会话流程建立的区别主要体现在以下 3 个方面。

- UE 向 AMF 发送 PDU Session Establishment Request 消息，额外携带 Extended protocol configuration options 信元指示请求代理呼叫会话控制功能（Proxy-Call Session Control Function，P-CSCF）网元地址。

● 为了在主被叫BSF查询时能获取对应的PCF地址，需要在会话建立的过程中完成N7和Rx接口会话绑定，实现BSF和PCF的会话绑定。

● NG RAN将AMF发送的PDU Session Establishment Accept消息转发给UE，将P-CSCF地址信息发送给UE。

2. EPS Fallback主被叫

前文介绍了EPS Fallback模式流程对终端注册的前提条件的要求，接下来本节对EPS Fallback主叫流程与被叫流程分别进行介绍。

主叫（MO）即拨打电话的发起方，是指UE在IMS网络注册后，在NR发起呼叫的MO呼叫。主叫语音EPS Fallback业务基本原理如图3-4所示。此时，NR不提供语音业务，通过EPS Fallback回落到4G网络通过VoLTE进行通话。

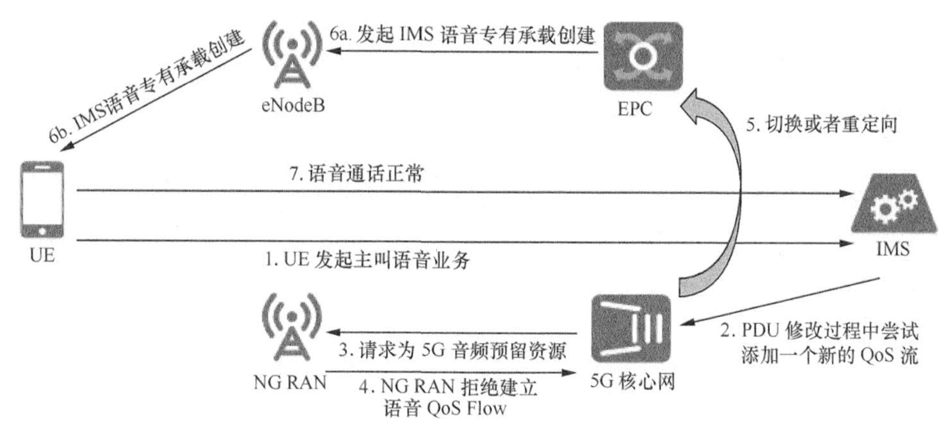

图3-4 主叫语音EPS Fallback业务基本原理

被叫（MT）即电话的接听方，是指UE在IMS网络注册后，在NR接收呼叫的MT呼叫。被叫语音EPS Fallback业务基本原理如图3-5所示。此时，NR不提供语音业务，通过EPS Fallback回落到4G网络通过VoLTE进行通话。

相对于MO呼叫流程，MT呼叫流程主要是UE在空闲态多了Paging的过程，触发UE进入连接态。另外，IMS对于MT呼叫处理流程也与MO呼叫流程有所不同，被叫域选需要确定被叫用户的位置信息。

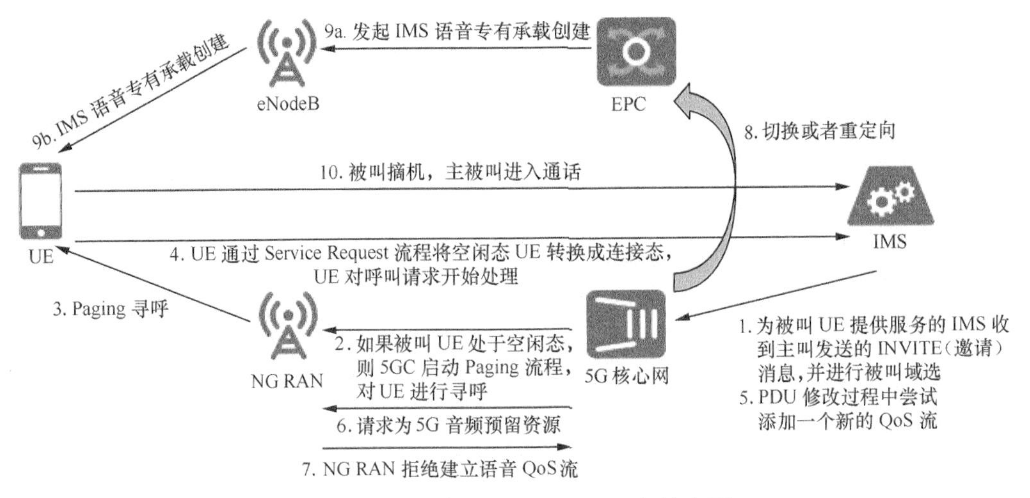

图3-5　被叫语音EPS Fallback业务基本原理

3. 基于切换的 EPS Fallback 流程

从 5GC 到 EPS 的回落过程有两种方式：一种是基于切换的 EPS Fallback；另一种是重定向的 EPS Fallback。重定向主要用于当前服务小区过载，或者 UE 已经移动到小区边缘需要触发切换，但是此时 UE 不支持切换，又或者是在 5G 建设初期，无线侧未能较好地完成邻区配置，为了避免切换感知不良，采取重定向方式。在 EPS Fallback 之前，由 NG RAN 确认是发起切换还是重定向。

基于切换的 EPS Fallback 流程如图 3-6 所示，注意此时 UE 已经在 5G 网络上完成注册，建立 IMS PDU 会话，并且已在 IMS 网络上注册成功。

① UE 发起 IMS 语音业务。UE 发送 SIP INVITE 消息给 IMS。IMS 发送 AAR 消息给 PCF，PCF 响应 AAA[1] 消息触发创建专用 QoS 流的流程。5QI 是 QoS 流创建的依据，5QI 对应 4G 的 QoS 分类标识符（QoS Class Identifier，QCI）是业务质量的索引，代表了资源类型、优先级、可靠性、丢包率等一组参数的取值集合。

② PCF 向 SMF 发送 Npcf_SMPolicyControl_UpdateNotify Request 消息通知 SMF 创建语音专有 QoS 流。SMF 响应 Npcf_SMPolicyControl_UpdateNotify Response 消息。

1. AAA（Authentication、Authorization、Accounting，认证、授权、计费）。

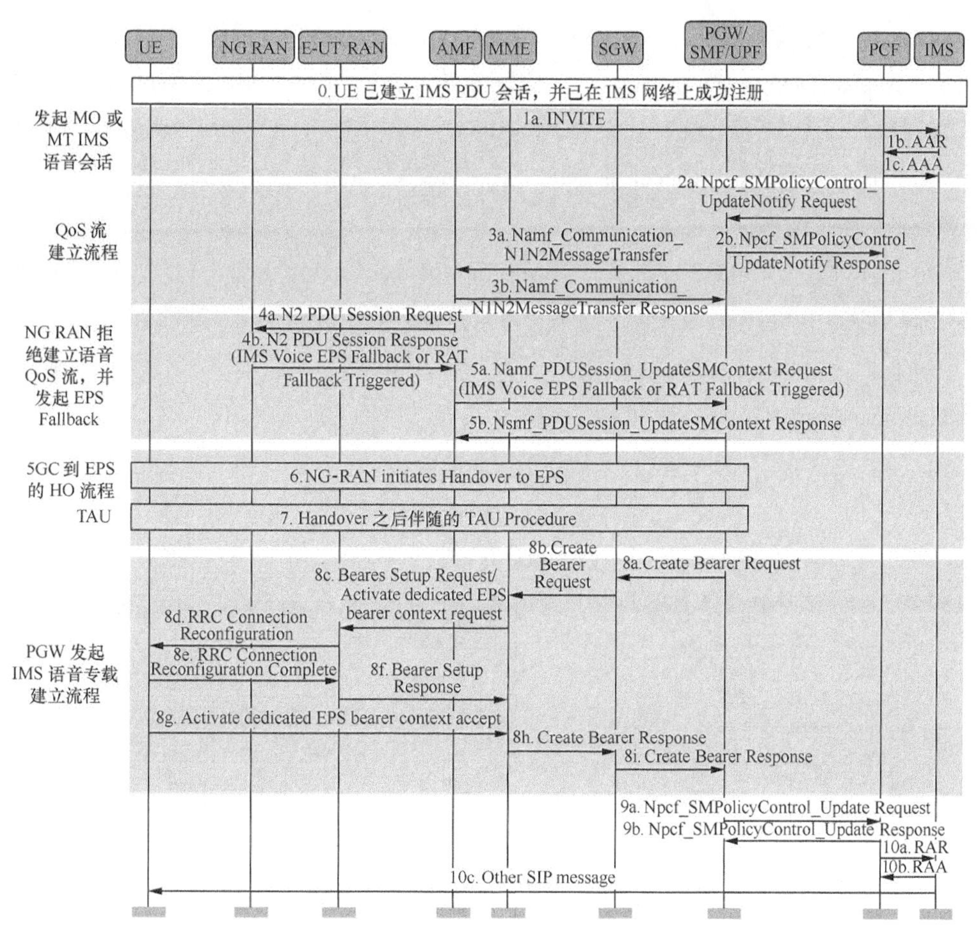

图3-6 基于切换的EPS Fallback流程

③ SMF 向 AMF 发送 Namf_Communication_N1N2MessageTransfer，消息中携带 SM 相关信息。AMF 响应 Namf_Communication_N1N2MessageTransfer Response 消息。

④ AMF 向 NG RAN 发送 N2 PDU Session Request 消息，通知 NG RAN 建立语音 QoS 流资源，NG-RAN 拒绝语音 QoS 流，响应 N2 PDU Session Response 消息，并携带 IMS Voice EPS Fallback or RAT Fallback Triggered 原因值。

⑤ AMF 向 SMF 发送 Nsmf_PDUSession_UpdateSMContext Request，携带 IMS Voice EPS Fallback or RAT Fallback Triggered 原因值。SMF 响应 Nsmf_PDUSession_UpdateSMContext Response 消息。

⑥ NG RAN 发起 5GS to EPS Handover 流程。基于 N26 接口的 5GC 切换到 EPS。

⑦ Handover 之后的 TAU 流程。在 TAU 过程中，如果 N26 接口不支持在 Forward relocation request 消息中携带终端能力 srvcc-to-geran-utran-capability，则会导致无法在 Handover request 消息中携带 SRVCC Operation Possible，进而影响用户继续向 2G/3G 网络回落，可以设置 BYTE_EX_B330 BIT2 标志位为 1，使 DOWNLINK NAS TRANSPORT 消息中携带 SRVCC 能力。

⑧ PGW 根据缓存的 QCI=1 的 QoS 流创建请求，在用户回落 EPS 网络后再发起 IMS 语音专有承载创建流程。

⑨ PGW 向 PCRF/PCF 发送 Npcf_SMPolicyControl_Update Request 消息，消息中携带 IP-CAN-Type、RAT-Type 等信息，这些信息都是 4G 网络中的信元。

⑩ PCF 之后向 IMS 发送重新鉴权请求（Re-Auth-Request，RAR）消息，IMS 响应重新鉴权响应（Re-Auth-Answer，RAA）消息。IMS 网络向 UE 发送 SIP 消息，语音通话正常。

4. 基于重定向的 EPS Fallback 流程

基于重定向的 EPS Fallback 流程如图 3-7 所示。UE 已经在 5G 网络完成注册，建立 IMS PDU 会话，并且已在 IMS 网络注册成功。

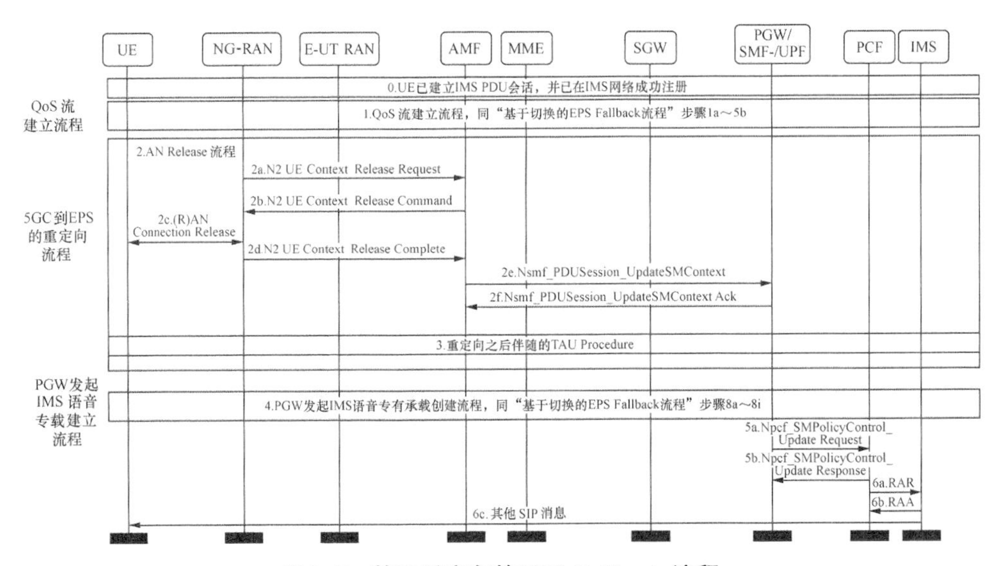

图3-7 基于重定向的EPS Fallback 流程

① 创建语音专用 QoS 流的流程，与基于切换的 EPS Fallback 流程①～⑤相同。

② NG RAN 发起重定向流程。

a. NG RAN 发送 UE Context Release Request 消息到 AMF。

b. AMF 向 NG RAN 发送 UE Context Release Command 消息，指示 NG RAN 释放和

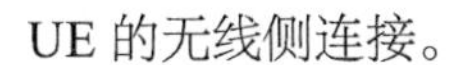

UE 的无线侧连接。

c. NG RAN 发起和 UE 的 NG RAN Connection Release 流程。

d. NG RAN 向 AMF 发送 UE Context Release Complete 消息。

e. AMF 向 SMF 发送 Nsmf_PDUSession_UpdateSMContext 消息。

f. SMF 向 AMF 返回 Nsmf_PDUSession_UpdateSMContext Ack 消息。

③ 重定向之后的 TAU 流程。

④ PGW 发起 IMS 语音专有承载创建流程，与基于切换的 EPS Fallback 流程⑧相同。

⑤ PGW 向 PCRF/PCF 发送 Npcf_SMPolicyControl_Update Request 消息，消息中携带 IP-CAN-Type、RAT-Type 等信息，这些信息都是 4G 网络中的信元。

⑥ PCF 向 IMS 发送 RAR 消息，IMS 响应 RAA 消息。IMS 网络向 UE 发送 SIP 消息，语音通话正常。

5. 基于切换和重定向的 EPS Fallback 差异

从 EPS Fallback 的流程介绍中，我们看到 5GC 到 EPS 的回落过程有两种方式：一种是基于切换的 EPS Fallback；另一种是重定向的 EPS Fallback。基于切换和重定向的 EPS Fallback 流程差异见表 3-1。

表3-1 基于切换和重定向的EPS Fallback流程差异

<table>
<tr><th>流程</th><th>基于切换的 EPS Fallback</th><th>基于重定向的 EPS Fallback</th></tr>
<tr><td>QoS 流建立</td><td colspan="2">PCF 通知 SMF 创建语音专有 QoS 流，当流程到达 NG RAN 时，NG RAN 拒绝语音 QoS 流，响应 N2 Session Response 消息，并携带 IMS Voice EPS Fallback Triggered 原因值。
两种方式的选择主要取决于无线侧资源，如果无线侧支持 Handover 切换，则从业务连续性的角度来看，更倾向于通过 HO 的方式进行回落，这种方式可以避免重定向带来的时延较大的问题。EPS Fallback 之前，NG RAN 会通知 UE 测量 LTE 的信号，确认在可回落的条件下，再进行后续步骤</td></tr>
<tr><td>TAU 过程</td><td>当 EPS Fallback 回落到 4G 网络后，终端会发起一次 TAU 过程，将 MME 的地址记录到 UDM 中。此处的 TAU 为部分 TAU，只须完成位置更新</td><td>当 EPS Fallback 回落到 4G 网络后，终端需重新发起一次 TAU 过程，将 MME 的地址记录到 UDM 中</td></tr>
<tr><td>回落过程</td><td>① NG RAN 发起 5GC to EPS HO 流程，发送 Handover Required 消息到 AMF。AMF 向 SMF 获取 SM 上下文，给 MME 发送承载信息并通知 SGW 建立承载
② MME 向 E-UT RAN 请求建立无线网络资源，包含承载信息、安全上下文，在 E-UT RAN 做好切换准备时，NG RAN 通知 UE 切换到目的接入网络，下行数据通过 UPF 和 SGW，从 NG-RAN 发送到目的 E-UT RAN</td><td>① NG RAN 发起重定向流程，发送 UE Context Release Request 消息到 AMF，AMF 向 NG RAN 回复 UE Context Release Command 消息，指示 NG RAN 释放和 UE 的无线侧连接
② NG RAN 发起和 UE 的 NG RAN Connection Release 流程并向 AMF 发送 UE Context Release Complete 消息，无论 UE 是否返回无线侧释放流程的 Ack</td></tr>
<tr><td>IMS 语音专载建立</td><td colspan="2">通过 PGW 发起的 IMS 语音专有承载建立流程，流程与 VoLTE 的 IMS 语音专有承载建立流程相同，此时携带 4G 的用户位置信息</td></tr>
</table>

EPS Fallback 两种回落方式的优缺点对比见表 3-2。

表3-2 EPS Fallback两种回落方式的优缺点对比

维度	基于切换的 EPS Fallback	基于重定向的 EPS Fallback
成功率	基于切换方式的回落 UE 上报测量报告存在时延，在移动性场景中可能会影响切换成功率。这也导致基于切换方式的回落成功率略低于基于重定向方式的回落成功率	基于重定向方式的回落，UE 选择质量较好的 LTE 小区接入，成功率与 LTE VoLTE 建立成功率差不多
时延	比基于重定向方式的回落时长大约少 220ms	基于重定向方式的回落会先释放业务，然后重新建立，信令流程较多，比基于切换方式的回落时长大约多 220ms
数据业务影响	数据业务通过 5GC 转到 LTE，中断时长较短	数据业务会中断，回落到 LTE 之后重新建立业务恢复，中断时长较长
网规要求	需要配置 LTE 邻频点与准确的 LTE 邻区，网规难度较大	需要配置 LTE 邻频点与邻区，但是对邻区准确性要求较低，网规难度较小
接口要求	需要配置 N26 接口	不需要配置 N26 接口

3.1.2 VoNR 模式

NR 小区的建设逐渐完善后，小区覆盖足以保证用户通话过程中发生移动时话务不会因信号不连续而中断。为了提升用户的语音业务体验，缩短主被叫接通时延，提升话音清晰度，进一步改善与数据业务并行的业务体验，可择机开启 VoNR 功能，服务于在 5G 驻网的用户。

VoNR 是 5G 基础语音类业务目标解决方案，即直接在 NR 基站完成语音业务流程，不再需要通过 EPS Fallback 流程回落到 4G 基站。该方案比目前 NR 采用 EPS Fallback 回落至 VoLTE 的方案具有明显优势。VoNR 与 EPS Fallback 的对比优势见表 3-3。

表3-3 VoNR与EPS Fallback的对比优势

比较点	VoNR	EPS Fallback
呼叫接续时延	接续过程不切换，接续时延较小，约为 3s	接续过程发生切换，接续时延较大，约为 4 ～ 5s
是否影响数据业务并行使用	数据业务承载在 5G，对数据业务无影响（与基站配置承载 VoNR 的频率相关，承载于低频时与 4G 体验相近）	数据业务一同切换至 4G，通话中可能影响部分高速数据业务体验，或导致只能承载在 5G 的 toB 数据业务中断

VoNR 为 5G 用户提供基础语音类业务，业务范畴需覆盖 VoLTE 网络提供的所有业务，包括语音业务、视频通话业务、IP 短消息业务、补充业务、增值业务及智能业务。其中，

补充业务遵循IR.92 GSMA，IR.92 GSMA为该协会制定的针对语音业务的协议，例如，主叫号码类、呼叫转移类、呼叫等待等。增值业务及智能业务包括C网继承业务和VoLTE新扩展业务，例如，彩铃、iVPN等。

VoNR业务涉及5G网络及IMS网络，其中，5G网络包括无线网络、5GC。IMS网络包括核心层网元、接入层网元及业务平台。VoNR网络逻辑架构如图3-8所示。

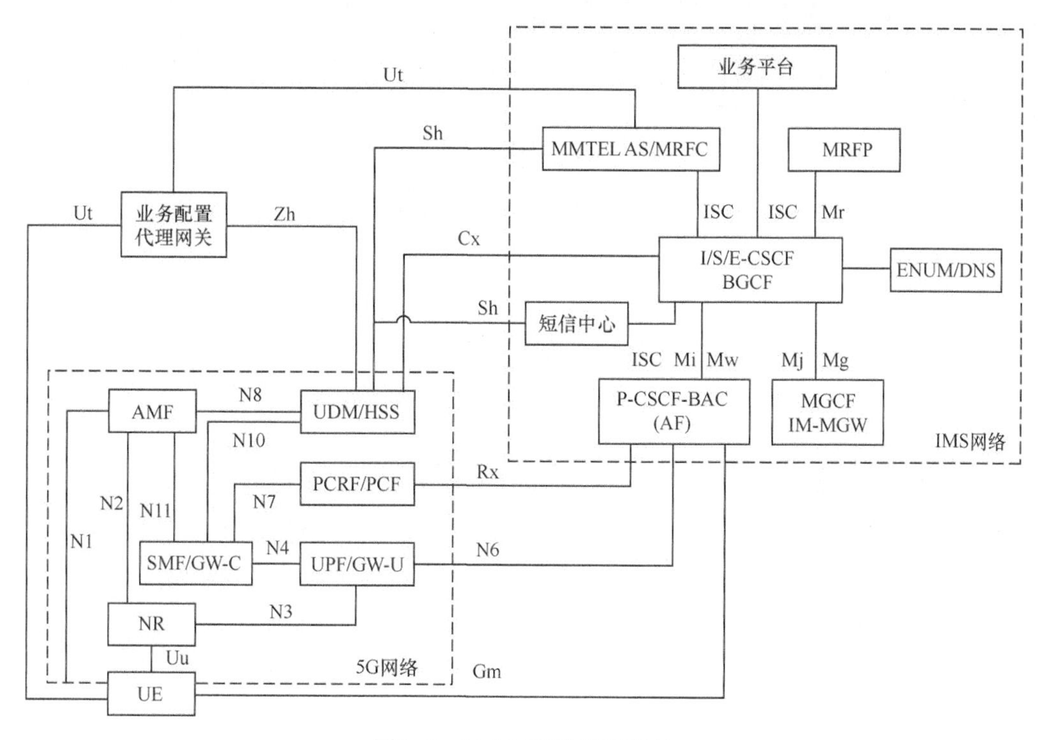

图3-8 VoNR网络逻辑架构

从图3-8中可以看出，5GC与IMS网络参与VoNR流程的网元，和参与EPS Fallback流程的网元基本相同，相比之下，其少了4G核心网参与，减少了交互网元，时延自然也相对较小一些。

1. VoNR呼叫流程

在介绍了VoNR基本概念与网络架构后，我们了解一下VoNR呼叫的详细流程。VoNR的业务流程基本相近，主要是减少了NR基站拒绝建立专有承载请求后触发EPS Fallback的流程。

（1）VoNR 用户之间的语音通话

VoNR 与 VoNR 互相通话流程如图 3-9 所示。

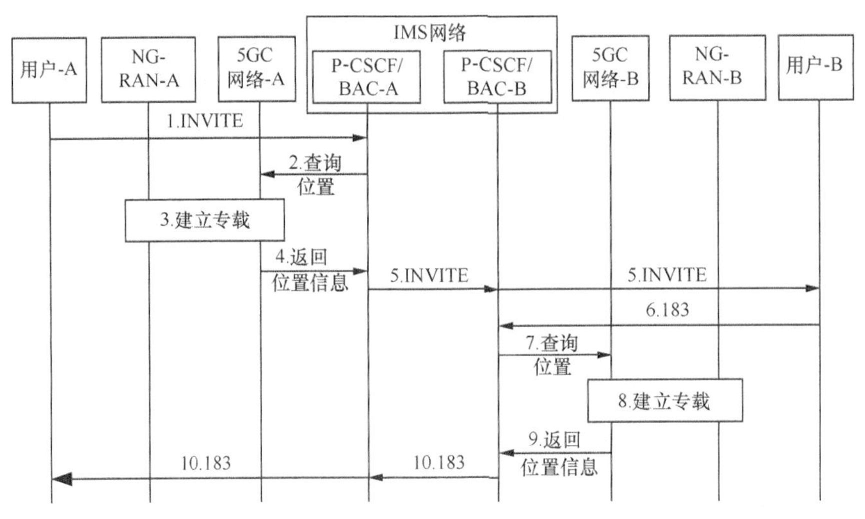

图3–9 VoNR与VoNR互相通话流程

VoNR 与 VoNR 互相通话流程为 VoNR 与 VoNR 设备间互相通话的流程。在主叫发起呼叫后，IMS 侧向 5GC 发起位置查询，5GC 协同 NR 建立专载，建立专载流程与 EPS Fallback，只是不需要回落到 4G 通过 MME 和 eNodeB 建立专载，可直接在 5GC 通过 AMF 和 NR 建立。专载建立后，5GC 网络向 IMS 返回位置信息，主叫 P-CSCF 再通过 IMS 网络将呼叫接续到被叫 P-CSCF，并向终端发起 INVITE 消息。当被叫终端回复 INVITE 消息后，被叫 BAC 也会触发位置查询。成功建立专载并返回信息后，通话接通。

（2）VoNR 用户的紧急呼叫

VoNR 用户的紧急呼叫有两种方式：VoNR 标准方式和普通呼叫方式。

① VoNR 标准方式发起的紧急呼叫

当用户拨打紧急号码时，终端能识别紧急号码，建立紧急承载，进行 IMS 紧急注册。终端发起的 IMS 紧急注册消息、呼叫信令 INVITE 消息中携带紧急呼叫信息。

该方式适用于国际漫游用户附着在电信 5G 网络，由 5G 网络下发紧急号码列表，或终端中预置紧急号码列表的中国电信用户。

网络紧急呼叫能力及紧急号码列表下发：当 UE 发起注册请求时（包括初始注册和移动性注册更新），AMF 向 UE 下发的 Registration Accept 消息携带当前网络支持的紧急呼叫方式。

现阶段AMF下发紧急呼叫指示位为0（Emergency Call，EMC，等于0时表示不支持VoNR紧急呼叫），紧急呼叫回落指示位为1（Emergency Call Fallback，EMF，等于1时表示支持EPS FB紧急呼叫），所有用户回落4G网络完成紧急呼叫。当网络及终端均支持VoNR紧急呼叫后，AMF下发EMC=1（支持VoNR紧急呼叫）、EMF=1（支持EPS FB紧急呼叫），终端根据自身能力选择在5G网络或回落4G网络完成紧急呼叫。

Registration Accept消息中携带无线接入类型所支持的紧急号码列表。目前，网络只对国际漫游用户下发紧急号码列表。

VoNR标准方式紧急呼叫流程如图3-10所示。

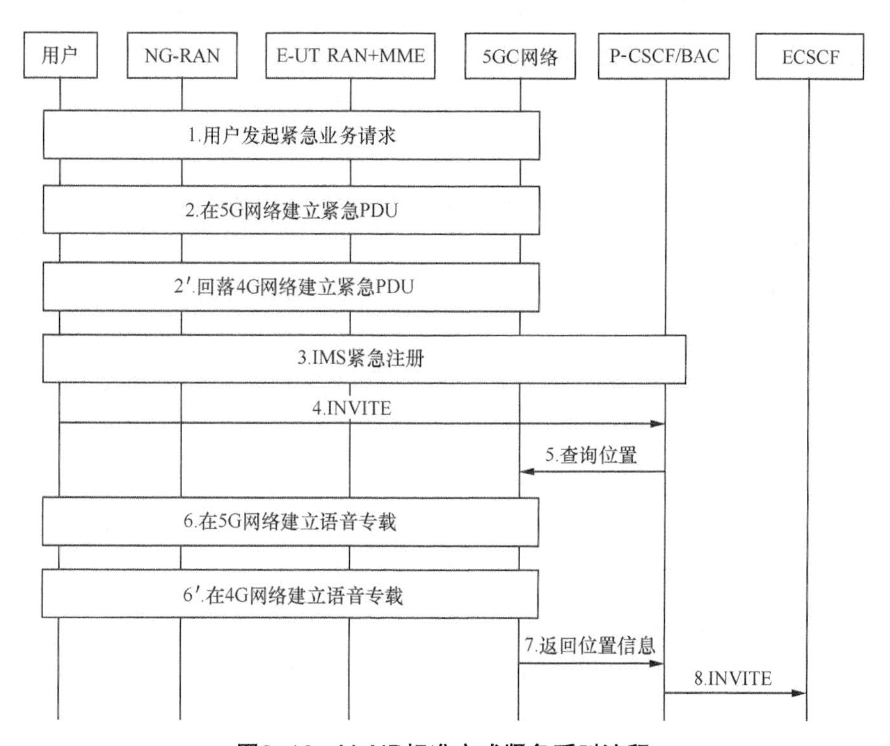

图3-10　VoNR标准方式紧急呼叫流程

UE识别用户拨打号码是紧急号码，发起紧急业务请求：Emergency Service或Emergency Services Fallback。

5GC根据请求的类型，在5G网络建立紧急PDU，或回落4G网络建立紧急PDN。

UE进行IMS紧急注册，Register消息Contact头域中携带参数“sos”。

UE 发送 INVITE 消息，Request-URI 携带紧急 URN 信息（例如，urn:service:sos.police）

P-CSCF 向 5GC 发起位置查询。

5GC 协同 NR，在 5G 网络建立语音专载；或 5GC 协同 MME +eNodeB，在 4G 网络建立语音专载。

5GC 网络向 P-CSCF 返回位置信息。P-CSCF 将呼叫接续至紧急呼叫会话控制功能网元（Emergency-Call Session Control Function，E-CSCF），加插紧急呼叫头域 Priority:emergency。

后续流程与 VoLTE 紧急呼叫相同。

② 普通呼叫方式发起的紧急呼叫

当用户拨打紧急号码时，终端不能识别紧急号码，按照普通呼叫方式发起呼叫，不建立紧急承载，不进行紧急注册，INVITE 消息中不携带紧急呼叫信息。P-CSCF 根据 Request-URI 头域识别为紧急呼叫，并将呼叫转换为紧急呼叫。

该方式适用于终端中未预置紧急号码列表的中国电信用户和国内其他运营商异网漫游到中国电信网络的用户，此时网络不下发紧急号码列表，仅下发网络紧急呼叫能力：当 UE 发起注册请求时（包括初始注册和移动性注册更新），AMF 向 UE 下发的 Registration Accept 消息中携带当前网络支持的紧急呼叫方式。

现阶段 AMF 下发 EMC=0（不支持 VoNR 紧急呼叫）、EMF=1（支持 EPS FB 紧急呼叫），所有用户回落 4G 网络完成紧急呼叫。当网络及终端均支持 VoNR 紧急呼叫时，AMF 下发 EMC=1（支持 VoNR 紧急呼叫）、EMF=1（支持 EPS FB 紧急呼叫），终端根据自身能力选择在 5G 网络或回落 4G 网络完成紧急呼叫。

该方案下 Registration Accept 消息中不携带无线接入类型所支持的紧急号码列表。目前，网络对中国电信用户不下发紧急号码列表。

此时，用户以普通呼叫方式发起呼叫，Request-URI 头域中携带 110 等紧急号码。P-CSCF 根据初始 INVITE 请求中的 Request-URI 头域识别该次呼叫为紧急呼叫，将号码转换为紧急业务 URN，加插紧急呼叫头域 Priority:emergency，并把呼叫路由到合适的 E-CSCF。需要说明的是，后续流程与现网 VoLTE 紧急呼叫相同。

（3）部署策略

目前，国内普遍不考虑国际漫游用户附着在国内的运营商 5G 网络场景下的紧急呼叫需求（VoNR 国际局未建立），因此，暂不部署 VoNR 标准方式（采用 VoNR 紧急呼叫流程）

的紧急呼叫。

当不开启 VoNR 标准方式紧急呼叫时，AMF 下发 EMC=0（不支持 VoNR 紧急呼叫）、EMF=1（支持 EPS FB 紧急呼叫）信号给终端：对于终端中预置紧急号码列表的中国电信用户，终端会采用 EPS FB 紧急呼叫方式发起紧急呼叫；对于终端中未预置紧急号码列表的中国电信用户和国内其他运营商异网漫游到中国电信网络的用户，终端采用普通呼叫的方式发起紧急呼叫。

当开启 VoNR 标准方式紧急呼叫时，AMF 下发 EMC=1（支持 VoNR 紧急呼叫）、EMF=1（支持 EPS FB 紧急呼叫）信号给终端：对于终端中预置紧急号码列表的中国电信用户，终端根据自身策略选择 VoNR 紧急呼叫方式或 EPS FB 紧急呼叫方式发起紧急呼叫；对于终端中未预置紧急号码列表的中国电信用户和国内其他运营商异网漫游到中国电信网络的用户，终端采用普通呼叫的方式发起紧急呼叫。

2. VoNR 切换的两种方式

VoNR 业务仅由 5G NR 基站进行承载，因此，当用户在通话中从 5G 覆盖区域移动到 4G 覆盖区域时，面临 4G/5G 语音业务切换的问题。目前，4G/5G 语音业务切换主要有软切换（Packet Switch Hand Over，PSHO）和硬切换（或称重定向）两种方式。

当用户从 5G 移动到 4G 时，基于 PSHO 方式互操作，终端的语音业务与数据业务（如果存在）一起切换至 LTE 侧，语音建立时延与数据业务中断时延相对较短。

当用户从 5G 移动到 4G 时，基于重定向方式互操作，终端回落到 LTE 之后需要读取 4G 侧系统消息，然后再建立 VoLTE 业务（需要在 LTE 侧重新建立承载以恢复数据业务）。

（1）5G/4G 语音基于 PSHO 方式切换

当 UE 在 5G 网络发起并实现 VoNR 通话，且由于覆盖从 5G 切换到 4G，基于 PSHO 方式的切换会经过以下流程。VoNR 通话下，5G 向 4G 移动的 PSHO 切换流程示意如图 3-11 所示。

① NR 基站根据 UE 的测量报告，发起切换请求。

② AMF 在切换到对端之前，先从 SMF 获取 UE 的上下文信息，其中包含 5QI=1 的专有 QoS 流。

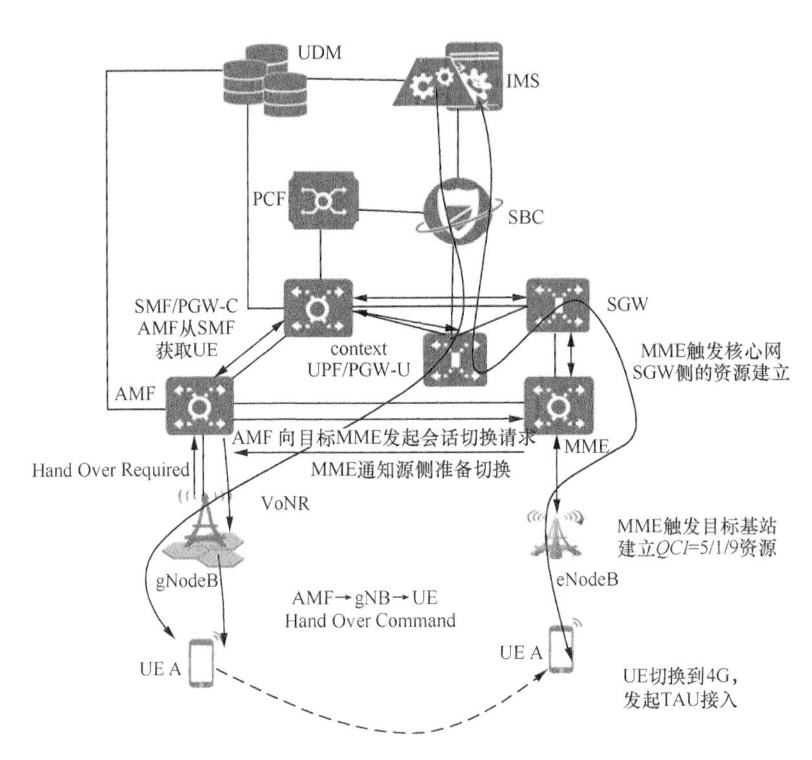

图3-11　VoNR通话下，5G向4G移动的PSHO切换流程示意

③ AMF 选择目标 MME 并向其发起会话切换请求，包含语音 5QI=1 与 QCI=1 的资源转换。

④ MME 选择 SGW 发起资源创建请求。

⑤ MME 和目标基站交互预留无线侧资源，建立缺省和专有承载资源。

⑥ 随后 MME 通知源侧 AMF 资源准备完成。

⑦ AMF 通知基站，基站通知 UE 切换。UE 切换到 4G 网络，刷新用户面资源，继续运行语音或数据业务。

（2）5G/4G 语音基于重定向方式切换

当 UE 在 5G 发起并实现了 VoNR 通话时，由于覆盖从 5G 切换到 4G，基于重定向方式的切换会经过以下流程。

① NR 基站根据 UE 的测量报告，根据本地配置发起重定向流程，向 AMF 发起 Release 操作。

② 根据当前的会话，AMF 发起到 SMF 的空口资源释放，并指示重定向。

③ 基站释放空口连接，指示 UE 从 4G 接入。

④ UE 在 4G 网络发起 TAU 流程，携带 active flag。

⑤ MME 根据全球唯一临时 UE 标识（Globally Unique Temporary UE Identity，GUTI）选择源侧 AMF，获取 UE 的会话上下文信息，其中，携带包含语音 5QI=1 与 QCI=1 的资源转换。

⑥ MME 为 UE 选择 SGW，并完成到锚点的资源刷新操作。

⑦ MME 通知基站创建默认和专有承载 *QCI*=1 资源，通话在 4G 网络继续。

3.1.3 VoWi-Fi 模式

除了上述语音模式，3GPP 协议中还提到了 Wi-Fi 承载语音（即 VoWi-Fi）方案，该方案用于用户处于室内等无线信号覆盖不佳的区域，这种情况可通过 Wi-Fi 接入语音和数据核心网，通过 VoWi-Fi 网管演进型分组数据网关（evolevd Packet Data Gateway，ePDG），完成核心网的鉴权认证、接入、承载建立及语音媒体面的转发，以增强用户的语音使用体验。

VoWi-Fi 即通过 Wi-Fi 网络提供的语音业务。用户可以在没有移动信号的条件下拨打电话，VoWi-Fi 是 VoLTE、EPS Fallback、VoNR 等基于蜂窝网络接入的语音方案的补充。

根据 3GPP 的定义及采用的不同移动性管理协议，VoWi-Fi 的组网方式主要有信任域 EPC（即 4G 核心网）接入方案、非信任域 EPC 接入方案、直连 IMS 接入方案共 3 种。其中，非信任域 EPC 接入方案是目前的主流方案。

- 信任域 EPC 接入方案：运营商或者合作方的 Wi-Fi 热点等信任域接入设备通过 S2a 接口直接和 EPC 中的分组数据网关（PGW）互通，也被称为 S2a 接口组网方案。该方案需要对现有无线接入点（WLAN）设备进行增强改造，使之支持移动性要求。

- 非信任域 EPC 接入方案：所有 Wi-Fi 热点等非信任域设备均可以接入，通过 ePDG 接入 PGW，实现和 EPC 的互通。非受信域接入网络和 EPC 互通采用 S2b 接口，因此，这种组网也称为 S2b 接口组网方案。这种方案对 WLAN 没有改造要求，安全性高，支持无缝切换，解决了语音、数据业务的连续性问题。

- 直连 IMS 接入方案：终端和 EPC 网络交互数据通过 S2c 接口实现透明传输，所有 Wi-Fi 热点等设备直接连接到 IMS 接入，也被称为 S2c 接口组网方案。

VoWi-Fi 3 种组网方式的区别见表 3-4。

表3-4 VoWi-Fi 3种组网方式的区别

方案 技术参数	信任域 EPC 接入方案	非信任域 EPC 接入方案	直连 IMS 接入方案
接口模式	S2a 接口，用于可信固定网络和 EPC 互通，采用 GTP/ 代理移动 IP（Proxy Mobile IP，PMIP）	S2b 接口，用于非信任固定网络和 EPC 互通，采用 GTP/ PMIP	S2c 接口，采用双栈移动 IPv6（Dual Stack Mobile IPv6，DSMIPv6），提供 UE 和 PGW 之间的 DSMIP 隧道连接
鉴权方式	SIM 卡	SIM 卡	用户名和密码
安全性保障	高	高。在终端和 ePDG 之间建立 IPSec 隧道，保障端到端的高可靠性	较高。通过建立隧道和虚拟 IP，保障安全性
WLAN 和 LTE 互切换是否成熟	3GPP 协议的规范还在讨论中，不成熟	已完成标准化，支持无缝切换	无法保证 WLAN-LTE 切换前后的 UE 地址一致，不成熟
对 WLAN 网络是否需要改造	为了支持互通，需对现网已部署的 WLAN 接入点进行改造替换，支持 EAP-AKA 报文转发，增加对移动性的升级支持，包括漫游	对 WLAN 无特殊要求，提供基本的 IP 承载功能即可	WLAN 网络直接接入 IMS，对 WLAN 无特殊要求
需要增加的网元	全网 WLAN 接入点众多，全部升级改造周期长、难度大、成本高	不需要改造 WLAN，仅需增加 ePDG、3GPP AAA	无
终端支持情况	终端需支持 EAP-AKA 认证	终端需支持 EAL-AKA 认证，需要支持通过 IKEv2 与 ePDG 建立 IPSec 隧道	要求终端支持 DSMIPv6，目前，较少终端支持

上述 3 种组网方案从技术方面分析，尤其是从网络的影响和终端的成熟度来看，对于已经部署大量 WLAN 接入点的运营商来说，采用信任域 EPC 接入方案，要升级改造或者直接替换全网 WLAN 接入点设备，施工周期长、成本高、难度大。

而非信任域 EPC 接入方案可以结合公共 Wi-Fi 网络的开放性和运营商核心网的高可靠性、QoS 保证等特性，以较低的成本实现语音在 WLAN 和 LTE 网络间的无缝切换。因此，非信任域 EPC 接入方案将逐步取代信任域 EPC 接入方案，成为目前业界主流的 VoWi-Fi 方案。

VoWi-Fi 接入 4G/5G 核心网络结构如图 3-12 所示。AP 与 ePDG SWu 接口间链路表示非信任域 Wi-Fi 接入，例如，家庭 Wi-Fi 或公共场所的 Wi-Fi。

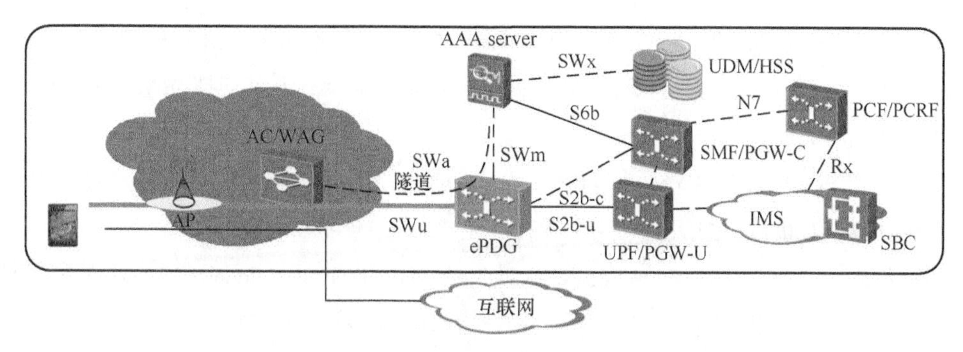

图3-12 VoWi-Fi接入4G/5G核心网络结构

由此可见，VoWi-Fi和VoNR的区别在于接入部分，二者在完成接入之后，SIP注册、呼叫（音频和视频）、短信、彩信、补充业务等流程是类似的。

在图3-12中，UE通过任意一个Wi-Fi AP连接到ePDG，然后连接到UPF/PGW-U，最后到IMS核心网。UE到ePDG之间是公共网络，存在不安全因素，因此，会在UE与ePDG之间建立一个IPSec安全隧道，类似采用一个VPN的方式去访问核心网。UE通过IKEv2协议来完成身份认证和IPSec建立过程。IPSec建立完成后，就可以像VoLTE一样，在IMS核心网注册、呼叫了。

1. VoWi-Fi关键网元

使用VoWi-Fi语音方案时，会使用EPS Fallback和VoNR方案中都未使用的两个网元，即ePDG和3GPP AAA。

ePDG的主要功能是确保数据传输的UE能够通过不可信的非3GPP接入网连接到使用3GPP标准的4G/5G核心网中。ePDG与UE之间会建立IPsec隧道以传输用户数据。ePDG需要具备以下功能。

① 与3GPP AAA交互完成用户的EAP-AKA认证。

② 需要与SMF/PGW-C开通S2b接口，完成用户业务流与UPF/PGW-U之间的转发。

③ 需要发布ePDG公网IP到互联网，以便UE通过公网AP接入。

④ 支持IMS域中P-CSCF发现，进而支持进行呼叫流程中，IMS域对用户会话的寻址即策略下发。

⑤ 支持专用承载建立和QoS映射，在VoWi-Fi流程中，4G/5G核心网侧仍然使用专用承载和专用QFI，因此，ePDG也需要具备相应的能力。

3GPP AAA 是指能提供 3GPP AAA 认证能力的设备，在现网中通常单独建设或直接由 HSS/UDM 提供该能力，除了要提供 3GPP AAA 认证能力，为了支持 VoWi-Fi，还需要具备以下能力。

① 提供与 ePDG 的 SWm（接口名称），完成用户 EAP-AKA 认证，如果由 HSS/UDM 承担 3GPP AAA 角色，则网元原生支持该认证能力。

② 提供与 SMF/PGW-C 的 S6b 接口，完成用户所在 SMF/PGW-C IP 地址和 APN 到 HSS/UDM 的注册登记，以便 UDM 保存用户接入的 SMF/PGW-C IP 地址。

③ 提供与 HSS/UDM 的 SWx（接口名称），实现用户数据的获取。

2. VoWi-Fi 基本流程

在介绍 VoLTE（EPS Fallback）/VoNR 语音方案时，我们介绍了两种方案下 IMS 域与核心网域的交互形式和业务流程，在 VoWi-Fi 中，语音业务的接入和鉴权方式与其他语音方案有很大不同，VoWi-Fi 业务流程示意如图 3-13 所示。

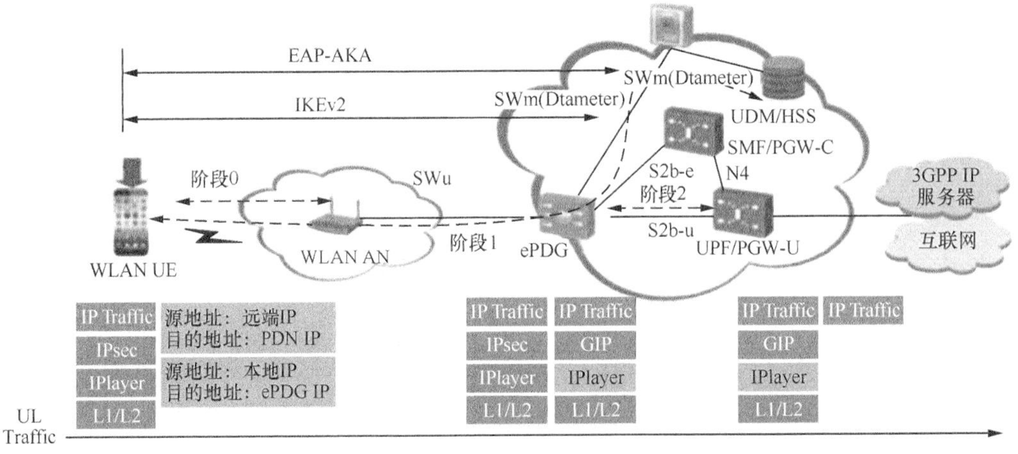

图3-13　VoWi-Fi业务流程示意

① UE 在接入 Wi-Fi 后执行 WLAN 认证，并从无线路由器上获取 local IP。

② UE 通过本地配置或者 DNS 机制获取 ePDG 地址，向 ePDG 网元发起 IKEv2/EAP-AKA 流程。EAP-AKA 认证流程完成后，ePDG 从 3GPP AAA 处获取 UE 的签约数据。

③ ePDG 和 SMF/PGW-C 之间建立 GTP 隧道，SMF/PGW-C 根据用户签约、位置等信息选择 UPF/PGW-U，最终由 UPF/PGW-U 分配用于语音业务的远端 IP 地址给 UE。

④ IKEv2 过程结束，ePDG 将 UE 的远端 IP 地址发送给 UE。

3.2 5G toC 业务迁移方案

在 5G SA 核心网组网中，用户开户数据和签约数据分别保存在 UDM 网元和 PCF 网元中，虽然 UDM 和 PCF 都支持融合部署，但存量 4G 用户的数据均保存在 HSS 和 PCRF 上，而 4G 用户是无法通过 AMF、SMF 访问 HSS 和 PCRF 的。因此，为了使用户能够平滑过渡至 5G，业务需要进行迁移，将 4G 用户迁移至 5G，完成网络演进。

在设计业务迁移方案时，我们需要重点关注以下 4 个方面。

① 业务可用性：业务迁移方案首要保证业务可用性，对于存量的 4G 用户而言，要尽可能保证业务连续可用，不需要强制用户更换终端、更换卡即可完成业务的迁移，同时不会因迁移操作导致用户业务出现长时间的业务中断。

② 数据完整性：业务迁移方案要保证用户的数据完整性，不可因业务迁移发生用户数据缺失、关键签约数据丢失等情况，导致用户业务受损。

③ 业务延续性：业务迁移方案需要保证用户业务延续性，即除了因网络能力不支持的功能，在服务条款中明确说明 5G 不再继续享有的功能，需要保证用户 4G 能享受的业务功能、权益、速率等在业务迁移至 5G 后依然能继续享有。

④ 可操作性：除了保证上述 3 点的用户感知，业务迁移方案的可操作性也是运营商必须考虑的内容，在实际运维过程中，如何更高效、更省时省力、更安全地实现业务迁移，是需要运营商进行权衡的。某些方案固然能保证更高的数据完整性和业务可用性，但是对于运营商而言，操作批次过多、单次操作量过大、操作风险过高等都是不可接受的因素。

考虑到以上因素，可以被运营商接受的业务迁移方案非常有限，接下来，本节将详细对其讲解。

3.2.1 UDM/PCF 混合组网方案

在业务迁移的方案中，我们会使用 UDM/PCF 混合组网方案。混合组网方案，即在现网进行 5G SA 的建设部署后，将 5G 的 UDM/PCF 与 4G 的 HSS/PCRF 组成混合组网，而用户数据则通过业务开通流程实现用户数据从 4G 核心网网元迁移至 5G 核心网网元，UDM/PCF 用户数据迁移路径及演进路线如图 3-14 所示。

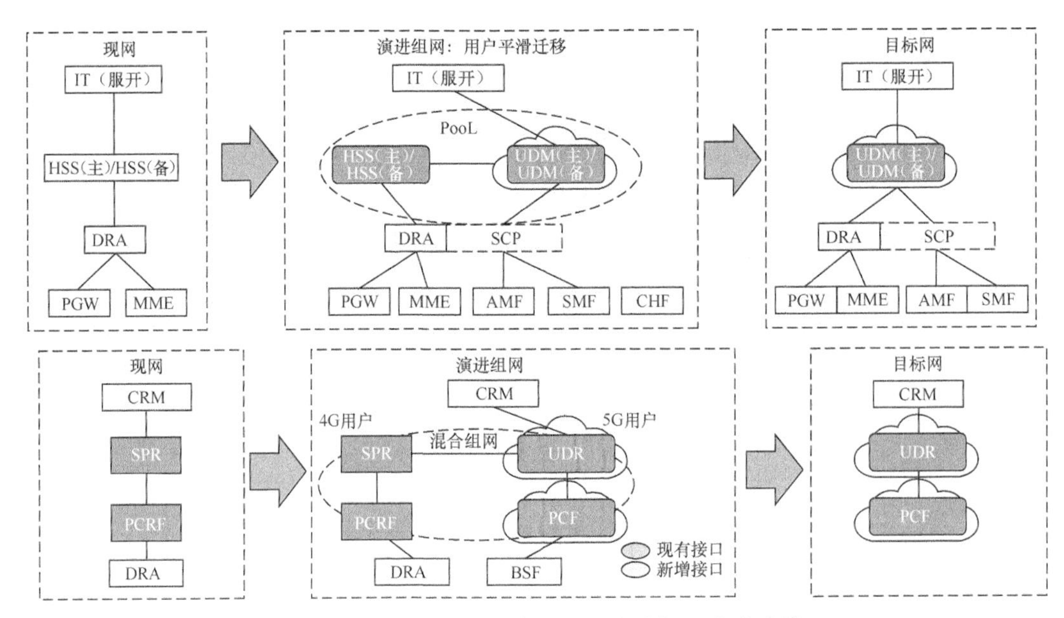

图3–14　UDM/PCF用户数据迁移路径及演进路线

在该演进路线中，用户数据初始保存 4G 核心网的 HSS（用于存储 4G 用户签约数据及鉴权数据）和 PCRF（用于存储 4G 用户策略及计费策略数据）中，4G 用户在 4G/5G NSA 接入时，由 HSS 和 PCRF 提供服务；4G 用户在 5G SA 接入时，因 UDM 此时还没有用户数据，用户将不能使用 5G SA，从而继续使用 4G。通过业务开通流程，用户数据可以实现平滑迁移，用户数据将在 HSS 和 PCRF 上删除，并写入 UDM 和 PCF 上。完成业务流程开通后，用户将升级为 5G 用户。此时，5G 用户无论是从 4G/5G NSA 接入还是从 5G SA 接入，都将由 UDM 和 PCF 提供服务。

1. UDM 混合组网方案

要实现 UDM 混合组网方案的建设，首先在网络侧需要具备业务开通流程的网络环境，UDM 混合组网如图 3-15 所示。

在网元建设目标上，UDM 混合组网方案需要对相关的网元进行升级，或新建相关的网元，以满足业务开通流程需求及业务拓扑需求，具体说明如下。

新建 5G UDM 及统一数据仓储功能（Unified Data Repository，UDR）。其中，UDR 用于存储结构化数据，在 5G 中用于存储用户数据，例如，鉴权数据、签约数据、策略数据等，并为 5G 用户使用网络提供用户数据。

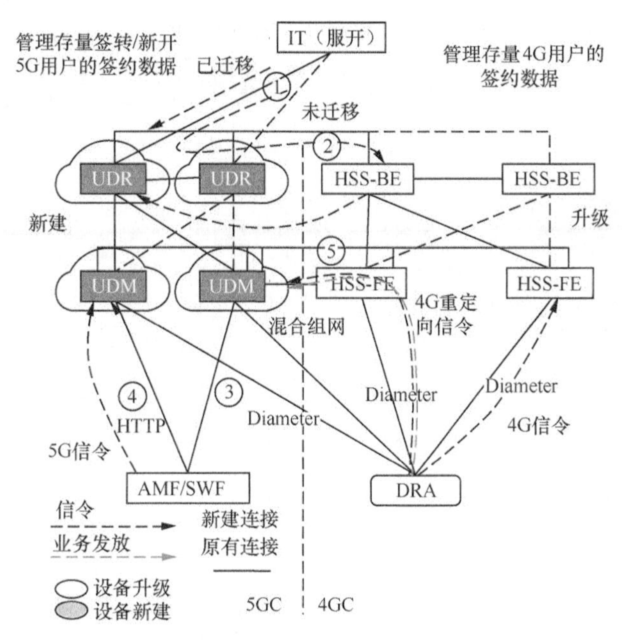

图3–15　UDM混合组网

为了保证5G用户在4G接入时也能正常使用业务，需要建立4G核心网MME到5G核心网UDM的业务路由，如果使用Proxy模式进行混合组网，则需要升级现网HSS-FE及BE（FE指前插板，用于指代执行业务处理功能的设备；BE指后插板，主要指代数据库，用于存储用户数据），以支持混合组网能力，如果使用错误码重定向模式，则需要对Diameter协议路由代理节点（DRA）进行配置。

为了实现用户数据写入UDM和PCF，业务开通系统需要升级支持5G相关数据下发能力。

另外，网络连通性还需要满足以下要求。

① 业务开通系统的数据能够从HSS-BE迁移到UDR，即要和HSS-BE及UDR实现网络连通。

② HSS-BE和UDR建立连接（内部接口），由UDR负责签转5G用户的数据，在UDR上开户，数据迁移和通知HSS-BE对4G数据销户。

③ UDM通过DRA建立和原有4G信令网络的Diameter连接，建立和AMF/SMF等网元的HTTP连接，以及建立和HSS-FE的Diameter连接。

在混合组网方案下，4G用户仍使用HSS和PCRF获取用户开户数据和签约数据，而

5G 用户无论是在 4G 接入或 5G 接入，均使用 UDM 和 PCF 获取用户开户数据和签约数据，UDM 混合组网方案用户在各网络接入时用户数据获取路径如图 3-16 所示。

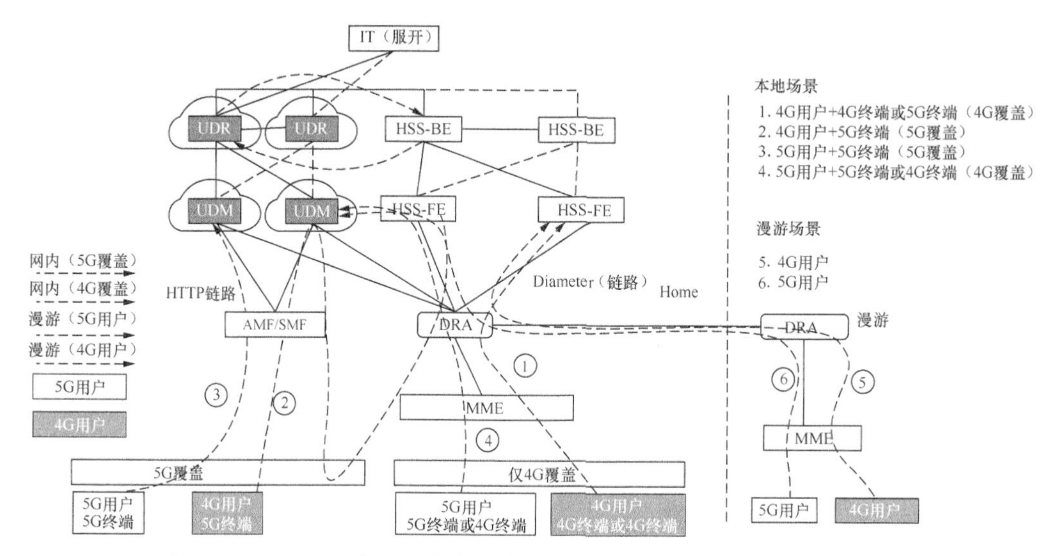

图3-16　UDM混合组网方案用户在各网络接入时用户数据获取路径

当 4G 用户接入 4G/NSA 网络时，用户终端将通过 4G eNodeB 将 Attach 请求发送至 EPC MME，MME 进入鉴权流程，将请求用户鉴权数据的 Diameter 信令发送至 DRA，在 DRA 上已配置号段路由，号段路由会将用户的用户隐藏标识符（Subscription Concealed Identifier，SUCI）号段匹配到对应的 HSS 上，这是由运营商在网络部署之初已经规划好的。DRA 将用户的请求转发至对应的 HSS-FE，HSS-FE 会向 HSS-BE 请求用户鉴权数据，此时，用户的鉴权数据仍保存在 HSS-BE 上，因此，BE 能将正确的鉴权数据返回，完成后续的鉴权与附着流程。

当 4G 用户接入 5G SA 网络时，用户终端将通过 5G NR 将注册请求发送至 5GC 的 AMF，AMF 先进行网元发现流程，携带用户的 SUCI 到 NRF 查找对应的 UDM。为了保证混合组网方案下网络的平滑演进，NRF 也将预先规划好对应的 SUCI 号段路由。NRF 向 AMF 返回对应的 UDM 地址后，进入鉴权流程，将请求用户鉴权数据的 HTTP 信令发送至 UDM 网元。但由于用户数据尚未迁移至 UDR，UDR 将返回报错，用户注册流程失败，AMF 向终端返回核心网注册拒绝信令。终端接收到此信令后关闭 5G 功能，最终用户将从 4G 接入。如果用户始终开启 5G 开关，那么上述流程将一直重复进行。

当用户升级为5G用户后，业务流程将发生改变。当5G用户接入4G/NSA网络时，用户终端仍通过4G eNodeB将请求发送至EPC，核心网流程至EPC MME，MME进入鉴权流程，将请求用户鉴权数据的Diameter信令发送至DRA，DRA再将用户的请求转发至对应的HSS-FE，此时，用户的数据已经经过业务开通系统迁移至UDM，因此，HSS-FE向BE请求鉴权数据时，BE将返回用户数据不存在的信息。在这一流程中，如果HSS-FE升级并开启了Proxy功能，则HSS会认为该用户已经升级为5G用户，用户数据已经迁移至对应的UDM，此时，HSS会将对应的UDM的域名返回给DRA，DRA再将用户的鉴权请求发送至UDM。由于UDR上已有用户数据，所以UDM也能正常返回鉴权数据，完成后续的鉴权和附着流程。如果HSS-FE未开启Proxy功能，则HSS-FE将以正常的错误流程向DRA返回用户不存在错误的信息，为了保证用户能正常使用业务，需要DRA开启错误码重定向功能，针对用户不存在的错误码，重定向至对应的UDM，并将请求鉴权数据的信令发送至UDM，获取用户鉴权数据。

而5G用户接入5G SA网络是常规的注册流程，UDM能正常返回用户的鉴权数据和签约数据，也能正常在5G网络中注册。

由此可见，使用UDM混合组Pool方案，对于未升级为5G用户的4G用户没有任何业务影响，因为4G用户的业务流程与原来保持一致，而对于业务迁移来说，其无论是由用户自行受理，还是由运营商进行批量开通，都不会影响升级后的用户在不同网络环境下的使用。

2. HSS Proxy和DRA错误码重定向

HSS Proxy和DRA错误码重定向是两种不同的UDM/HSS混合组网解决方案，这两种解决方案具体有什么区别，本节先从两种解决方案的实现流程讲起。HSS Proxy的基本实现流程如下。

HSS Proxy方案信令流程示意如图3-17所示。

① MME/I-CSCF/S-CSCF/AS消息路由到DRA。

② DRA根据目的主机名/域名/号段将消息发送到传统HSS。

③～④ 如果用户在HSS中未开户，则HSS通过HSS Proxy接口将消息经过DRA转发给5G

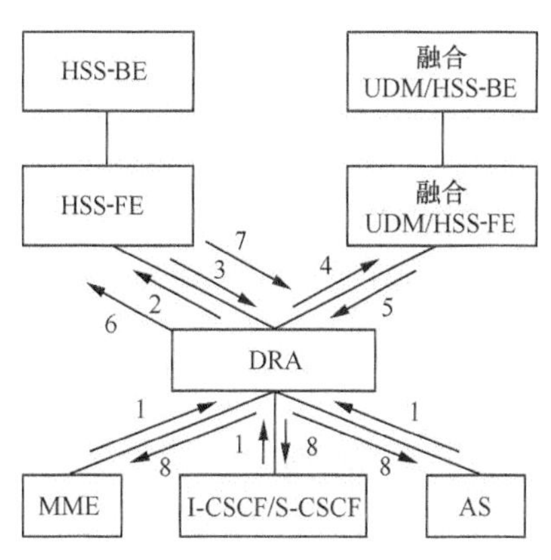

图3-17 HSS Proxy方案信令流程示意

UDM/HSS 网元。目的主机名为 UDM/HSS 主机名，源主机名为 MME/I-CSCF/S-CSCF/AS 主机名。

⑤～⑥ UDM/HSS 将 HSS Proxy 消息等同于 S6a/Cx/Dx/Sh 消息，处理完毕后经过 DRA 传给传统 HSS 返回响应消息，源主机名填写 UDM/HSS 主机名。

⑦～⑧ 传统 HSS 将响应消息返回给请求端，源主机名为 UDM/HSS。

⑨ MME/I-CSCF/S-CSCF/AS 获得 UDM/HSS 主机名后，后续可以和 UDM/HSS 直接交互消息。

HSS 在第③～④步的行为：HSS 收到由请求端发的请求消息，根据 HSS 中有无该用户的数据判断用户是否迁移到 5GC，如果没有用户的开户数据，则判断用户已迁移到 5GC，HSS 将请求消息的目的主机名填写为 UDM/HSS 主机名，消息体内容不变，然后将消息转发给 UDM/HSS，否则判断用户未迁移到 5GC，HSS 按原有接口技术要求正常处理。

HSS 在第⑤～⑥步的行为：HSS 收到 UDM/HSS 响应消息后，将响应消息的源主机名保持不变，仍然为 UDM/HSS 主机名，且不改变消息内容，将其转发到对应的请求端。

而在网元配置实现方案中，要求 HSS 新增配置 5GC 域的 UDM 双主机名。对于 HSS FE 的业务处理逻辑，需要调整为根据软参及转发的目的地址进行转发。

而 DRA 错误码重路由方案即 DRA 根据 HSS 返回的错误码进行重路由，实现流程如下。

① MME/I-CSCF/S-CSCF/AS 消息路由到 DRA。

② DRA 根据目的主机名 / 域名 / 号段信息将消息发送到传统 HSS。

③ 如果用户在 HSS 中未开户，则 HSS 返回报错，报错原因是用户不存在，为错误码。

④ DRA 配置错误码重路由，根据 HSS 返回的 XXXX 错误码，将请求消息头中目的域名替换为 UDM 域名，并将消息直接转发给 UDM。

⑤ UDM 将响应消息返回请求端，源主机名为 UDM。

3. PCF 混合组网方案

PCF 混合组网方案与 UDM 混合组网方案在网络拓扑上基本一致，PCF 混合组网方案网络拓扑如图 3-18 所示。

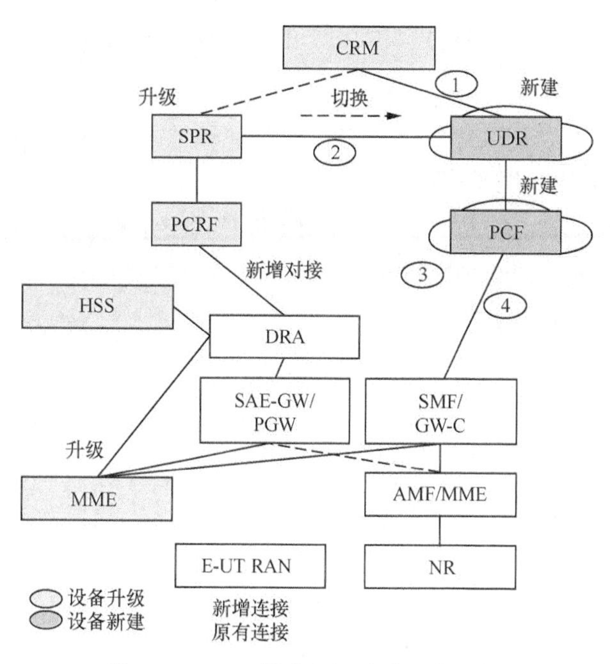

图3-18　PCF混合组网方案网络拓扑

在网元建设目标上，PCF 混合组网方案需要对相关的网元进行升级，或新建相关的网元，以满足业务开通流程需求及业务拓扑需求，具体说明如下。

首先，新建 5G PCF 和 UDR。其中，UDR 用以存储用户 5G 策略数据，并为 5G 用户使用网络提供策略服务。

PCRF 与 PCF 是在用户会话策略功能环节才会使用的网元，而根据协议规定，5G 用户在 4G 接入时，仍使用 SMF 作为融合网关接入，而 SMF 自身只会通过网元服务发现流程查询到 PCF，因此，正常情况下，不需要考虑 5G 用户在 4G 上线时的业务流程。但考虑到当 5G 核心网控制面网元（除了 UDM）完全瘫痪时，4G 核心网仍能作为 5G 用户的应急通道承载业务。在该应急场景下，5G 用户也将强制使用 4G UGW 作为网关。此时，UGW 根据 DRA 的号段路由，仍会将策略请求消息转发至 PCRF。因此，针对该应急路径，DRA 仍可配置错误码路由，使 DRA 在接收到 PCRF 的错误码路由后，仍能查询 PCF。

其次，为了实现用户数据写入 PCF，业务激活系统需要升级，支持 5G 相关数据下发能力。

该方案对于网络连通性还有以下要求。

业务开通系统的数据能够从 PCRF-BE 迁移到 UDR，即要和 PCRF-BE 及 UDR 同时进行网络连通。

PCF 通过 DRA 建立和原有 4G 信令网络的 Diameter 连接，建立和 AMF（在开启了 AM Policy 的情况下）/SMF 等网元的 HTTP 连接。

在混合组网方案下，4G 用户仍使用 PCRF 获取用户策略数据，而 5G 用户无论在 4G 接入或 5G 接入下均使用 PCF 获取策略数据，PCF 混合组网方案中的用户在各网络下用户策略获取路径如图 3-19 所示。

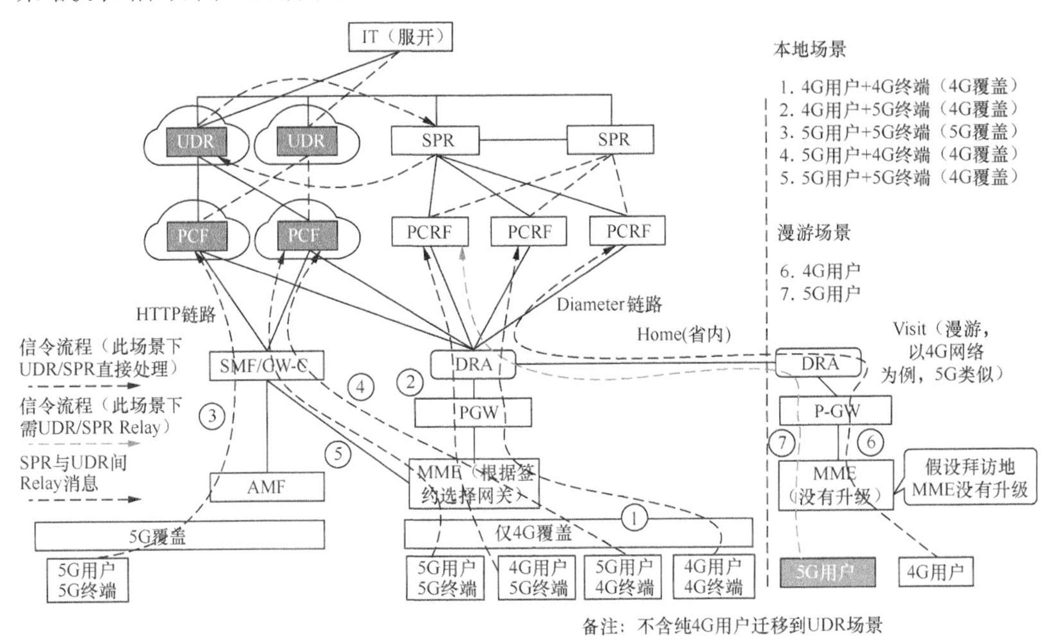

图3-19　PCF混合组网方案中的用户在各网络下用户策略获取路径

当 4G 用户从 4G 接入时，用户附着流程进行到用户策略请求流程时，SGW 和 PGW 都会向 DRA 发送策略数据请求的信令，DRA 预先根据规划配置了移动台国际 ISDN 号码，即用户手机号码号段路由，收到策略数据请求信令后，DRA 根据信令中携带的用户手机号码号段路由，将请求消息转发至对应的 PCRF。

3.2.2　互操作与融合接入

为了支持 4G/5G 间的互操作，5G 系统针对同时支持 5GC 和 EPC 的 UE 定义了单注册和双注册两种模式。其中，对 UE 来说，单注册是必选功能，而双注册为可选功能。单注册模式是指终端只会在EPC或5GC侧注册，用户的上下文信息、移动性管理状态/注册管理状态、GUTI等数据只会保存在4G MME或5G AMF上。因此，如果用户在4G/5G间发生切换、移动等场景，则需要依赖基于N26接口的互操作来保障用户业务连续性，否则会因目标网络没有用户上下文而无法保持业务连续性。双注册模式是指终端可以通过独立的两个RRC连接同时注册在EPC和5GC，两个核心网将同时为终端分配GUTI和5G-GUTI，支持双注册模式的终端可以单独注册到5GC或EPC，也可以同时注册到5GC和EPC，因此，用户在4G/5G网络间发生切换、移动等场景时，终端可以不依赖基于N26接口的互操作流程，提前在目标网络注册以保证用户业务连续性，但该流程要求EPC网络支持无PDN连接建立的EPS附着流程，如果EPC不支持这一流程，则终端无法提前注册到EPC网络。此时，运营商可以根据具体的网络部署情况和业务需求部署UE能力。在终端注册过程中，终端通过UE能力上报信息向网络侧发送指示，表明终端同时具备5GC NAS和EPC NAS能力，以支持后续网络的互操作处理。目前，常见的商用终端均使用单注册模式，而且EPC通常不支持无PDN的EPS附着流程。因此，后续介绍的4G/5G互操作流程均为终端使用单注册的场景，暂不涉及双注册的场景。

1. 无N26接口的4G/5G互操作

如果AMF与MME之间未启用N26接口，则终端在4G/5G网络之间需通过没有N26接口的互操作流程实现切换，当用户从5G到4G时，移动性流程如下。

① 当终端4G信号强度达到切换阈值时，会向EPC发起TAU流程。此时，终端发起的TAU请求消息中会携带在5G注册时获取到的5G-GUTI。

② 如果EPC MME收到TAU请求后，则网元会根据TAU消息中携带的5G-GUTI解析对应的源侧AMF网元，以获取用户的移动性上下文和会话上下文。但是因为未启用N26接口，也缺少相关配置，所以无法解析5G-GUTI，TAU流程将失败，MME返回TAU Reject消息给终端。

③ 当终端收到TAU Reject消息后，因信号强度已满足4G使用条件，终端将在4G使用条件下发起初始Attach流程，向MME发送Attach Request信令。

④ MME在接收到Attach Request信令后，根据UDM混合组网流程正常获取用户数据，并在EPC创建用户PDN。此时，新的PDN对应的UE IP为UPF重新分配的IP，用户业务无法保持连续性。

当用户从4G移动到5G时，移动性流程说明如下。

① 如果终端 5G 信号强度达到切换阈值，则终端会向 5GC 发起移动性注册流程。此时，终端发起的注册请求消息中会携带在 4G 注册时获取到的 GUTI。

② 当 5GC AMF 收到注册请求后，网元会根据注册请求消息中携带的 GUTI 解析对应的源侧 MME 网元，以获取用户的移动性上下文和会话上下文。但是因为未启用 N26 接口，也缺少相关配置，所以无法解析 GUTI，移动性注册流程将失败，AMF 返回 Registration Reject 消息给终端。

③ 当终端收到 Registration Reject 消息后，因信号强度已满足 5G 使用条件，终端将在 5G 使用条件下发起初始注册流程，向 AMF 发送注册请求信令。

④ AMF 在接收到附着请求信令后，根据 5G 注册流程正常获取用户数据，并在 5GC 创建用户 PDU。此时，新的 PDU 对应的 UE IP 为 UPF 重新分配的 IP，用户业务无法保持连续性。

2. 基于 N26 接口的 4G/5G 互操作

N26 是 4G 核心网和 5G 核心网之间的接口（MME 和 AMF 之间），5G SA 业务逻辑拓扑如图 3-20 所示。

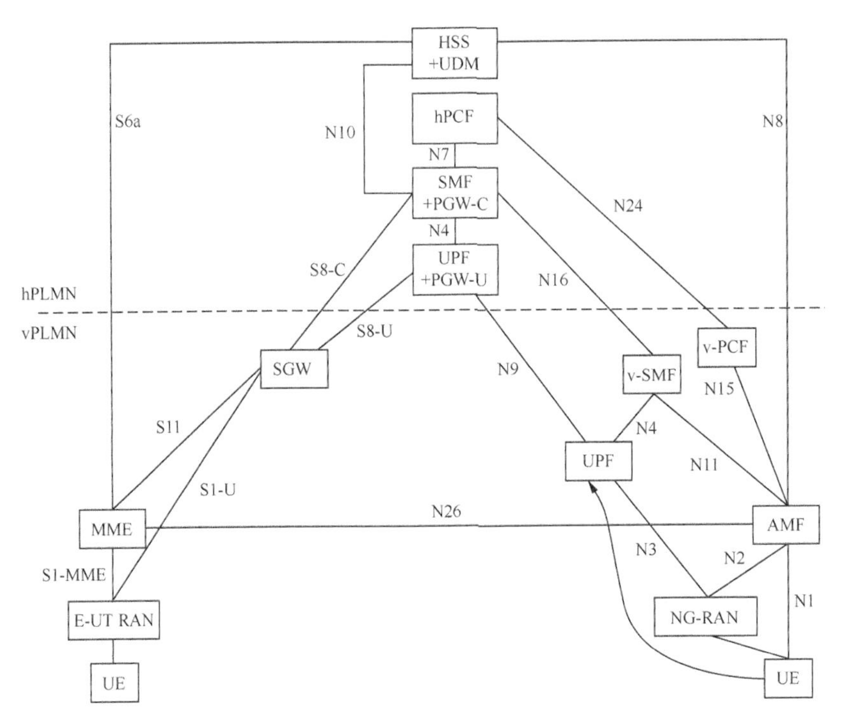

图3-20　5G SA业务逻辑拓扑

综上所述，我们知道基于5G核心网AMF支持N26接口的情况，终端会有两种不同的4G/5G互操作方案。如果AMF支持N26接口，那么核心网可以支持单注册的5G终端在4G/5G互操作时保持业务连续性，NG-RAN可选择通过切换或重定向进行EPS回落；如果AMF不支持N26接口，那么核心网只能在支持无PDN附着的场景下，支持双注册5G终端进行4G/5G互操作，且NG-RAN只能重定向使EPS回落，使用IMS语音服务。为了满足更常见的终端类型，为公众用户提供4G/5G互操作感知良好的核心网，N26接口必不可少。另外，我们也了解到，EPS Fallback语音方案是5G SA部署发展初期推荐的语音方案，也是可能与VoNR长期共存的语音方案，而基于N26接口的4G/5G互操作流程是实现EPS Fallback的基本要求，N26接口的重要性不言而喻。

N26接口使用基于UDP的GTPC协议，通过在AMF和MME上配置GTPC本端地址，并在DNS上配置对应的解析记录，在发生4G/5G互操作的场景下进行动态建链实现信令互通。N26接口协议栈如图3-21所示。

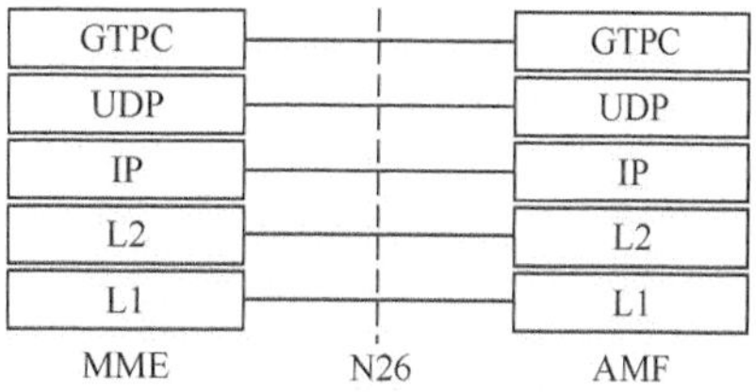

MME	N26	AMF
GTPC		GTPC
UDP		UDP
IP		IP
L2		L2
L1		L1

图3-21　N26接口协议栈

N26接口可用于传输用户标识、上下文信息请求、重定向请求，传输的这些信息决定了基于N26接口的4G/5G操作可以保证用户的业务连续性。因此，AMF可以通过N26接口获取MME上保存的用户上下文信息，反之，MME也可以通过N26接口获取AMF保存的移动性上下文信息和会话上下文信息，以此保证业务连续性。

为了支持基于N26接口的4G/5G互操作流程，终端在5G接入时，5GC需要做以下处理。

QoS映射及业务流模板（Traffic Flow Template，TFT）分配：对于公众用户使用的DNN，因其开启了PCC，SMF+PGW-C会把从PCF获取的5G QoS参数映射为EPS QoS，并根据获取的PCC规则分配TFT；对于部分未开启PCC的私有DNN，SMF+PGW-C在本地映射EPS QoS和分配TFT。SMF+PGW-C忽略不适合EPC的5G QoS参数。

EPS承载ID（EPS Bearer ID，EBI）分配：在EPC MME上，MME会为每个PDN承载分配一个EBI，用来标识不同的PDN承载，为了保证连续性，终端会话切换到4G MME时不需要重新申请EBI，如果终端在5G上线，SMF就会根据UDM签约信息中DNN的QoS参数是否签约了4G/5G互操作标识（iwk标识），决定是否要为当前的PDU会话的QoS流分配EPS Bearer ID。如果SMF判断需要为QoS流分配EPS Bearer ID，则由SMF

请求AMF进行EBI的分配。针对每个PDU会话，EBI分配给缺省EPS承载和专用EPS承载，对应到PDU会话及默认QoS流和专用QoS流。

UE、NG-RAN、SMF+PGW-C都存储了QoS流和EBI、EPS QoS参数的联系。如果QoS流被删除，UE、NG-RAN、SMF+PGW-C也会删除与QoS流关联的EPS QoS参数。

与5G接入时相反，终端在4G接入时，对于开启了PCC的APN，SMF+PGW-C会从PCF获取4G QoS参数并映射为5G QoS；对于未开启PCC的APN，则在SMF+PGW-C本地进行4G QoS参数到5G QoS参数的映射。同样，UE、ETU RAN、SMF+PGW-C都存储了EBI、EPS QoS和QoS流的联系。

如果终端进行4G/5G信号切换及在5G使用EPS Fallback业务，则将使用基于N26接口的4G/5G互操作流程，根据无线基站的配置，有以下4种流程。

- 连接态下，基于N26接口的5G到4G的切换流程。
- 连接态下，基于N26接口的4G到5G的切换流程。
- 空闲态下，基于N26接口的5G到4G的重定向流程。
- 空闲态下，基于N26接口的4G到5G的重定向流程。

其中，切换流程需要基站配置切换模式，这需要基站配置邻区信息等一系列信息，对无线侧配置要求较高，在部署初期如果未打开切换开关，则基站侧仍使用重定向方式，无论是在连接态还是在空闲态，都使用重定向流程。切换与重定向的区别在于，发生4G/5G互操作时，目标网络有没有提前做好准备：对于切换流程，源侧网络会预先通知目标侧网元终端即将进行切换，需要目标侧网络提前准备好资源（例如，承载资源）；对于重定向流程，则是终端先进入目标侧网络，并向源侧网络请求用户上下文数据。而其中N26接口起到的作用是传递上下文信息。由此可见，切换与重定向在流程上没有特别大的区别。

基于N26接口的4G/5G互操作流程如图3-22所示。

① 此流程为终端与基站信号测量机制共同决定，当终端接近切换门限时，NG-RAN决定将终端切换到eNodeB。NG-RAN发送Handover Required消息到AMF，通知有用户即将进行切换，告知AMF进行准备。在该消息中，NG-RAN会将终端通过信号测量获取目标侧eNodeB相关信息（tac、ecgi）发送给AMF。

② AMF进行用户移动性上下文和会话上下文信息准备，由于AMF自身没有保存用户会话上下文信息，所以需要向SMF请求获取（并由SMF向UPF请求获取）。

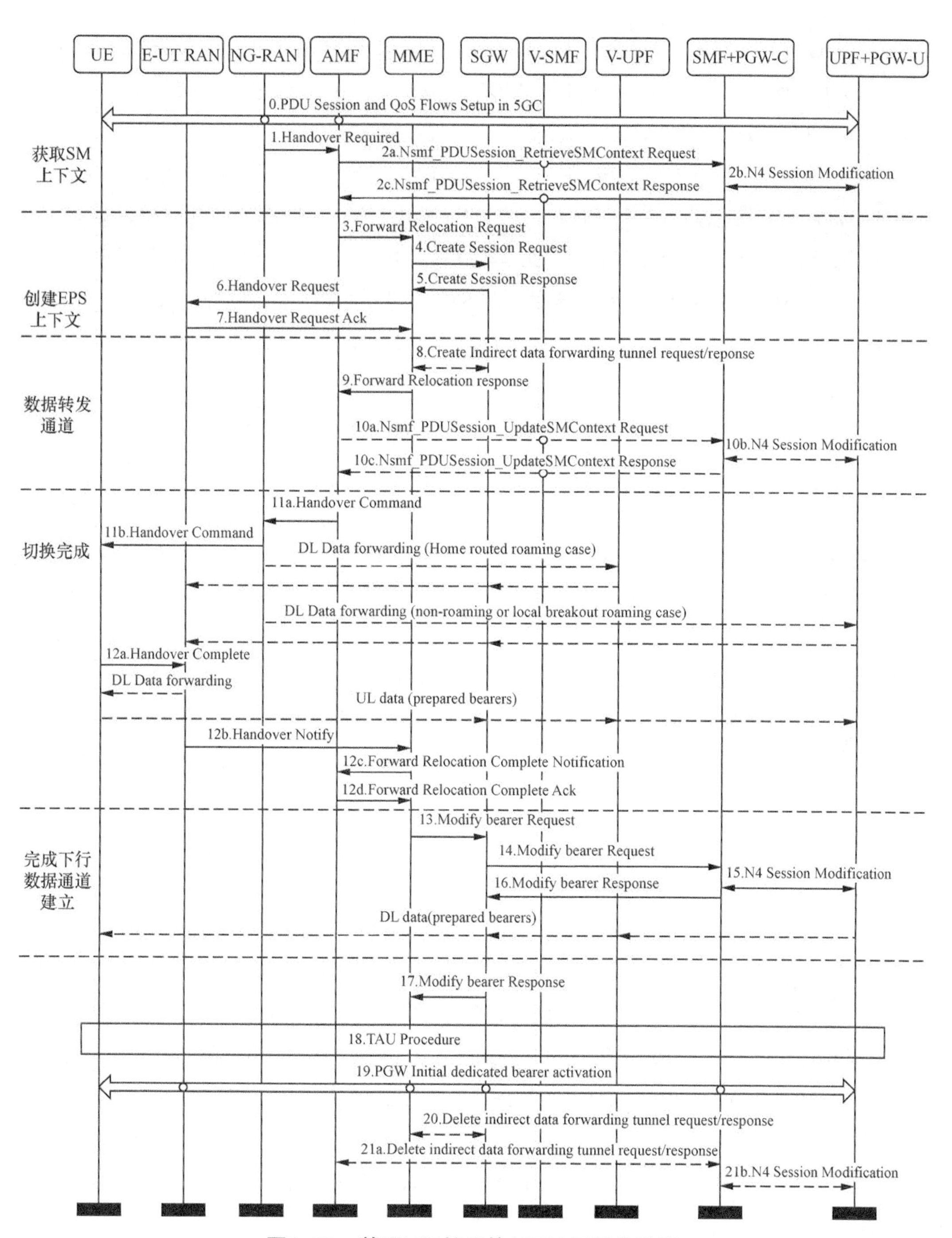

图3-22 基于N26接口的4G/5G互操作流程

③ AMF 获取上下文信息后，根据 NG-RAN 发送给 AMF 的目标 eNodeB 的 4G TAC，在 DNS 进行解析，获取到支持该 TAC MME 的 N26 地址，并通过 N26 接口发送用户上下文信息，包括 PDN 连接上下文、安全上下文、MM 上下文。

④～⑤ MME 获取用户在 5G 的上下文信息后，将上下文信息中用户的 QoS 及正在使用的 GTPU 端点等信息发送给 SGW，建立 4G 承载。这里的 SGW 视情况可以是 EPC 的 UGW，也可以是 5GC 的 SMF（SGW-C）与 UPF（SGW-U）。

⑥～⑧ MME 将 SGW 侧创建承载后的 S1-U 接口 GTPU 端点等信息发送给 eNodeB，然后，eNodeB 也将本端 GTPU 端点等信息发送给 MME，并通知 SGW 建立基站与 SGW 上下行通道。

⑨～⑩ MME 在完成 4G 承载建立后，将 4G 承载相关信息告知 AMF，通知 AMF 4G 侧相关网元已经完成资源的准备。

⑪～⑫ AMF 通过 NG-RAN 通知终端进行信号切换，终端收到信号切换信息后将释放 5G 空口，与 eNodeB 建立空口 RRC 连接，在此阶段，由于用户刚从 5G 基站切换至 4G 基站，而 UPF 在接收到数据网侧下发的数据包时，仍将该数据包发送给 5G NG-RAN，为了保证数据的完整性，将建立间接转发通道，NG-RAN 将收到的下行数据包重新发送给 UPF，UPF 将该下行数据包转发给 UPF（SGW-U）并通过 4G 下行通道发送给终端。

⑬～⑯ 在终端完成切换后，5G 侧也将释放上述流程中的间接转发通道，修改 UPF 的下行数据转发规则，将下行数据直接转发给 UPF（SGW-U），至此，终端基本完成 5G 到 4G 的切换流程。

⑰～㉑ 后续的流程仅用于释放 AMF 上多余的上下文信息、在 MME 更新用户的上下文状态、删除间接转发通道标识 3 个方面。

由上述流程可知，流程③中的上下文信息传送是 4G/5G 互操作保持业务连续性的关键，上下文信息中包括用户当前正在使用的锚点 UPF、锚点 SMF、锚点 UPF 对应的 N3/S1-U GTPU TEID 隧道端点。而这些都能保证用户在切换到目标网络后，锚点 UPF 不发生变更，终端获取的 UE IP 能够连续使用。因此，基于 N26 的互操作流程是实现 toC 业务迁移、存在 4G 用户业务能够平滑过渡到 5G 网络的保证，结合 UDM/PCF 的混合组网方案，可以保证现网 4G 用户升级至 5G 后对用户的使用体验和感知没有任何影响，而对迁移至 5G 的用户也能保证其在各种网络覆盖下的使用体验。同时，借助业务开通流程，可以实现 4G 用户批量开通 5G、5G 默开等功能。

3.3 5G业务智能开通实践

业务开通流程是将5G网络服务以产品化、标准化、统一化的形式提供给用户的唯一途径，同时也是5G业务开通模块化、自动化的最佳实现路径。当用户寻求运营商提供网络服务时，首先能够接触到的途径是运营商对外开放的业务受理渠道，对于公众用户等toC业务的用户而言，此渠道包括线下营业厅、手机营业厅、短信开通等，用户可以在这些渠道受理不同的套餐，不同的套餐对应不同的资费、功能等，而对用户而言最好的体验是当用户完成受理之后，能够在极短的时间内享受到网络服务，不需要等待。对于行业用户等toB业务用户，此渠道虽然由用户经理代为受理，但对于行业用户多样化、个性化的需求，同样也需要提供可供用户选择、灵活满足用户各类需求的产品，并且根据用户的需求开通对应的服务及功能，且行业用户对业务交付时长同样有着较高要求。以上各类用户均要求核心网和运营商IT系统之间具有完备的业务开通流程，才能实现以下3个方面的目标。

- 将各种不同的网络功能、服务等级、业务模式固化为前端业务受理界面可见、可选的产品。由用户或用户经理在受理过程中按需选择，灵活满足不同用户的不同需求。
- 在用户或用户经理通过不同渠道完成业务受理之后，能够自动通过业务流程在对应的网络设备上进行数据的写入、下发网络配置等，通过自动化流程取代人工数据操作，降低人力成本，提升流程处理速度。
- 前端IT系统与后端网络侧有良好的交互机制，可以实时反映当前开通的状态，对异常流程存在容错、回滚、重发等错误处理机制，在业务受理界面可以通过简单的操作完成异常流程的处理，避免人工处理故障。

接下来，本节将从业务开通环境准备、业务开通流程类型、公众业务开通关键技术3个方面介绍5G业务开通流程。

3.3.1 业务开通环境准备

要实现业务开通，首先要实现运营商内IT系统与核心网网元的对接，具体包含网络连通和接口对接。

运营商通常基于安全域隔离、网络边界划分等安全因素，以及建设规划的先后问题，将IT系统与核心网系统部署在两个相互隔离的网络，要实现业务开通流程，首先要完成网络的连通。

在核心网网络中，为了实现安全域隔离，通常会进行 VPN 的划分，将核心网常用的网络单独划分为若干个 VPN，例如，用于网元间进行信令通信的业务网络，用于 AMF 与基站、MME 之间进行信令通信的 RAN 侧网络，用于网元、设备管理的管理网络等，为了与 IT 系统实现互通，需要在核心网网络创建与 IT 系统所使用的 VPN。基于目前 5G 核心网云承载网基本架构，需要在核心网控制面 DC 出口路由器 DC-GW 与机房汇聚出口路由器创建新的 VPN，同时在核心网控制面 DC 内部，与业务开通相关的网元都需要配置相关的 VPN 业务地址，打通 DC-GW 到网元组件的路由。

另外，如果在核心网控制面 DC 出口或汇聚出口部署了安全防火墙等边界安全控制设备，那么还需要在防火墙设置信任域与非信任域的定义及安全策略。

首先，在完成网络互通后，运营商需要连通相关业务接口，由于核心网网元中，涉及业务开通的网元包括 UDM 和 PCF，为了保证 IT 系统的业务开通请求能正常发送至网元侧，网元侧需要配置对应的业务接口，并定义相关接口协议栈和报文格式，例如，当前常用的简单对象访问协议（Simple Object Access Protocol，SOAP）接口、Restful 接口等，而报文格式则使用 xml 格式或 JSON 格式报文。其次，运营商在网元侧需要为业务开通系统设立接口账号，允许业务开通系统执行开户、修改、查询和删除等操作。最后，运营商根据网元厂家和产品类型，确认是否需要在网元侧配置具体的对端系统地址以保证两端能正常通信。

3.3.2 业务开通流程类型

在 5G 业务开通流程中，不同的业务流程对应调度的网元和 IT 流程也各不相同。业务开通流程分类及对应流程如图 3-23 所示。

其中，需要注意的是，根据目前 5G 终端入网规范，所有商用的 5G 终端均必须具备 VoLTE 模块，且不再具备 CDMA、WCDMA 等 2G 通信模块，因此，不管是新 5G 用户还是存量 4G 用户的升级，均需要开通 VoLTE 功能，在所有流程中，都需要嵌入 VoLTE 数据的开通、变更流程。

另外，为了结合 5G SA 平滑演进部署路线，目前，5G 核心网的 UDM 和 PCF 网元均采用融合部署的方式，即终端从 4G 和 5G 接入时，均使用 UDM/PCF 进行用户鉴权数据、会话信息、策略信息等用户信息的下发。具体来说，常见业务开通流程有以下 4 种场景。

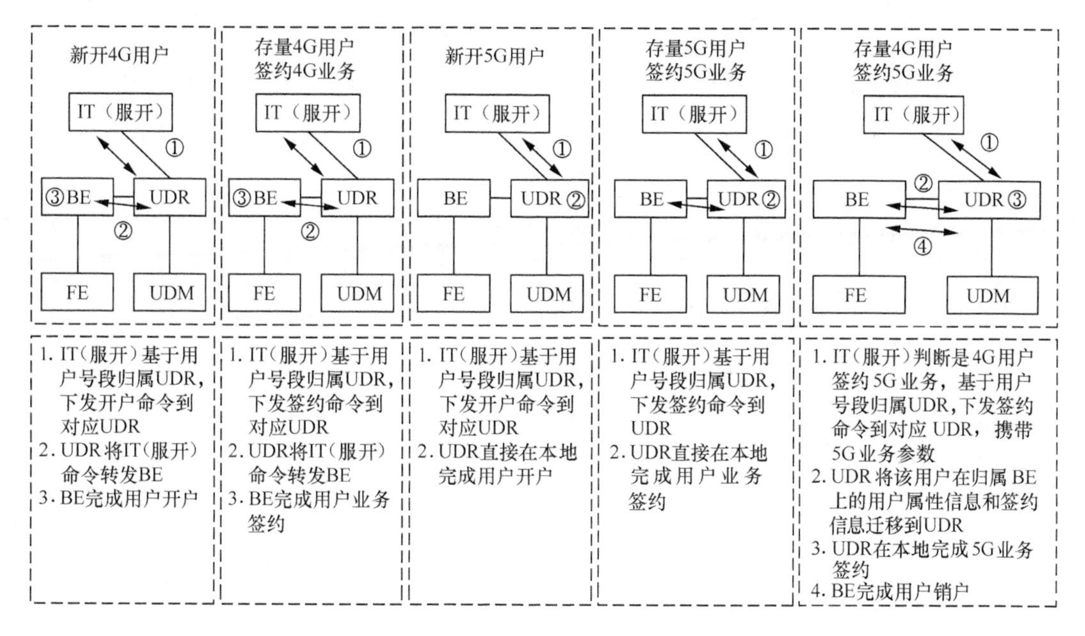

图3–23 业务开通流程分类及对应流程

1. 新装用户开通流程

新用户直接通过营业厅等渠道受理，直接成为5G用户的，运营商可以根据以下流程完成开户。

① 在UDM完成用户鉴权数据、4G/5G开户数据、VoLTE静态签约数据的写入。

② 通过业务开通系统调用VoLTE开户流程，在集团MMTEL、AS平台等业务系统中完成VoLTE开户。

③ 在PCF完成用户开户数据、套餐数据的写入。

2. 4G升级5G用户开通流程

存量2G/3G/4G用户通过渠道受理，升级成为5G用户，为了避免用户数据重复开户导致业务不可用、VoLTE开户流程无路由等情况，遵循先删后增的原则，运营商可以根据以下流程完成开户。

① 在原用户数据网元（例如，4G HSS）上将用户原有的所有数据删除。

② 在 IMS MMTEL、AS 平台等业务系统中删除用户的 VoLTE 数据。

③ 在 UDM 完成用户鉴权数据、4G/5G 开户数据、VoLTE 静态签约数据的写入。

④ 通过业务开通系统调用 VoLTE 开户流程，在集团 MMTEL、AS 平台等业务系统中完成 VoLTE 开户。

⑤ 在 PCF 完成用户开户数据、套餐数据的写入。

3. 用户数据修改流程

存量 5G 用户通过渠道受理变更套餐内容，视具体变更的业务而定，用户数据修改流程存在以下 3 种可能。

① 用户签约的会话数据（例如，签约速率、签约 DNN、签约切片、停复机、漫游权限等）变更，需在 UDM 中进行变更处理。

② 用户 IMS 静态签约数据（例如，共享 IFC 业务）变更，需在 UDM 中进行变更处理。

③ 用户签约的策略数据（例如，定向流量销售品、动态 QoS 策略等）变更，需在 PCF 中进行变更处理。

4. 注销流程

存量 5G 用户注销流程需要在所有含有该用户数据的网元上进行，例如，UDM、PCF 及 IMS 域的多媒体电话（Multi-Media Telephony，MM TEL）等设备。

3.3.3 公众业务开通关键技术

公众业务开通流程中涉及一系列用户数据的写入、修改，了解这些具体的用户数据的用途及内容对理解公众业务开通关键技术有很大帮助。

1. 鉴权数据

根据 3GPP 定义的 5G SA 的鉴权流程（含 EAP-AKA' 鉴权和 5G-AKA 鉴权），UDM 网元需要生成鉴权向量，用于终端对网络侧进行鉴权，同时也用于网络侧对终端进行鉴权。

（1）EAP-AKA' 鉴权

EAP-AKA' 是一种基于全球用户识别卡（Universal Subscriber Identity Module，USIM）的 EAP 认证方式。EAP-AKA' 鉴权流程中由 AUSF 承担鉴权职责，AMF 只负责推衍密钥和透传 EAP 消息。

EAP-AKA' 鉴权流程如图 3-24 所示。

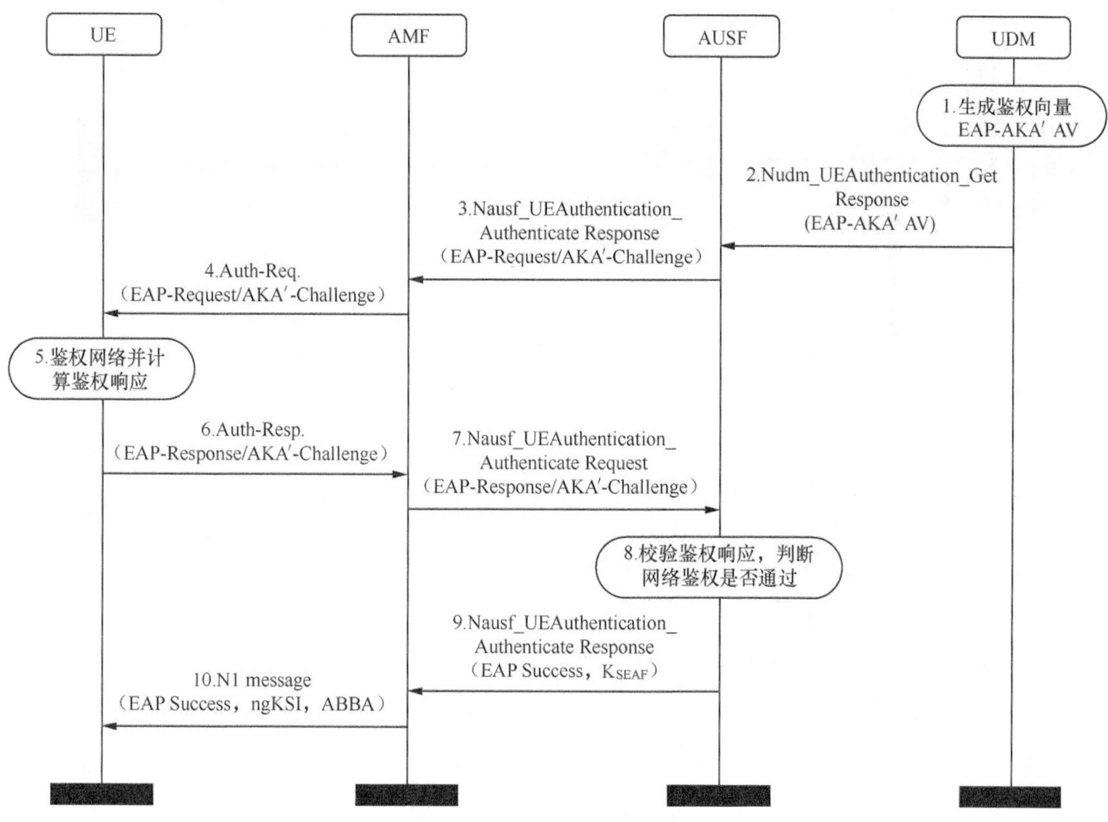

图3–24 EPA–AKA'鉴权流程

（2）5G AKA 鉴权

5G AKA 是 EPS AKA 的变种，在 EPS AKA 的基础上增加了归属网络鉴权确认流程，以防欺诈攻击。相较于 EPS AKA 由 MME 完成鉴权功能，5G AKA 由 AMF 和 AUSF 共同完成鉴权功能，AMF 负责服务网络鉴权，AUSF 负责归属网络鉴权。

5G AKA 鉴权流程如图 3-25 所示。

为了能够正确生成鉴权流程，UDM 需要保存与鉴权相关的 3 个数据。

KI 值：用户鉴权密钥，与每个用户一一对应。

K4 值：用于在网元间交互时，对 KI 值进行加密的传输密钥。

OP 值：鉴权计算的输入参数，用于计算、生成鉴权参数。

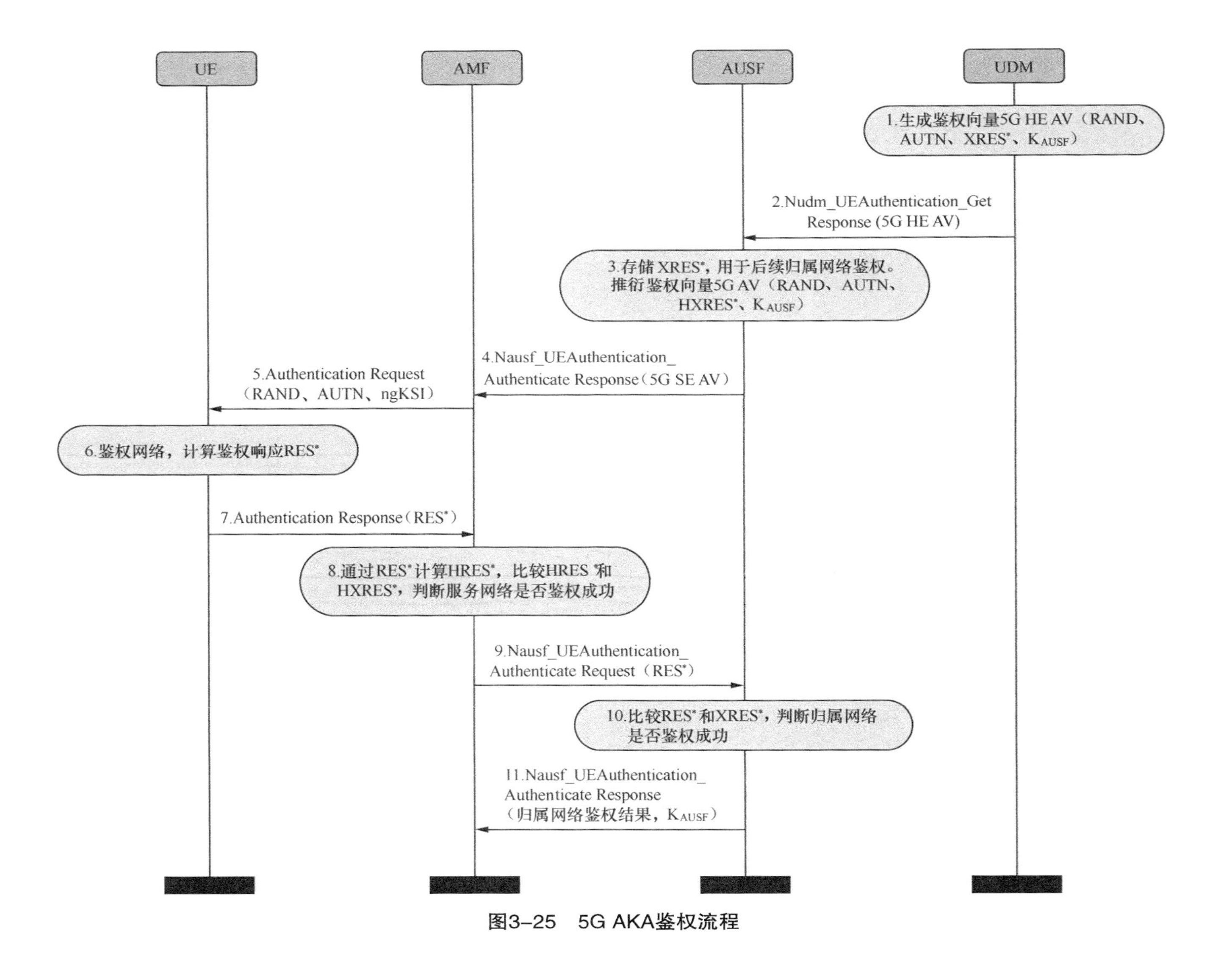

图3-25　5G AKA鉴权流程

从上述 3 个参数可以看出，K4 值和 OP 值是一次性配置参数，均可以在 UDM 开局阶段由运营商写入，写入后不需要随着用户数据的增加删减而发生改变。但 KI 值与每个用户的卡相关。KI 值与用户的实体卡之间一一对应，这将保证网元通过 KI 计算得到的鉴权向量可以在终端鉴权环节通过实体卡的验证。而每张实体卡又有写入的国际移动用户识别码（International Mobile Subscriber Identity，IMSI）信息，因此，在业务开通时，需由前端将 IMSI 和 KI 的对应关系传送到 UDM 中，才能为用户生成鉴权向量。

2. 开户模板

在完成用户鉴权数据的写入后，运营商需要完成用户签约数据的写入。签约数据是指含用户签约的 QoS 参数、切片、DNN/APN、漫游服务限制、区域限制等所有与用户注册流程、会话建立流程有关的数据。从这里的描述不难看出，用户签约数据涉及的字段非常多，再结合实际的套餐情况，会涉及多种参数组合。如果对每种参数单独写入，则会导致业务开通系统与 UDM 营帐模块间的交互过于频繁，开通单个用户涉及的指令数过多，对业务开通系统的性能存在一定的要求，同时，因为业务开通时部分参数间具有依赖关系，所以当开通的参数较多时，业务开通指令顺序的要求也会非常高，业务与开通系统或接口存在故障或瞬断，可能对业务开通有较大影响。

为了避免出现上述情况，目前，业务开通过程中通常使用模板开户来解决这个问题。模板开户要求运营商提前在 UDM 中配置不同套餐对应的开户模板，其中包含以下内容。

① 2G/3G 签约数据：是指用户在 2G/3G 接入时使用的签约数据（该数据无意义，因为 5G SA 不考虑 2G/3G 与 5G 的互操作，且 2G/3G 接入时不使用 UDM 作为用户数据网元）。

② EPS 签约数据：用户在 4G/5G NSA 接入时使用的签约数据。

③ NGS 签约数据：用户在 5G SA 接入时使用的签约数据。

上述的签约数据又各自对应不同的数据模板，模板之间通过索引进行引用。最后，只要业务开通系统侧与 UDM 侧统一开户参数，就可通过单一索引实现用户各类签约数据的写入。

3. QoS 参数设计

根据 5G 的 QoS 框架，在 UDM 上，我们可以为用户定义各类 non-GBR 的 QoS 参数，其中包含以下内容。

UE-AMBR：是指 UE 级别最大的协商速率，可用于控制用户在 5G 完成注册后，能够在空口使用的最大带宽，该参数区分上下行，在实际运营过程中，为了保证用户在使用多 DNN 业务（例如，在使用数据上网时进行 VoLTE/VoNR 通话）过程中，各项业务不会因带宽受限而受损。

Session-AMBR：是指会话级别最大协商速率，可用于控制用户某个会话流最大可使用的带宽，该参数区分上下行。在实际运营过程中，该速率直接影响用户的使用体验，因此，该速率通常根据运营商的套餐进行设计，分为若干速率层级，速率越快，资费越高。该速率由核心网侧进行控制。

5QI/QCI：是指业务数据流授权的 QoS 参数标识，适用于 PCC 规则和 PDU 会话级别（QCI 用于 4G 接入的 PDN 会话级别）。该参数用于标识用户业务流的级别，根据 3GPP 协议的规定，5QI/QCI=1 用于 VoLTE/VoNR 语音专用承载，5QI/QCI=2 用于视频语音专用承载，5QI=3 用于语音默认承载，5QI=4 或 5 用于 GBR 业务，5QI=6 或 7、8、9 用于 non-GBR 的公众用户业务，还有部分的 5QI 可以根据场景自行定义。5QI/QCI 将用于在无线侧、核心网侧设定相关的调度优先级，例如，基站侧对于 5QI=6 的业务流将实现一定程度的带宽保障，即更高的调度优先级，核心网侧也如此。

ARP[1]：分配保持优先级，可用于定义当多个业务流共用无线、核心网资源时，资源分配的优先级。其中，PreemptionCapability 定义 ARP 抢占能力开关，标示是否允许抢占他人使用的服务数据流资源，服务数据流是否可以获取已分配给具有较低优先级的另一个服务数据流的资源；PreemptionVulnerability 定义 ARP 被抢占开关，标识是否允许自身的使用服务数据流资源被他人抢占，服务数据流是否可能丢失分配给它的资源，以便接纳具有更高优先级的服务数据流。

4. NGS 签约参数

NGS 签约参数即用户在 5G SA 接入时使用的签约参数，具体包含以下内容。

5G 禁止区域 / 业务区域模板：指定禁止使用 / 允许使用 5G 的区域，可以按接入的 TAC、AMF 等来决定用户是否可以使用 5G。

5G DNN QoS 模板：指定不同会话级别的 QoS 参数，包含 Session-AMBR、5QI、ARP 等参数，还包含 4G/5G 互操作标识。

5G 漫游区域限制模板：指定用户漫游场景的限制参数，可以按接入的 PLMN，即 AMF

1. ARP（Allocation and Retention Priority，分配保持优先级）。

的 FQDN、SET ID、REGION ID 指定允许漫游的范围和不允许漫游的范围。

5G 接入管理数据（Access Management Data，AMD）：在 5G SA 网络中，根据 3GPP 协议的规定，用户的移动性接入管理和会话管理分别由 AMF 和 SMF 来负责，而两个流程由各自的签约数据进行控制。其中，移动性接入管理由 AMD 来负责。AMD 定义了用户的 UE AMBR、是否允许 SMS over NAS、鉴权方式等与移动性管理、注册流程相关的重要参数。

S-NSSAI：是 5G SA 网络引入的重要参数，而用户在初次使用业务时是无法决定使用哪种切片参数的。UDM 的 S-NSSAI 签约参数定义了允许用户使用哪些切片，默认使用哪些切片，这也影响了当用户注册流程获取到切片数据后，是否会发生 AMF 重选的问题。

5G 会话管理数据（Session Management Data，SMD）：SMD 定义了用户特定切片下允许使用的 DNN、DNN 对应的 QoS、终端地址等。

5. EPS 签约参数

EPS 签约参数即用户在 4G/5G NSA 接入时使用的签约参数，具体包含以下内容。

APN 模板：定义了用户 4G/5G NSA 接入下允许使用的 APN，可以在模板中定义用户使用某特定 APN 时，实际使用的 APN-NI 和 APN-OI。

APN QoS 模板：定义了用户使用某一特定 APN 时，对应的 QoS 参数，例如，QCI、ARP 等。

4G/5G 互操作标识：定义用户是否允许进行 4G/5G 切换互操作。

6. IMS 域静态签约数据

IMS 域静态签约数据定义了用户在使用 IMS 业务进行 VoLTE、VoNR 通话时，使用的 IP 多媒体公共标识（IP Multimedia Public Identity，IMPU）、IP 多媒体私有标识符（IP Multimedia Private Identity，IMPI）、域名，同时还定义了用户可以使用的共享 IFC 业务，例如，彩铃、彩信等业务。

7. IMS 域透明数据

IMS 域透明数据由 AS 平台写入，不是由业务开通系统直接在网元上下发写入的，但是 IMS 域透明数据在网元上可以进行查询。

8. 数据服务限制

数据服务限制是指通过 UDM 的签约参数，对用户能否正常使用 4G/5G 业务进行限制。

数据服务限制有以下几种类型。

数据锁：可以决定用户在不同接入模式下是否允许接入，具体分为 EPS 锁、NGS 锁、non-3GPPS 锁等。当不同的锁使能时，用户在对应的接入方式下无法接入网络。例如，当 NGS 锁使能时，用户在 5G SA 模式下无法接入网络，只能回落到 4G 或者 3G 接入网络。业务开通系统可以通过这个开关进行用户的停复机操作。当用户停机时，运营商将用户所有数据接入锁都置为使能，即可让用户无法使用数据业务，反之，将其置为不使能，即为复机操作。如果 UDM 开启了绿通开关，并完成相关配置，那么当用户处于停机状态时，可允许用户接入网络侧。此时，无论用户使用的是哪种 DNN/APN，都将强制下发一个停机 DNN/APN 指令，用户将使用该 DNN/APN 接入核心网并创建会话，而该会话将限制用户可访问的网站，仅开通充值缴费通道。

5G 漫游权限：可以限制用户在不同的漫游区是否允许接入。当用户发生漫游行为（例如，国际漫游）时，通常会携带不同的接入信息，这是因为不同运营商之间会使用不同的 PLMN，即对应不同的移动国家码和移动网络码，对应的各网元也将使用不同的 FQDN 域名。因此，用户归属运营商 UDM 可以通过信令中携带的该字段进行限制。

① 规定 PLMN、域名范围：将一系列漫游区域对应的 PLMN 或域名合集配置在一个范围内，可以是某个明确的 PLMN，或者是通配符。

② 配置放通规则：对于①中定义的 PLMN 组。配置特定的连通规则，即当用户使用的 PLMN 在组内时，允许用户接入或不允许用户接入。

上述配置方式可以使运营商划定省内漫游、国内漫游、国际漫游等业务。

省内漫游——仅 AMF/MME 为省内 FQDN 时，允许使用。

国内漫游——仅 PLMN 为国内运营商 PLMN 时，允许使用。

国际漫游——对于任何 PLMN，均允许使用。

区域限制：可以限制用户在特定区域接入。某些用户不希望专用卡在特定位置以外的区域使用业务，对于这类用户，可以在 UDM 对用户允许使用的区域进行限制，最小可以精确到某个 TAC 区域，并将其配置为白名单类型或黑名单类型。

核心网接入限制：可以限定用户能否使用核心网。对于 5G SA 独立组网架构而言，如果用户 5G 接入，则将完全使用 5G 核心网进行业务交互；如果用户 4G 接入，则可根据签约或网络配置情况，选择 EPC 中的 SGW、PGW 设备作为会话控制和转发的网元，也可以选择 SMF、UPF 作为融合网关接入。而核心网接入限制开关可以控制 5G 用户允许使用的核心网。如果 NGS 使能开关关闭，则意味着用户将不被允许使用 5G SA 核心网。反之，如果 EPS 使能开关关闭，则用户无法从 4G 接入，只能使用 5G 核心网。

3.4 5G静默开通方案

5G SA网络完成部署，具备向公众用户提供优秀、可靠的网络服务的能力，且运营商内部已完成5G SA核心网与IT系统间的开通流程后，困扰运营商的问题是，怎样花更少的精力，让更多的用户使用5G SA。在业务迁移方案中，我们讨论用户数据整体迁移、批量开通等业务迁移方案，但这些方案对运维人员而言费时费力，如果引起故障，则会对5G SA业务的规模发展带来负面作用。而传统的业务发展模式，例如，营业厅推销开通、短信营业厅或手机营业厅开通等，都将增加用户的时间成本和操作成本，容易“吃力不讨好”，为了降低运维成本，使用户平滑、便捷地过渡到5G SA，5G默认开通（默开）方案应运而生。

为了满足5G SA业务发展的需要，5G默开可以实现在不换卡、不换号的前提下，如果4G或5G NSA用户更换5G SA终端，则运营商为用户自动默认开通5G SA业务。下面以中国电信5G默开流程为例，介绍具体流程与相关方案。

3.4.1 5G默开方案简述

1. 4G VoLTE用户和NSA用户的SA默开

4G VoLTE用户和NSA用户SA自动开通流程如图3-26所示。图3-26中移动网内流程与IT系统内部流程可以同步进行。

① 未签约SA的4G VoLTE用户或NSA用户使用5G SA终端在SA覆盖区域内开机（或在4G/NSA覆盖区域内开机正常接入后移动至SA区域），终端会向SA网络发起初始注册（或移动性注册，即位置更新）。

② AMF收到注册请求信息后，基于用户的IMSI号码从NRF获得用户的归属UDM，并向用户的归属UDM触发鉴权过程。

③ 此时UDM的5G SA自动默开开关开启（即值为1），且鉴权失败触发默开开关开启（值为1），用户鉴权失败，UDM在UE鉴权流程向AMF返回HTTP状态码“403 Forbidden”，CAUSE为AUTO_SA_ENABLE。

④ UDM在判断用户当前在本网（非国际漫游与国内异网漫游）后，向省能力开放平台（Enterprise Open Platform，EOP）发送SA默开请求。

⑤ AMF收到UDM的应答后，给终端UE返回注册拒绝信息，拒绝原因值为#111（Unspecific）。

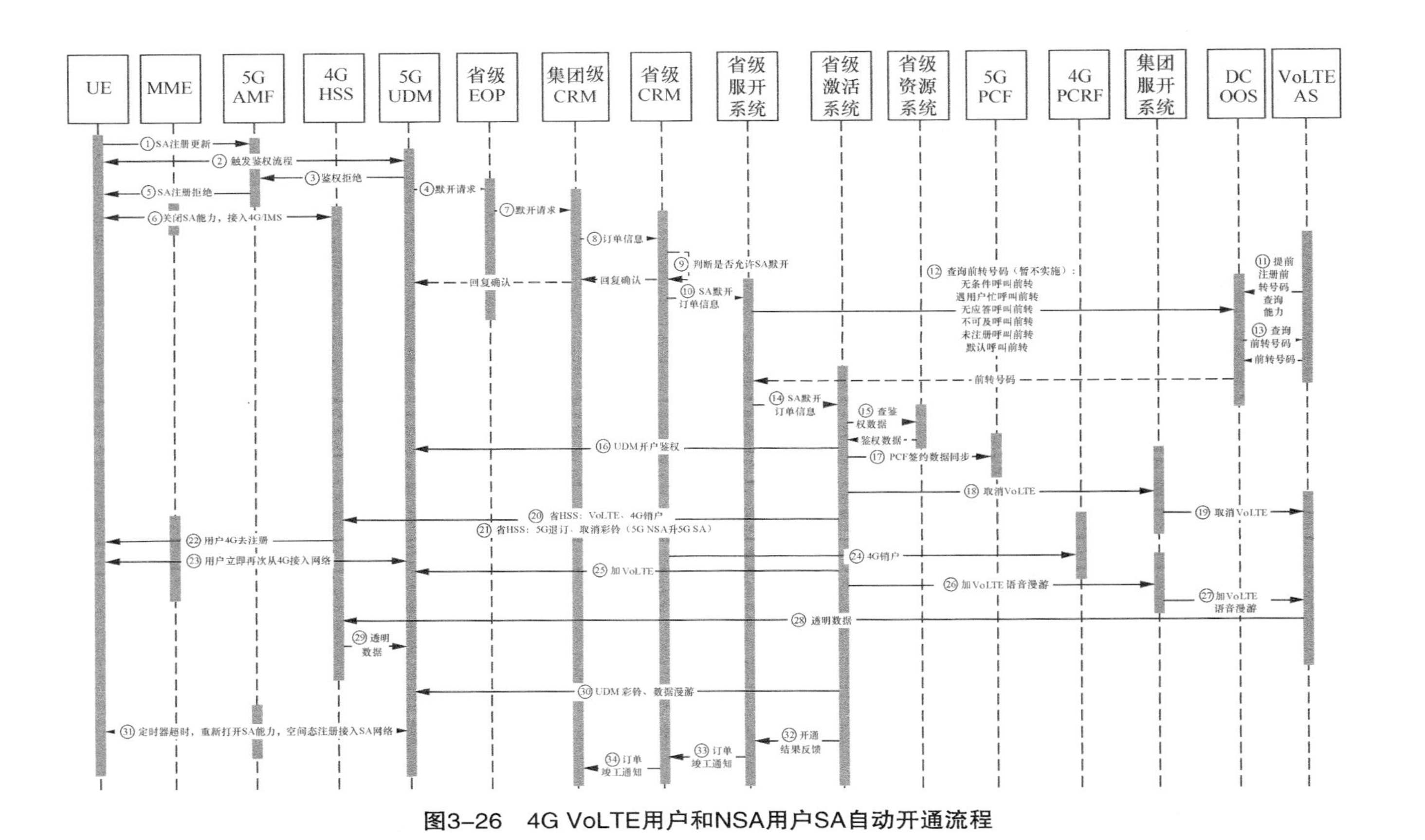

图3-26 4G VoLTE用户和NSA用户SA自动开通流程

⑥ 终端收到 AMF 发来的 5G 注册拒绝信息后，立即关闭 N1 mode 能力，并启动 T3502 定时器（按标准默认值为 12 分钟），同时立即接入 4G 网络，正常使用 4G 或 NSA 业务。

⑦ 向集团级用户关系管理系统（Customer Relationship Management，CRM）发送 SA 默开请求。

⑧ 集团级 CRM 将开户数据等订单信息发送到省级 CRM。

⑨ 省级 CRM 判断是否允许该用户进行 SA 默开，其判断条件为：如果用户状态处于非正常态（例如，申请停机、欠费停机等），则不对该用户进行 SA 默开，并回复集团 CRM 收到信息，集团 CRM 回复 UDM，UDM 避免重发 SA 默开请求；如果省级 CRM 判断允许该用户进行 SA 默开，则继续 SA 默开流程。

⑩ 省级 CRM 将 SA 默开订单信息传送到省级服开系统。

⑪ 不同的 VoLTE AS 需提前把 6 种前转号码的查询能力开放注册到企业数字化能力运营平台上，实现 6 合 1 查询改造，供省级服开系统或其他系统调用。

⑫～⑬ 省级服开系统轮询企业数字化能力运营平台的 VoLTE AS 查询接口，直到获得前转号码，企业数字化能力运营平台与 VoLTE AS 交互，返回前转号码的查询结果给省级服开系统。前转号码包括无条件呼叫前转、遇用户忙呼叫前转、无应答呼叫前转、不可及呼叫前转、未注册呼叫前转、默认呼叫前转。

⑭ 省级服开系统查询完成后，再把 SA 默开订单信息送到省级激活系统。

⑮ 省级激活系统到省级资源系统查询鉴权数据（省内可根据自身情况，改为由省级服开系统获取后送到省级激活系统）。

⑯ 省级激活系统下发 UDM 开户鉴权指令。

⑰ 省级激活系统下发 PCF 签约数据同步指令。

⑱～⑲ 省级激活系统经集团服开系统到 VoLTE AS 上取消 VoLTE（省内可根据自身情况修改为省服开或激活）。

⑳ 省级激活系统下发省 HSS VoLTE 和 4G 销户指令。

㉑ 省级激活系统下发省 HSS 5G 退订、取消彩铃指令（仅 5G NSA 升 5G SA 时需要）。

㉒ 4G HSS 中的用户销户后，HSS 向 MME 下发 Cancel Location 信息，该信息中携带的 Removal Reason 为 subscription withdrawn，MME 向终端下发 Detach Request，其中携带的 re-attach required 标志位为 1，要求终端立即重新注册。

㉓ 终端重新发起 4G 注册，接入 5GC（此时由 MME 与 5GC 共同提供 4G 服务），同时进行 IMS 注册。

㉔ 省级 CRM 或激活系统下发 PCRF 4G 销户指令，省里根据自身情况进行选择。

㉕ 省级激活系统到 UDM 上新装 VoLTE。

㉖ 省级激活系统向集团服开系统发起用户新装 VoLTE、语音漫游指令。

㉗ 集团服开系统向 VoLTE AS 新装 VoLTE、语音漫游指令。

㉘ VoLTE AS 向 HSS 新装 VoLTE（含透明数据，本次实施不包括前转号码）、语音漫游指令。

㉙ HSS 判断其上无该用户的数据，把透明数据（本次实施不包括前转号码）信息转发至对应的 UDM。

㉚ 省级激活系统下发 UDM 彩铃、数据漫游新装指令。

㉛ 待终端的 T3502 定时器超时后，终端重新打开 N1 mode 能力，并可在空闲态于 SA 覆盖区发起类型为 Mobility Registration Update 的注册请求（即移动性注册），正常驻留 SA 网络。

㉜～㉞ 省级激活系统网元施工完成后，向省级服开系统反馈开通结果，省级服开系统向省级 CRM 返回订单竣工通知，省级 CRM 向集团级 CRM 返回订单竣工通知。

经过上述流程，省级 CRM 将 SA 默开订单信息同步到省计费；省计费将开通 SA 功能用户的内容计费、智能管道相关销售数据（销售实例、销售订购关系）、智能管道控制策略状态同步到省 PCF 系统。

需要注意的是，在步骤①中，如果终端发起的是移动性注册，AMF 会向 MME 获取用户上下文信息，然后 AMF 需立即发起鉴权流程，从而因鉴权失败由归属 UDM 触发 SA 默开。另外，在 UDM 中设置有鉴权失败触发默开开关，其值为 1 时，为开启鉴权失败，触发 SA 默开，其值为 0 时，为关闭鉴权失败，触发 SA 默开，仍然为鉴权成功无签约数据触发 SA 默开（需提前迁移用户的鉴权数据）。本流程中鉴权失败触发默开开关默认值为 1。

2. 4G 非 VoLTE 用户的 SA 默开

根据商用 SA 终端入网标准，所有 SA 终端均要支持 VoLTE 功能，且默认配置为语音优先，即终端在使用 5G SA 模式时，会校验终端是否能收到 IMS 侧回复的注册响应，检查终端是否成功在 IMS 注册，否则将删除所有会话。因此，在用户触发默开时，需要检查用户是否为 VoLTE 用户，如果不是 VoLTE 用户，则需要先进行 VoLTE 默开。

如果 4G 非 VoLTE 用户先在 4G/NSA 覆盖接入并发起通话，则将触发 VoLTE 默开，流程与 4G VoLTE 默开一致。如果用户后续接入 5G SA，则将发起 4G VoLTE 用户和 NSA 用户的 SA 默开。

如果 4G 非 VoLTE 用户在 SA 覆盖接入，则将同时触发 VoLTE 默开和 SA 默开，对于集团级 CRM 系统而言，将向省级 CRM 同时下发 VoLTE 功能和 5G SA 功能的订购，并由

省级 CRM 根据新装用户流程实现 VoLTE 和 5G SA 功能的同时开通。

3.4.2 自动开通异常流程

如果出现因下述自动开通异常等原因导致 SA 自动默开失败，终端定时器超时后，则终端在 SA 覆盖区域会发起移动性注册，网络再触发 SA 默开请求。

1. UDM 的 5G SA 自动默开开关未打开

① 未签约 SA 的 4G 或 NSA 用户使用 5G SA 终端在 SA 覆盖区内开机（或在 4G/NSA 覆盖区域内开机正常接入后移动至 SA 区域），终端会向 SA 网络发起初始注册（或移动性注册）。

② 此时 UDM 的 5G SA 自动默开开关未打开（即值为 0）。UDM 按 3GPP 标准流程进行处理，由于鉴权失败或无签约参数，UDM 会向 AMF 返回拒绝消息。

③ AMF 收到 UDM 的拒绝消息后，AMF 会给终端 UE 返回注册拒绝消息，拒绝原因值为 #27（N1 mode not allowed）。

④ 终端收到 AMF 发来的 5G 注册拒绝消息后，关闭 N1 Mode 能力（一般关闭几小时，据目前了解，海思芯片关闭的时间内 24 小时，高通芯片关闭的时间内 12 小时），选择 4G 网络接入，并正常使用 4G 或 NSA 业务。

2. 省级 CRM 校验不通过

省级 CRM 增加 SA 默开校验条件：已签约虚拟专有拨号网络（Virtual Private Dial Network，VPDN）或用户状态处于非正常态（申请停机、欠费停机等），回复集团级 CRM 拒绝 SA 默开，集团级 CRM 回复 UDM 收到信息，避免重发 SA 默开请求。

需要说明的是，VPDN 产品口径待市场明确后，通过 CRM 专业下发给各省。目前，SA 暂不支持 VPDN 业务，在 SA 支持 VPDN 业务之前，IT 系统收到 SA 默开请求后，应判断用户是否签约了 VPDN 业务，如果用户已签约 VPDN，则暂时不对该用户进行 SA 默开。如果 SA 支持 VPDN 业务后，则 IT 系统可取消该判断条件。

3. 省级 CRM 校验通过但网元开销户失败

针对 4G 网元开户信息删除后，下一步骤施工失败的情形，省级激活系统或省级服开系统进行人工处理，如果人工处理后用户业务恢复正常使用，那么再通过人工操作完成流程，将完成流程的信息传输给省级 CRM。

3.4.3 5G 默开的用户体验

在4G VoLTE用户或NSA用户未开通5G SA前，用户在SA初始注册或移动注册失败后，立即接入4G网络，用户可正常使用4G或NSA业务，业务不受影响，同时，终端根据网络侧返回的标准错误码启动内部定时器，网络触发SA默开流程。当SA默开成功，待终端定时器超时（标准默认12分钟，实际情况依终端而定），终端会重新打开SA能力，并在信号测量满足切换条件时主动向SA网络发起切换。此时，用户可正常使用SA业务。

在4G VoLTE用户或NSA用户的5G SA自动默开过程中，IMS数据迁移必须先删再增，因此，在数据迁移时，为了减少IMS服务中断时间，要先在UDM完成4G/5G签约数据的创建，再进行IMS数据迁移。在进行IMS签约数据迁移时，先在EPC HSS中将该用户销户，HSS向MME发送Cancel Location消息，使用户的4G数据/IMS下线，随后用户立即重新发起4G数据与IMS注册。此时，如果IT尚未在UDM中写入IMS透明数据，则IMS服务将受短暂影响，IMS服务中断的具体时间为从HSS销户至在UDM中写上IMS透明数据的时间，可能对用户语音业务造成短暂影响。具体受影响时间的长短取决于IT系统的IMS数据迁移时间，一般情况下，平均影响时长在1秒以内。

为了进一步提升5G默开的用户体验，避免用户在触发默开前后有明显的使用感知差异（尤其是避免劣化），针对通过默开流程开通5G SA功能的用户，要求IT系统能将用户在4G/NSA侧开通的速率送到UDM中，同时在UDM侧要与HSS网元中4G/NSA速率模板对齐，保证默开用户在开通为5G SA用户后可以继承原有套餐的速率，同时要保证5G SA的速率不低于5G NSA的速率体验，因此，5G SA速率模板要与NSA速率模板对齐。

3.4.4 5G 默开经验

在默开业务中，要求端到端都能支持默开，终端需要支持在SA信号满足要求下发起5G SA注册流程，基站侧要进行配置对应错误码下发以支持默开，核心网要进行错误码配置，使AMF在鉴权失败流程中收到UDM返回的403 Forbidden错误码，向终端下发错误码#111，UDM需配置正确的默开参数，对鉴权失败的用户下发允许默开标识，以触发AMF下发#111错误码，以及同时向IT系统发送默开请求。

另外，UDM需要配置正确的到IT系统的SOAP通知链路，具体统一资源定位（Uniform Resource Locator，URL）和端口是由省级EOP提供的，同时，在SOAP消息中配置的消息格式、字段名称、字段值均需要双方协商。为了满足鉴权失败触发默开，UDM需同时打开自动默开开关和鉴权失败触发开关。

5G默开有多种方式可以控制用户增长的速率。UDM可以根据IMSI号段和IMSI前缀设置黑白名单，可以控制仅对白名单内用户默开和对黑名单内用户不默开。同时，UDM除了在网络侧默开，还可以在IT侧设置业务默开，即4G/NSA用户受理5G套餐时，默认加载5G SA功能，触发用户数据迁移。

3.5 实践案例

3.5.1 SA语音方案实践案例

在某运营商SA商用局点完成部署联调并将现网toC业务全量割接至商用局点后，运营商将5G SA业务开放给全省友好用户与内部员工等。某天，某地市报障，在友好用户开通SA业务后，用户语音业务出现偶发性异常，会出现拨打过程中断，话务无法呼出的问题，由于故障为偶发性故障，但在初步测试中未复现，具体异常场景未能定位，但由于只有SA业务用户存在该现象，所以怀疑与SA业务有关。第二天该地市报障大量增加，开通了SA的友好用户普遍出现语音业务异常，故障现象有明显的复现路径，且100%复现。经排查UDM/PCF前一晚施工日志与测试发现，前一晚这些友好用户批量开通了视频彩铃业务，且测试发现订购了视频彩铃业务的用户被呼叫时都存在语音业务异常；同时发现，SA业务用户在通话时，第三方用户呼入SA业务用户出现断话现象。

确认故障原因后，5G核心网侧启动消息跟踪和日志跟踪，复现故障现象。经过IMS侧信令分析，发现在故障发生时终端发起了拆线请求，释放了语音承载，导致呼叫失败或断话，需进一步分析触发终端发起拆线请求的原因。

由于初步排除语音问题，对与语音业务相关的SA核心网网元SMF、PCF进行进一步信令分析。结合故障发生前，该省双DC 5G SA核心网中的一个DC SMF升级后开始出现该故障，第二天晚上完成另一DC的SMF升级（即完成全量升级）后该故障必现，因此，运营商认为故障出现在SMF且与SMF升级有关。

经过细致比对，发现终端发起拆线请求时间点与SMF建立语音专载和视频彩铃专载时间点吻合。随后核心网厂家展开分析，故障定位为SMF升级后建立语音专载和视频彩铃专载或第三方呼入触发呼叫等待时，两个专载下发给手机的TFT中的Packet Filter优先级存在重复。SA 语音方案中我们已经说明，当终端发起呼叫（或处于被叫状态）时，核心网将向该终端下发专用承载建立请求，其中，如果用户未签约视频彩铃业务，则仅建立一个语音专用承载；如果用户签约了视频彩铃业务，则会创建两个专用承载。而在建立专用承载时，SMF 会下发专用承载相关的 PDR 参数给 UPF，同时还会通过 AMF 传递到终端。此时，如果不同专载中的 TFT 中的 Packet Filter 优先级存在重复，手机会校验异常，发起 Bearer Resource Command 消息，删除语音专载，最终导致断话。升级前，两个专载请求使用了不同的优先级范围，因此，未升级前不存在该问题。

该案例发生在 5G SA 部署初期，运营商可以从该案例吸取到两个方面的经验。

一是故障处理经验，在目前 SA 语音方案仍大面积采用 EPS Fallback 的背景下，SA 语音故障的场景较 4G 更为复杂，涉及的网元更多，且 SA 仍处于建设初期，可能发生故障的点更多，如何快速定位故障成为重中之重。在该案例中，多方联合共同跟踪、分析信令，核对时间轴以确定具体现象发生的关联性，根据近期升级研断，更有可能是网元有问题，这些都是快速定位故障的重要办法。其中的不足之处是终端侧通常无法具备快速响应、快速分析的跟踪机制，只能由终端厂家进行跟踪。

二是网络升级与回归性测试经验。故障发生在网络建设初期阶段，携带的用户较少，因此，升级工作较为密集，这也导致了未能在现网充分验证、观察升级后的网元业务是否正常。同时，升级后的回归性测试仅涵盖基础数据、语音业务，对于目前越来越复杂的业务场景，基础业务测试作为回归性测试已经很难满足，因此，有必要提升回归性测试的覆盖范围和精度，尽可能保证升级、配置后的测试符合用户对网络使用的要求。

通过此次故障可以看出，我们提到核心网规模部署的路线里，新建网络正式商用前，在小范围内进行商用试点是有重要意义的，除了基本业务，日常使用还涉及更多复杂的业务环境或者不同的业务组合，更容易发现不同的问题。

3.5.2 公众用户业务迁移方案

5G SA VPDN 功能建设初期，主要面临以下三大问题。

① 3GPP 协议规范中已经不再支持 DNN OI Replacement 属性。

② 终端协议未定义 5G SA 终端无法上报 PAP/CHAP 的账号和密码给核心网。

③ 不同场景业务测试没有参考规范，例如，漫游场景、4G 接入场景等。

参考标准业务架构，终端拨号，信令经过基站到达 5G 核心网，SMF 具备 GW-C（含 SGW-C、PGW-C）功能，UPF 具备 GW-U（含 SGW-U、PGW-U）功能，将认证信令指向

VPDN AAA 平台，第一、第二次认证通过后，数据流从 UE 经过基站和 UPF，到达 LNS，业务模式与现有模式兼容。5G SA VPDN 基本网络架构如图 3-27 所示。

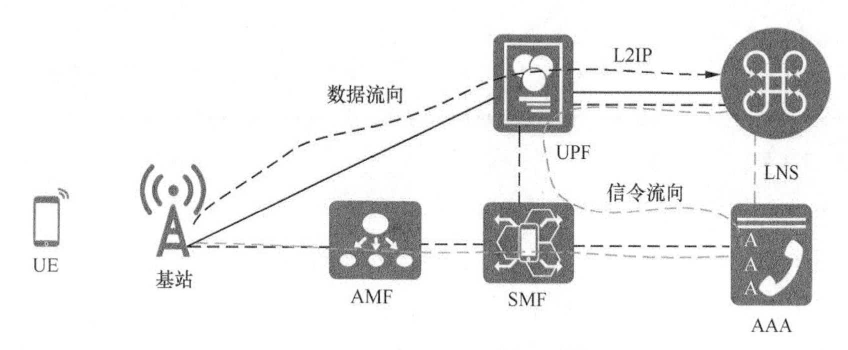

图3–27 5G SA VPDN 基本网络架构

确定基本业务框架后，我们对不同场景进行了测试验证，当 5G SA 用户从 4G 基站接入时，由 MME 负责识别并选择 5G 融合网元负责 SA 用户的接入，保持用户在 4G 网络接入和 5G 网络接入时 UPF/SAEGW-U 锚点不变。

当 5G SA 用户在漫游场景下，SMF 开启 i-SMF 的功能，UPF 开启 i-UPF 的功能。在 SA 漫游场景下，拜访地 SMF 开启 i-SMF 的功能，实现与归属地 SMF 互通；拜访地 UPF 开启 i-UPF 的功能，实现与归属地 UPF 互通，支持 SA 用户在 SA 接入是 VPDN 业务的归属地接入，5G SA 网络基于 L2TP 隧道的 VPDN 网络架构如图 3-28 所示。

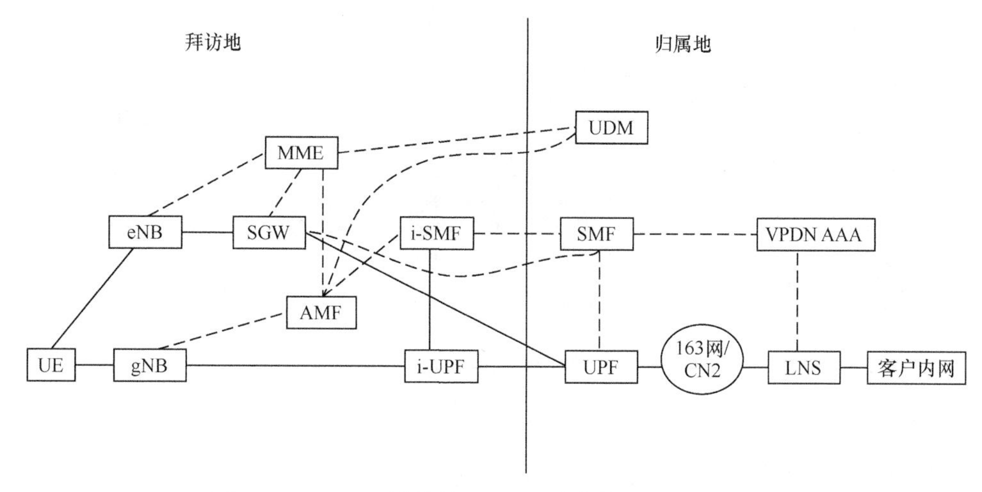

图3–28 5G SA网络基于L2TP隧道的VPDN网络架构

公众用户业务迁移方案经过反复测试和业务验证后得到以下结论。

1. 对于 3GPP 协议规范中已经不再支持 DNN OI Replacement 属性的问题

为了保证 SA 用户在 5G SA 和 4G 下都能正常接入，统一采用 4G/5G APN/DNN 格式的方法。4G VPDN 用户从 HSS 迁移到 UDM 成为 5G SA VPDN 用户之后，在 5GC 的 UDM 上签约信息需要按照以下模式。

① APN 的 NI 签约：VPDN 业务的 APN NI 中统一携带省份信息。

② APN 的 OI 签约：VPDN 业务的 OI Replacement 属性统一采用默认值，也就是 mnc011.mcc460.gprs。

③ DNN 的 NI 签约：VPDN 业务的 DNN NI 中统一携带省份标签。

2. 对于终端协议未定义，5G SA 终端无法上报 PAP/CHAP 的账号和密码给核心网的场景

核心网无法获取 5G SA 终端 PAP/CHAP 的账号和密码，而终端接入 L2TP 时，需要账号和密码去 AAA 和 LNS 进行鉴权，因此，导致目前普通场景下 5G SA 终端无法接入 L2TP。针对此场景，创新使用 SMF 配置的固定用户名和密码去 AAA 鉴权，AAA 下发 LNS，UPF 使用 SMF 固定账号与 LNS 二次认证，通过默认密码实现 VPDN 业务。

5G SA VPDN 业务逻辑拓扑如图 3-29 所示。

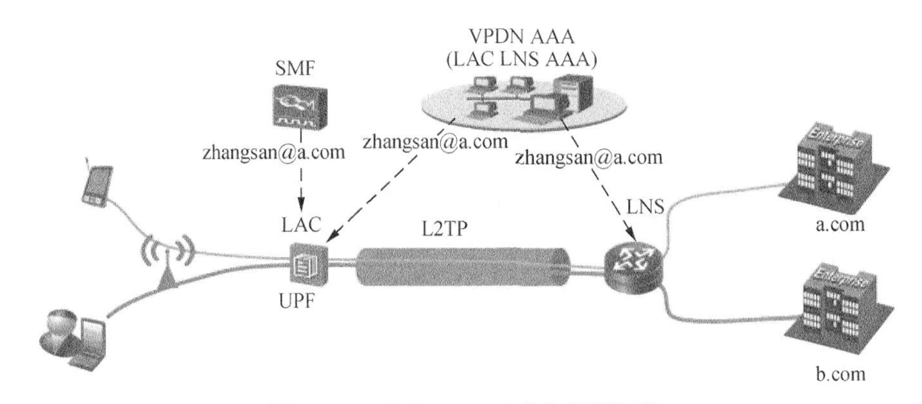

图3-29　5G SA VPDN业务逻辑拓扑

3. 多场景解决方案

漫游场景通过升级 SMF 的方式来支持 ISMF 功能。4G 接入场景通过在 EPC DNS 上

对 4G TAC 的 FQDN 域名解析进行记录，增加了 5GC 融合网元 SMF/SGW-C 对应 IP 地址的解析结果，并将优先级设置的级别比现网 4G SGW 优先级低。通过 MME 拓扑开启模式，以便 MME 为 SA 用户优选到 SMF/GW-C 融合网元，非 SA 用户继续选择现网 4G 网络的 SGW。

本案例针对 5G SA 网络下的 VPDN 业务，总结了 VPDN 业务网络端到端、全流程的通信拓扑结构和经典问题处理方案，解决了业务实现过程中的问题与困惑。

3.5.3 5G 业务开通事件案例

某省 5G SA 业务正式商用后，时常出现前端报障，报 5G 用户修改卡业务失败造成卡单，具体现象为业务开通系统执行改卡业务、新装业务等指令失败，经过排查发现，是因为业务开通系统在向 5G UDM 网元发送业务开通指令时，网元侧返回了错误信息，而业务开通系统未能正确处理，导致卡单。

5G SA 商用初期，往往会发生实际用户增删改报错卡单的问题，这在很大程度上是源于现网业务的复杂度和不可预见性。虽然在正式商用前的测试用例能覆盖绝大多数业务受理场景，但是在现网环境下通常会遇到用户多类业务重复受理，业务之间存在逻辑冲突；用户业务受理需求复杂，反复施工或施工不完整导致数据冗余或缺失等不同类型的各种情况。而不同的情况均需要在 toC 业务实践过程中一一优化调整。

用户多类业务重复受理，业务之间存在逻辑冲突，该情况往往出现在 5G 商用初期，部分功能未能完全在 5G 实现，此时用户升级至 5G，将导致用户业务不可用，因为 5G 商用初期 VPDN、定位平台等业务尚不具备大面积商用条件。此时，为了避免影响使用上述业务的用户，运营商需要在业务开通系统、业务受理系统等 IT 系统中进行限制，将 5G 业务与这部分业务设置为互斥业务，不允许前端为用户同时受理该业务或在一类业务已经完成受理的情况下再加装另一类业务。

用户多类业务重复受理，业务之间存在逻辑冲突，这种情况在 5G 实际运营生产的过程中随时可能暴露出来。例如，对于华为的 UDM 而言，在前端受理增删改操作时，当业务操作系统完成向 UDM 营帐模块（PGW 模块）下发指令完成施工后，对于一些影响用户在线数据，例如，Session AMBR、non GBR QoS、数据锁等数据的变更，UDR 数据库（USCDB）会给 UDM FE 发送 MCI 订阅通知，让 FE 通知周边网元发送更新（Update）、清除（CLR）、替换（ISD）等消息。但是如果此时用户已离线，AMF 和 SMF 网元会通知 UDM FE 用户离线并去订阅，导致 FE 在因 BE 的请求而查询用户动态数据时，未能找到该卡的用户数据，从而发送失败。此时，UDM 会向业务开通系统返回 RETCODE = 3037 ERR3037:Database updated but network update failure. Indication: operator should send cancellocation 的错误信息，即用户数据库信息已更新，但未能更新到用户侧。因此，该报错业务开通系统应增加容错，避免出现卡单与回滚现象。另外，当网元发生故障时，营帐系统的复杂性，也会对业务开通造成预期外的影响。例如，UDR 单板发生故障时，即使故障单板为多块主备容灾业务单板中的备用单板，但因营帐施工流程中涉及用户签约数据的先读后写，UDM 设计为了在读取数据时避免对主用单板造成业务压力，优先使用备用单板，此时，在备用单板故障的时候仍然对营帐接口造成影响。该类报错为偶发性故障，运营商需在实践过程中积累经验。

用户业务受理需求复杂，反复施工或施工不完整导致数据冗余或缺失，这种情况多发生于 5G 商用初期，前端人员（例如，营业厅营业员等受理人员）业务尚不熟练，业务开通系统对多业务施工流程未梳理完善，施工异常处理指引不完善，此时，在用户受理 5G 业务增删改时，可能因受理内容有误出现施工报错，可能触发业务开通系统回滚，或是前端人员进行强制过单等人工操作。而相应的回滚指令有误、人工操作流程有误有可能进一步导致 UDM 上用户数据残留，例如，在回滚操作中，需要删除 UDM 上的用户数据，但仅删除了签约数据，未完整删除卡 KI 值等鉴权数据，导致二次施工时鉴权数据重复写入卡单，或是因强制过单等人工操作，导致 UDM 签约数据不完整，例如，缺少 4G 签约数据、缺少部分 DNN 数据等，而后再进行其余业务的施工时，因缺少关键依赖数据导致后续施工有误。为了避免这类情况，运营商在商用初期应尽可能全面收集现网实际运营中出现的问题，并针对出现的问题从业务开通系统施工流程、回滚指令集、前端故障处理指引及 UDM 侧业务开通方式等环节进行优化，尽可能精简施工条目，避免出现过于复杂的施工逻辑。

3.6 参考文献

[1] 中国电信，中国电信 5G SA 自动默认开通方案 [Z]. 2020.

[2] 中国电信，中国电信 VoNR 总体部署方案 [Z]. 2022.

第4章

5G行业应用运营实践

4.1　5G 行业需求

5G 的大带宽、低时延和广连接特性激发了广大垂直行业的大量需求，5G+ 垂直行业应用可以推动全行业数字化、智能化转型。5G 切片专线业务目标用户是对含 5G 接入侧的端到端网络访问质量及安全性要求较高，或个性化保障需求明确，例如，大带宽、低时延、高可靠性、严隔离等的政企用户。

根据工业和信息化部《5G 应用“扬帆”行动计划（2021—2023 年）》，5G 应用重点领域包括以下内容。

1. 新型信息消费升级

在 5G+ 信息消费方面，5G 赋能智慧家居应用，丰富智能家电、智能安防监控、智能音箱、AR/VR 产品等智能载体；在媒体信息发展方面，升级传统媒体，发展 5G+4K/8K 直播，提升用户重大赛事活动观赛体验等。

2. 行业融合应用

推进 5G 赋能工业互联网、5G 赋能车联网、5G 赋能智慧物流、5G 赋能智慧港口、5G 赋能智能采矿、5G 赋能智慧电力、5G 赋能智慧农业、5G 赋能智慧水利等多行业融合发展。

3. 社会民生服务

打造 5G 赋能智慧教育、5G 赋能智慧医疗、5G 赋能文化旅游、5G 赋能智慧城市，提升全社会民生数字化、智能化水平。

4.2　5G 行业专网解决方案

4.2.1　不同应用场景下行业专网解决方案

针对不同的行业需求和场景，三大运营商有不同的网络提供方式，三大运营商行业专网部署模式如图 4-1 所示。面向广域优先型行业用户、时延敏感型区域政企用户及安全敏感型区域政企用户，中国电信提供“致远”服务模式、“比邻”服务模式和“如翼”服务模式，满足不同行业对“云－网－端－边”的差异化需求；中国移动采用“优享”“专享”和“尊享”模式；中国联通采用“5G虚拟专网”“5G混合专网”和“5G独立专网”3种模式。

部署模式	与公网完全共享	与公网部分共享	独立部署
中国电信	“致远”模式	“比邻”模式	“如翼”模式
中国移动	“优享”模式	“专享”模式	“尊享”模式
中国联通	5G虚拟专网	5G混合专用	5G独立专网

图4–1 三大运营商行业专网部署模式

1. 与公网完全共享场景

面向广域移动、随需接入及组网服务需求的广域优先型行业用户，例如，移动办公、远程视频、智慧警务等应用行业，对网络速率、时延及可靠性等有较为确定的网络质量要求。

典型应用场景包括大型场馆的移动媒体直播、智慧警务业务场景、车辆自动驾驶、智慧城市和园区的视频架空、智慧金融的AR/VR交互、全息客服、云游戏、云会议等。

例如，在移动媒体直播场景下，广域覆盖的网络隔离要求高，不受限的移动性，上行速率需保障，可以在签订协议的SA无线网覆盖区域（甚至包括空域），提供无人机及5G CPE、4K摄像机等高清视频业务。

在智慧警务业务场景下，地市级广域覆盖的网络隔离要求高，不受限的移动性，治安立体巡逻、热点监控、AI人脸识别、AI行为识别、AR眼镜移动执法、无人机巡查需地市级广域覆盖，同时在人群聚集、公网管控及紧急情况下，确认公安用户优先接入，提供安全、可靠、专网公网互补的警用移动信息网和视频专网。

这些应用具有广域覆盖、公专协同、业务加速、业务隔离和公专协同几项共同特征。

2. 与公网部分共享场景

面向区域级大中型行业用户（园区/厂区），例如，交通物流、工业制造、能源、港口、医院、教育等行业用户。网络覆盖一般集中在一个开放区域内，生产、工作环境较复杂，对网络性能（尤其是时延）、业务数据管控有较高要求。

典型应用场景包括智能制造、智慧港口等的数据采集、远程控制、工业视觉检测、智慧医疗的移动查房、AR手术示教、混合现实（Mixed Reality，MR）手术规划、医疗机器人、物流园区的AGV调度导航等。

例如，在智能制造场景下，覆盖区域为工业园区、厂区、车间等，网络隔离要求高，毫秒级低时延（例如，5～20ms），上下行保障速率 / 带宽需求高，静止或低速移动性。针对户外、高温、粉尘、难以布放光纤的复杂作业环境，通过 5G 大带宽、低时延满足其生产效率要求高、产品精度要求高的关键需求。应用场景主要包括 AGV、远程控制、设备信息采集、视频质检、AR 远程指导，以及安全监控、人员设备定位等。个别对时延特别敏感的用户可以考虑定制切片。

在智慧港口场景下，覆盖区域以港口为主，网络隔离要求高，要求数据本地化服务，尤其对网络稳定性和可靠性要求高；移动性需求为静止或移动，上下行保障速率 / 带宽需求高，网络时延要求高。运营商通过 5G 的大带宽、低时延等优势，在港口等特定区域场景下满足岸吊远程控制、龙门吊远程控制、港口智能理货、港口智能安防、无人视频监控、物流运输、园区监控等需求。个别对时延特别敏感的用户可考虑定制切片。

这类业务特征具有低时延、业务加速、业务隔离和数据不出场等典型特征。

3. 与公网完全独立场景

面向大型区域级政企用户，例如，超大型智能工厂、矿井、港口、油田、核电、电网、铁路、机场等政企用户。网络覆盖一般集中在一个封闭区域内，生产环境复杂，对安全、时延、数据管控、自管理自运营等业务质量和指标有极致要求，专属程度极高，需要高度定制，同时能够承担较高的建设及运营成本。

典型应用场景包括大型高精制造智慧工厂、智慧矿井、智慧油田等高精度数据采集、高灵敏工业控制、无人驾驶等。

在智慧矿山场景下，覆盖区域以矿区为主，网络隔离要求高，要求数据本地化服务，尤其对网络稳定性和可靠性要求高；移动性需求为静止或移动，上下行保障速率 / 带宽需求大，网络时延要求高。5G 的大带宽、低时延、大连接等特点，在煤矿等特定场景下可以满足智能设备数据采集、智能采煤、无人驾驶等场景需求。

这类对安全和时延都要求较高的政企用户，通过上行增强、规避干扰、5G 网络切片等技术，按需定制专用基站、专用频率甚至是专用 5GC，为政企用户提供一张隔离的、端到端高性能的专用接入网络，为行业用户提供具有低时延、大带宽、数据不出场、安全性高等典型特征，可提供端到端全方位精细规划、建设、维护及优化服务。

4. 行业用户可选专线分类

5G 行业专网业务目标用户是对含 5G 接入侧的端到端网络访问质量及安全性要求较高，

或个性化保障需求明确的用户，例如，要求大带宽、低时延、高可靠性等的政企用户，具体包括工业、媒体、医疗卫生、交通、公安等，根据用户需求，可以选择不同类型专线。

（1）优先接入专线

优先接入专线对应与公网完全共享的场景，为用户提供高优先级点到点组网和入云服务，用户可选择视频类、低时延类、通用保障类，基于Non-GBR类5QI提供空口优先级保障（即网络定制方案中业务加速的优先保障服务），同时在承载网、核心网提供QoS协同，使用户业务在时延、丢包率、抖动等网络指标方面优于普通等级业务。

（2）特定接入专线

特定接入专线对应与公网部分共享的场景，为用户提供可保障带宽的点到点组网、入云服务，用户可选择视频直播类、超低时延类、通用保障类，基于GBR类5QI提供空口资源保障（即网络定制方案中业务加速的带宽保障服务），同时在承载网、核心网提供QoS协同，使用户业务获得端到端稳定带宽，并在时延、丢包率、抖动等网络指标方面优于普通等级业务。

（3）独立接入专线

独立接入专线对应与公网完全独立的场景，基于用户定制切片开通尊享或优享、或独享专线业务，基于用户定制切片提供独享资源，提高业务安全隔离性及资源自管理能力。需要说明的是，独享专线的基础功能与尊享专线、优享专线一致。

专线业务分类见表4-1。

表4-1 专线业务分类

<table>
<tr><th>业务大类</th><th>细分类别</th><th>适用场景</th><th>QoS保障</th></tr>
<tr><td rowspan="3">优先接入专线</td><td>视频优先保障</td><td>要求高可用性，但对端到端带宽不敏感的视频直播、点播业务</td><td rowspan="3">无线侧：Non-GBR类5QI调度保障。
承载侧：WFQ队列调度保障</td></tr>
<tr><td>低时延优先保障</td><td>要求高可用性，但对端到端带宽不敏感的远程控制、交互类业务</td></tr>
<tr><td>通用优先保障</td><td>要求高可用性，但对端到端带宽不敏感的其他数据型业务，或多种业务混合承载场景</td></tr>
<tr><td rowspan="3">特定接入专线</td><td>直播带宽保障</td><td>户外、临时赛事、会议等视频直播画面回传</td><td rowspan="3">无线侧：GBR类5QI调度保障。
承载侧：PQ队列调度保障</td></tr>
<tr><td>低时延带宽保障</td><td>工业控制、远程医疗等要求低时延保障的场景</td></tr>
<tr><td>通用带宽保障</td><td>文件传送、视频监控、数据采集等无明确直播、超低时延要求的业务，或用户多种业务同时传送的场景</td></tr>
</table>

续表

业务大类	细分类别	适用场景	QoS 保障
独立接入专线	基于用户定制切片开通尊享或优享、或独享专线业务	数据安全较敏感的用户，例如，公安、金融、工业控制等，以及独立组网用户，对通信安全性和保障要求高	根据用户业务需求复用 5G 优享专线或尊享、或独享专线定义的保障类型

4.2.2 网络定制功能实践应用

为了满足用户对 5G 网络的按需服务、灵活定制的需求，本节将端到端网络功能进行拆分，从流量、号卡、业务加速、无线接入、专线等不同方面来说明具体的定制服务。

1. 用户流量级别定制

用户流量级别定制流量功能支持流量包、流量池、区域流量包等计费方式。

2. 用户号卡级别定制

为了满足特定场景下用户对号卡的需求，号卡级别定制为用户提供定制卡、定向服务、区域限制、机卡绑定、达量断网、达量限速、阈值提醒、二次激活、固定 IP 等功能。

对于特殊业务场景，运营商还可以根据用户业务规模，提供特定的 IMSI 段 / 号码段，例如，满足“如翼”模式下用户建设独立 5GC 的场景。

（1）定制卡

根据终端应用环境的不同，运营商为用户提供插拔卡和贴片卡等不同形态的卡。

其中，插拔卡分为消费级插拔卡与工业级插拔卡。消费级插拔卡可以满足消费电子、室内等类人体环境；工业级插拔卡满足室外、厂房等潮湿、腐蚀的复杂环境。消费级插拔卡有普通大卡、Micro 卡与 Nano 卡 3 种，工业级插拔卡有普通大卡和 Micro 卡 2 种。

贴片卡可用于终端对安全性和稳定性有更高要求的场景，根据终端应用环境的不同，运营商为用户可提供消费级贴片卡、工业级贴片卡和车规级贴片卡。其中，消费级贴片卡可以满足消费电子、室内等类人体环境；工业级贴片卡可以满足室外、厂房等潮湿、震动、腐蚀等复杂环境；车规级贴片卡满足车载前装应用环境。

（2）定向访问

定向数据访问白名单可限定终端仅访问白名单列表的数据服务，支持针对目标 IP 地址、域名、URL定向识别、端口定向设置访问权限，使终端只能访问预先设置的业务平台或应用系统。

（3）省份区域限制

省份区域限制功能可限定用户号卡在指定省份使用。

（4）园区区域限制

园区区域限制功能可提供TAC、切片级别的区域限制能力，能够限定用户号卡在指定基站范围内接入，满足用户业务区域灵活、精准管控、保障数据和业务安全。

（5）机卡绑定

机卡绑定功能主要用于实现终端和号卡精确绑定，保障SIM卡能够专卡专用，提供机卡绑定和机卡绑定池两类功能。其中，机卡绑定可实现终端和号卡的一对一绑定，通过5G核心网记录号卡和终端的绑定关系。机卡绑定池则提供一张号卡与多个终端的绑定功能，通过IMEI池或者TAC码段实现。

（6）达量断网

达量断网功能可根据用户设置阈值进行断网，满足用户流量在使用的过程中可以被控制的需求。目前，达量断网功能可提供用户级阈值断网和套餐级阈值断网两类。

达量断网功能不区分本地、省内、省外数据流量，支持当月多次断网。每个号码可以根据访问内容分别实施达量断网。

（7）达量限速

达量限速功能可根据用户设置的阈值进行限速，满足用户流量使用控制的需求。当终端使用的数据流量达到预先设置的阈值时，运营商可根据用户自定义规则和策略，自动以指定的速率限制该业务号码数据通信的上下行速率。

（8）阈值提醒

阈值提醒功能在用户数据流量达到一定的数量/比例时，将数据流量的数量/比例信息发送至连接管理平台，由连接管理平台对用户预先设置的手机号码/电子邮件地址/API发送提醒信息。

（9）二次激活

当用户开卡时，如果选择首话单激活，则需要在限定的时间内激活使用；如果用户申请二次激活功能，则可以根据用户需求延长激活期。

（10）固定IP

号卡级别定制默认提供动态IP，固定IP功能允许用户为号卡签约固定IP地址，满足通过固定 IP 进行终端管理的需求。每次终端上线，5G toB 核心网会为其分配定制的固定 IP 地址。

3. 基于业务级别加速

运营商可以为用户提供优先加速型和带宽保障型业务加速功能，通过 5G toB 核心网、承载网和无线网的协同配置，使用户业务在时延、丢包率、抖动等网络指标方面优于普通等级业务。5G 定制网用户可按需叠加优先加速型和宽带保障型服务，业务加速保障规格示例见表 4-2。在用户园区等有限区域范围内，用户可以订购带宽保障型服务。

表4-2　业务加速保障规格示例

类型	保障规格说明
优先加速型	提升峰值速率：上行 100Mbit/s，下行 1Gbit/s
带宽保障型	带宽规格：上行 1Mbit/s，下行 1Mbit/s
	带宽规格：上行 2Mbit/s，下行 2Mbit/s
	带宽规格：上行 5Mbit/s，下行 5Mbit/s
	带宽规格：上行 10Mbit/s，下行 10Mbit/s

4. 基于业务级别隔离

（1）定制切片

定制切片功能是根据用户需求进行网络切片定制，满足用户 5G 业务高安全、高隔离性要求。定制切片包含逻辑切片和物理切片两类，具体包含核心网、承载网、无线网 3 个子网切片。用户可单独订购子网切片，或订购端到端切片。

定制切片功能根据 5G toB 网络能力逐步扩展，前期提供核心网切片功能，后期提供无线切片、承载切片和端到端切片功能。

（2）定制 DNN

定制 DNN 为用户提供更加精细化的业务隔离能力，可为用户提供独立 VPN 隔离、定制地址池与 DNS、IP 或以太网接入方式、定制业务和计费规则、定制化接入策略、https 头增强技术等定制化能力。

定制DNN功能分为基础定制DNN、本地DNN、LAN组网DNN服务等。该功能支持为用户同时签约多种类型的DNN，用户终端通过选择不同的DNN可实现不同业务访问的隔离。定制DNN的业务隔离能力可与定制切片叠加使用。为了满足用户公私协同、多样化的组网需求，运营商会以定制DNN为基础，为用户提供多DNN分流、ULCL分流功能。

（3）无线VPDN

无线VPDN业务隔离是通过L2TP和通用路由封装（General Routing Encapsulation，GRE）等VPDN隧道技术，为定制网用户构建与公众互联网隔离的虚拟专用网络，满足用户终端访问用户内部网络的需求。

① 基于L2TP的VPDN业务

L2TP的VPDN业务采用L2TP作为承载协议，适用于使用L2TP方式接入的企业用户。L2TP方式支持二次认证，中国电信可为用户提供VPDN AAA认证服务，用户也可以自建认证服务，提供完全可控的安全认证能力。

L2TP VPDN业务支持多种LNS提供方式：各省分公司LNS、用户自有LNS。

L2TP VPDN业务支持多种LNS调度方式：主备、负载均衡。

L2TP VPDN AAA认证服务提供方式：电信提供集约VPDN AAA、用户自有VPDN AAA。

② 基于GRE协议的VPDN服务

GRE协议的VPDN服务在5G toB的UPF设备与用户侧GRE路由器建立GRE隧道，构建与公众互联网隔离的虚拟专用网络，实现用户终端接入5G toB UPF后，通过GRE隧道满足到用户内部网络的访问需求。GRE协议的VPDN服务中的DNN命名规则与L2TP一致。

5G toB的UPF设备与用户侧的GRE路由器建立GRE隧道，用户可提供1台或2台GRE路由器，建立2条或4条GRE隧道。

5. 接入段落固定入网专线

对于用户通过5G接入访问固定站点、云内系统、多种接入类型站点互通等场景，定制网利用固移协同组网技术，从5G核心网UPF设备到用户固网侧站点及云内系统等提供固网段专线，目前包括5G-IP RAN、STN5G-5G、5G-OTN共3种组网方式，且提供本地专线和长途专线服务，用户可根据自身需求进行组网形态的选择。

其中，5G-IP RAN/STN 组网方式采用的是 5G 网络与 IP RAN/STN 拼接，通过网络切片与 QoS 统一调度，为用户提供多个 5G 终端和 IP RAN/STN 固网接入的点到点专线连接。用户专线一端通过 5G 无线网接入，另一端通过以太专线的 U 设备有线接入。5G-IP RAN/STN 组网场景如图 4-2 所示，如果用户要求 99.99% 可靠性，则通过开通 2 条同类型组网专线来实现，2 条专线固网侧采用不同的 U 设备接入，核心网侧采用不同的 UPF 承载。

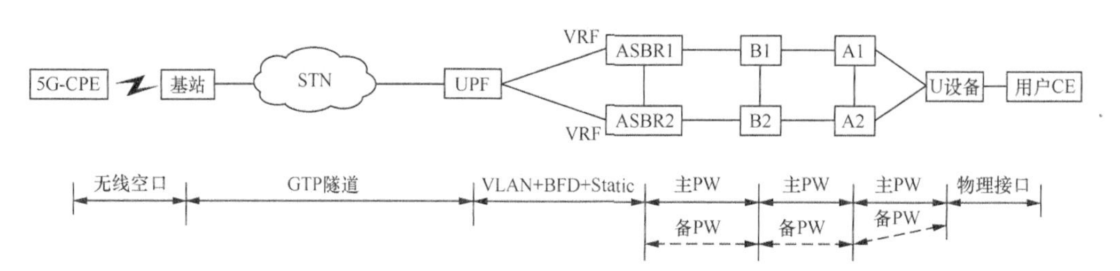

图4-2 5G-IP RAN/STN组网场景

5G-IP RAN/STN 入云方式采用的是 5G 网络与 IP RAN/STN 拼接，通过 IP RAN/STN 在云侧的延伸，为用户提供 5G 终端到天翼云内 VPC 的点到点连接。用户专线一端接入 5G 无线网，另一端接入天翼云。5G-IP RAN/STN 入云组网场景如图 4-3 所示，如果用户要求 99.99% 可靠性，则通过开通 2 条同类型组网专线来实现，2 条专线核心网侧采用不同的 UPF 承载。

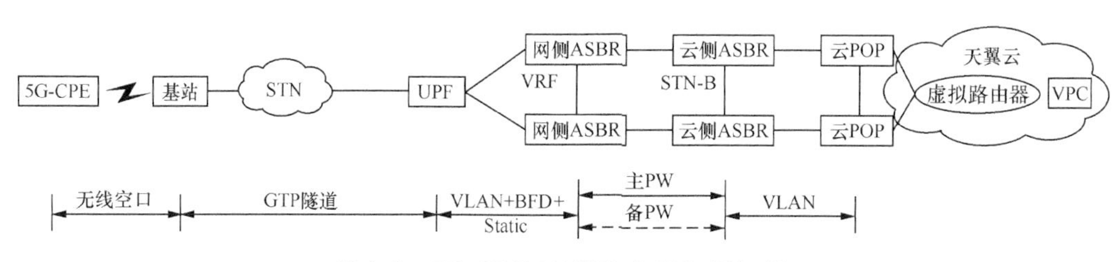

图4-3 5G-IP RAN/STN入云组网场景

5G-5G 组网方式的用户专线两端都通过 5G 无线网方式接入，实现两点间的 5G 无线网接入的点到点连接。5G-5G（不跨省）组网场景如图 4-4 所示，如果用户要求 99.99% 可靠性，则通过开通 2 条同类型组网专线来实现，2 条专线核心网侧采用不同的 UPF 承载。

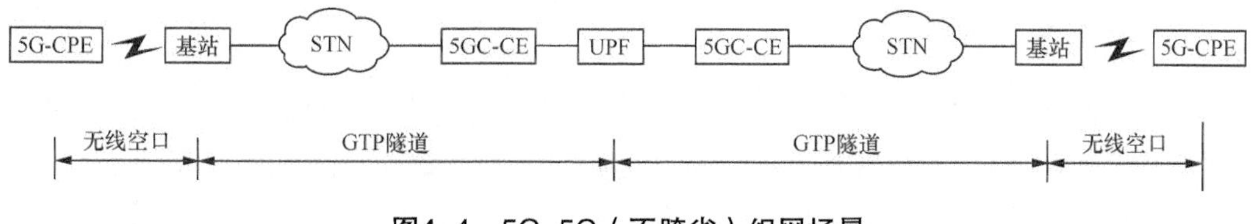

图4-4 5G-5G（不跨省）组网场景

5G-OTN组网方式是提供5G终端和OTN固网接入的点到点专线连接。5G-OTN组网场景如图4-5所示，如果用户要求99.99%可靠性，则通过开通2条同类型组网专线来实现，需要说明的是，2条专线核心网侧采用的是不同的UPF承载方式。

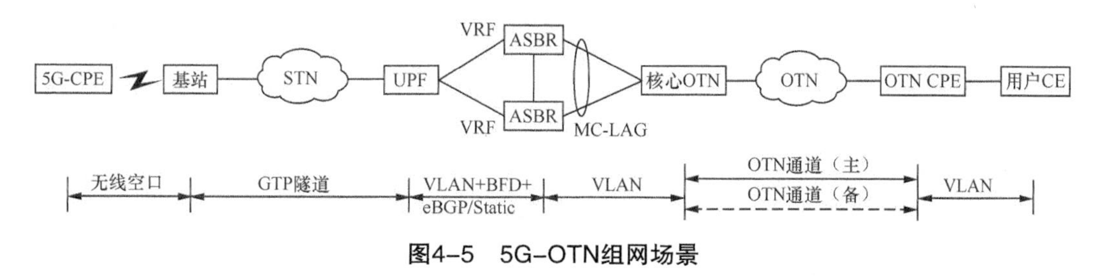

图4-5 5G-OTN组网场景

6. 无线接入的增强

无线侧可以通过超级上行、专属上行和下行多载波聚合等技术满足特定业务场景下行业用户对5G空口上下行大带宽的需求。

① 超级上行：超级上行可提供上行速率从370Mbit/s（C-Band 2流）提升到447Mbit/s（C-Band 2流370Mbit/s + Sub3G 1流110Mbit/s × 0.7），3.5G 100M带宽上行速率能力为360Mbit/s，在做3.5G载波聚合时，上行速率可达到730Mbit/s，3.5GHz+2.1GHz超级上行在提升覆盖的同时，上行速率能达到440Mbit/s。

② 专属上行：通过为企业用户的专属基站定制3.5G TDD系统的专属帧结构，优化TDD上下行帧配比，增加上行帧占比，可大幅提升上行带宽容量。

③ 下行多载波聚合：基于中国电信3.5G和2.1G的多载波优势，通过TDD/FDD协同、高频/低频互补，提升下行带宽容量，将3.5G（100M带宽）和2.1G（20M带宽）载波聚合，下行速率可以从1.4Gbit/s（C-Band 4流）提升到1.85Gbit/s（C-Band 4流1.4Gbit/s + Sub3G 4流450Mbit/s），3.5GHz带内和3.5GHz+2.1GHz带间两载波聚合，下行速率能达到2Gbit/s。

7. 本地业务保障

本地业务保障功能是指基于中国电信边缘 UPF 设备，为用户提供 5G 流量本地卸载和就近处理功能，满足业务低时延要求，同时保障企业数据的安全性。用户可根据自身业务需求选择 DNN 分流模式或 ULCL 分流模式。

8. 数据信息不出场

数据信息不出场是指一些高安全园区类的行业用户需要限制用户终端在特定基站覆盖区域下接入，业务流量只经过边缘设备，可以通过定制 DNN、区域限制和专属的边缘 UPF 设备等技术确保园区的内部数据信息不出场，这样运营商就可以为用户提供高安全、低时延特征的服务。

9. 专用无线接入资源

专用无线接入资源是指提供专用的室分或者专用宏基站对用户所在区域室内网络进行优化，整个室分站和宏基站资源全部分配给特定用户专享，禁止园区外的其他用户接入，对行业用户业务提供最大的服务等级协议保障。

10. 专用 5GC

工业互联网应用具有严格的数据安全要求，控制面主用大网 AMF/SMF/UDM，用户面使用园区 UPF。如果大网控制面失联，则通过内置的“应急控制面”服务，提供本地数据业务应急接入能力。

- 专用 5GC 与外界相对隔离，不受外界网络故障影响，确保生产类、监控类等企业在园区内业务的连续性，并且提高了生产效率。
- 专用 5GC 充分协助园区开展 toB 业务，简化园区技术维护管理复杂度。
- 专用 5GC 具备数据自动同步的能力，不需要人工干预。

专用 5GC 服务包括轻量化控制面设备 AMF/SMF/UDM，按需下沉到地市级和园区级进行部署，与用户园区 UPF 设备对接，如果大网控制面发生链路故障或其他故障，则为用户业务提供容灾环境，满足用户高可靠性、高安全性、自管理的特定需求。

4.2.3 5G + 行业专网无线专业部署实践

在面向企业用户的行业应用中，5G 无线侧除了配置基本的参数，还需要根据不同行业的SLA需求，定制化具体保障配置。一般而言，业务SLA主要包括RTT时延、上下行速率，以及带宽保障等。目前，NR系统主要通过配置不同QoS参数，配合预调度和基于切片的RB预留机制等组合措施来满足基本部署需求。

1. 5G QoS参数配置

基站在配置DRB时，需要基于核心网传递过来的要求完成相关配置，例如，5QI标识、ARP系列参数、GFBR、MFBR、UE-AMBR等。其中，5QI标识隐含地传递了默认QoS的特性要求，例如，优先级、时延预算、误码、平均滑动窗等信息。ARP则规定了这个流的重要程度，例如，是否可以抢占资源等。基站的上述要求本质上是可以通过不同的调度策略来实现的。

所有厂家对于用户数据的总体调度优先级策略基本遵循以下原则。

• 接入信令/RRC信令：在基站调度中均属于SRB类别，即信令承载，默认具有最高优先级。SRB内部再细分为SRB0～SRB3共4个承载类型，优先级逐步下降。

• IMS信令：使用5QI=5的DRB，这是目前设置优先级最高的数据承载。

• GBR承载的GFBR是指签约保障速率的QoS流配置，其对应的无线DRB会在满足SRB和IMS信令DRB的调度之后优先保障这些承载的GFBR。同样的，网络中可能会有多个GBR承载，例如，5QI为1、2、3、4、71、83等的QoS流。在这些不同的5QI中，厂家会有不同的参数策略来控制对应的优先级，以便在小区资源受限时，根据优先级来进行调度。

华为设备会先将5QI分为不同的调度类型：通常情况下，5QI 1属于语音调度、5QI 83可设为短时延调度，5QI 2、5QI 3、5QI 4和5QI 71则设为基础调度。在同一调度类型内的不同优先级，可以通过设定不同的调度权重因子（SchPriWeightFactor）来实现调度比例上的差异化，一般建议5QI 71>5QI 2>5QI 3>5QI 4。

中兴设备可以对每个5QI承载设置mlcp值，从而决定每个DRB的优先级。一般建议5QI的mlcp值应设为“5QI 1>5QI 83>5QI 71>5QI 2>5QI 3>5QI 4”。

爱立信设备有两种模式进行管理，默认模式下遵循“GFBR>MFBR≈PBR”的优先级原则，另一模式下可以将GBR和Non-GBR承载都通过优先级域（prioritydomain）和相对优先级（relativePriority）两级参数进行管理，在优先级域不同的QoS流之间，数字小的具有更高优先级。如果优先级域相同，则按相对优先级来实现调度比例差异化。

Non-GBR 承载的 PBR 和 GBR 承载的 MFBR：在满足了 SRB 和 GBR 的 GFBR 需求后，如果小区仍有剩余资源，则可以分配给 Non-GBR 业务的 PBR（可以理解为“防饿死机制”，即防止用户长时间没有调度机会）和 GBR 业务的 MFBR（最大流速率）。在这两类调度需求中，上述厂家的优先级参数和权重因子参数原理同样适用。

在满足上述所有调度后，小区可以对其他 Non-GBR 承载需求进行资源分配。

如果 GFBR 设定值过高，则会导致少数用户占用大量资源，而且当 GBR 业务尝试建立时，如果基站判断当前负荷已无法提供保障，则会拒绝建立这个承载，反而会影响用户体验，因此，对于面向企业用户签约 GBR 业务时，必须谨慎对待 GFBR 参数，不能盲目将其值设定得过高。至于 GBR 承载的 MFBR 配置值同样不应过大，否则会极大地影响小区内部其他 Non-GBR 用户承载的使用感知。而在 GBR 和 Non-GBR 内部不同的 5QI 则可以通过优先级参数和权重因子参数进行细化管理，适配不同的用户需求。Non-GBR 承载的 PBR 参数，设计之初考虑的是在极端高负荷场景下，防止普通用户长期无法开展业务而影响上层应用，因此，除非有特殊需要，建议保留默认值在 8 ～ 64kbit/s 即可。

2. 5G 预调度参数配置

预调度从 4G 开始已经设计，主要是因为从 4G 开始，终端不能再像在 2G/3G 网络下可以自主掌握数据发送的时机，而是上行数据在发送前都需要进行调度请求（Scheduling Request，SR），在基站为终端分配上行资源后才能真正发送。而终端的 SR 也并非随时可以发送，而是一个周期性资源。目前，周期通常设为 20ms 或 40ms。SR 周期设置得越短，终端平均的等待申请时间也越短，业务响应时延也会得到改善，但系统负荷和资源消耗越大。后续在 uRLLC 业务逐渐普及后，小区将会配置多个不同周期的 SR 资源，对应不同的逻辑信道组。

为了解决 SR 周期与业务响应时延的矛盾，预调度机制应运而生，它的基本原理是通过预测用户可能需要发送上行数据前而不需要终端申请，在一定时间内，提前为终端分配上行资源。显而易见，预调度机制在预测准确度时，可以有效降低用户的响应时延，但带来的缺点为：当用户并没有数据需要发送时，这些预调度的上行资源会造成浪费。

由于预调度并非协议机制，所以不是所有厂家都会配置。目前，有此功能的厂家设备一般会提供两种预调度机制：基本预调度和智能预调度。二者的主要区别在于：基本预调度实现起来较为简单，当小区上行负荷允许时，就为选定用户进行预调度，而没有太多的判断条件，而智能预调度由下行数据包触发短时间的预调度，因为预期终端在收到下行数据后，一般在短时间内进行响应，例如，TCP 的三次握手机制、服务器侧下发的心跳测试等，由此可知，其预测准确度较高，造成的资源浪费也较少。

在实际应用中，如果厂家设备支持，而且小区内用户业务对时延有较高的要求，则可以考虑打开智能预调度机制功能。具体参数包括预调度数据量、持续时间、预调度间隔等。其中，预调度数据量不要设置得太大，只须满足心跳包或响应包容量即可。如果终端后续有更多的数据要上传，则可以通过 MAC 层 BSR 来持续申请资源；持续时间只要大于终端应用层处理时延即可；预调度间隔则可以根据网络制式参数来配置，例如，TDD 网络就需要配合上下行配比设置。

3. 基于切片的准入与 RB 资源预留

基于切片的准入与 RB 资源预留是 NR 系统对切片 ID 的重要应用之一。大部分设备厂家支持基于切片的准入控制，但对于 RB 资源预留仅有华为和中兴的基站设备商用版本支持，而爱立信的基站设备仍暂未明确支持。

（1）基于切片的 PDU 会话和 RRC 准入

基站会根据 PDU 会话建立请求携带的 S-NSSAI 与自身配置的 S-NSSAI 列表进行比较，如果列表中的 S-NSSAI 包含终端携带的 S-NSSAI，就允许用户建立该 PDU 会话，否则就会拒绝建立该 PDU 会话，即用户无法接入小区。该特性可用于有园区限制需求的专线用户，使特定的切片 ID 只在某个区域的特定基站上进行配置，用户出了该区域则业务中断。最早各厂家支持切片的版本都自带拒绝未配置切片 ID 的用户接入，一般为默认配置。随着版本的演进，部分厂家也支持提供参数开关，通过参数开关让用户手动配置是否允许未配置切片 ID 的用户准入。

基站结束 PDU 会话准入判断后，会继续进行 RRC 准入判断。这个机制可以作为小区内针对个别切片总用户数的控制手段，但也需要与用户保持一致的共识，不能因为这个参数的误设导致用户业务出现严重影响。

（2）基于切片组的 RB 资源预留

由于未来在特定区域签约的切片 ID 数量可能超过数十或数百个，如果基站要为每个切片 ID 进行 RB 资源预留设置，则会为日常维护和管理带来一定压力。因此，当前，华为与中兴的基站设备的版本均以切片组为单位对 RB 资源预留配置进行管理。每个切片组将整个 RB 资源池（指 PDSCH 和 PUSCH 部分）分为独占、优先、正常和禁止 4 类，每类以百分比来设置，基本原则如下。

- 独占：设为独占的部分 RB 资源仅能调度给对应切片 ID 组的 PDU 会话承载，任何时候都不会调度给其他用户，相当于最高等级的静态资源预留。
- 优先：设为优先的部分 RB 资源在对应切片 ID 组内 PDU 会话承载有调度需求时，享有绝对优先权，但在无需求时会被其他用户使用，相当于动态资源预留。
- 正常：设为优先的部分 RB 资源不会对设定的切片 ID 组有特殊关照，会按上述 QoS 调度算法与其他用户共同调度。
- 禁止：设为禁止的部分 RB 资源不会调度给对应的切片 ID 组承载。

在实际网络配置中，运营商需要根据用户签约情况进行细致评估，总体原则为谨慎配置独占和禁止比例，或者不设置，同时还要预留以后有不同切片组的 RB 资源使用空间，毕竟 RB 资源总量有限，必须进行精细管理。

4.2.4 5G + 行业专网承载部署实践

有 5G + 专线业务需求的用户可以采用省级 5GC 进行信令承载，边缘 UPF 进行私网数据承载，省级 UPF 进行公网访问，边缘 UPF 可以根据用户的具体应用，N6 接口按需连接到用户园区网络、云资源池、MEP 平台等，支持用户全面定制化，满足低时延、大带宽、本地部署、数据安全等差异化需求。目前，运营商大致有完全共享模式、部分共享模式和完全独享模式共 3 种部署模式。各组网模式的部署方案根据 UPF/MEC 部署位置而定。

1. 完全共享模式

完全共享模式为 toB UPF/MEC 省中心 / 大本地网集中部署，组网的特点如下。

- toB 专线业务主要承载企业专线类业务，实现企业分支、企业总部的互联，通常采用企业终端之间 GRE/IPSec 隧道实现业务互通。
- 按照设计原则，toB UPF 一般部署在省中心或者大本地网，为全省企业提供 5G 专线业务。

• 此场景 UPF 位置较高，在省中心和 5GC CE 设备对接，从而对接省级 ER，在地市或者本地网可通过新建 5GC CE 与地市核心 STN-ER 对接。

• 该场景 toB 与 toC UPF 可能合设，toC 通过城域网出口路由器连接互联网，toB 则通过 STN 到达企业园区。

该模式的具体承载方案说明如下。

• N2 接口（基站到 AMF 信令）：采用 STN 承载，与省集中 AMF 节点互通。

• N3 接口（基站到 UPF 数据）：UPF 在省中心对接 STN 5GC CE 设备，基站到 UPF（省中心、市中心、园区）均采用 STN 承载，N3 接口采用 RAN VPN，在省中心 / 地市核心节点分流；有切片诉求的场景可以独立新建 toB RAN VPN。

• N4/OM 接口（UPF 到 SMF 信令、MEC 平台到 MEC 网管）：省中心、市中心 UPF 到省中心采用 STN 承载，承载网 N4 和 OM 采用不同的 VRN 承载。

• N6 接口（UPF 到互联网 / 企业数据）：省中心、市中心 UPF 直连城域网出口路由器，连接到企业园区的数据通过 STN 专线承载。

2. 部分共享模式

部分共享模式为共享型 UPF/MEC 地市集中部署，MEP+App 选配，这种模式的组网特点如下。

• 增强型 UPF 作为共享型 UPF 部署场景，MEC 可带 App，为多个企业提供分流或者 App 服务。

• 部署在地市核心 / 汇聚机房，部署位置较高，一般接入城域 ER 设备。

• 企业园区通过专线接入共享 UPF，专线建议通过 STN 提供（共享 UPF 需要做 N6 本地接口的 VPN 隔离）。

该模式的具体承载方案如下。

• N2 接口（基站到 AMF 信令）：采用 STN 承载，与省中心 AMF 节点互通。

• N3 接口（基站到 UPF 数据）：UPF 在地市中心对接 ER，基站到 UPF 均采用 STN 承载，为了满足切片诉求场景，N3 接口可使用 toB RAN VPN，在地市中心节点分流。

• N4/OM 接口（UPF 到 SMF 信令）：UPF 到省中心控制面采用 STN 承载。这种场景需要考虑 MEP 与省内 MEPM、MEO 等管理平台的互通。

• 互联网接口通过 N9 到达省中心 UPF 再通往城域网出口路由器。

• 企业业务接口通过 UPF 采用 STN L2/L3 VPN 专线接入企业园区。

• 连接到 App 的业务由 UPF 提供 N6_Local 接口访问。

3. 完全独享模式

完全独享模式为入驻型 UPF/MEC 组网，MEP+App 选配，资源全部给某个企业用户单独使用，这种模式的组网特点如下。

• 边缘 UPF 设备下沉至企业园区场景，为企业园区提供网络接入服务。UPF 对接 STN A/B 设备，企业园区网络通过防火墙对接边缘 UPF。

• 增强型 UPF 设备下沉至企业园区场景，可为企业园区提供网络和 App 服务。UPF 通过配套 GW 与 STN A/B 对接，企业园区网络直接对接 GW，互通流量通过 GW 旁挂 FW。

该模式的具体承载方案如下。

• N2 接口（基站到 AMF 信令）：采用 STN 承载，与省集中 AMF 节点互通。

• N3 接口（基站到 UPF 数据）：UPF 在园区就近对接 STN 汇聚 B 设备，为了满足切片诉求场景，N3 接口可使用 toB RAN VRN，在接入节点分流。

• N4/OM 接口（UPF 到 SMF 信令）：通过 STN 承载网实现与省中心控制面的互通；增强型 UPF 场景需要考虑 MEP 与省内 MEPM、MEO 等管理平台的互通，可以考虑合用 OM VPN。

• N6 接口（UPF 到互联网 / 企业数据）：互联网接口通过 N9 与锚点 UPF 通信；本地企业业务接口通过企业园区直接接入。

4.2.5 5G + 行业专网核心专业部署实践

1. 核心网切片实现

切片作为 5G SA 的特色应用之一，在核心网侧最先应用实践，将物理网络分割成相互隔离的虚拟网络，针对不同的用户需求提供差异化的网络服务，为不同的垂直行业提供差异化、相互隔离、功能和容量可定制的网络服务，实现用户定制网络切片的设计、部署和运维，功能场景和设计方案可实现独立裁剪。同时，网络切片能够保证业务的端

到端服务等级协议，充分满足市场的多样化需求。

5G的网络切片具有以下4个关键特征。

① 业务隔离：5G网络切片是一个逻辑上隔离的网络，根据应用的不同，切片可以提供部分隔离、逻辑隔离、独立的物理网络3种隔离类型。

② 端到端SLA保障：从无线网、承载网到核心网提供端到端的时延、带宽等业务要求保障，对于传输网和无线网来说，其瓶颈在于网络和频谱资源是有限的。对于核心网来说，核心网是按照不同业务需求，调度核心侧虚拟资源提供差异化服务的。

③ 动态部署：基于5G核心网SBA的服务化架构，可以根据业务SLA的需要对网络功能进行自由组合和灵活编排，并且可以选择网络功能部署在不同层级的数据中心中。

④ 自动化：5G网络中存在多个网络切片，网络切片需要提供全生命周期自动化运维能力。

5G核心网所涉及的网元要配置本端切片信息，支持切片选择辅助信息标识，在UDM中额外增加相应用户号码的切片签约信息。

目前，SA建设进程中已经实现切片的端到端自动拉起。根据用户个性化需求，提供大带宽、低时延、高安全、高质量保障的5G上网业务，切片产品涉及多种场景，例如，智能制造、智能警务、远程视频传输等。切片还结合MEC、专线等业务，为5G toB新业务的落地应用打好了基础。随着3GPP协议的完善，技术实现日趋成熟，低时延类型业务市场空间大，特别是车联网、自动驾驶、远程医疗，具有移动性、低时延、大带宽等典型需求，但垂直行业应用仍在孵化阶段。

2. 5G LAN

5G LAN实现5G原生极简L2组网，基于5G终端连接能力和5G基本网络服务，提供UE之间、UE到行业用户内网的简易互联和高效转发机制，UPF模拟以太网L2特性，实现UPF之间L2/L3交换，支持单播、组播/广播业务。

利用5G网络构建5G LAN，为工业控制等领域提供以太局域网，终端就近接入，并且实现本地交换降低通信时延，实现工业以太网的接入。当前，常见的组网有5G LAN工作于L2方式，终端间（含移动终端与存量网络终端）UPF类似交换机执行L2本地交换，同时与存量网络互通，形成5G原生极简L2组网。

3. 上行分流与下行聚合

面对行业用户需要同时登录公网和内网的需求，3GPP 定义了分流和聚合的处理点，对于用户面的数据，上行业务按照需求方向在处理点分流到公网和内容，下行业务经过处理点聚合后发回终端。上行分流与下行聚合架构如图 4-6 所示。

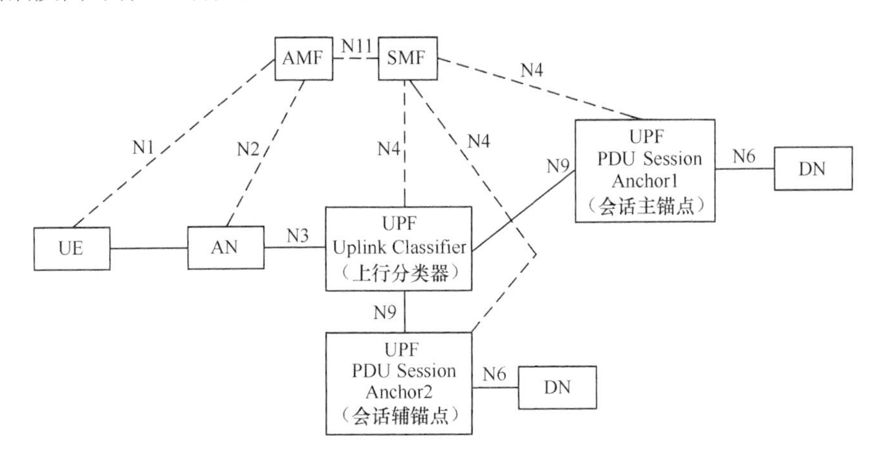

图4-6　上行分流与下行聚合架构

由图 4-6 可知，UPF 有两种功能状态，UPF PDU 会话锚点（PDU Session Anchor，PSA）和 UPF 上行分类器（Uplink Classifier，ULCL）。

UPF PSA 功能有 N6 接口，可以终结 GTP 隧道。

PSA 有以下两种功能状态。

状态 1：如图 4-6 所示上行分流与下行聚合中的 PSA1，也称为主锚点，能够给 UE 分配 IP。

状态 2：如图 4-6 所示上行分流与下行聚合中的 PSA2，也称为辅锚点，可选的功能点能够提供到边缘网络的 N6 接口。

UPF ULCL 的功能实现是通过匹配上行流量的分流规则（支持 L34 和 L7 层规则），决定是发往主锚点（PSA1）还是辅锚点（PSA2）。需要说明的是，PSA1 和 PSA2 均可以为经过 PSA 的数据完成计费、监听、业务控制等功能。

5G 网络的上行分流与下行聚合功能让用户同时安全地访问公网和内网，而且可以实现区域限制，终端出了园区只能访问公网，这样可以较好地满足智慧校园等群体对网络便捷和安全的需求。

4.2.6 5G + 行业专网边缘云专业部署实践

多接入边缘计算（MEC）实现云网深度融合，在网络能力基础上，为用户提供“连接 + 计算 + 能力 + 应用”的灵活组合，进一步提升了5G定制网的边缘智能水平，可与网络切片等其他产品结合，共同赋能垂直行业领域，为用户提供完整的解决方案。

1. 边缘云目标用户类型

MEC业务目标用户包括行业用户和公众用户，主要分为以下4类。

（1）垂直行业用户

垂直行业用户对5G MEC网络分流带宽需求大，对数据隔离、安全、网络时延要求高，主要用到流量引导、定向流量、机器视觉、位置订阅、超高清视频、AI识别等原子能力。终端形态以手机、CPE及基于物联网模块的专用设备为主，例如，工程车、机械臂、无人机、路侧V2X设备、医疗监测仪、执法记录仪、VR头显摄像头、AR眼镜等。

（2）公众用户

公众用户对5G MEC网络分流带宽需求大，对数据隔离和安全要求一般，对网络时延要求高，主要用到定向流量、流量引导、位置订阅、视频处理等原子能力。终端形态以手机、4K/8K终端显示设备、电视终端、VR头显摄像头、AR眼镜、游戏手柄等为主。

（3）业务能力合作方

业务能力合作方一般为提供业务原子能力合作的行业用户。

（4）游戏、XR服务的公众用户

这类用户需要场景类网络加速、低时延等服务，相关服务一般由运营商与内容服务商合作提供，二者的合作方式与商用模式可灵活确定。

MEC集成业务主要面向政企和行业用户开展，可区分为toB、toC及固网宽带接入下的toH（to Home，到家）等多种应用场景。

toB场景下，MEC业务的直接签约方与使用者是政企用户。

toC场景下，MEC业务是对公众用户提供的服务，也可以通过与第三方OTT合作，共同为公众用户提供解决方案和服务。

toH场景下，MEC为固网宽带接入的家庭用户提供本地业务服务，进一步改善用户体验。

2. 边缘云业务分类

MEC 系统建设在云基础设施之上，分为集团级 MEC 业务管理平台、省级汇聚层 MEC 业务管理平台和 MEC 边缘节点 3 级架构。其中，MEC 业务管理平台的相关功能部署在集团级和省级汇聚层。省级汇聚层 MEC 业务管理平台为集团级 MEC 业务管理平台在省级的延伸节点。MEC 业务管理平台与计费系统、云管系统、5G 网络等对接，从而实现业务受理、服务开通、计费结算、网络原子能力调用、应用服务等业务功能。

按照部署场景、交付形式等，MEC 业务管理平台主要分为共享型通用 MEC 平台（可简称为“共享型 MEC”）和独享型一体化 MEC 平台（可简称为“独享型 MEC”）两类，可满足用户差异化部署需求。

不同专网模式下的 MEC 业务形态见表 4-3。

表4-3　不同专网模式下的MEC业务形态

专网模式	MEC 业务形态
与公网完全共享	—
与公网部分共享	共享型 MEC/ 独享型 MEC
与公网完全独立	独享型 MEC（分流 UPF 专享 + MEC 独享）

3. 共享型 MEC

（1）业务模式

共享型 MEC 部署在统筹纳管的边缘基础资源上，由 MEC 业务管理平台集约管控。MEC 业务管理平台提供统一的运维管理和用户自服务门户，MEC 通过与 MEPM 互通实现和执行相应业务调用和管理策略。MEC 业务管理平台采用多租户共享模式，为不同用户分配逻辑隔离的基础资源和业务资源。

（2）部署模式

共享型 MEC 采用资源共享的部署模式，共享型通用 MEC 部署模型如图 4-7 所示。

MEC、边缘 UPF 均部署在电信的边缘机房，用户按需选择不同层级边缘节点开通资源，UPF 网元为不同用户配置不同分流策略，共享型 MEC 节点可部署不同用户的应用，通过虚拟化技术实现资源隔离。

此模式基于边缘基础资源提供服务，网元及平台部署层级越高，资源越丰富，运营维护越方便，资费越低。

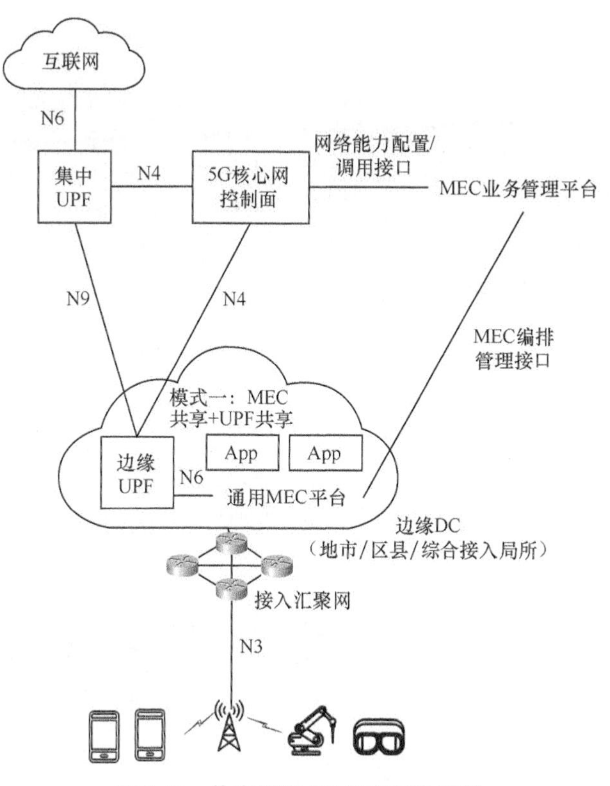

图4-7 共享型通用MEC部署模型

4. 独享型 MEC

（1）业务模式

为了满足用户本地化部署、数据不出场、高安全私密性等需求，中国电信基于独立的边缘基础资源，部署专用的 MEC 软件，实现快速、灵活的边缘节点集成交付。用户独享的 MEC 通过对接 MEC 业务管理平台实现远程运维服务。

（2）部署模式

独享型 MEC 部署在用户侧接入机房或用户自有机房，基于 x86 的一体化基础架构部署。独享型 MEC 部署模型如图 4-8 所示。

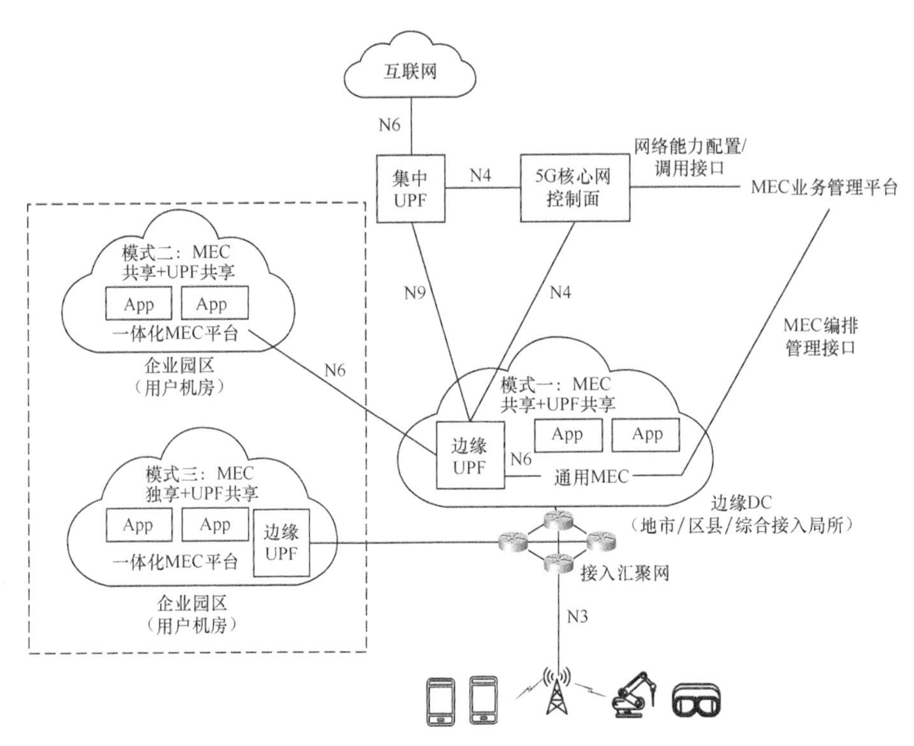

图4-8　独享型MEC部署模型

按照连接的边缘 UPF 不同，独享型 MEC 又可以细分为以下两种部署模式。

① MEC 独享 + 分流（UPF）共享

MEC 通过共享的边缘 UPF 实现业务分流，双方通过专线连接，满足低时延需求。

MEC 下沉专享部署需要更高的业务保障和维护水平，共享 UPF，降低用户业务分流成本。该模式适合对业务低时延、大带宽、本地处理要求较高的用户及场景，例如，校园、港口、企业园区等。

② MEC 独享 + 分流（UPF）专享

MEC 与边缘 UPF 都下沉部署在用户自有机房，UPF 资源供用户独享，严格满足数据不出场、业务隔离性等安全需求。

该模式建设成本高，对用户机房条件及运营维护水平提出较高要求，适合对数据隔离要求严苛、业务量大的用户。

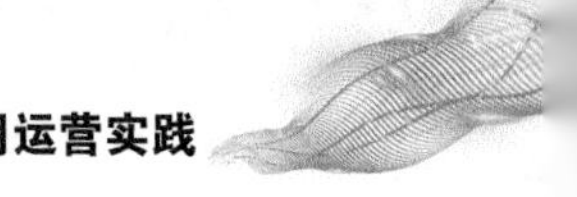

4.2.7　行业专网产品体系介绍

针对不同的行业需求和场景，运营商推出多样化产品，以中国电信为例，面向广域优先型行业用户、时延敏感型区域政企用户及安全敏感型区域政企用户，分别提供“致远”“比邻”“如翼”3 类服务模式。运营商根据用户需求，可以由不同的子产品 / 能力组件叠加提供服务，具体服务包括网络定制、边缘定制、服务定制等。其中，网络是开通 5G 定制网的基础，5G 定制网产品体系见表 4-4。其他产品 / 能力组件根据用户需要选择提供。

表4-4　5G定制网产品体系

<table>
<tr><th>产品</th><th>业务功能</th><th>细项</th><th>定制网服务模式</th></tr>
<tr><td rowspan="16">5G 切片专线</td><td rowspan="5">尊享专线</td><td>定制流量</td><td rowspan="3">必选</td></tr>
<tr><td>业务加速</td></tr>
<tr><td>定制 DNN</td></tr>
<tr><td>固定入网专线</td><td rowspan="2">可选</td></tr>
<tr><td>无线增强</td></tr>
<tr><td rowspan="5">优享专线</td><td>定制流量</td><td rowspan="3">必选</td></tr>
<tr><td>业务加速</td></tr>
<tr><td>定制 DNN</td></tr>
<tr><td>固定入网专线</td><td rowspan="2">可选</td></tr>
<tr><td>无线增强</td></tr>
<tr><td rowspan="6">独享专线</td><td>定制切片</td><td>可选</td></tr>
<tr><td>定制流量</td><td rowspan="3">必选</td></tr>
<tr><td>业务加速</td></tr>
<tr><td>定制 DNN</td></tr>
<tr><td>固定入网专线</td><td rowspan="2">可选</td></tr>
<tr><td>无线增强</td></tr>
</table>

4.3　5G 行业专网业务编排

切片专网端到端业务自动化开通架构分为业务层、编排层、控制层和基础网络层。切片专网端到端业务自动化开通架构如图 4-9 所示。其中，业务层是指面向用户或业务开通人员进行业务订购操作的系统，例如，CRM 系统。编排层主要是编排器和运营商 OSS，编排层系统是实现云网统一切片的核心系统，负责端到端业务配置的分解和协同。控制层包括 SDN 控制器、网管系统、云管理系统。控制层根据编排层下发的配置要求进行基础网络的配置。基础网络层包括用户业务配置所涉及的各类网络，例如，5G、IP 网络、传输网、云内网等。

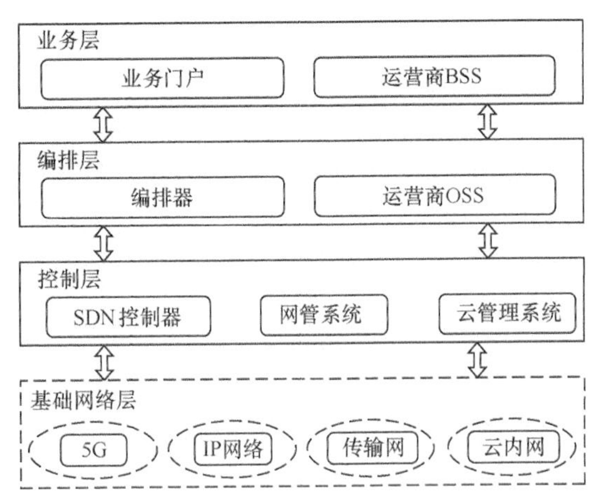

图4-9　切片专网端到端业务自动化开通架构

在切片管理架构中，业务层对应通信服务管理功能（CSMF），编排层对应网络切片管理功能（NSMF）和网络子切片管理功能（Network Slice Subnet Management Function，NSSMF）。控制层有无线网、承载网、核心网的网管系统，共同控制基础网络层。NSSMF 根据负责范围细分为无线子切片管理系统（Radio Access Network NSSMF，RAN NSSMF）、承载网子切片管理系统（Transport Network NSSMF，TN NSSMF）和核心网子切片管理系统（Core Network NSSMF，CN NSSMF）。

4.3.1　无线子切片自动化开通

无线子切片由 RAN NSSMF 进行管理，现网中是无线网元管理系统（Element Management System，EMS）承担该角色，无线侧切片能力更多体现在不同的参数配置和调度上。参数配置体现在无线资源配置、策略配置、协议栈功能配置等方面，不同的无线切片对应不同的无线原子能力。

对于资源要求高的需求，运营商可以为用户提供专用基站、独享无线资源和专用频率定制等优化等手段，按需定制，提升速率，避免干扰。对于速率有要求的用户，运营商可以为用户提供专属上行、专用帧结构、资源预留、资源隔离等手段。

4.3.2　承载子切片自动化开通

承载子切片由 TN NSSMF 进行管理，现网中是承载网网管承担该角色，对网络的拓扑资源（例如，链路、节点、端口）及网元内部资源（例如，转发、计算、存储等资源），按照用户要求分配相应的需求资源。

承载切片分为硬切片和软切片两类。其中，硬切片基于 FlexE 技术实现；软切片基于 VLAN 和 VPN 等技术实现。

4.3.3 核心网子切片自动化开通

核心网子切片由 CN NSSMF 进行管理，现网中是 5G 核心网 EMS 承担该角色，中国电信新一代云网运营架构对接 5G 核心网 EMS 或者直接对接网元，下发核心网相关切片配置指令，对 VNF 的资源进行调度。

其具体配置涉及的网元包括 AMF、SMF、NSSF、NRF、UPF、UDM、PCF 等，所涉及的网元要配置本端切片信息，支持切片选择辅助信息标识，UDM 上增加相应用户号码的切片签约信息。

网络切片是由单网络切片选择辅助信息（S-NSSAI）标识的。以注册环境为例，基站首先根据本地存储信息及终端注册请求消息为终端选择一个 AMF（即初始 AMF）为其提供服务。初始 AMF 可能不支持终端要使用的网络切片，例如，初始 AMF 只支持 mMTC 类型网络切片，但终端请求的是 eMBB 类型的网络切片。如果初始 AMF 无法为终端提供服务，则初始 AMF 向 NSSF 查询和选择能支持终端网络切片的目标 AMF，然后将终端的注册请求消息通过直接或间接的方式发送给目标 AMF，由目标 AMF 处理终端的注册请求，从而为终端提供网络服务。根据用户签约切片信息，5G 核心网选择相应的资源进行服务，实现核心网逻辑切片。

切片专网自动化开通过程是对无线网、承载网、核心网、专线接入段落基于统一的业务层、编排层、控制层进行资源调配，搭配不同类型的专网，从而实现端到端切片专网部署。切片专网端到端架构如图 4-10 所示。

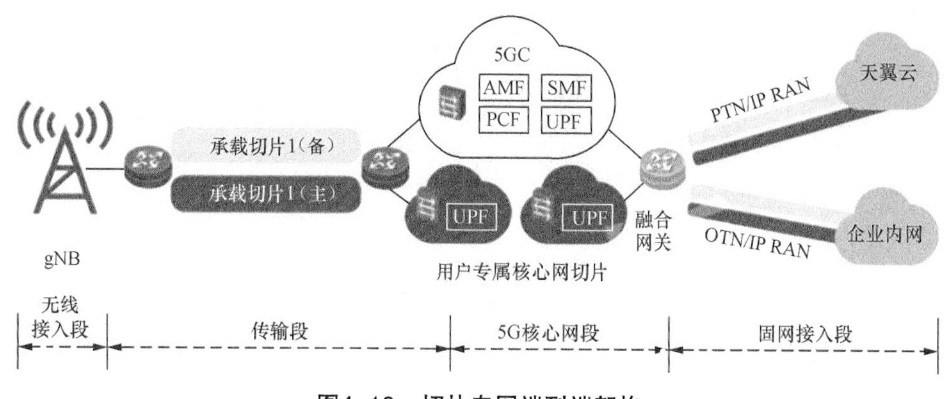

图4-10 切片专网端到端架构

4.3.4 现网实施及经验总结

1. 现网业务流程

5G 行业专网业务开通流程涉及的系统有 CRM 系统、服务编排系统、数据共享池、IP 网管、OTN 网管、光网系统、5GC 采控系统、天翼云调系统、资源管理系统、综合调度系统等。5G 行业专网业务开通流程分为独立切片开通流程和专线业务开通流程两个部分。其中，专线业务开通流程根据不同的组网方案分为 5G-IP RAN 点到点专线业务开通流程、5G-5G 点到点专线业务开通流程、5G-IP RAN 入云专线业务开通流程和 5G-OTN 点到点专线业务开通流程共 4 种。

切片专网业务开通流程如图 4-11 所示。

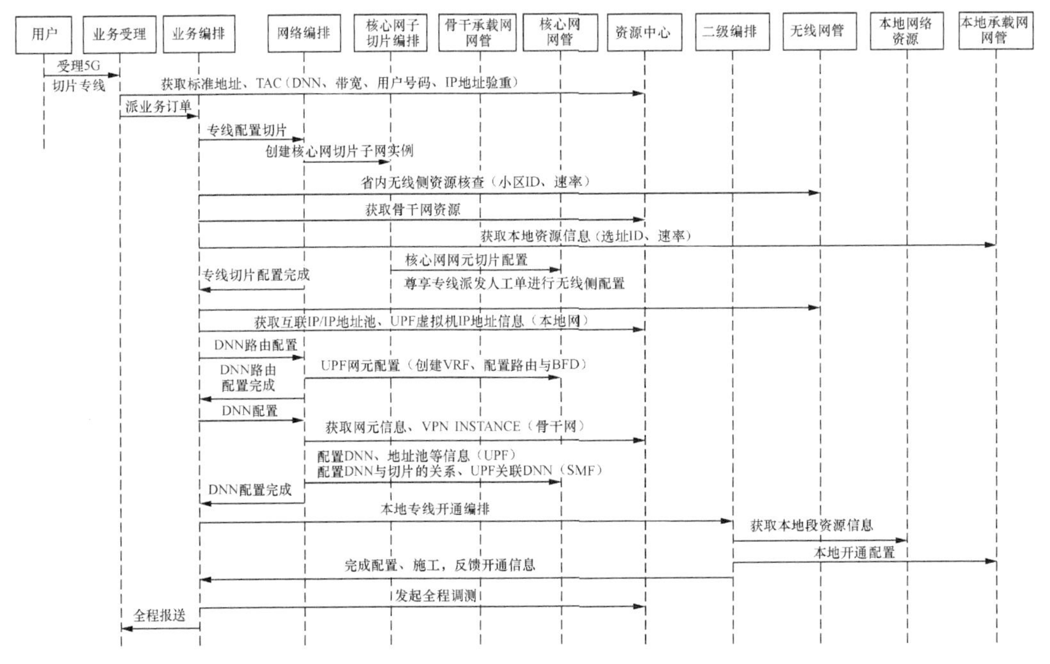

图4-11 切片专网业务开通流程

2. 独立切片开通流程

用户采用独立切片承载 5G 切片专线业务的场景，切片开通流程如图 4-12 所示。CRM

系统受理业务后需要先发起独立切片开通流程。

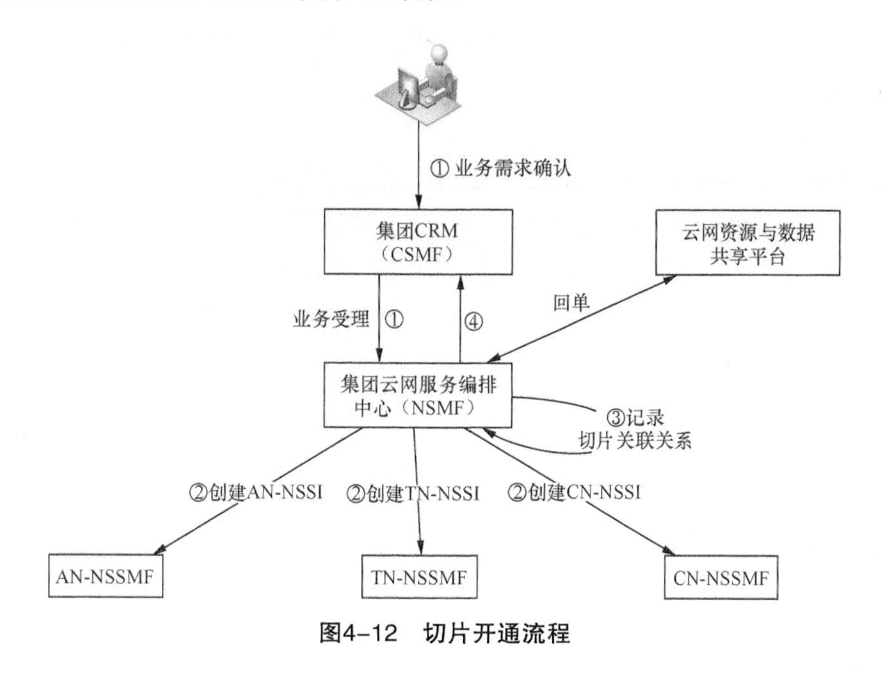

图4-12 切片开通流程

步骤1：业务受理。用户经理登录CRM系统填写5G切片专线业务订单，CRM系统受理业务，根据业务订单判断是否有独立切片创建需求。如果有独立切片创建需求，则分配新的切片ID（S-NSSAI ID），并向服务编排系统下发业务需求描述、SLA等级要求和切片ID。

步骤2：网络切片实例创建。服务编排系统根据业务需求描述和SLA等级确定选用的网络切片模板（NST），并根据网络切片模板（NST）向5G网络发起网络切片实例（NSI）的创建。

步骤3：切片关联。服务编排系统生成网络切片实例ID，并记录网络切片实例ID与切片ID的关联关系。

步骤4：回单。服务编排系统向CRM系统回单，通知用户所需切片创建成功。

3. 现网经验总结

现网切片专网自动化配置系统实施难点较多。业务层需要覆盖所有的切片专网应用场景；编排层需要适配各类应用场景的配置变化；控制层需要纳管无线网、承载网和核心网侧的所有设备，具体包括周边的网络设备和网管设备。控制层覆盖范围包括端到端切片专网，涉及华为、中兴、电信自研等厂家，接口协议涉及 SNMP、MML、SOAP、Restful 等多类协议，实际落地对接过程中遇到较多阻碍。

经过实践总结的解决方案主要包括以下内容。

① 资源纳管：原则是全面且规范，将涉及的所有硬件和软件资源信息全部录入统一资源池。对于硬件资源使用规范九段式命名（CT 云编号 + "-" + "网元类型" + "-" + 资源用途 + "-" + 厂家标识 + "-" + 网元标识 + 序号 + "-" + 网元属性），规范其所纳管的网元名称，通过网元 / 网管的北向与统一平台对接。对于软资产（例如，IMSI 号段、带宽、许可证等资源）按照统一格式纳管。

② 参数定义：原则是独属统一，参数独属确保切片专网业务不与现网冲突，参数统一是通过明确网元配置指令、规划细节参数等方式规范切片专网的配置，涉及特定参数或者段落，例如，切片 ID、VLAN、地址池等，有助于切片专网快速开通。

③ 灵活变动：原则是预留和适配，在架构设计上预留业务变化、设备变化、带宽资源变化空间，适配垂直行业多样化的需求。

4.4 5G 行业专网容灾保障方案

4.4.1 无线侧双频覆盖

5G 定制网针对智能制造专网 SLA 要求，针对特殊应用场景，提供 5G 深度冗余覆盖。网络组网设计分两路进行无线侧头端设计，进行双层网络保护覆盖，同时增强容量，提高无线网的可靠性。无线侧双频覆盖示意如图 4-13 所示，当 RHUB1 链路发生故障时，由 RHUB2 的头端进行覆盖，确保当一层网络发生故障时，保障业务不中断。

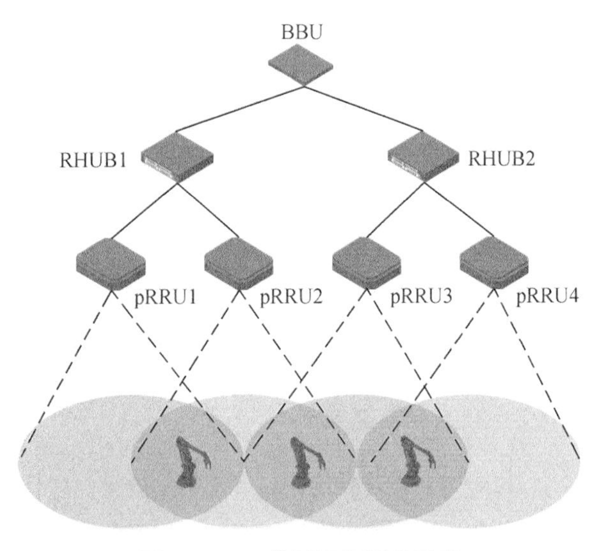

图4-13 无线侧双频覆盖示意

4.4.2 承载链路双部署

1. 承载链路光缆路由保护

企业园区和运营商第一机房之间的光缆，按照独立的双物理管道布放，全程互相隔离，为了减少光缆中断可能受到的影响，此光缆用于无线设备上联运营商局端、主用 UPF 设备对接企业园区。

企业园区布放至运营商第二机房备用的光缆，可增加设备的可靠性，用于备用 UPF 设备对接企业园区。

2. 承载链路双设备保护

承载链路双设备保护方案如图 4-14 所示。

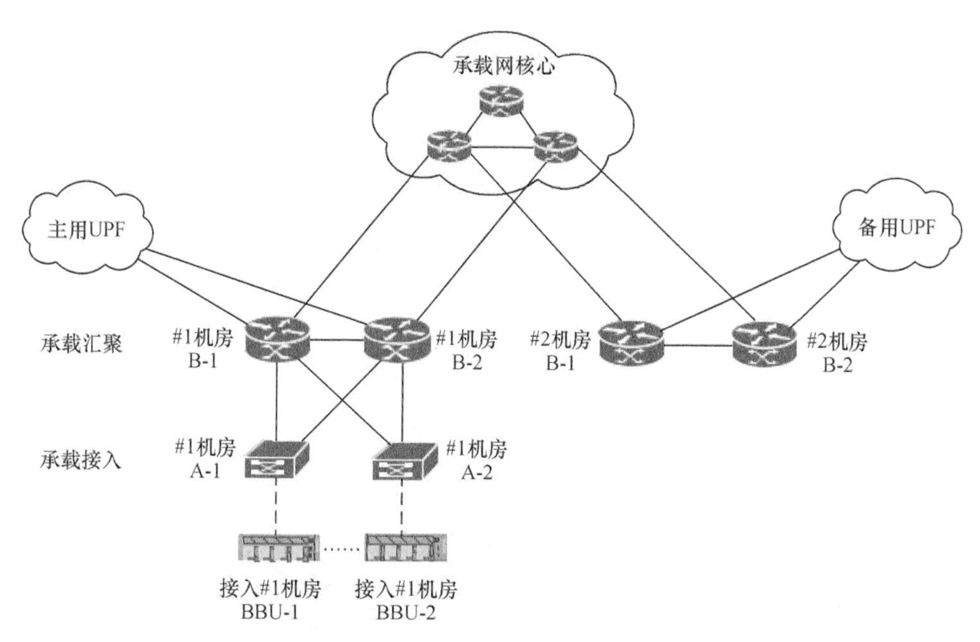

图4-14 承载链路双设备保护方案

运营商第一机房部署 2 台承载汇聚设备，承载汇聚设备之间以光纤互联，同时交叉互联汇聚同机房的承载接入设备和主用 UPF 设备，双上联接入承载核心网；运营商第二机房部署 2 台承载汇聚设备，承载汇聚设备之间以光纤互联，交叉互联汇聚对接备用 UPF 设备，双上联接入承载核心网。

4.4.3 核心网容灾部署

一般情况下，5GC 在控制面有服务器、容器到 VNF 的容灾备份策略，对于定制网业务需要考虑数据容灾备份。

当前，主备组网方案仅适用于终端使用动态 IP 场景，一般采用双 UPF 负荷分担架构方案，UPF1 和 UPF2 同时承载业务，双 UPF 容灾组网方案如图 4-15 所示。

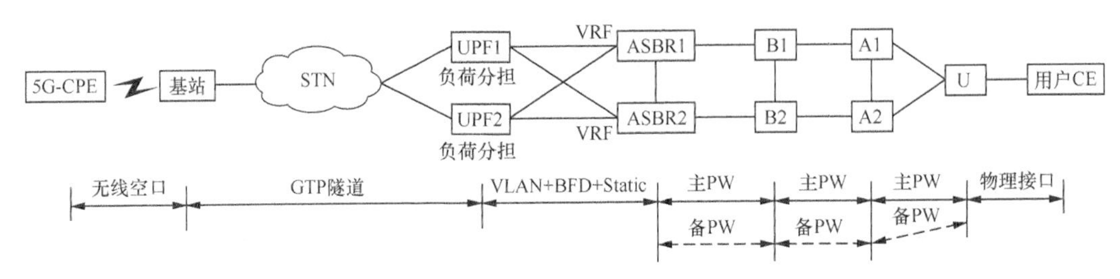

图4-15　双UPF容灾组网方案

两台 UPF 配置相同大小的不同地址段，SMF 按照负荷分担的方式调度业务接入两台 UPF。

两台 ASBR 根据不同的终端地址段配置到两台 UPF 的静态回程路由并启用双向转发检测机制（Bidirectional Forwarding Detection，BFD）功能，同时配置到用户侧的默认路由。

当一台 UPF 发生故障时，全部业务会自动接入另一台 UPF，ASBR 则根据 BFD 运行情况自动关闭发生故障 UPF 的路由，只保留容灾 UPF 的路由。

容灾场景下终端互访方案如图 4-16 所示，负荷分担双 UPF + 终端动态 IP 的场景下无法直接通过 UPF 实现 5G 终端互访功能，需借助 ASBR 实现路由转发。

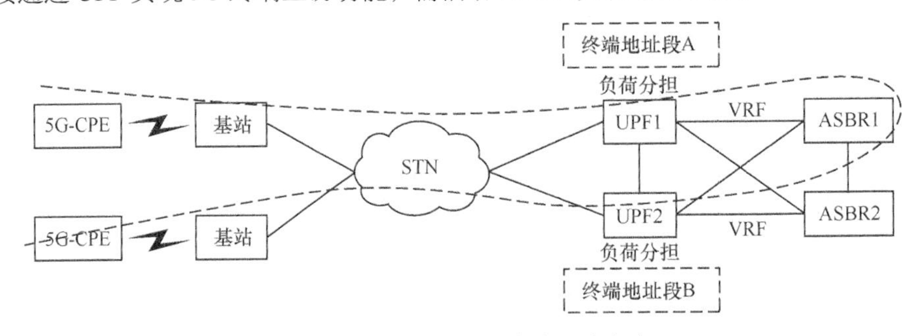

图4-16　容灾场景下终端互访方案

两台ASBR上配置好到两台UPF的静态回程路由并启用BFD功能，数据包绕行到ASBR后，由ASBR实现回程路由转发，从而满足终端互访的需求。5G-5G场景下，ASBR右侧固网专线不需要开通。

1. 切片专线容灾备份

对于5G切片专线UPF与用户网络之间固网专线网络方案，传统二层专线方案因在UPF N6口与用户出口路由器侧配置三层互联地址，仅通过M-LAG链路聚合和伪线提升链路冗余度，无法实现路由分发，仅支持单UPF接入，存在设备单点隐患。

为了提升组网冗余度，满足面向企业用户高可靠要求，增强组网的健壮性，需考虑异地的UPF容灾组网模式。因此，系统引入双UPF三层专线方案。UPF异地组网STN专线架构如图4-17所示。

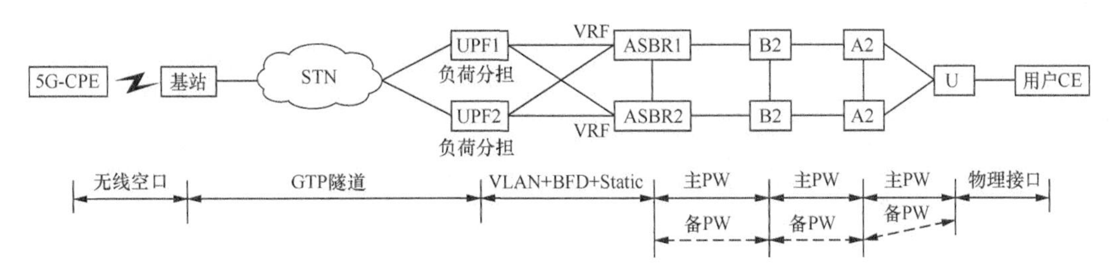

图4-17 UPF异地组网STN专线架构

异地/异机房两台UPF与两台ASBR设备交叉互联。两台ASBR与UPF互联的子接口分别配置不同的VLAN，并通过与用户DNN相关联的VPN建立三层VPN专线。用户上行流量由UPF均衡转发至两台ASBR，用户下行流量则由ASBR根据用户需求和实际组网规划，按负荷分担或主备负荷的方式分发至UPF。在该方案下，用户通过签约的专线DNN注册到5G核心网，并由SMF根据UPF的优先级与容量配置决定使用哪一台UPF。如果其中一台UPF发生故障，则SMF能秒级确认UPF处于不可用状态，并将业务切换至正常的UPF，实现业务冗余。

除了提升5G切片专线的稳定性与冗余度，三层专线方案同时提升了5G切片专线的灵活性，引入了 5G 切片专线组网的概念。UPF 与 ASBR 之间通过三层互联，通过 ASBR 可实现 STN 专线、STN 云专线、OTN 专线的组网方案。在 5G 核心网侧，用户通过不同的 DNN 绑定至相同的 VPN，并在 UPF 上映射为不同的地址池。ASBR 侧可通过访问的目标地址，控制流量分发至不同的专线侧，实现星形组网分流；同时，UPF 可控制用户终端互访策略。

2. UPF 主备容灾备份

在用户侧部署两套边缘 UPF，UPF 主备容灾架构如图 4-18 所示，两套 UPF 分别部署在运营商不同的机房，两套 UPF 互为主备，第一机房为主用，第二机房为备用。需要说明的是，主备 UPF 设备的配置是同步的，如果主用 UPF 出现故障，则运营商可以迅速将业务切换到备用 UPF 进行承载。

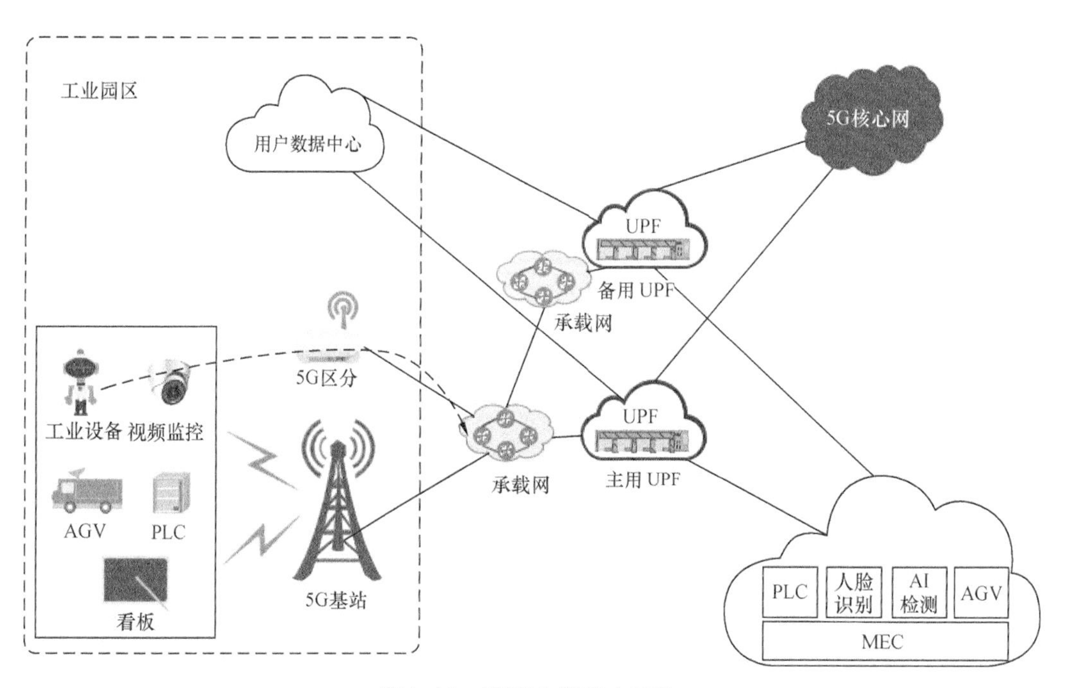

图4-18　UPF主备容灾架构

3. 企业园区容灾

运营商一般会建议用户接入并部署两台设备，形成口字形结构，用户网络保护示意如图4-19所示，主备UPF各开通两条切片专线电路，接入企业园区用户接入设备，链路协议采用BFD，主备UPF与用户接入设备采用动态路由协议对接，实现链路的主备切换，提高业务的可靠性。

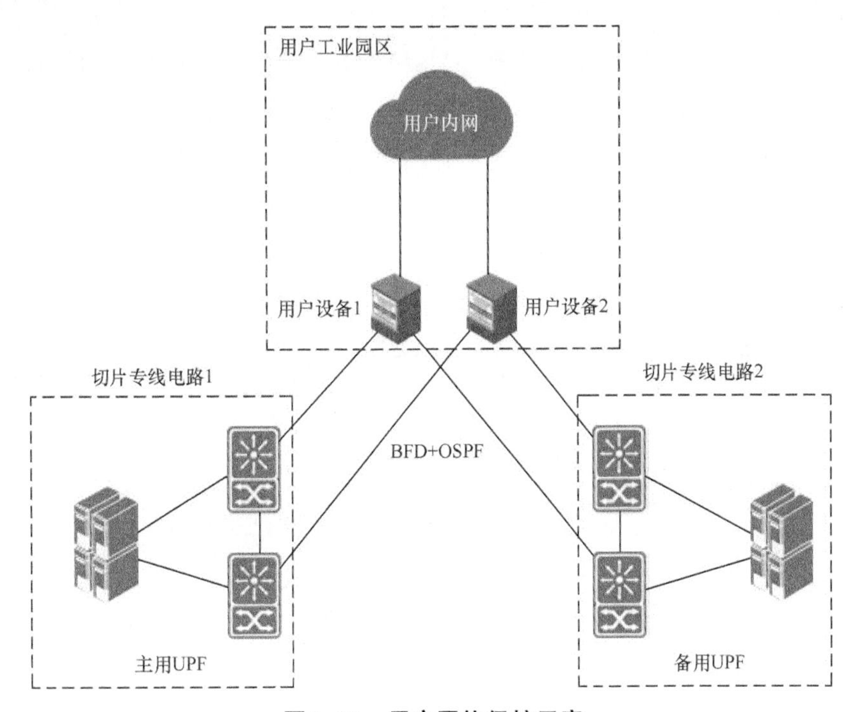

图4–19 用户网络保护示意

4.4.4 终端侧冗余保护

终端侧的灾备方式可对5G工业终端设备做冗余保护。终端侧支持双卡切换，支持卡1和卡2互为备份。当卡1和卡2正常工作时，业务以卡1为主用通道；当卡1出现故障时，业务能在短时间内自动切换至卡2，并能够自动切回；当卡1和卡2正常工作时，如果卡2出现故障，则不影响业务。

4.5 5G 行业专网运营

4.5.1 端到端 5G 切片专网运营系统的介绍

面对 5G 专网多样化、智能化和定制化需求，5G 切片专网建设在交付后，亟须可视化的终端、边缘节点、网络、云端和业务（即“云 - 网 - 端 - 边 - 业”）的运营能力，只有 SLA 闭环保障，才可以满足融合、敏捷、智能的需求。以中国电信为例，目前，中国电信拥有国内领先的 5G 定制网端到端自研系列产品，是业界第一个具有自主知识产权的 5G 定制服务应用的一体化产品、用户自助平台、端到端运营系统，5G 定制网运营系统的逻辑框架如图 4-20 所示。

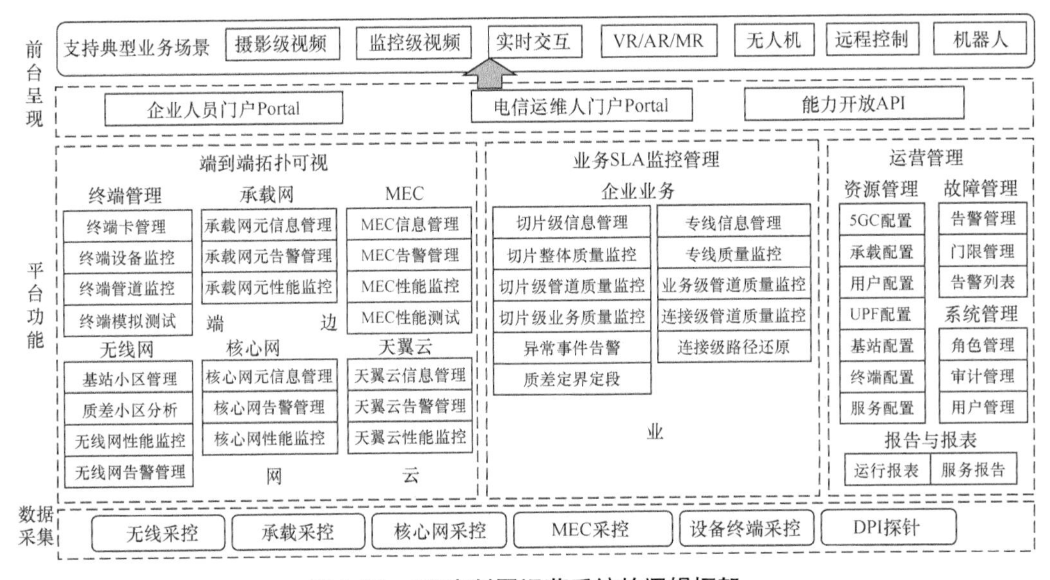

图4-20　5G定制网运营系统的逻辑框架

5G 定制网端到端运营系统采用两级架构部署方式，两级架构模式如图 4-21 所示。中心级负责全省共享模式用户业务的运营管理、全省定制网业务总体视图；边缘级负责部分共享 / 独享模式下园区用户自主运营场景、可部署在用户的 UPF/MEC 所在的云资源池、匹配 5G 定制网商业模式，支持在服务保障中提供可视化的分级运维 SaaS 应用，可分层分级、微服务化、组件化，按需给用户订购。

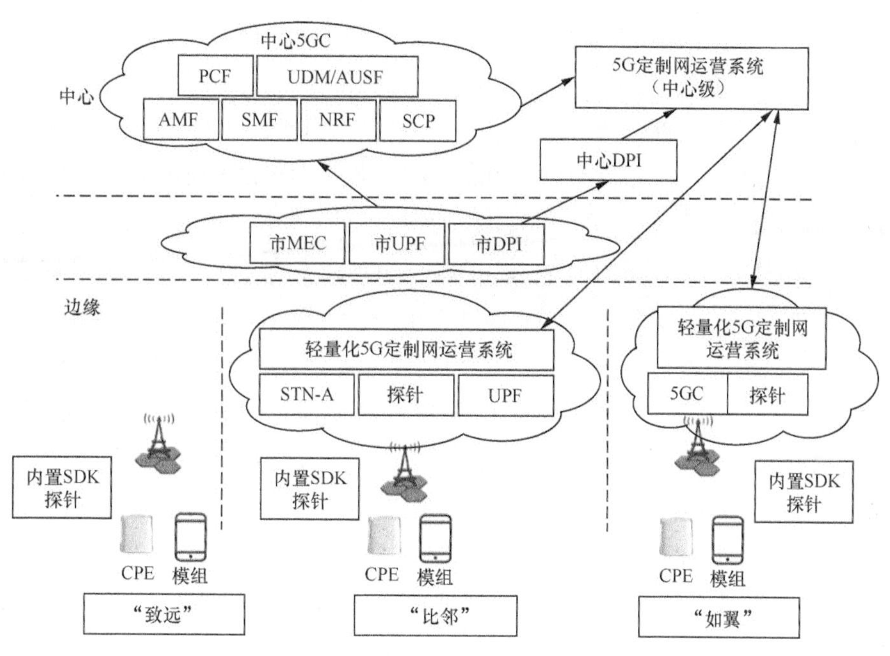

图4-21　两级架构模式

4.5.2　5G 行业专网常见的故障与处理

5G 行业专网常见的故障在 SMF 到 UPF 之间的 N4 接口、基站到 UPF 的 N3 接口，以及 UPF 到用户内网方向的 N6 接口。

1. N4 接口故障

N4 接口故障如图 4-22 所示，N4 接口故障相当于整机故障，如果 SMF 检测到 N4 链路故障，则激活用户，用户再发起附着命令，用户上线到另一条 UPF。

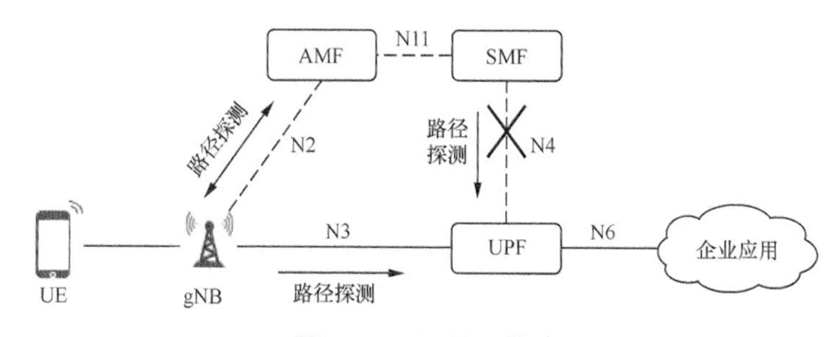

图4-22　N4接口故障

不同场景的应急恢复动作如下。

（1）单个 UPF 场景

如果 SMF 信令路径断告警只是针对某个 UPF，且当前 SMF 连接了多个 UPF，则锁定路径断对应的 UPF，用户先激活其他 UPF，减少路径断对用户造成的影响。如果配置的是静态地址，则需要修改下行路由，指向其他 UPF。

如果只影响某个 DNN 下的用户，则可以激活 DNN 下的用户，防止用户长期使用流量，无法计费或者报文转发异常。

（2）多个 UPF 场景

如果全局话统受影响，则检查 SMF 信令路径断告警只是针对某个 UPF，且当前 SMF 连接了多个 UPF，锁定路径断对应的 UPF，用户先激活其他 UPF，减少路径断对用户造成的影响。

如果只影响某个 DNN 下的用户，则可以激活 DNN 下的用户，防止用户长期使用流量，无法计费或者报文转发异常。

（3）单 DC 场景（单 DC 无法容灾，建议增加一台 UPF 进行容灾）

首先，检查 SMF 和 UPF 之间 N4 接口路由状态是否正常，如果能 PING 通，则可以确认不是 UPF 自身的问题；如果不能 PING 通，则 N4 接口故障等同于整机故障，需要进行业务紧急恢复。

```
以华为 UPF 为例，锁定故障 UPF 的操作指令，仅供参考
SMF 操作（UPF 无法登录，在 SMF 锁定 UPF，激活用户）。
  SMF 锁定 UPF：
  MOD UPNODE:NFINSTANCENAME="UPF1"，LOCK=TRUE;
  激活用户：
  DEA SMCTX:ACTIONTYPE=START_DEA,DEATYPE=PEER_NODE_TYPE,NODETYPE=UPF,NFINSTANC
  EID=UPF_1;
  SMF 恢复脚本：
  停止激活会话：
  DEA SMCTX:ACTIONTYPE=STOP_DEA;
  SMF 解锁 UPF：
  MOD UPNODE:NFINSTANCENAME="UPF1"，LOCK=FALSE;

  UPF 操作（UPF 可以登录，在 UPF 上锁定网元）：
  UPF 锁定 UPF：
  LCK NF: LOCKSWITCH=ENABLE;
  UPF 激活用户
  DEA SESSION:DEATYPE=NF;
  中断 N6 接口：
  MOD INTERFACE:IFNAME="Ethernet64/0/4.2032",IFADMINSTATUS=down
```

2. N3 接口故障

N3 接口故障会影响基站到 UPF 之间的通信，需要人工手动进行干预，N3 接口故障如图 4-23 所示。

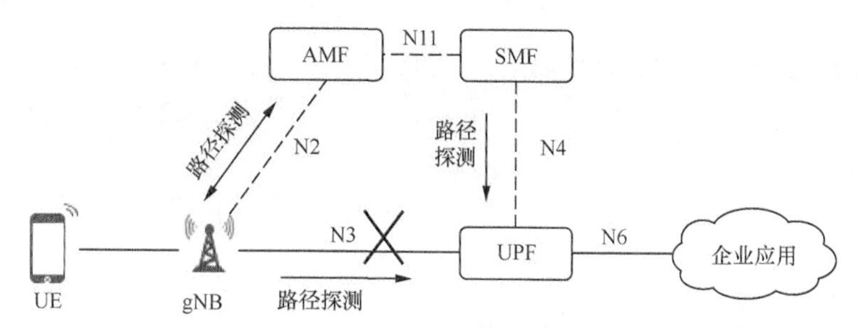

图4-23 N3接口故障

分场景的故障和容灾处理流程如下。

（1）多台 UPS 容灾场景

如果全局话统受影响，则参考 N4 接口故障，执行整机粒度的应急操作。

如果仅基于 DNN 的话统受影响，则参考 N4 接口故障，执行 DNN 粒度的应急操作。

（2）单 UPF 场景（单 DC 场景无法容灾，建议增加一台 UPF 进行主备容灾）

检查 N3 接口的网络状况，如果能 PING 通，则基本可以确认不是 UPF 自身的问题，需要检查承载网络；如果不能 PING 通，则需要进行业务紧急恢复。

3. N6 接口故障

N6 接口故障，信令面正常，即使有备节点也不会切换到备节点的 UPF 上，需要人工进行干预，N6 接口故障如图 4-24 所示。

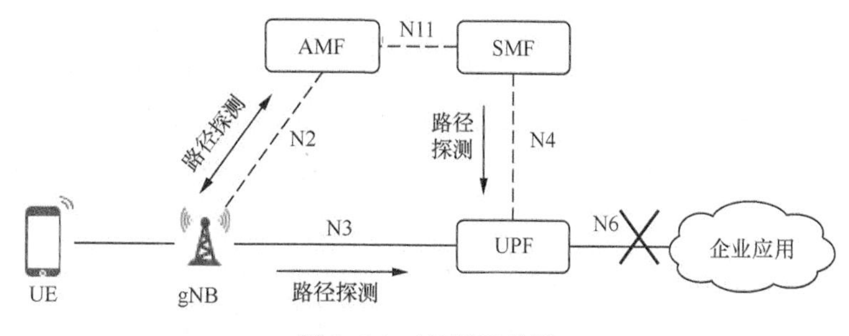

图4-24 N6接口故障

（1）多 UPF 容灾场景

如果全局话统受影响，则参考 N4 接口故障，执行整机粒度的应急操作。如果仅基于 DNN 的话统受影响，则参考 N4 接口故障，执行 DNN 粒度的应急操作。

（2）单 UPF 场景（单 DC 无法容灾，建议增加一台 UPF 进行容灾）

检查 UPF 到用户内网方向的路由，以地址池 LOOPBACK 地址为源地址，对 N6 在 DCGW 上的网关的 PING 指令，如果能 PING 通，则基本可以确认不是 UPF 自身的问题；如果不能 PING 通，则需要进行业务紧急恢复。

4.6 5G 行业专网拓展应用实例

4.6.1 智能制造行业

随着无线空口技术、承载传输技术、核心网技术的发展，工业互联网对生产网络环境深层次的需求被激发，智能制造场景如图 4-25 所示。5G 技术带来的大带宽、低时延和广连接，赋能工业互联网的远程控制、机器视觉、大规模连接。

（1）远程控制

远程控制包括产线设备远程控制、工业机器人控制、AGV 控制等多种控制场景。

其中，工业机器人控制通过 5G 网络低时延进行交互机械控制信令，实现摄像头、传感器等设备实时回传现场情况，提升工作效率，节约人工成本，降低工作人员在危险或者有毒有害环境下作业的风险，并且 5G 网络可以实现远程集中控制，形成优化的控制策略，提高产品精度，提升生产效率，保障产品质量，也可以避免生产环境恶劣导致的其他风险。

（2）机器视觉

机器视觉应用场景包括快陷检测、空间引导、光学字符识别（Optical Character Recognition，OCR）、解码、AR 辅助、VR 复杂装配、生产安全行为分析等多种场景。

运营商可以利用 5G 的大带宽特性、网络切片、MEC 新技术，深度分析终端侧至云端的视频采集。在工业生产场景中，机器视觉技术可有效降低生产成本，提高生产精度，降低次品率和漏检次品数的概率。传统机器视觉技术对设备终端有极高的要求：强大的硬件性能（包括 CPU 与 GPU 处理能力），集成式的嵌入式系统实现功能集成和调度，同时对终端的体积、部署位置等也有一定的要求，这对机器视觉的广泛使用带来了一定困扰。而云计算技术可以实现机器视觉核心算法，但同时对网络的带宽、覆盖、连接数都带来一定的挑战。

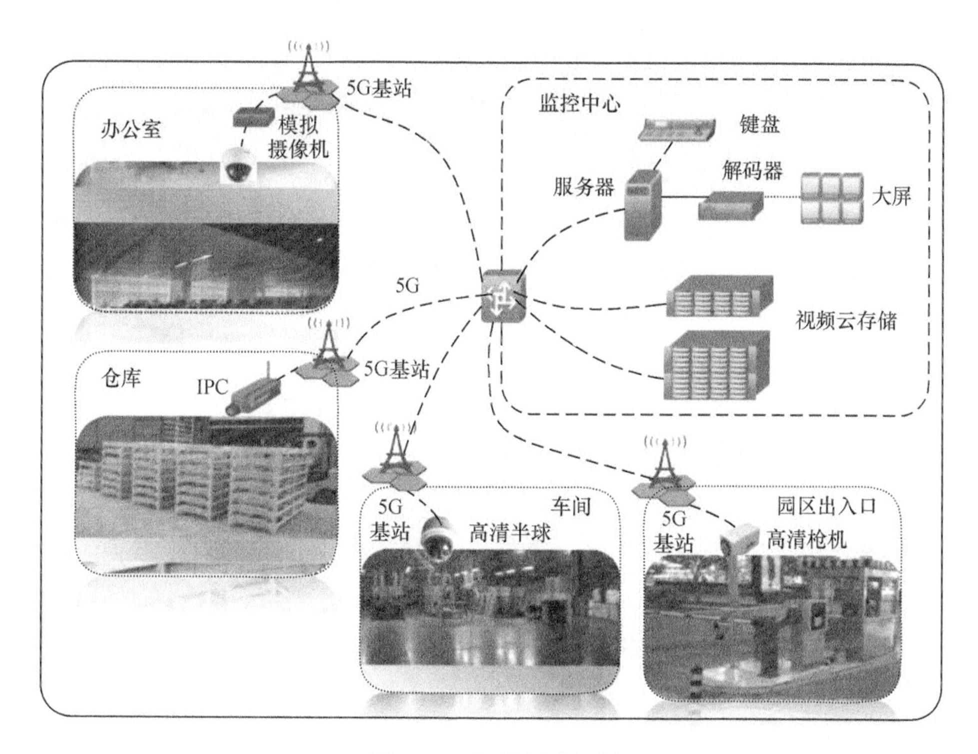

图4-25 智能制造场景

5G eMBB 大带宽场景可以打破有线部署方案，直观地改善移动网速，实现超高清视频、虚拟现实、增强现实等，能满足机器视觉系统有足够大的带宽和足够低的时延，上传至云端，并完成运算。

（3）大规模连接

作为 5G 新拓展的应用场景，工厂的生产线网络有海量的传感器需要大量的连接，通过 5G 切片 + MEC 将感知信息上传到 SCADA 和 MES 等系统，实现工厂的数字化管理。

智能化生产需要广泛、深层次的工业数据采集，包括各类物联网终端的数据，例如，工业传动器、高清摄像头、环境传感器、RFID 和 GPS 等设备采集的数据。

5G 网络切片的优势在于根据用户的需求进行切片的灵活部署，包括连接密度、流量容量、网络效率等。MEC 是将网络计算能力在靠近用户边缘侧进行下沉部署，MEC 技术的引入一方面使海量连接产生的海量数据不经过公网，不会造成网络拥塞，不会影响业务的稳定性，减少业务时延，另一方面数据不出场保障了数据的安全性，实现业务数据的本地采集、处理、分析。

4.6.2 电力行业

电力行业是典型的广域覆盖场景，涉及发电、输电、配电、变电、用电、储电等多个环节，既有涉及电力生产控制域超低时延实时控制类的业务，也有信息采集的海量接入业务，还有视频监控、机器人及无人机巡检的大视频类业务。这些业务通常对网络安全有较高的要求。

电力行业对 5G 网络的核心需求的具体说明如下。

① 广域覆盖：电网基本覆盖全国，拥有典型的广域覆盖需求。

② 高安全隔离：电力业务安全性要求高。电力业务与公网业务需要严格隔离，电力生产及管理业务需要划区隔离。

③ 多业务并存及确定性保障：电力内部业务众多，各种业务特性差异较大，支撑电力的通信网络需要具有很好的业务识别和端对端保障能力。

电力行业关键应用环节对 5G 网络 SLA 需求的具体说明如下。

① 发电：发电主要在电厂，电厂对于安全性的要求比较高，一般采用“致远”模式，主要应用包括视频监控、人员智能管理、区域作业管控 / 安全预警管控、智能调度等。

② 输电：输电时使用的网络的覆盖范围非常广，包括空中和地下，如果要做到全面监测故障，则会面临重重困难，只靠人力完成的效率较低。借助 5G 无线通信技术和边缘计算，输电的环节将实现无人机远程探测，数据低时延回传，运维效率将大幅提高。

③ 变电：变电站的业务需求在于设备监测和巡检，结合 5G 和 AI 智能判断，替代人力的判断，减少人为错误，提升运维效率。

④ 配电差动保护：配电网处于整个电力网络的接入层和汇聚层，节点多，拓扑复杂，维护难度大，目前仍然是传统的通信维护方式，处于盲调状态，通过 5G 智慧行业专网，大幅提升运维效率和管理精细度，保障供电传输安全。

⑤ 用电：电网有大量电表需要抄表作业，终端电表具有数量多、密度高，在网络中具有不可替代的角色，可以充分利用 5G 的大连接属性。

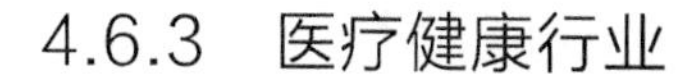

4.6.3 医疗健康行业

依托5G网络特性，赋能医疗健康行业，在调用医疗资源、诊断疾病、病房监护、在线治疗等方面实现数字化、信息化医疗服务。5G行业专网结合医院的应用场景，可以覆盖应急救护、远程诊疗、远程检测等。

（1）应急救护

应急救护的参与对象有医院、医生、救护车和指挥中心，医生接收指挥中心调度，5G网络将急救现场患者情况快速传输到医院，并接收远程指导信号，实现医疗系统向“急救患者上车即入院”的目标。

（2）远程诊疗

远程诊疗是在本端专家与对端医生联合检查、诊断，借助5G低时延、大带宽、高安全特性，实现远程超声检查、远程手术和远程操控等。

（3）远程检测

远程检测主要应用在生命体征传输场景，对于出院病人或者有突发疾病的患者群体（例如，心脏病患者），需要监控生命体征，可以借助5G网络，不间断地传输患者的生命体征数据，实现远程检测和智能预警。

4.7 参考文献

[1] 中国电信 . 中国电信5G定制网SLA服务指引 [R]. 2021.

[2] 中国电信 . 中国电信5G定制网业务规范 [R]，2021.

[3] 中国电信 . 中国电信5G SA定制网无线侧QoS保障关键功能与参数配置优化指导书 [R]，2021.

[4] 3GPP.3GPP TS 23.501:System Architecture for the 5G System[S].2019, Mar. 2019.

[5] 3GPP.3GPP TS 28.530 V15.1.0: Services and System Aspects; (Release 15)[S]. 2018.

[6] 3GPP.3GPP TS 28.531 V16.0.0: Services and System Aspects; (Release 16)[S]. 2018.

[7] 中国电信 . 中国电信5G定制网业务规范总册 [R]，2020.

[8] 孙颖，李若朋，邓超，等 . 基于云网统一切片技术的5G专线业务设计与实现 [J]. 移动通信 . 2019, 43(9): 57-61.

[9] 3GPP. 3GPP TS 28.532 V15.1.0. Services and System Aspects[S]. 2018.
[10] IMT-2020(5G) 推进组 . 5G 无线技术架构白皮书 [S]. 2019.
[11] IMT-2020(5G) 推进组 . 5G 网络技术架构白皮书 [S]. 2019.
[12] 中国电信 . 中国电信云网服务编排中心对接两级编排中心接口规范 [R]，2021.
[13] 中国电信 . 5G+ 智能制造应用安全白皮书 [R]，2021.

第 5 章

5G 网信安全运营实践

自 2018 年 12 月韩国运营商较早地为公众用户提供 5G 服务以来，5G 移动通信服务在全球进入商用阶段，各国运营商陆续推出 5G 资费套餐。随着 5G 全球商用的推进，5G 安全运营越来越受到关注。本章将从国家政策法规、通信行业标准、各行业应用场景等方面进行分析，对 5G 安全运营的具体实践展开介绍。

5.1 5G 安全政策与法规

从全球范围来看，高新技术的竞争日趋激烈，各国竞相颁布相关政策法规对关键科技创新进行引导甚至干预，而 5G 技术作为数字时代的一种核心技术受到世界主要大国的高度重视。随着近年来 5G 技术由试点研究逐步进入商用部署阶段，由此引发的网络安全问题成为各界关注的重点。全球 5G 相关政策法规的发布进入高潮，各国纷纷颁布与 5G 安全相关的战略、政策和标准，同时加大资金投入，致力于建立一个完善的 5G 发展体系。美国、欧盟和中国在 5G 领域的相关政策法规最具代表性，对全球带来了广泛影响。

5.1.1 国外

1. 美国

5G 技术是当前移动通信领域的关键性技术，是世界科技的热点，也是第四次工业革命的重要技术突破口之一。美国力图在 5G 技术和应用领域占据全球领导地位，近几年，美国政府频繁出台了一系列涉及 5G 的政策性文件，建立 5G 发展的领导协调机构，确立 5G 为国家战略目标，并将 5G 安全提升到国家安全层面。2018 年 9 月，美国联邦通信委员会发布“5G 加速发展计划”，以提升美国在 5G 技术领域的竞争力，其中包括 3 项关键举措：一是加快频谱资源投入，为 5G 服务提供额外的频谱资源；二是更新基础设施政策，加快小型蜂窝网络的建设审批；三是修订一系列法规，例如，恢复互联网自由令等。2018 年 10 月，美国时任总统特朗普签署了《制定美国未来可持续频谱战略》总统备忘录，该文件提出美国需要掌握并主导 5G 技术的研究，并使 5G 技术在国家安全、经济、社会民生等领域实现创新。2018 年 12 月，美国国际战略研究中心发布《5G 将如何塑造创新和安全》报告，该文件指出 5G 技术是数字化、智能化时代的关键技术，将对世界的经济增长、社会变革，甚至国家安全造成重大影响。5G 技术的发展将确定互联网的发展方向，但国家安全也将面临新的风险。2019年4月，美国国防部发布《5G生态系统：对美国国防部的风险与机遇》，该文件介绍了5G技术的研究背景、规划目标、关键标准演进等发展历程，分析各国5G技术发展态势，并在频谱政策、供应链和基础设施等方面深入分析了5G技术对国防部的风险和挑战，建议美国政府调整贸易战略来应对相关安全风险。

2020年3月，美国发布了相关国家5G安全战略的文件，正式从国家层面制定了美国保障5G网络及其基础设施安全性的战略框架，提出4项战略措施：加快美国5G网络及其相关基础设施的建设部署、确定5G相关的安全管理和防护要求、深入开展5G的安全风险评估并落实应对措施、推动5G网络在世界范围内的研发和建设。

2020年5月2日，美国军方第一次公开描述了5G战略构想，阐明了通过国际合作积极推进美国及其盟友在5G技术和网络应用方面的能力提升，提高5G技术对国家安全风险影响的普遍认知，并有针对性地提出5G网络安全风险的应对措施。2020年12月，美国军方还发布了《5G技术实施方案》报告，该报告从技术研发、安全防护、行业标准、政策法规及应用合作等方面阐述了美国国防部5G战略的最佳实践，提供了5G安全路线图，并着重提出计划扩大在3GPP等一系列标准制定组织中的影响力，通过国家层面合作共同识别5G安全漏洞、开发和验证5G的零信任模型、强化5G网络保密性等实施细节。

2021年5月10日，美国国家安全局、国家情报总监办公室、国土安全部网络安全和基础设施安全局联合发布了《5G基础设施的潜在威胁向量分析报告》，特别关注适用于5G云基础设施部署的威胁、漏洞和缓解措施，重点分析了5G的3个主要威胁方向——行业标准、软硬件供应链、技术架构，并将其中11个子威胁作为重点关注对象。

2. 欧盟

近年来，欧盟持续致力于降低各成员国的5G基础设施的安全风险，发布了一系列5G安全方面的政策法规，着力构建各成员国统一的安全框架，对全球其他地区的5G建设和应用带来了较大影响。早在2015年，欧盟正式公布5G合作愿景，力图推动欧洲更广泛地参与5G技术标准的制定过程。2016年7月，欧盟议会正式通过了首部欧盟层面的网络安全法律文件——《网络与信息系统安全指令》，要求各国拟定国家层面的网络安全战略，全面提升运营商、网络内容服务商和网络业务提供商的安全能力，规范落实网络与信息安全风险管理、事故应急响应与通传等工作。2018年，欧盟针对5G网络及其相关基础设施的特殊性，要求各成员国加紧制定并细化国家网络安全战略，明确国家的网络安全职能机构、安全风险管理工作规划、安全事件应急响应机制和内部部门的安全协同机制等。

2019 年 3 月，欧洲议会签署了欧盟相关网络安全法案，这是欧盟关于网络安全领域的重要法律文件之一。该法案赋予网络安全职能部门欧盟网络和信息安全局新的组织架构和责权划分，并在欧盟设立首个网络安全认证框架，明确要求在欧盟销售的所有通信网络产品和服务（包含 5G），必须满足该认证框架的要求。另外，欧盟委员会签署了相关 5G 网络安全建议文件。该文件倡议各成员国尽快完成国家网络安全风险评估和相应网络安全风险应对措施的审查，并将相关评估结果报送欧洲国家网络安全委员会等欧盟组织机构。该文件中明确提出国家网络安全风险评估需要特别关注 5G 网络及基础设施自身存在的脆弱性、面临的主要威胁和威胁源头。2019 年 10 月，欧盟委员会和欧洲网络安全局联合发布了《欧盟 5G 网络安全风险评估报告》。该报告遵循（ISO/IEC 27005）《信息技术—安全技术—信息安全风险管理》中的风险评估方法，根据欧盟各成员国提交的国家网络安全风险评估报告，分析了各成员国面临的主要威胁及其来源、重要资产、安全漏洞和安全风险，明确了在欧盟范围内需要切实执行的 5G 网络安全风险控制措施。2019 年 11 月，欧盟网络安全局发布 5G 网络威胁图谱，全面梳理了 5G 面临的安全风险，就 5G 整体架构、重要资产、安全威胁、威胁源头等方面进行深入分析，形成资产图表、威胁图表、威胁—资产映射图表，系统性地描绘了 5G 网络安全威胁图谱。

2020 年 1 月 29 日，根据欧盟网络与信息安全局的建议，欧盟正式发布名为《5G 安全工具箱》的 5G 网络安全措施指南，通过一系列战略和技术措施解决《欧盟 5G 网络安全风险评估报告》中所有已识别出的风险。2020 年 12 月，欧盟网络与信息安全局发布相关 5G 网络威胁态势报告。该文件探讨了未来应如何利用安全技术帮助降低 5G 网络安全风险的措施，对 5G 安全生态系统中的利益相关方提出了创新性建议。2020 年 12 月底，欧盟委员会联合外交与安全政策联盟发布新的《欧盟数字十年网络安全战略》，并在第二年 3 月审议通过该文件，以增强欧盟各成员国应对各类网络安全威胁的能力为目标，要求实施并加速完成欧盟 5G 安全工具箱，努力确保 5G 网络安全性和未来网络的发展。

另外，值得一提的是，德国联邦政府于 2020 年 12 月 16 日发布《信息技术安全法》（也被称为“IT 安全法 2.0”），从国家法律层面对德国 5G 网络的所有设备提供商和制造商提出严格的网络和信息安全要求，特别要求制造商保证其提供的设备不得含有用于各类违法活动的技术，而且承诺 5G 网络相关的任何数据都不能发送到德国以外的地区或国家。

5.1.2 国内

纵观全球，各国都在加快 5G 技术战略布局，出台相应政策法规，确保数字经济时代发展安全有序。我国高度重视 5G 技术的发展及应用，将 5G 作为全面构筑经济社会数字化转型的关键信息基础设施。《中华人民共和国国民经济和社会发展第十四个五年规划和 2035 年远景目标纲要》指出，“加快 5G 网络规模化部署，用户普及率提高到 56%，推广升级千兆光纤网络”“构建基于 5G 的应用场景和产业生态，在智能交通、智慧物流、智慧能源、智慧医疗等重点领域开展试点示范”，明确阐述了 5G 发展规划和愿景。2019 年 6 月，工业和信息化部发放 5G 商用牌照，加速 5G 的发展和普及，标志着中国 5G 网络建设部署从试点研究探索转入全国应用推广阶段，加快应用于全国各行各业，助力产业的数字化智能化转型升级，积累 5G 技术的领先优势。2019 年 11 月，工业和信息化部印发《“5G+ 工业互联网”512 工程推进方案》，该文件明确提出打造 5 个产业公共服务平台，加快产业升级改造覆盖 10 个重点行业，聚焦重要的 20 个具体应用场景，进一步提升网络关键技术的应用能力，推动“5G + 工业互联网”的创新性融合和快速发展。2020 年 3 月，工业和信息化部发布《工业和信息化部办公厅关于推动工业互联网加快发展的通知》和《工业和信息化部关于推动 5G 加快发展的通知》，全力推进“5G + 工业互联网融合创新”建设，提炼形成可以在行业内或行业间持续推广的建设部署模式和发展演进路线，并要求“构建 5G 安全保障体系”，提出“加强 5G 网络基础设施安全保障”“强化 5G 网络数据安全保护”“培育 5G 网络安全产业生态”3 个方面的要求。2020 年 5 月，《政府工作报告》提出“加强新型基础设施建设，发展新一代信息网络，拓展 5G 应用”。5G 网络已被划定为新型基础设施，并提出加快 5G 与各行业的融合应用步伐。

2021 年 3 月，工业和信息化部在 2021 年工业和信息化标准工作要点中明确，将推动开展 5G、移动物联网、数据安全等标准的研究与制定。2021 年 7 月，工业和信息化部、中央网络安全和信息化委员会办公室等十部委联合发布《5G 应用“扬帆”行动计划（2021—2023 年）》，以推动我国 5G 应用发展水平显著提升，为 5G 应用的安全性提供有力保障，其中，提升 5G 应用安全的具体举措包括“加强 5G 应用安全风险评估”“开展 5G 应用安全示范推广”“提升 5G 应用安全评测认证能力”和“强化 5G 应用安全供给支撑服务”4 个方面。

随着国内 5G 的快速发展，5G 网络安全也被国家高度重视。国家通过相关法律法规引导各行业加大在 5G 安全保障体系研究和建设的投入，推动 5G 网络安全保障能力有效提升。《中华人民共和国网络安全法》《关键信息基础设施安全保护条例》《网络产品和服务安全审查办法》《中华人民共和国数据安全法》《中华人民共和国个人信息保护法》等一系列法律法规，从网络安全责任制、关键信息基础设施保护、个人信息保护、安全产品安全审查、数据安全保护等多个方面提出保障 5G 网络安全发展的要求。

1. 5G 安全整体制度框架

完善的法律制度是科技强国的重要法治基础，5G 作为关键信息基础设施，其安全法规和政策备受关注。我国正加速推进以《中华人民共和国网络安全法》为核心的关键信息基础设施保护法律体系建设，发布了一系列关键信息基础设施的政策及标准，初步构建了关键信息基础设施标准规范体系。国务院颁布的《关键信息基础设施安全保护条例》是我国在关键信息基础设施安全保护领域的首部行政法规，在我国网络安全工作规范化过程中具有里程碑的意义。该条例对《中华人民共和国网络安全法》所确立的关键信息基础设施安全保护制度做了进一步完善，明确了国家网信部门、公安部门及重要行业和领域的主管部门、监督管理部门等相关职能部门的责任边界和职责要求，明确了关键信息基础设施的认定原则和认定机制，细化了运营者的主体责任和义务，形成了关键信息基础设施安全保护工作相关各方的法律责任体系。

关键信息基础设施安全保护体系框架的主体层面分为指导、测评、建设、基线及支持 5 个部分，关键信息基础设施标准规范体系框架如图 5-1 所示。《中华人民共和国网络安全法》《关键信息基础设施安全保护条例》是关键信息基础设施保护工作的法律指导性文件，《关键信息基础设施网络安全防护要求》是基线要求，《国家关键信息基础设施信息共享规范》是支持文件。

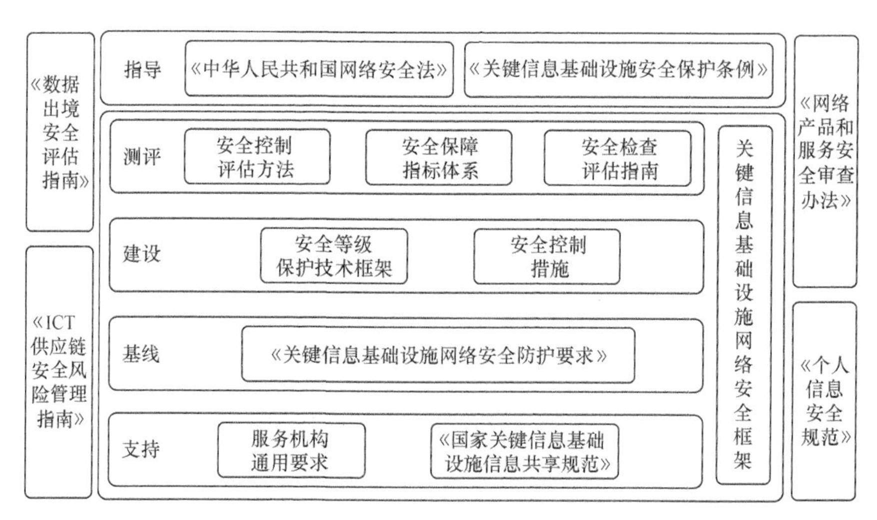

图5–1　关键信息基础设施标准规范体系框架

此外，关键信息基础设施保护体系还涵盖数据安全防护、个人信息保护等内容，具体要求可以参考《个人信息安全规范》《数据出境安全评估指南》等文件。为了保证关键信息基础设施防护的可管可控，还需要对设备供应商、供应链进行监管，因此，还需要参考《网络产品和服务安全审查办法》《ICT供应链安全风险管理指南》。

2.《中华人民共和国网络安全法》与《关键信息基础设施安全保护条例》

《中华人民共和国网络安全法》（以下简称《网络安全法》）是我国网络空间安全治理的根本性法律，《网络安全法》定义了关键信息基础设施这一概念，是关键信息基础设施防护的总体指导法律。《网络安全法》分为七章，共计79条，其中第三章中的第二节“关键信息基础设施的运行安全”详细阐述了与关键信息基础设施相关的9个要求条款以及3个惩罚条款。其作用体现如下。

- 确立地位：明确关键信息基础设施安全保护制度作为国家网络空间基本制度。
- 圈定范围：明确国家关键信息基础设施范畴。
- 权责分配：为关键信息基础设施安全保护规定了责任划分和追责方式。
- 奠定基础：构建关键信息基础设施安全保护制度框架。

《网络安全法》明确要求要制定关键信息基础设施的安全保护办法。《关键信息基础设施安全保护条例》已于2021年9月正式实施，实现关键信息基础设施安全保护落地的第一步，对于关键信息基础设施进行更加具体细化的规定。关键信息基础设施防护的上位文件《关键信息基础设施安全保护条例》共有6章，其范围包括20个重要行业和重点单位，主要涵盖如下4个方面内容。

- 对关键信息基础设施在规划、建设、运营、维护、使用过程中的安全保护提出要求。
- 在《网络安全法》的基础上，对关键信息基础设施的范围更加丰富和明确，行业特征更加明显。
- 明确关键信息基础设施保护的主管或监管部门，及其相关职责。
- 细化关键信息基础设施运营者及使用者的保护责任，以及追责方式。

站在运营者的角度，安全保护工作需满足有关安全的基本要求，为运营者落实安全主体责任提供依据。5G网络的网络安全保护分为识别认定、安全防护、检测评估、监测预警、应急处置共5个环节。关键信息基础设施网络安全保护的实施环节如图5-2所示。

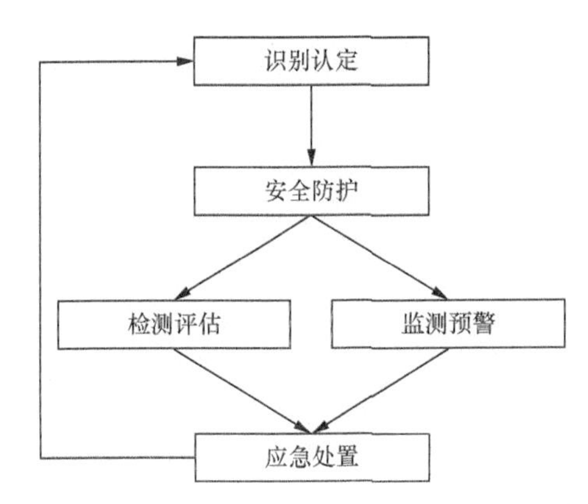

图5-2　关键信息基础设施网络安全保护的实施环节

（1）识别认定

它是整个关键信息基础保护实施工作的基础，主要配合上级行业主管部门和安全保护工作部门，围绕关键信息基础设施的主要业务应用开展风险评估，具体步骤如下。

① 关键保护对象识别：根据网络、系统和资产的重要程度，建立分类、分级的关键保护对象清单，并根据业务需求确定对象的安全保护目标。

② 风险识别：结合安全方针和目标，识别在操作层面和外部层面的潜在风险，尤其需要关注可能影响控制措施有效性的风险因素。这些风险因素不仅限于技术层面，管理和法规层面的风险因素也应纳入考量范畴。

③ 风险评估：通过网络安全风险评估判断保护对象的风险边界，分析判定安全风险产生的概率及其导致的负面影响。由于在关键信息基础设施安全保护过程中的很多风险难以量化，所以采用多样化的风险评估方法是非常必要的。

④ 测评认证：通过测评认证验证拟部署的信息技术产品和服务是否满足风险评估确立的安全基线，应通过测评认证形成第三方的确定性结论，用以判断拟部署的信息技术产品和服务是否具有技术、管理和程序性的保障措施，是否能够在可接受的风险程度内运行该系统。

（2）安全防护

根据评估发现的安全风险，针对关键信息基础设施制定并落实安全防护措施，保障关键信息基础设施的正常运营。

① 安全防护技术：系统规划并使用适当的安全防护技术，并对具体的技术安全解决方案进行管理，确保具有系统安全与系统恢复能力。访问控制是其中一项重要技术手段，基

于现网开展的业务和网络自身实际安全要求，制定网络及应用服务访问控制策略，杜绝对网络、系统和设备未明确授权的访问。

② 数据安全：通过实施针对性的技术手段、管理制度和法律控制措施等方法，保障重要数据的保密性、完整性和可用性，涵盖静态和动态数据的保护，避免数据被非法篡改。

③ 信息保护程序：建立安全管理流程和程序，明确信息保护的目的、范围、角色、职责、管理承诺和协调机制，包括明确信息技术 / 工业控制系统的最低安全要求、实施系统开发生命周期的管理体系、建立变更控制程序、制定人力资源方面的网络安全措施等。

④ 运行维护安全管控：制定并实施系统升级和运行维护的措施，尤其要对未经授权的访问和变更行为进行管理和控制，对关键信息基础设施资产的运行维护（特别是远程维护过程）进行记录。

（3）检测评估

针对关键信息基础设施面临的风险开展检测评估，检验安全防护措施的有效性，确保安全风险降到可接受的范围。

① 检测评估制度：根据检测评估的基本策略，建立并完善关键信息基础设施安全检测评估制度，具体包括检测评估组织架构、工作流程、操作方法、实施周期、人员职责分工、预算保障等。可以自行或者委托通过国家相关认证的正规网络安全服务机构对关键信息基础设施的脆弱性、威胁性及相应的安全风险开展检测评估，要求每年至少进行一次，并针对发现的问题及时采取有效的风险控制措施。

② 检测评估内容：检测评估需要涵盖网络安全制度落实情况（含国家相关法律法规政策文件、行业编制的相关标准要求及企业自行颁布的管理制度）、安全组织机构的设立及职责划分情况、安全专业人员及其掌握的技能情况、安全系统能力及安全服务的资金投入情况、全员安全教育情况、各网络和系统的网络安全等级保护实施情况、整体安全防护情况、数据安全评估情况、云资源及服务安全评估情况等，特别关注涉及关键信息基础设施的跨域数据交互，以及其关键业务流转过程中所经各个环节的安全防护能力部署实施情况。

新建或改建、扩建中的关键信息基础设施如果在系统的资产、网络、应用等发生较大变化，则应自行或者委托通过国家相关认证的正规网络安全服务机构开展网络安全风险评估，评估变更部分是否引入新的安全风险，并针对安全风险采取有效控制措施，使安全风险降到可接受的程度后方可上线运行。

③ 安全风险抽查检测：相关政府或行业主管部门的安全风险抽查检测将不定期组织开展，企业应配合提供其网络安全管理制度和关键信息基础设施的网络架构、资产列表、主

要业务情况、安全防护手段等资料，并对抽查检测工作中发现的安全风险及时落实整改加固工作。

（4）监测预警

为了确保关键信息基础设施安全风险可能导致的安全事件能及时预警，监测预警需要从制度、监测范围、处置手段、处置义务及信息共享等方面达到以下要求。

① 制定监测预警制度：根据监测预警策略制定安全监测预警制度，细化安全监测内容和预警工作流程，明确具体应对措施，有效开展持续性安全监测，对关键信息基础设施的网络安全风险进行安全监测和预警判定。

② 监测的范围：安全监测应涵盖漏洞攻击监测、病毒蠕虫木马传播监测、异常流量监测、敏感数据监测等。

③ 具备处置流程：按照企业自身网络安全监测预警制度和上级主管部门信息通报的要求，建立规范的关键信息基础设施的安全预警响应流程，细化具体操作步骤。

④ 处置响应：在收到预警信息后，应按照预警响应流程，开展事件分析、风险研判和应急处置。

⑤ 信息共享：根据网络安全监测预警情况和风险研判的严重程度，及时开展安全风险通传通报，与上级主管部门、安全研究机构、网络安全服务机构、企业内部安全专业人员进行安全信息共享，包括但不限于脆弱性信息、威胁信息、应对建议、安全态势分析等。

（5）应急处置

针对检查评估发现的风险和监测的预警，需要及时落实相应的应急措施，确保关键信息基础设施的正常运营。应急响应需要从应急预案的制定、人员保障、灾备计划、事件处置、合规要求、应急演练以及持续评估等方面开展工作。

① 应急预案的制定：在国家主管部门和行业的网络安全应急预案框架下，根据地方不同的实际要求，制定企业的网络安全事件应急预案。该预案包括应急工作组织架构、事件研判、预案启动条件、应急处理、系统恢复、通传通报要求、事后总结提升等。关键信息基础设施应急预案的有效执行，需配备专业的网络安全应急支撑团队，从而确保安全事件能够得到快速有效响应。

关键信息基础设施的网络安全应急预案需要定期评估并修订完善，并需要每年至少组织 1 次应急演练。同时，国家网信部门、上级主管部门开展的网络安全应急演练，应积极参与并严格执行。

② 事件处置：在网络安全事件发生后，按网络安全应急预案有序开展应急处置工作，

并建立安全事件溯源取证机制。事件结束后需要及时落实通传通报制度，以书面报告等形式通报事件完整情况，包括但不限于事件总体介绍、原因分析、影响范围及严重程度判定、实施的应急处置措施及效果、系统恢复情况等。

③ 合规要求：关键信息基础设施中的重要业务和数据的应急响应工作应采取（GB/T 20988—2007）《信息安全技术信息系统灾难恢复规范》中的三级及以上要求。

④ 持续评估：根据网络安全监测预警和风险评估中发现的安全风险及其处置情况，应开展二次安全风险评估，重新识别残余安全风险，及时更新安全措施，降低安全风险至可接受的程度。

3. 安全保障指标体系

《信息安全技术关键信息基础设施安全保障指标体系》依据国家相关网信部门和行业内部对关键信息基础设施安全防护的要求和标准，提出关键信息基础设施安全保障指标体系及其具体测量方法，推动关键信息基础设施安全防护水平持续增强。

关键信息基础设施安全保障指标体系分为建设情况指标、运行能力指标、安全态势指标3个部分，从规划建设、管理制度、日常运行、安全脆弱性、典型安全事件等方面设立关键信息基础设施安全保障的指标要求。关键信息基础设施安全保障指标体系如图5-3所示。其中，运行能力指标主要与关键信息基础设施的日常安全维护工作相关，具体涵盖安全防护指标、安全监测指标、应急处置指标、信息对抗指标4个方面。

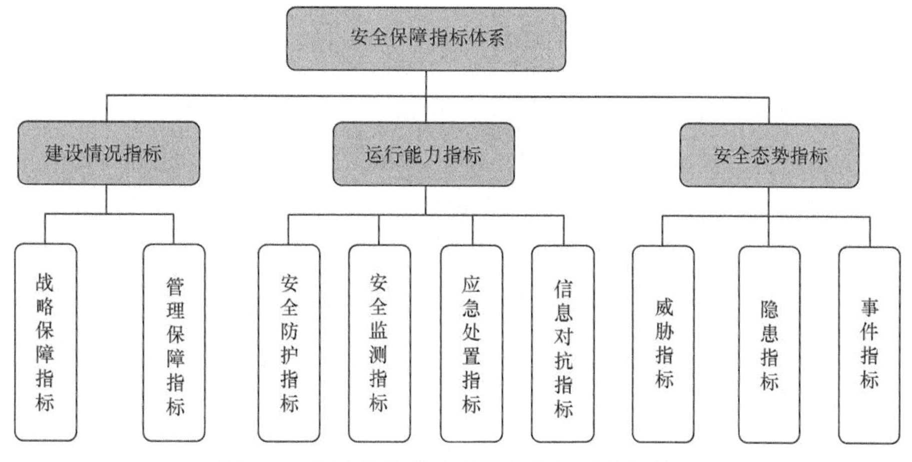

图5-3 关键信息基础设施安全保障指标体系

（1）安全防护指标

安全防护指标主要评价关键信息基础设施的基础安全防护技术的落实情况及实施效果，实施效果可通过常规安全测试来检查。该指标要求已开展常规检测且未发现问题的系统数量，占应开展常规检测系统数量的 90% 以上。

（2）安全监测指标

安全监测指标主要体现了关键信息基础设施开展实时安全监控、安全预警通报技术手段建设工作，以及风险威胁信息共享等工作的落实情况。该指标要求关键信息基础设施 100% 纳入监测。

（3）应急处置指标

应急处置指标主要展现关键信息基础设施的运维部门应急响应准备情况，包括关键信息基础设施的网络安全应急指挥协同机制的确立、应急预案编制、应急演练定期开展、通传通报的流程要求等。该指标要求必须具备应急预案，且每年至少进行 1 次演练并对预案进行修订。

（4）信息对抗指标

信息对抗指标主要评价在对关键信息基础设施进行模拟攻击测试时，关键信息基础设施实现安全防御的能力情况，包括关键信息基础设施网络安全事件检测比例、响应比例、成功防护比例等。该指标要求涉及关键信息基础系统的模拟攻击次数为基准，其检测率、响应率、成功防护率均达到 100%。

4. 关键信息基础设施的安全检查评估

关键信息基础设施的安全检查评估主要包括工作准备、现场实施、分析与结果反馈 3 个步骤。其中，工作准备是指关键信息基础设施的安全检查评估正式实施之前需要完成的准备工作，具体包括工作启动、信息调研和方案制定 3 个环节。现场实施是指关键信息基础设施的安全检查评估检查方对被检查方开展正式的检查评估工作，具体包括实施准备、实施开展、综合分析和报告编制 4 个环节。分析与结果反馈主要是向检查评估委托方反馈检查结果和检查评估报告的过程。关键信息基础设施的安全检查评估步骤如图 5-4 所示。

关键信息基础设施的安全检查评估的主体工作主要体现在现场实施的实施开展部分，这部分主要由合规检查、技术检测等构成。其中，合规检查是指通过资料审查、人员访谈和符合性评测等方式，就法律、政策法规和行业标准的相关要求进行检查评估，确保国家和行业相关安全保障要求能够严格执行。

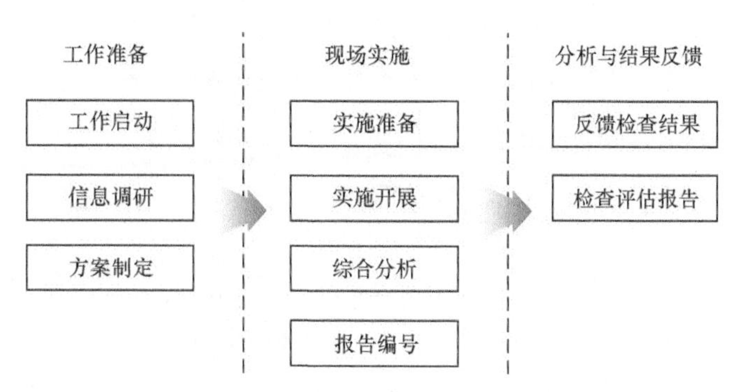

图5–4 关键信息基础设施的安全检查评估步骤

技术检测由专业的安全检测人员执行，通过现场接入或者远程检测的方式，使用安全漏洞扫描、配置基线核查、渗透测试等非破坏性检测方法，验证关键信息基础设施存在的安全脆弱性，其目的是全面发现关键信息基础设施的网络安全问题。

5.2 5G安全运维

随着5G网络规模部署和业务的应用推广，在相关安全能力逐步投入应用的同时，为了有力保障相关网络、系统、业务应用持续的安全、稳定运行，基于端到端安全运营的理念，运营商需要组建安全保障团队做好定级备案、资产安全管理、安全例行作业、安全监测与防护、安全应急响应等常态化安全运营工作，及时消除网络安全风险。

5.2.1 定级备案

中国通信标准化协会牵头起草编写（YD/T 3799—2020）《电信网和互联网网络安全防护定级备案实施指南》中规范了如何选择网络单元与如何计算定级对象的安全级别，适用于现实中的各类网络/系统的网络安全级别认定和备案填报工作。随着移动互联网、物联网等快速发展，在《电信网和互联网网络安全防护定级备案实施指南》2021年修订版本的征求意见稿中，新增了5G核心网、5G边缘计算平台、工业互联网平台等多个网络单元类型及其对应的定级要素赋值细化指标。

5G 网络和应用应按照工业和信息化部的定级备案相关法规和行业标准要求进行网络单元划分，并按照其遭到破坏后可能对国家安全、经济运行、社会秩序、公众利益的危害程度，由低到高分别划分为一级网络单元、二级网络单元、三级网络单元、四级网络单元、五级网络单元。

1. 5G 网络和应用的定级单元类型

根据《电信网和互联网网络安全防护定级备案实施指南》2021 年修订版本的征求意见稿，5G 网络和系统的定级网络 / 系统类型为移动通信网，A 类网络 / 应用单元为 5G 网络，B 类网络 / 应用单元为 5G 核心网、5G 边缘计算平台。

对于未在该实施指南中涵盖的 5G 网络和应用类型，我们可以根据实际情况，按照模版“网络 / 系统类型—A 类单元名称—B 类单元名称”，自行确定定级单元类型。

2. 5G 网络和系统单元命名规则

对于划分到 B 类网络 / 系统单元的 5G 核心网、5G 边缘计算平台，其命名规则如下。

[网络和业务运营单位简称][A 类网络 / 应用单元名称][B 类网络 / 应用单元名称]

例如，云南省电信公司的 5G 核心网，网络 / 系统单元全称为“中国电信云南分公司 5G 网络 5G 核心网”。

3. 5G 网络和应用定级要素赋值指标

5G 网络 / 应用系统的安全等级由社会影响力、规模和服务范围、所提供服务的重要性 3 个要素确定。结合 5G 网络和应用的具体特点，我们以 5G 核心网、边缘计算节点为例对 3 个定级要素的评估方法进行说明。

5G 核心网承载 5G 网络的关键功能，主要面向公众用户提供服务，因此，会涉及大量的用户身份信息、业务访问信息等个人敏感数据，受到破坏后会对社会和公共利益造成较为严重的冲击。根据工业和信息化部发布的相关指引，我们建议将 5G 核心网的社会影响力赋值为 3。

5G 核心网的规模和服务范围赋值见表 5-1，5G 核心网所提供服务的重要性赋值见表 5-2。其中，5G 核心网的规模和服务范围可根据日均服务用户数来确定。如果定级要素来满足多项范围赋值指标，则该定级要素选取满足范围内最高指标的赋值。

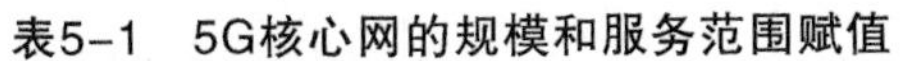

表5-1 5G核心网的规模和服务范围赋值

规模和服务范围指标	赋值
服务用户数量在 50 万个以下	1
服务用户数量在 50 万个（含）以上，2000 万个以下	2
服务用户数量在 2000 万个（含）以上，1 亿个以下	3
服务用户数量在 1 亿个（含）以上，4 亿个以下	4
服务用户数量在 4 亿个（含）以上	5

表5-2 5G核心网所提供服务的重要性赋值

所提供服务的重要性指标	赋值
服务于普通用户通话、上网等业务	2
服务于车联网、工业互联网、物联网、金融等重点领域业务	3

5G 边缘计算平台的服务对象包括国家政府部门、企事业单位、国有企业、私人企业或机构等。根据工业和信息化部要求，5G 边缘计算平台的定级级别不能低于其所承载业务的级别。5G 边缘计算平台的社会影响力赋值见表 5-3。

表5-3 5G边缘计算平台的社会影响力赋值

社会影响力指标	赋值
服务于各类商业机构、企事业单位所属网络及业务系统	1
服务于地市及以下各级政府机关、地区性小型互联网内容服务商、其他公共服务机构相关网络及业务系统	2
服务于省级地方政府机关、地方网络媒体机构、大型企事业单位分支机构、地区性大中型互联网内容服务商的相关网络及业务系统	3
服务于中央国家机关、中央网络媒体机构、大型企事业单位总部或集团公司、大型互联网内容服务商的相关网络及业务系统	4

5G 边缘计算平台的“规模和服务范围”赋值可根据用户数和虚拟主机数量确定，取二者数量单项最高赋值的指标。5G 边缘计算平台的规模和服务范围指标——用户数赋值和虚拟机数量赋值分别见表 5-4 和表 5-5。5G 边缘计算平台所提供服务的重要性赋值见表 5-6。

表5-4 5G边缘计算平台的规模和服务范围指标——用户数赋值

规模和服务范围指标	赋值
用户数在 10 个（含）以下	1
用户数在 10 个以上，100 个（含）以下	2

续表

规模和服务范围指标	赋值
用户数在 100 个以上，500 个（含）以下	3
用户数在 500 个以上，1000 个（含）以下	4
用户数在 1000 个以上	5

表5-5　5G边缘计算平台的规模和服务范围指标——虚拟机数量赋值

规模和服务范围指标	赋值
虚拟主机数在 10 个（含）以下	1
虚拟主机数在 10 个以上，50 个（含）以下	2
虚拟主机数在 50 个以上，500 个（含）以下	3
虚拟主机数在 500 个以上，2000 个（含）以下	4
虚拟主机数在 2000 个以上	5

表5-6　5G边缘计算平台所提供服务的重要性赋值

所提供服务的重要性指标	赋值
服务于其他各类企事业单位所属网络及业务系统	1
服务于地市及以下各级政府机关、地区性小型互联网内容服务商、其他公共服务机构相关网络及业务系统	2
服务于省级地方政府机关、地方网络媒体机构、大型企事业单位分支机构、地区性大中型互联网内容服务商的相关网络及业务系统	3
服务于国家政府机关、中央网络媒体机构、大型企事业单位总部或集团公司、大型互联网内容服务商的相关网络及业务系统	4

4. 5G 网络或应用系统安全等级的计算方法

根据 5G 网络或应用系统的 3 个定级要素取值，可以根据以下公式评估其安全定级级别。

$$k = \text{Round}\left\{\log_2\left[\alpha \times 2^I + \beta \times 2^R + \gamma \times 2^V\right]\right\}$$

其中，k 代表安全等级值，I 代表社会影响力赋值、R 代表规模和服务范围赋值、V 代表所提供服务的重要性赋值，Round{　} 表示对其计算数值进行四舍五入处理，$\log_2$[　] 表示取以 2 为底的对数；α、β、γ 分别表示该网络单元的社会影响力、规模和服务范围、所提供服务的重要性赋值所占的权重，默认三者权重相同，取值均为 1/3。

安全等级值的大小可以确定网络单元安全等级的级别，安全等级值与安全等级的映射关系见表 5-7。上述公式可以计算得到 k 值，即可得到 5G 网络 / 应用系统的安全定级级别。

表5-7 安全等级值与安全等级的映射关系

安全等级值 k	网络单元安全等级
$1 \leqslant k < 1.5$	第 1 级
$1.5 \leqslant k < 2.5$	第 2 级
$2.5 \leqslant k \leqslant 4$	第 3 级
$4 < k < 4.5$	第 4 级
$4.5 \leqslant k \leqslant 5$	第 5 级

5.2.2 资产安全管理

工业和信息化部在《关于加强电信和互联网行业网络安全工作的指导意见》中明确指出，“深化网络基础设施和业务系统安全防护，加强网络和信息资产管理，全面梳理关键设备列表，明确每个网络、系统和关键设备的网络安全责任部门和责任人”。由此可见，全生命周期网络安全资产管理是信息安全的基础工作。5G 应用涉及的资产安全管理至少应实现全网 IP 资源的全面纳管，涉及的资产类别包括主机、应用系统、虚拟机、网络设备、安全设备、存储设备等。5G 资产安全管理范围见表 5-8。

表5-8 5G资产安全管理范围

资产类别	纳管方式	资产类型
主机	代理	AIX、HP-UX、Solaris、Linux、Microsoft Windows、Redhat Linux、CentOS、SUSE 等
应用系统	代理	数据库：Oracle、SQL Server、MySQL、Informix、Sybase、PostgreSQL、Redis、MongoDB、Hbase、CouchDB、Memcache Web 服务：Apache、Tomcat、Nginx、Resin、IIS、Squid 中间件：Weblogic、WebShpere、Jboss、ActiveMQ、Zookeeper 关键应用系统：Zabbix、Nagios、Zenoss、Cacti、SVN、Ganglia、Jenkins、DNS 服务等
虚拟机	代理	各种主流 Linux 发行版本、Microsoft Windows
网络设备	网管对接	路由器、交换机、安全设备、BGW、BAS、MSE、AC、MGC、RNC、OLT、ONU、OLP 等
安全设备		
存储设备		

1. 资产安全属性

对于资产的通用属性，5G 应用的资产安全管理应至少涵盖资产通用属性，5G 资产安全通用属性见表 5-9。对于资产属性信息的采集，可以通过代理预置、网管传送、手工录入等方式完成。其中，代理预置是指对应的属性应预先配置在资产代理程序的文件中，跟随资产数据统一上传。网管传送是指对应的属性通过各种网管接口采集。

表5-9　5G资产安全通用属性

属性名称	描述
资产名称	资产的具体名称，包括设备名称等
资产等级	根据（YD/T 3799—2020）《电信网和互联网网络安全防护定级备案实施指南》定级后设施的定级级别
所属业务系统	资产所提供服务的业务系统
系统类型	系统的分类，例如，企业办公类、业务应用类、运维管理类、账务计费类等
所属地域	资产所在的物理地理位置，例如，北京、南京、上海等
资产所处物理位置	资产所在的机房机架
所属单位	资产所属的单位名称
所属部门	资产所属的部门名称
所属专业	资产所属的专业名称
资产类别	主机、网络设备、安全设备、应用系统、存储、虚拟机
资产 IP	包括主识别 IP、公网 IP、内部网络 IP、VPN 网络 IP、私网 IP、浮动 IP
日志采集方式	syslog、SNMP Trap 等
资产远程维护登录方式	sSH、Telnet、Web 等
操作系统类型	例如，Windows、Linux、Unix、VMWare ESXI、KVM 等
操作系统版本	例如，Windows 2008 Server、CentOS 6.5 等
资产编号	资产所属单位发放的唯一资产编号
资产型号	资产的具体设备型号
资产厂商	资产所属厂商，例如，华为、中兴等
上线日期	资产正式上线的日期
责任人	资产责任人的姓名
责任人联系方式	资产责任人的联系方式，包括手机、固定电话、邮箱等
安全管理员	资产安全管理员的姓名
安全管理员联系方式	资产安全管理员的联系方式，包括手机、固定电话、邮箱等
完整性	资产完整性赋值
机密性	资产机密性赋值
可用性	资产可用性赋值

对于资产安全特有属性，5G应用的资产安全管理应至少支持典型特有属性的采集。5G资产安全特有属性见表5-10。

表5-10 5G资产安全特有属性

资产类型	属性	属性说明
主机	防病毒属性	安装的防病毒软件名称、开发厂商及软件版本等信息
	补丁属性	已经安装的补丁版本
	承载业务	主机的用途
	漏洞属性	主机操作系统及基础应用的安全漏洞，包括漏洞名称、漏洞CVE编号或者CNVD编号
	日志属性	采集日志是否正常
	账号口令策略	针对口令复杂度、有效期、错误锁定时长等配置实施情况
	主机内核版本	针对Linux操作系统
	关键服务版本	主机上运行的关键服务名称及版本
	主机端口	主机开放的应用服务端口清单
	启动项配置	操作系统自动启动项的配置情况
Web服务器	所属主机	所属的逻辑主机
	Web服务器类型	使用的中间件名称及版本
	漏洞属性	当前版本对应的漏洞清单，以CVE编号形式列举，例如，CVE-××××
	服务端口	Web应用服务端口号及中间件后台管理服务端口号
	关键URL	Web服务URL及关键路径
	应用名称	Web应用系统名称，例如，门户网站、邮箱平台等
	应用路径	Web服务页面在操作系统中的文件路径
关键应用程序	所属主机	所属的逻辑主机
	应用程序名称	应用软件的名称及版本号
	漏洞属性	当前版本对应的漏洞清单，以CVE编号形式列举，例如，CVE-××××
	应用系统端口	应用服务使用的端口号
数据库	所属主机	所属的逻辑主机
	数据库名称及版本	数据库软件名称及版本号
	漏洞属性	当前版本对应的漏洞清单，以CVE编号形式列举，例如，CVE-××××
	数据库端口	数据库服务端口号，例如，1521

续表

资产类型	属性	属性说明
路由器 / 交换机	资产状态	设备运行状态，例如正常、离线、运行异常等
负载均衡器	设施状态	
安全设备	运行状态	
	端口信息	设备开放的应用服务端口及服务名称
磁盘阵列	涉及主机	使用磁盘阵列的主机清单，包括服务器名称、服务器 IP 等
	固件（微码）版本	磁盘阵列的固件（微码）版本
	磁盘有效容量	该磁盘阵列的有效容量大小，单位为 GB 或者 TB
	RAID 方式	磁盘阵列的运行模式，例如，RAID0、RAID1、RAID5 等
磁带库	磁带驱动器型号	磁带驱动器的型号
	磁带驱动器数量	磁带驱动器的数量
	磁带型号	兼容的磁带型号列表
	容量	磁带库的总容量，单位为 GB
	接口类型	磁带库的接口类型，例如，光纤、SCSI 等
	可装载磁带数量	可装载的磁带数量
	存储备份软件列表	与磁带库关联的存储备份软件列表
虚拟机	承载虚拟机的集群	虚拟机所属的物理主机或者集群
	承载虚拟机的虚拟化系统	例如，FusionSphere、VMWare ESXI Server、KVM、Xen Server
	补丁属性	已经安装的补丁版本
	承载业务	虚拟机的用途，例如，数据库业务等
	漏洞属性	虚拟机及其承载业务的漏洞列表，包括漏洞名称、级别、CVE 编号、CNVD 编号等
	日志属性	采集日志是否正常
	账号口令策略	主机上的口令复杂度、有效期、错误锁定时长等配置实施情况，或者 FusionSphere、OpenStack 等云管理系统上的统一账号管理策略
	开放端口	虚拟机开放的应用服务端口列表
	启动项配置	虚拟机操作系统自动启动项的配置情况
	内核版本	针对 Linux/Unix 操作系统
	关键服务版本	虚拟机上运行的关键服务名称及版本

2. 资产安全纳管

使用5G网管接口或代理软件的方式可以实现对5G资产安全基础信息的动态采集，对于不能自动采集的资产属性，例如，所属地域、所属单位、所属应用系统等可以通过人工录入的方式补充完善。通过统一的资产维护界面应能够直观地查看资产的分布状态，建立5G资产台账，从多个维度掌握5G资产安全基础信息的情况。

5G资产应同步纳入4A系统统一管理，实现5G的各类资产（包括应用和系统资源）维护操作的集中管理，所有维护操作均通过4A平台的专用安全通道，降低存在的安全风险。4A系统通过提供统一账号管理（Account）、集中授权管理（Authorization）、统一身份认证（Authentication）和集中审计（Audit）的安全服务，实现5G网络的维护账号事前统一认证授权、事中精确管理、事后严密审计的功能。所有操作账号实行实名制管理，遵从职责分离、最小授权、特殊控制等原则，确保账号全生命周期安全性。

5G应用一般部署在专用网络，远程接入原则上应采用VPN、SDP等安全接入方式。对于部署在同一服务器的不同应用服务（例如，SSH、FTP、Redis等）应分别配置账号及其访问权限，禁止匿名或者免密方式直接远程登录。5G的远程操作应通过堡垒机开展，使用SSH等加密协议，并严格限制相应设备上的源IP地址段。相关维护操作应做好日志存档及保护，并开展安全审计及时发现违规操作或非法操作行为。需要注意的是，相关登录、运营操作等日志保存时间应不低于6个月。

5.2.3 安全例行作业

5G网络和系统开展日常的网络安全例行作业，通过系统自动作业和人工判定评估相结合的方式，建立常态化、规范化的作业机制，及时发现并清除系统的安全隐患，提升安全合规运营水平。

网络安全例行作业内容主要包括安全扫描检查作业、安全基线合规性检查作业、安全日志审计作业、互联网暴露面检查作业、定级备案数据核对作业等。这些作业所针对的对象为5G网络的网元设备、主机业务平台、计算机支撑系统及维护终端、主机、安全设备等IP/IT类资产。

1. 安全扫描检查作业

为了提高5G全网安全性，及时发现资产漏洞风险，开展资产漏洞扫描作业，定期实施资产漏洞扫描任务，并根据漏洞扫描报告对高、中危漏洞进行加固和修复。安全扫描检查作业的内容分为资产漏洞检查和 Web 漏洞检查两个子类。

资产漏洞检查：通过网络安全脆弱性检测工具进行主机漏洞扫描，发现设备固件、操作系统、应用程序等存在的网络安全漏洞，及时落实加固措施。

Web 漏洞检查：通过 Web 安全脆弱性检测工具，对 Web 站点进行安全漏洞扫描，发现存在的中间件、数据库、Web 应用等网络安全漏洞，及时落实加固措施。

专业的安全脆弱性检测工具应确保与 5G 网络和系统资产网络可达，并具备覆盖 5G 相关网络、系统和应用的安全漏洞发现能力。利用专业漏洞扫描工具对 5G 网络资产进行风险分析，排查高、中危风险并根据实际的生产情况对资产安全漏洞进行处置，完成资产漏洞发现、处置、验证的闭环处置流程。安全扫描检查作业汇总见表 5-11。

表5-11 安全扫描检查作业汇总

作业分类	作业子类	作业细项内容描述	作业频率建议
安全扫描检查作业	资产漏洞检查	对设备固件、操作系统及中间件、数据库、OpenSSH、RDP 远程桌面等应用服务进行安全漏洞检测，发现并整改安全隐患问题	二三级网络单元 1 次 / 月 一级网络单元 1 次 / 季
	Web 漏洞检查	对 Web 网站代码进行常规漏洞检测，检测项目包括但不限于 Web 挂马、SQL 注入、跨站、越权等安全漏洞问题，针对发现的安全漏洞及时整改	

2. 安全基线合规性检查作业

为了达到国家行业主管部门的网络安全基线合规管控要求，应开展 5G 基线合规处置作业，定期检查重要基线核查项的不合规资产，按业务系统生成基线报告以指导后续整改，最终完成基线合规处置作业闭环管理。

安全基线（最低安全配置要求）合规性检查作业应涵盖维护终端、服务器、网络设备、安全设备等硬件设备，具体对操作系统、数据库、中间件等软件程序进行安全基线合规性检查。安全基线合规性检查作业需要使用专业化的自动化基线检查工具，或使用人工方式对相关配置进行合规性检查。针对相关核查中的不合规项，及时开展整改处置，同时开展复检校验，形成安全基线不合规问题的发现、处置、验证的闭环处置流程。安全配置符合性检查作业汇总见表 5-12。

表5-12　安全配置符合性检查作业汇总

作业分类	作业子类	作业内容描述	作业周期建议
安全配置符合性检查作业	主机操作系统配置检查	检查操作系统配置的合规性，发现存在不合规的配置，并对存在的问题及时整改	1次/季
	网络设备配置检查	检查网络设备配置的合规性，发现存在不合规的配置，并对存在的问题及时整改	
	安全设备配置检查	检查安全设备配置的合规性，发现存在不合规的配置，并对存在的问题及时整改	
	应用软件配置检查	检查应用（Web中间件、数据库）配置的合规性，发现存在不合规的配置，并对存在的问题及时整改	

3. 安全日志审计作业

安全日志审计作业旨在提高5G网络安全告警管理能力，通过集中设备和系统的安全日志，按审计规则对安全隐患进行分析审计，及时发现5G资产的异常登录、违规操作、恶意入侵等异常行为。5G安全维护人员需要梳理汇总已经部署或后续部署的安全设备及安全防护系统，形成安全防护能力台账，并部署采集设备或平台统一收集安全设备和防护系统的日志，结合安全分析模型，及时生成异常安全告警。5G安全维护人员针对发现的安全审计告警，需要及时通知相关5G资产维护人员处置，完成问题的闭环管控。安全审计作业示例见表5-13。

表5-13　安全审计作业示例

作业示例	作业内容描述	作业频率
日志审计	对主机疑似绕行4A的日志进行审计，针对绕行行为及时进行处置，反馈绕行原因及整改措施	1次/天

4. 互联网暴露面检查作业

为了提高全网安全管理能力，及时发现系统应用的漏洞风险，开展5G网络的互联网暴露面检查作业。通过对存量互联网暴露面信息系统WAF接入有效性、各应用服务端口开放变更情况、服务端口访问控制及未报备的互联网暴露面定期进行技术检测，对子域名、ICP备案情况进行定期核对，及时发现安全隐患问题。针对发现的安全隐患问题，应立即开展处置、修复、验证，确保5G系统相关安全问题的闭环管理。

互联网暴露面检查作业应使用专业化的安全渗透工具，结合nslookup、masscan、nmap、zoomeye、shodan等互联网开源工具、信息搜索引擎、延迟丢包在线测试等技术手段开展，尽量保证安全检查的全面性和准确性。互联网暴露面检查作业汇总见表 5-14。

表5-14　互联网暴露面检查作业汇总

作业分类	作业子类	作业内容描述	作业频率
互联网暴露面检查作业	存量互联网暴露面检查	检查 WAF 接入的有效性，及时将应用接入 WAF，针对绕行 WAF 进行处置	1 次 / 月
		检查应用端口开放情况，及时更新报送互联网信息系统暴露面台账信息	
		检查应用服务端口的网络访问控制措施，保障端口访问范围最小化，针对非必要开放的白名单进行处置	
	未报备的互联网暴露面检查	检查自有互联网业务地址段内的未纳管资产和端口信息，及时纳管互联网暴露面资产，更新报送互联网信息系统暴露面台账信息	
	子域名检查	从域名服务提供商处提取暴露面一级域名下的所有子域名清单，核实子域名使用情况，更新子域名分配和使用	
	ICP 备案检查	检查本单位为主体的网站 ICP 备案信息的准确性，及时处置和更新有误的备案信息	

5. 定级备案数据核对作业

定级备案数据核对作业要求对业务系统的定级备案单元名称、定级备案单元工业和信息化部等级、定级备案单元资产完整性进行检查，发现存在问题的业务系统及时进行数据更新。定级备案数据核对作业汇总见表 5-15。

表5-15　定级备案数据核对作业汇总

作业分类	作业子类	作业内容描述	作业频率建议
定级备案数据核对作业	定级备案单元名称检查	检查业务系统报备的单元名称是否符合定级备案的相关命名规范，是否与在工业和信息化部网站报备的名称一致，针对存在问题的系统及时在安全运营中心（Security Operatings Center，SOC）更新备案单元名称	1 次 / 月
	定级备案单元工业和信息化部等级检查	检查业务系统报备的单元定级等级是否与在工业和信息化部网站报备的等级一致，针对存在问题的系统及时更新 SOC 中的系统等级	
	定级备案单元资产完整性检查	检查已定级的业务系统资产台账信息是否与在工业和信息化部网站报备的定级报告资产台账信息一致，针对存在问题的系统及时登录工业和信息化部网站更新定级报告中的资产台账	

5.2.4 安全监测与防护

对于 5G 网络及相关云基础设施应当建立常态化安全威胁监测机制，对网络安全设备的告警日志、安全日志等安全信息及时进行汇总和集中研判审计，纳入态势感知系统，实现对入侵攻击、渗透扫描、分布式拒绝服务等攻击行为的安全监测。

1. 安全威胁监测与处置

5G 安全威胁监测范围包括但不限于 5G 承载网、5G 核心网、MEC、接入设备、5G 业务运营平台等，以及对上述设备进行网信安全监测、检测、防护设备产生的各类安全告警信息。监测发现的各类网信安全事件，需要组织安全维护人员快速响应，及时止损，避免安全事件影响扩大，保障 5G 网络和应用服务不受严重影响。具体采取的措施包括但不限于安装补丁、配置策略、部署设备、关闭服务、更新代码等。

威胁监测与处置主要场景包括安全风险预警加固、安全漏洞、弱密码、数据泄露、Web 类应用被攻击、网站或其他展示界面被篡改、DDoS 攻击、病毒或木马等恶意程序、虚拟层应用被攻破或逃逸、主机或应用程序权限丢失等。

2. 安全防护策略管理

5G 的安全防护策略管理包括 5G 承载网、5G 核心网、MEC、接入设备，5G 业务运营平台等，以及对上述设备进行网信安全监测、检测、防护设备的安全策略。其中，网信安全监测、检测、防护设备包括但不限于防火墙、IPS/IDS、WAF、漏扫、防病毒、防木马、全流量监测等。

根据 5G 网络实际业务情况分析梳理域间访问控制需求，该策略采取网络层面和主机层面结合的方式，通过访问控制策略实现对网络云相关支撑系统和云基础设施的访问行为控制。访问控制策略应遵循“最小化原则”，采取白名单的方式进行配置，仅针对配置的 IP + 端口放通访问权限，而拦截其他源 IP 或者端口的访问权限，避免非必要的服务和设备在网络中暴露。依据对应的标准要求，运营商应制定相关安全策略和配置方案，组织安全策略的验证和评审，实施通过审核的安全策略。

5.2.5 应急演练及响应

5G 网络安全突发事件应急工作，应贯彻法律法规和政府监管部门有关 5G 网络安全应急的工作要求，按照“谁主管、谁负责，谁运营、谁负责”的原则，建立健全的企业内部应急联动响应机制，制定针对性强的5G安全事件应急预案，常态化开展5G应用服务安全事件的监测预警，同时不定期地组织应急演练。

1. 事件分级

5G安全事件可以根据事件涉及业务范围、影响面和危害性等要素进行等级划分，建议由高到低分为A级、B级、C级、D级共4级。5G网络安全事件级别分类见表5-16。

表5-16　5G网络安全事件级别分类

事件级别	业务影响情况
A级	涉及运营商企业的核心商业密级信息泄露
	涉及省级以上范围内的5G用户信息泄露，或估计可能超过1000万个5G用户的信息泄露
	发生导致省级以上5G网络出口拥塞半小时以上的DDoS攻击事件
	自有网络设备遭攻击、入侵，导致省级以上5G网络受影响
	5G设备因网络安全问题导致全省范围内的5G用户无法正常上网
	跨省5G业务平台、网络遭病毒感染或在系统内传播
B级	涉及运营商企业的普通商业密级信息泄露
	涉及两个及以上地市范围的5G用户信息泄露，或估计可能超过100万个5G用户的信息泄露
	发生两个及以上地市5G网络出口拥塞半小时以上的DDoS攻击事件
	自有网络设备遭攻击、入侵，导致两个及以上地市5G网络受影响
	因5G设备因网络安全问题导致两个及以上地市在全市范围内的5G用户无法正常上网
	省级以上的5G业务平台、网络遭病毒感染和传播
C级	涉及单个地市范围的5G用户信息泄露，或估计可能超过5万个用户的信息泄露
	因5G设备网络安全问题导致一个及以上地市在全市范围内的5G用户无法正常上网
	发生导致一个地市5G网络出口拥塞半小时以上的DDoS攻击事件
	自有网络设备遭攻击、入侵，导致一个地市5G网络受影响
	地市级5G业务平台、网络遭病毒感染
D级	未达到A级、B级、C级的其他网络安全突发事件

2. 事件应急响应处置

5G网络安全突发事件的应急响应一般采取分级响应原则，根据事件分级情况，将响应同样分为 A 级、B 级、C 级、D 级共 4 级，分别对应相应级别网络安全突发事件的应急处置。

5G 网络安全突发事件发生后，事发单位应开展事件快速研判，当判断事件符合相关安全应急预案启动条件时，应快速采取相应的先期响应措施，优先恢复 5G 业务的正常服务，有效降低事件造成的影响。随后，运营商可以开展有针对性的溯源分析，做好入侵攻击、木马后门感染、违规操作的相关日志、告警、恶意文件等信息留存和备份。

应急响应启动后，企业应当加强应急处置工作的组织和指挥，增强 5G 网络性能和应用服务可用性的监测，检查网络和系统受影响的情况，及时获取安全事件重要情况（包括但不限于影响用户范围变大、事态有进一步严重趋势、处置进展情况等），及时组织安全专家进行分析研判，快速有效地做好应急响应处置。

安全事件涉及的业务类型、影响范围和危害性，可以采用的应急响应措施包括但不限于网络访问控制、入侵攻击拦截、异常流量清洗、补丁安装、配置安全加固、恶意代码查杀等。大规模敏感信息泄露事件还需要及时发布公告，通知用户事件大致情况并提出建设性保护意见，以减轻用户可能承担的损失，直至 5G 网络安全突发事件的影响和危害得到控制或消除，应急响应工作方可结束。

3. 事后调查评估

5G 安全事件应急响应工作结束后，应及时开展事件起因调查，梳理应急处置整个过程，提出应急响应流程的改进建议，评估事件影响面和严重程度，总结安全防护机制的缺陷和不足，提出针对性的整治措施，形成安全事件应急响应总结报告。

5.3 5G 应用安全需求

5G 网络带来的大带宽、低时延和广连接，充分赋能“5G + 智能制造”“5G + 采矿”“5G + 电力”“5G+ 医疗”等多个垂直行业，应用到远程控制、机器视觉、大规模连接和办公网络等多个应用场景，同时，5G 网络也融合了各种网络，引入一系列的安全风险，使 5G toB 用户在“云 - 网 - 端 - 边”各个方面都有强烈的安全需求。本节以“5G + 智能制造”应用场景为例，梳理了生产网络、工业终端、边缘网络、专网和工业云等多个方面的安全需求。

5.3.1 生产网络隔离与融合需求

1. 远程控制场景

远程控制包括工程机械、机械臂、矿山矿车、AGV、摄像头、增强现实（Augmented Reality，AR）/ 虚拟现实（Virtual Reality，VR）眼镜等 5G 终端的控制。

- 工程机械远程控制：通过 5G 网络低时延地进行交互机械控制信令，实现摄像头、传感器等设备实时回传现场情况，提高了工作效率，节约了人工成本，减少了工作人员在危险或者有毒有害作业环境下的风险。
- AGV 控制：利用低时延的 5G 网络，通过传感器、无线网络和导航等技术，自动识别在工厂或生产园区移动碰到的各种障碍物，并实时上报 AGV 的运动轨迹和实时位置，从而实现 AGV 的高级别自动驾驶，具备能投入生产使用的智能化水平。
- 机器人控制：利用低时延的 5G 网络，实时下发对移动机器人和固定区域机械臂的远程操作指令，实现对机器人的远程实时控制。
- 场内产线设备控制：基于 5G 低时延网络，建立集中控制中心和产线设备的高速信息通道，可实现远程智能化操控，提高产品精度，保障产品质量，也可以避免生产环境恶劣导致的工伤风险。

生产环境的远程控制场景需要低时延业务支撑，因此，应有效评估安全措施可能对生产企业造成的影响。生产企业主要有以下安全诉求。

- 具备抗 DDoS 攻击能力，防止被该攻击造成网络拥塞或通信中断，导致 uRLLC 业务无法正常运行。
- 具备均衡安全机制，防止对 uRLLC 业务的时延、可靠性可能造成的影响。
- 具备增强安全需求，防止业务数据被篡改 / 伪造 / 重放的能力，保证数据传输安全。

2. 机器视觉应用场景

机器视觉应用场景包括空间引导、光学字符阅读器（Optical Character Reader，OCR）、解码、AR 辅助、VR 复杂装配、生产安全行为分析等多种场景。

利用 5G 大带宽特性，结合网络切片、MEC 新技术，机器视觉技术可以将终端侧视频采集至云端进行深度分析。在工业生产场景中，机器视觉技术可有效降低生产成本、提升生产精度、降低次品率和漏检次品数。在工业自动化系统中，为了提高检验精准度和效率，会将传统的人工检查替换成自动化的机器检查。机器视觉技术从成品的放置状态、外表形状、大小尺寸、图案特征等要素开展缺陷检测，提升成品质量检测流程的自动化程度。传统机器视觉技术对设备终端有极高的要求：强大的硬件性能（包括CPU与GPU处理能力），集成式的嵌入式系统实现功能集成和调度，同时对终端的体积、部署位置等也有一定的要求，对机器视觉的广泛使用带来一定困扰。机器视觉技术采用云计算的方式实现机器视觉核心算法，对网络的带宽、覆盖、连接数带来了挑战，传统的有线方案部署复杂，布线困难。Wi-Fi技术也存在覆盖小、抗干扰差、连接数小的问题。

基于5G网络eMBB大带宽场景的应用，机器视觉系统在摄像头完成足够的图像内容采集后，有足够大的带宽和足够低的时延将信息上传至远端控制中心，并及时完成运算任务。

5G网络下eMBB场景在安全要求上有以下诉求。

- 应具备异常业务流量内容监控与识别能力，在特定情况下支持暂停异常业务。
- 应具备抗DDoS攻击能力，防止被DDoS攻击造成网络拥塞或通信中断，导致eMBB业务无法正常运行。
- 应对5G中心节点网络中的入侵检测系统、防火墙等安全防护硬件进行更新，满足在数据存储、链路覆盖、流量检测等方面对海量数据下的抵御危险的需求。

3. 大规模连接应用场景

作为5G新拓展的应用场景，智能化生产的产线网络有海量的终端需要广泛、深层次的工业数据采集，包括各类物联网终端，例如，工业传动器、高清摄像头、环境传感器乃至射频识别技术（Radio Frequency Identification，RFID）和全球定位系统（Global Positioning System，GPS）等设备采集的数据。“5G切片＋MEC”将感知信息上传到SCADA和MES等系统后台，实现工厂的数字化管理。

5G网络的mMTC特性可以极好地支撑工业互联网平台的数据采集场景。然而，许多物联网设备开发商主要关注的是物联网设备的互联网功能，而不是物联网设备的安全性。大多数物联网设备将部署在无人值守的地方，攻击者可以轻松访问并利用这些物联网设备。大量的物联网终端接入5G网络，如果这些物联网终端同时执行类似的操作，那么可能会导致网络上出现信令风暴攻击。如果不能对这种攻击及时察觉和处理，那么有可能会影响网络的稳定性，甚至影响其他用户。

生产企业针对海量连接特性，主要对以下方面有着迫切的安全生产需求。

- 轻量级的安全算法，例如，轻量级分组密码、轻量级对称密码等，在计算能力、存储资源和功率消耗等方面要求极低，能在物联网终端上正常运行。
- 简单高效的安全协议，要求低功耗、低数据的传输速率，支持物联网传感器和物联网网关设备在一定距离上以加密的方式双向传输数据。
- 可靠的信令防护，能及时发现并处置异常终端引发的网络信令风暴攻击。

4. 办公网络的隔离和安全需求

在生产企业中，办公网络一般都与生产网络相互独立，工厂办公网络汇聚至总部，总部作为统一办公网的总出口。5G 技术改造后，需要确保办公网络安全运行，有效抵御各类网络威胁，5G 办公网络存在以下安全需求。

（1）网络隔离

基于安全考虑，部署安全网关或者防火墙等设备，隔离办公网络和生产网络，对两个网络之间的流量进行严格的访问控制和过滤，提供安全的数据交换管控能力。

（2）网络攻击防护

企业办公网络边界需要具备安全防护和审计能力，对来自外部互联网，经由网关入侵，向企业办公网络发起的各类黑客攻击行为，及时发现并拦截。来自外部互联网的入侵攻击多数为应用层攻击，包括口令爆破、结构化查询语言（Structured Query Language，SQL）注入、越权访问、拒绝服务攻击、远程命令执行漏洞攻击等。

（3）病毒感染

典型的勒索病毒、网络蠕虫等恶意程序，5G 网络能有效限制其在办公网络内传播蔓延。

（4）终端接入安全

为了满足日常办公需要，各类终端会使用 5G 移动网络接入办公网，需要具备完善的接入认证措施和接入管控手段，避免非授权终端违规接入办公网络，禁止终端同时跨域接入多个企业内部隔离专网。授权终端经过严格认证鉴权接入办公网络后，应被禁止直接访问互联网，以免出现违规的办公网络互联网出口。

（5）数据安全

5G 作为网络基础设施，在智能化生产场景的应用不只是对传统网络的简单替代。其无线通信模式取代有线通信模式，UPF 网元下沉到企业园区，各类办公、生产终端可通过无线的模式以最短路径接入企业数据中心。由于蜂窝无线网络本身的特性，这些终端摆脱了传统有线介质的安全束缚，可以在更大范围、更多模式下通信，在访问企业内部数据的同时，也有可能在特定区域、特定时间访问非企业外部网络。异构终端接入的逻辑示意如图 5-5 所示。

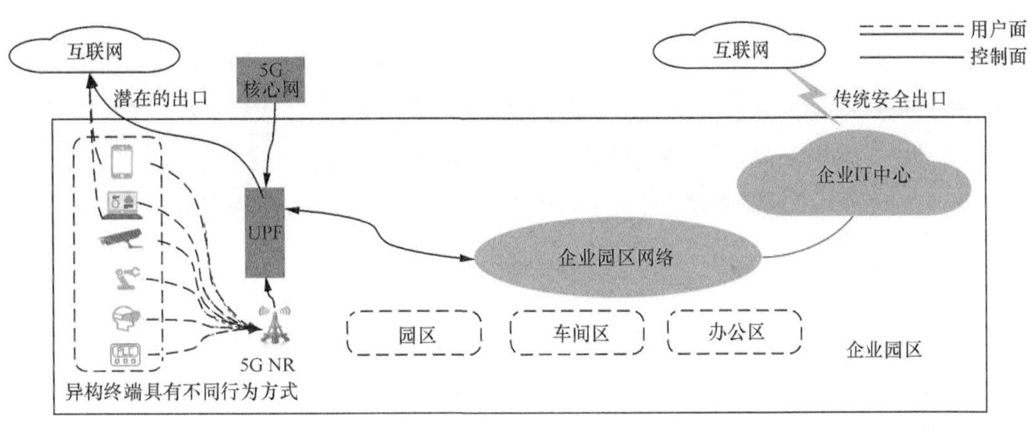

图5–5 异构终端接入的逻辑示意

由图 5-5 可知，这实际上增加了工业网络的风险暴露面，并难以审计和追溯。因此，生产企业需要针对 5G 这种新的网络架构和工业融合应用场景有针对性地设计数据安全防护措施。

5.3.2 工业终端安全需求

5G 工业互联网在工业生产活动中得到了广泛的应用。在生产过程中，产品的每道工序都离不开 5G 工业互联网的数据传输、上下步骤的协调，以及实时的数据采集和反馈。

尤其钣金、注塑、电子、电器、总装等生产环节，如果出现网络安全问题，则可能会对工业生产造成无法挽回的损失。例如，2020 年 6 月，本田汽车公司受到勒索软件袭击，导致一些生产系统中断，新闻报道显示，在 48 小时内勒索软件甚至入侵了本田汽车公司整个内网系统，影响了公司的终端服务器、个人邮件及其他网络功能的正常运行。

工业终端安全可能会在以下几个方面出现问题。

第一，正常生产流程的协作被破坏，生产工艺产品质量不达标，产品下线不及时，生产环节产线节奏紊乱，甚至会出现产线工人的人身安全事故，严重影响产品正常生产和质量检验。

第二，基于 5G 定制网运营安全升级需求，当企业特定 DNN 信息泄露，或者用户内网缺少安全防护策略，用户内网就面临一定程度的安全风险，例如，不明身份人员可能通过泄露的 DNN 信息探测到用户内部网络，再针对特定漏洞发起攻击，企业的信息安全将面临巨大的威胁。

第三，5G 终端是处于 5G 网络接入最末端的设备，数量最多、分布最广。5G 终端和卡存在安全风险，例如，5G 工业终端自身存在安全缺陷，使用出厂设置默认的账号密码（弱密码），5G 工业终端可能被非法仿冒替换，5G 物联网号卡可能被滥用（用于网络诈骗）。

以上问题都是直接影响生产企业未来生存的问题，对于 5G 安全而言是重大的挑战。

5.3.3 边缘安全需求

利用 SDN、NFV、MEC、SBA 等多种 5G 关键技术，并与 AI、AR/VR、大数据等技术融合，对现有工业控制网络架构进行升级改造，在企业园区本地部署边缘 MEC 平台和行业应用，为质量检测、实时控制、物料供应、辅助装配、柔性制造等不同场景提供实时、精准、高效的生产流程，满足企业用户定制、柔性生产的需求，全面提升行业生产水平和效率。边缘部署行业应用将面临来自边缘节点物理层、边缘节点网络层、边缘节点应用层、运营管理等多层面的安全威胁。

1. 边缘节点物理层安全需求

边缘节点物理层安全需求涉及机器视觉检测、AGV 视觉导航、AR 辅助装配等不同应用场景，海量异构的现场生产设备由于资源受限，安全防护薄弱。当 MEC 业务节点部署在企业园区时，物理资源受限，物理安全访问控制手段可能不完备，恶意攻击者现场直接接入设备和系统，执行未经授权的操作，干扰正常生产，甚至对设备进行物理损坏、关电停机、中断传输线路等操作，对企业生产经营造成较大影响。

2. 边缘节点网络层安全需求

为了保证生产流程的实时性，企业生产设备与 MEC 边缘节点的通信一般较为注重时延、带宽等要素，而忽略了网络通信协议自身存在的漏洞，可能导致企业重要的生产信息被窃取或篡改。边缘节点远程网络接入未做访问控制，存在未授权访问的风险，导致重要商业数据被泄露。由于边缘节点涉及众多的网络组件，防护策略难以统一，攻击者有可能利用 MEC 边缘节点和行业应用的漏洞，通过互联网对部署在企业园区的 MEC 边缘节点发起网络嗅探和攻击，使 MEC 边缘节点遭受 DDoS 攻击、工业数据被篡改和窃取，导致行业应用服务不可用。承载 MEC 边缘节点虚拟化平台的网络逻辑如果隔离不当，那么攻击者有可能将 MEC 边缘节点作为攻击跳板，发起虚拟机和容器逃逸，通过提权[1]控制虚拟机或容器，窃取企业内网重要的生产数据。

3. 边缘节点应用层安全需求

为了满足生产的低时延和核心数据不出园区的要求，企业会在园区部署边缘 UPF 和 MEC。MEC 作为连接企业的重要接入点，汇集了 AGV 云控制引擎、机器视觉 AI 分析与检测服务、控制系统的集中监控服务器 / 人机交互（Human Machine Interaction，HMI）、制造执行系统 MES 等行业应用。MEC 是生产控制网络的中枢，同时也是黑客攻击的重点和网络安全防护的核心。

边缘 UPF 网元自身可能存在安全漏洞、配置不当将会被非授权接入或被控制。由于边缘 UPF 需要与 MEC 网络连通，所以可能存在网络横向攻击的风险。如果边缘 UPF 和 MEC 为一体机形式，则还可能存在彼此之间的资源挤占，影响转发性能。

MEC 边缘节点承载着重要的行业应用，当不同的 MEC 应用部署在同一 MEC 平台，如果隔离不当，则存在程序应用（App）越权访问、App 不可用、App 之间资源相互挤占等风险。

4. 运营管理安全需求

对于部署在企业园区的边缘设备，如果对内部管理人员和第三方维护人员缺乏身份认证和访问控制，则有可能存在越权访问和恶意操作，影响边缘节点设备和应用的可用性。边缘节点设备的版本更新、安全策略变更、安全基线配置等运维操作存在管理不当或误操作，有可能导致网络安全风险。企业和第三方运营者对边缘设备的安全管理和安全运营维护界面及职责划分不清，将导致对边缘设备安全应急响应和处置不及时，从而造成重大的安全生产事件。

综上所述，生产企业在企业园区本地部署边缘 MEC 平台和行业应用，为各行业提供便捷性的同时，还需要重视行业应用所带来的边缘安全威胁，提供安全域隔离和访问控制等必要的基础性安全防护，并针对不同场景的差异化安全需求，提供按需的安全防护手段，保障行业应用持续、高效、稳定、安全的运行。

1. 提权是渗透的专业术语，就是从普通权限提升为超级管理员权限。

5.3.4 专网安全需求

采用了诸多新技术的 AR/VR 辅助、远程操控、机器视觉、高清视频监控以及海量物联网终端等场景，需要大带宽、高可靠、低时延、大连接的无线网络的支持。企业用户更希望在生产区域、管理区域，乃至整个企业园区使用一张无线定制网络，以替代以往的有线网络，这张定制网络需具备与物理专网相当的性能，同时具有一定灵活性和弹性，以支持柔性生产和企业数字化体系建设。

1. 虚拟化与服务化架构带来新的安全挑战

5G 引入了虚拟化技术和服务化架构（Service Based Architecture，SBA），采用全新的核心网架构和协议，使用虚拟化技术实现软件与硬件解耦，以微服务方式设计网络功能。基于服务的 5G 核心网架构如图 5-6 所示。

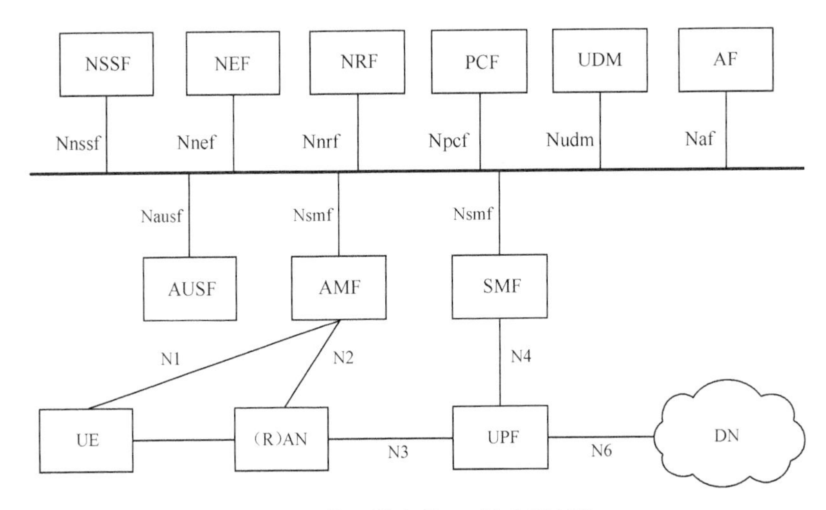

图5-6 基于服务的5G核心网架构

在传统的核心网架构中，设备供应商通常使用专有平台和软件。这意味着即使某个网元的漏洞被攻击者发现并利用，也只会危害一个 NF 网元，攻击者可以访问这个 NF 的数据和进出这个 NF 的通信链路，但难以攻击下一个 NF 网元。

在引入了虚拟化技术后，所有虚拟网络功能（Virtualized Network Function，VNF）部署在同一个软件平台，VNF 所使用的操作系统和软件基本相同，这意味着某个 VNF 中存在的漏洞可能同时存在于多个 VNF 中。如果攻击者攻陷了一个 VNF，并利用正常的网络功能向其他 VNF 发送请求，则有可能非法获取敏感数据。

在不同生产和管理场景中对网络有不同的要求，例如，高清视频监控、机器视觉场景需要大带宽，承载 MES、SCADA 系统、生产设备和传感器数据采集与控制的网络需要具备低时延、广连接的能力。在 5G 网络架构范围内，网络切片可以针对不同用户对业务场景的需求，有针对性地构造与之匹配的逻辑网络。多业务场景下的网络切片如图 5-7 所示。

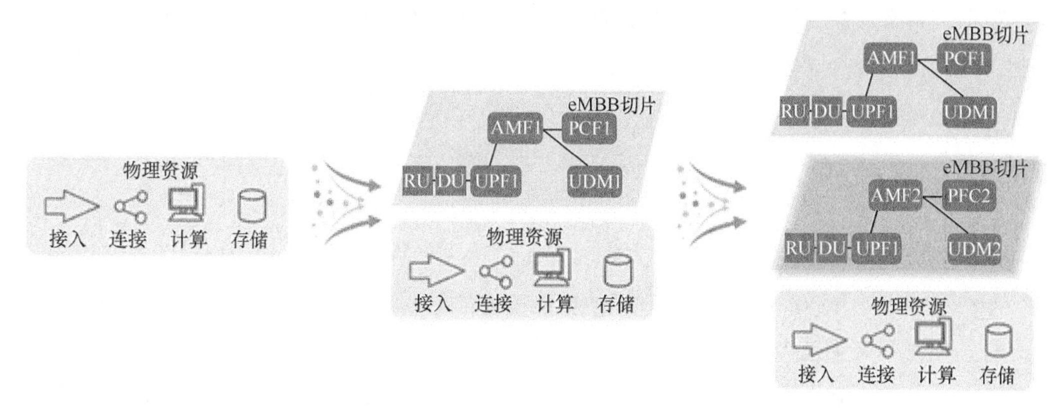

图5–7 多业务场景下的网络切片

5G 网络切片不仅提供了灵活定制的网络能力，还带来了新的安全挑战。切片是由数个组件构成的复杂系统，每个组件的问题、组件的部署位置、连接关系、交互机制、处理逻辑和运维管理等不同维度出现的脆弱性都可能给予攻击者可乘之机。例如，UE 可能通过空口访问未经授权的切片；异常的 UE 可能向网络侧发起非正常请求从而形成攻击；数据传输中如果保护不当，则可能被恶意篡改；核心网可能存在配置不当或与业务平台的隔离不完善等问题；运维管理网中切片设计与编排中可能存在逻辑缺陷，误操作或不当配置可能导致切片面临隔离失效的风险。

2. 5G 全流量威胁检测需求

在 5G + 垂直行业应用中，既要保证 5G 定制网的稳定运行，又要及时发现非法入侵、信令风暴、异常行为、高级威胁等攻击行为。5G 核心网的架构云化、业务功能的创新，以及与垂直行业的融合，大大降低了传统安全防护机制的适用性。通过检测 5G 核心网的信令面流量，发现 5G + 垂直行业应用的攻击异常行为是一种创新型的 5G + 垂直行业应用的安全威胁检测手段。5G 全流量威胁检测需求主要包括 5G 核心网的网元资产探测，建立核心网网元互访和终端行为的基线，全是采集和分析信令面流量，发现异常行为进行溯源取证等内容。

5.3.5 工业云安全需求

工业云是在工业和信息化部“工业云创新行动计划”的背景下提出的，是充分运用大数据、物联网、云计算、人工智能等数字时代新技术，基于互联网结合工业行业的各种成熟资源，具备灵活、可共享、可扩展的业务能力的基础设施。工业云为工业转型创新、产业升级发展提供重要支撑。5G 和工业云相结合，可以构建稳定、安全、共享、可扩展的云端工业能力资源集。

1. 工业云安全态势

近年来，工业云的安全面临极大挑战，各类数据安全事件频发。

- 2020 年 3 月，某地某服务提供商的 50 亿条数据日志在日常维护时遭到攻击导致数据泄露。事件原因是数据承包商为了推进 Elasticsearch（弹性搜索）数据库的迁移，启用对外提供网络索引服务 BinaryEdge（二进制边缘），并人为至少关闭了十分钟网络防火墙。其间，一名网络安全研究人员利用未授权访问漏洞成功入侵其数据库，获取了部分数据。
- 2020 年 3 月，巴西某生物识别领域公司被发现有 8150 万条数据信息存放在互联网服务器上而未实施任何保护措施。这些数据信息中包含了大量个人敏感信息：管理员登录信息、7 万多个指纹相关的二进制代码、电子邮件地址、公司电子邮件和内部公司员工手机号码、员工的面部识别数据等。
- 2021 年 1 月，某网络安全研究人员发现，雅诗兰黛的一些数据库未设置密码保护，通过匿名访问可以获取任何用户的电子邮件、IP 地址、端口、路径和存储信息。

2. 工业云安全需求

工业云是工业行业数字化、信息化创新发展的重中之重。从本质上看，它是将互联网思维和能力引入工业生产场景，实现网络化的资源和业务能力的灵活配置，推动工业系统由传统封闭模式向数据驱动的开放共享模式发展。工业云将促进工业企业持续改良生产技术、调优生产流程、优化生产组织，从而进一步释放工业行业的生产潜力，提升工业信息化水平。

工业企业往往会在工业云中存储一些较为重要的、敏感的生产数据和经营数据，其安全问题已经成为制约工业信息化发展的核心问题之一。当前，工业云面临多种安全威胁。首先，在传输安全方面，数据在互联网及云内的传输过程中，存在中间人监听、截取、篡改等安全风险，导致企业的数据安全失控。其次，需要特别关注工业云的应用安全，要确保工业云上的各类应用系统的数据安全、服务安全、业务安全，避免拒绝服务、入侵、挖矿等安全风险，并要以计算、网络、应用等资源为维度建立覆盖全面的访问控制机制，具备对工业云资源的严格访问管控能力，避免发生未授权访问。再次，工业互联网的边缘设备负责控制设备和工控现场的数据采集，攻击者如果攻陷了这些边缘设备，就可以长驱直入地进入工业云。而对于服务端侧，一般会提供大量的服务接口，这类接口容易出现传统 Web 相关的漏洞（例如，SQL 注入、命令注入、不正确的授权等漏洞）。攻击者可能利用远程代码执行漏洞攻陷工业云，从而间接连接工业云下面的工控设备。最后，由于攻击成本较低，当前互联网中 DDoS 攻击泛滥，许多工业企业曾遭到此类攻击，甚至不少大型工业企业的正常生产因此而受到影响，所以工业云的抗 DDoS 攻击的安全需求也比较迫切。

5.4 5G 应用安全标准解决方案

5G toB 用户的应用安全需求有差异化、个性化和多样化的特点，只有将“云 - 网 - 边 - 端”一体化安全防护体系与垂直行业深度融合，打造标准化、模块化、可复制、易推广的 5G “云 - 网 - 边 - 端”一体化防护方案，才能满足 5G toB 用户的应用安全需求。5G“云 - 网 - 端 - 边 - 端”一体化纵深防护体系如图 5-8 所示。

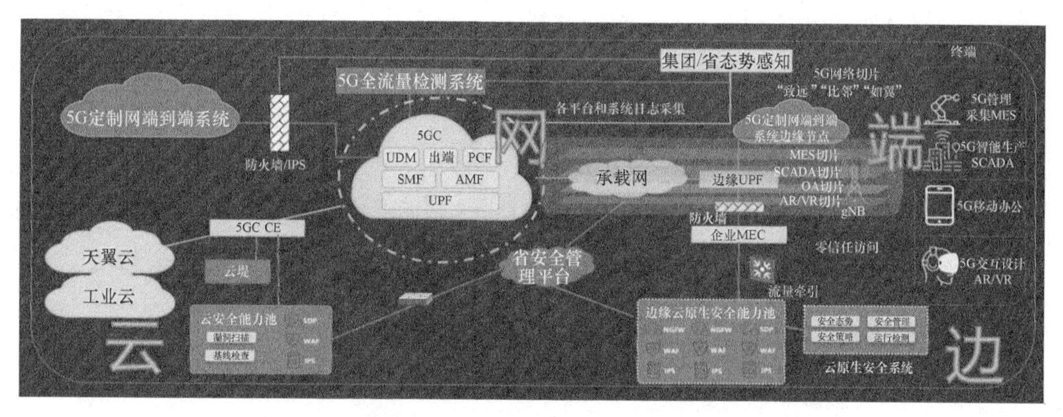

图5-8 5G“云-网-边-端”一体化纵深防护体系

5.4.1 云

当前互联网 DDoS 攻击泛滥，部署抗 DDoS 攻击系统防御来自互联网的 DDoS 流量攻击是企业必须要考虑的问题。业界比较出名的抗 DDoS 系统有中国电信集团的云堤、阿里云的云盾系统、腾讯云的大禹系统、绿盟科技的抗 DDoS 系统和 360 的云安全等。

- 中国电信集团的云堤提供运营商级的 DDoS 攻击近源清洗、全网监控、BGP 牵引、秒级防护等服务，在对抗超大流量攻击方面具备很强的优势，适用于在电信网络部署的企业，或者对云应用可靠性和可用性要求极高的企业和单位。
- 阿里云的云盾系统依托阿里云的基础设施，支持 BGP 和 CDN 两种引流，并在应用层 DDoS 方面独具优势，适用于阿里云的企业使用。
- 腾讯云的大禹系统来自腾讯产品自身防护的长期实践，主要面向腾讯云的用户群体，特别是在一些社交应用或游戏的攻击防护上具有明显优势。
- 绿盟科技的抗 DDoS 系统是国内使用最广泛的一款抗 DDoS 设备之一，不仅可以用于企业自营的云安全运营服务，还能与各服务商深度合作提供集群化的防护能力。
- 360 的云安全主要利用 CDN 加速体系来提供抗 DDoS 攻击服务，使用独有的攻击检测、恶意地址库和样本库等，符合其“数据驱动安全”的总体思路，适用于存储敏感数据的企业，或者对数据安全需求特别强烈的企业。

云端用户需要根据企业需求，灵活选择云安全能力池的防护服务，例如，安全接入、身份认证、数据安全、WAF、主机安全、容器安全等。对外发布 App 和网站业务的用户建议部署 WAF。关注主机安全的企业用户建议选择杀毒软件、漏洞扫描和基线检测等安全服务；关注容器安全的企业用户建议选择容器安全管理服务，可以对容器全生命周期进行管理，帮助企业完善云安全防护体系。

5.4.2 网

5G 行业专网的端到端保障，应通过冗余覆盖、双路保护等策略，实现网络的 99.99% 的可靠度。

1. 无线网侧

（1）无死角覆盖策略

园区内部使用 5G 宏基站对目标区域进行覆盖，在各车间新建了有源室分系统实现车间的5G网络覆盖。在每个厂房均匀布放多个微型射频拉远单元（pico Remote Radio Unit，pRRU）点位，通过光电复合缆连接到交换设备实时协作服务器（Real-time collaboration HUB，RHUB），再通过光缆连接到运营商主机房，通过室内分布系统、室外宏站、5G基站进行全方位覆盖。

（2）冗余覆盖保护策略

冗余覆盖保护策略分两路进行头端部署，用双层网络保护覆盖，同时增强容量。双层网络保护示意如图5-9所示。如果RHUB1链路发生故障，则由RHUB2的头端覆盖，确保在一层网络时保障业务不中断。

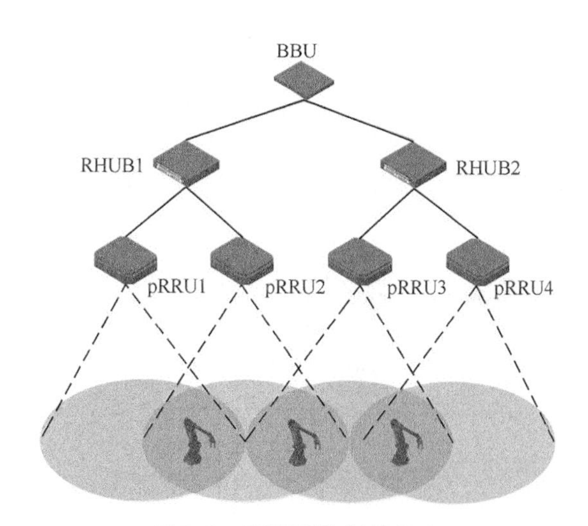

图5-9　双层网络保护示意

2. 承载网侧

（1）光缆路由保护

从企业园区到运营商第一机房之间的光缆按照独立的双物理管道部署，全程互相隔离，以减少光缆中断的影响。该光缆用于无线设备连接到运营商局端、主用UPF设备对接企业园区。从企业园区再布放至运营商第二机房之间的备用光缆可增加系统的可靠性，用于备用UPF设备对接企业园区。

（2）双设备保护

运营商第一机房部署 2 台承载汇聚设备，承载汇聚设备之间用光纤互连，同时交叉互连汇聚同机房的承载接入设备和主用 UPF 设备，双上连接入承载核心网；运营商第二机房部署 2 台承载汇聚设备，承载汇聚设备之间用光纤互连，交叉互连汇聚对接备用 UPF 设备，双上连接入承载核心网。承载网双设备保护示意如图 5-10 所示。

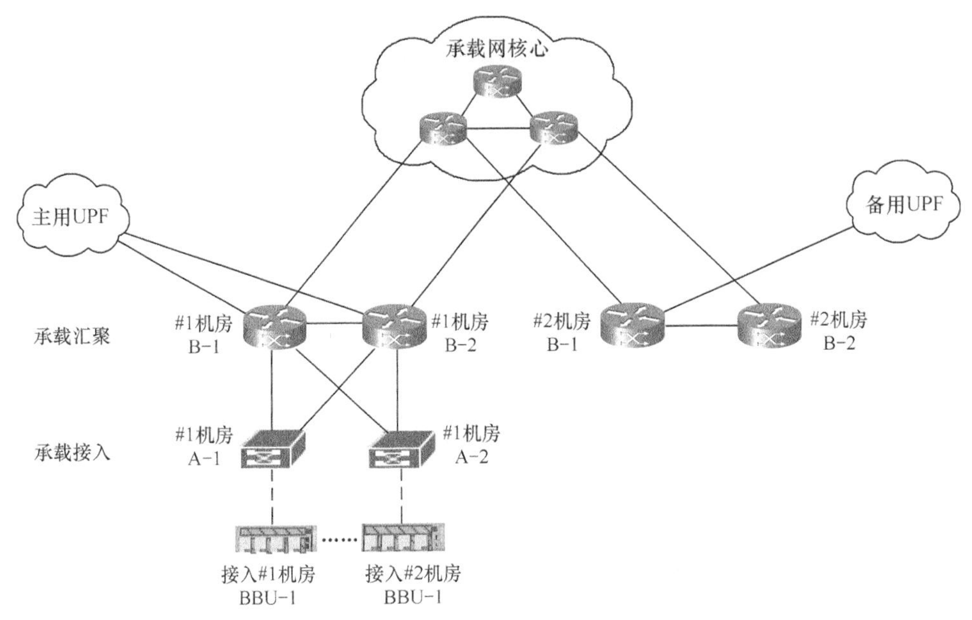

图5-10　承载网双设备保护示意

3. 核心网侧

核心网侧部署 2 套 UPF 设备互为主备，2 套设备的配置信息同步。如果主用 UPF 设备出现故障，则切换到备用 UPF 设备进行业务承载，确保 5G 园区业务达到 99.99% 的可靠度。2 套边缘 UPF 设备分别部署在运营商第一机房（#1 机房）和运营商第二机房（#2 机房）。2 套 UPF 设备互为主备，第一机房为主用，第二机房为备用，主备 UPF 设备的配置同步。如果主用 UPF 设备出现故障，则可迅速切换到备用 UPF 设备进行业务承载。核心网侧保护示意如图 5-11 所示。

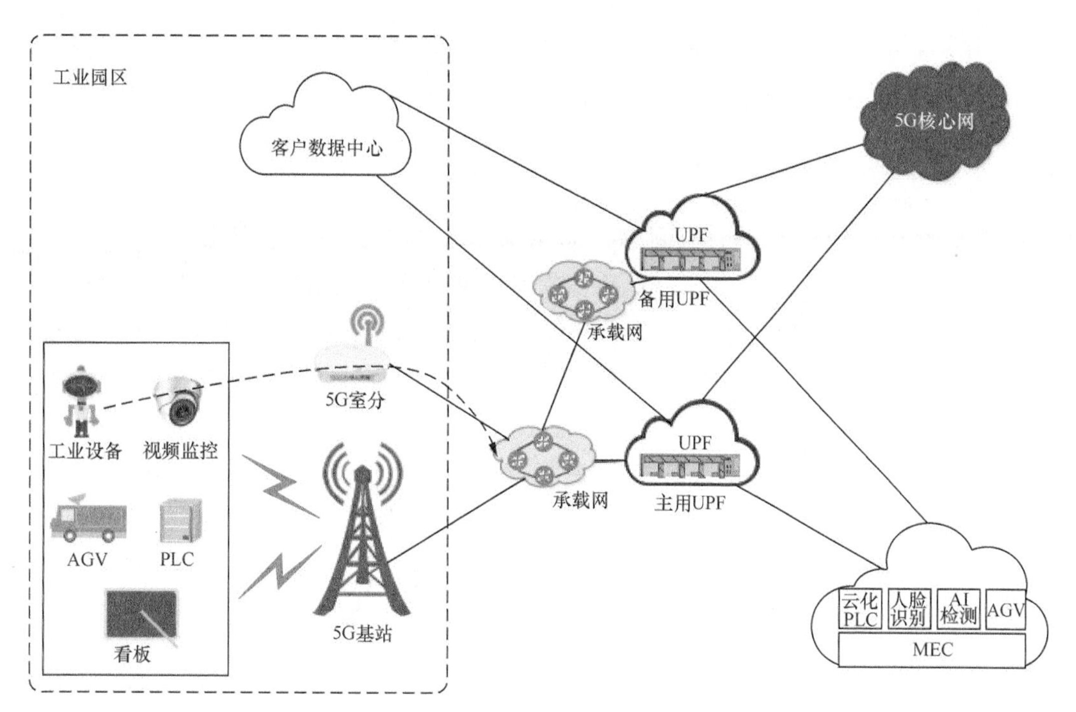

图5-11 核心网侧保护示意

5.4.3 边

5G 边缘安全的主要思路是增强物理安全，合理划分安全域并实施严格的访问控制和边界防护，加强镜像的全生命周期安全管控，提升运维管理安全等，从而增强 MEC 自身健壮性，降低安全风险，具备及时发现并处置安全风险的能力。另外，在实施安全技术手段时，运营商应尽量减少对“5G +”应用性能的影响，满足“5G +”应用对大带宽、低时延和广连接的要求。

1. 增强物理安全

运营商自维的 UPF、MEC 等设备下沉到用户园区机房，为了降低用户侧部署时的物理安全风险，相关设备应具备冗余电源模块、冗余网络接入、防盗、防断电等物理安全保护机制，部署时采用安全机柜等方式提高物理环境安全。同时，运营商可以启用物理安全增强功能，降低安全风险，包括关闭本地维护端口并禁用不使用的端口，降低物理安全风险；

对具有 console 口的设备，应在日常维护中禁止 console 口的登录，并禁用本地修复密码的功能；严控系统启动路径，禁止从 U 盘等存储外设启动系统。

2. 安全域划分和边界防护

运营商把允许通过互联网访问 5G + 边缘应用的 IP 纳入白名单，禁止其他系统从互联网访问 5G + 边缘应用；同时，在边缘侧按需部署 WAF 等防护系统，降低互联网侧引入的安全风险。5G + 边缘应用与企业网之间通过防火墙进行安全隔离和访问控制，5G + 边缘应用与企业网之间通过防火墙进行安全隔离和访问控制，并设置 IP 白名单，减少非授权控制的风险。

UPF 设备侧主要对 UPF 设备的接口进行访问控制，防止被非授权控制或从 MEC 设备侧引入安全风险，包括设置 SMF 偶联白名单，仅允许白名单内的 IP 地址访问 N4 接口；通过白名单或可信任证书的方式对 UPF 设备管理面的访问进行双向认证与鉴权，隔离与非授权设备之间的通信；对 N6 接口的流量实施访问控制策略，对目标地址是 UPF 设备的流量进行过滤等。

MEC 设备侧通过白名单或证书的方式对管理面的访问进行双向认证与鉴权，避免被非授权控制，同时采取加密通道，防止管理信息被窃取或者篡改。另外，5G + 边缘应用和 MEP 设备之间、5G + 边缘应用之间彼此都是逻辑隔离的，按需开启访问权限。

为了实现 5GC 对 5G 企业用户园区的下沉网元的安全隔离，降低下沉网元对 5GC 的安全威胁，运营商应部署信令互通网关 SCP 或 C-IWF，实现下沉网元的安全接入、信令监测、消息过滤、拓扑隐藏、安全隔离等安全能力，同时，基于 5G 企业专网的网元连接故障诊断分析、业务性能指标分析，提供专网连接状态、关键 SLA 指标检测、连接诊断、通道可达性诊断等能力，提供用户链路插入、修改、冗余建立等智能路由控制，以跨域能力开放、安全防护视角，满足用户对定制网的差异化安全需求。

3. 容器安全管理系统

容器安全管理系统是基于敏捷开发理念并借助容器编排技术，从容器镜像、容器编排环境、容器运行时不同阶段进行风险监测和阻断，采用安全容器的方式实现非入侵式模式快速交付，利用容器编排技术构建弹性、可灵活扩展的产品形态，为 5G + 应用场景提供安全稳定的云原生应用环境。容器安全管理系统部署架构如图 5-12 所示。

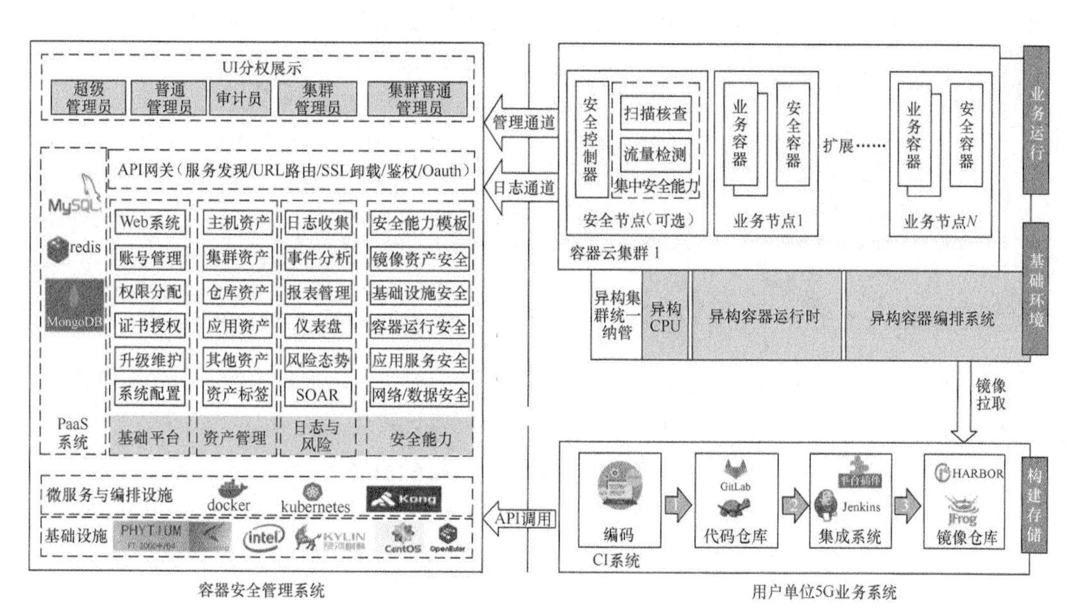

图5-12 容器安全管理系统部署架构

5.4.4 端

5G终端分为两大类，分别是5G终端（例如，5G CPE、5G Dongle和配置5G模组的物联终端）和其他非5G终端（例如，通过连接5G CPE接入5G网络）。

为了保证5G终端的接入安全，运营商应部署安全管控平台，实现域认证和用户认证双重认证，以及域名、拨号用户名和密码、手机卡的IMSI码、手机的MEID码和IMEI码、内网IP地址7码绑定（7码1体）。企业终端多重接入控制能力说明见表5-17。

表5-17 企业终端多重接入控制能力说明

控制点	控制内容	安全能力	控制决策点
1	终端可否接入运营商5G网络	5G网络主认证	5GC（由运营商管理和控制）
2	终端可否接入企业5G网络	企业网络企业自主认证	DN-鉴权服务器（5GC和鉴权服务器协同，企业可自管理）
3	合法SIM卡是否在合法终端上使用	机卡绑定控制	

续表

控制点	控制内容	安全能力	控制决策点
4	终端能在哪些位置接入企业 5G 网络	电子围栏控制	DN-鉴权服务器（5GC 和鉴权服务器协同，企业可自管理）
5	终端能否接入企业切片	切片隔离	5GC（IMSI 与切片 ID 的映射，由运营商管理）
6	终端能接入企业哪个业务区	基于角色的访问控制（Role-Based Access Control，RBAC）	鉴权服务器、5G 安全网关（企业可自管理，决定终端能够访问的业务）

非 5G 终端接入 5G CPE 主要是在 5G CPE 上进行相关安全配置，取决于 5G CPE 具备的相关能力，包括白名单认证、Wi-Fi 鉴权加密、启用 CPE 防火墙等。

在 5G + 应用的场景下，运营商在用户接入区边缘部署软件定义边界（Software Defined Perimeter，SDP）网关，将内网业务应用进行隐藏，收敛暴露面。SDP 架构如图 5-13 所示。运维人员可以在互联网区通过使用已经安装了 SDP 用户端的可信终端访问内网业务应用，SDP 网关由 SDP 控制中心统一进行策略下发认证，结合统一身份认证平台对可信终端进行认证授权。

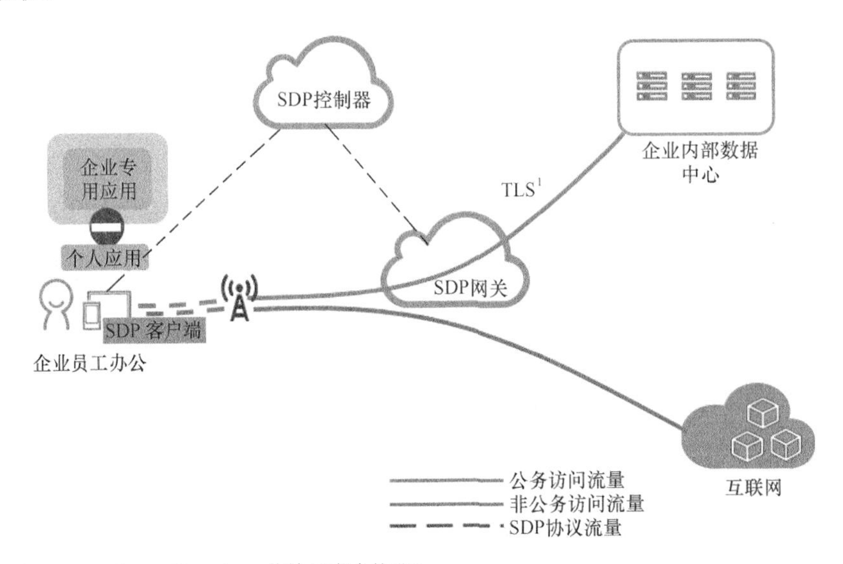

1. TLS（Transport Layer Security，传输层安全协议）。

图5-13　SDP架构

移动终端侧采用加壳工具，对 Android 和 iOS 移动应用采用二次打包加壳方式，即在原有移动应用供应商不参与的情况下，实现对移动应用的安全管控。例如，运营商可以采取安全传输、安全存储、水印、防分享、防复制等安全防护措施。这种设计可分离公私应用流量，公务数据得到安全隔离保护，同时个人应用可通过公网访问。

在企业内部数据中心的边缘部署零信任网关，企业内部IT资产对外不可见，黑客找不到目标；通过SDP控制器进行统一认证，认证一次即可，细粒度访问控制，并对终端访问进行上网行为管理。

5.5 5G应用安全实践

5G基于全新的架构引入NFV、网络切片、MEC等新型关键技术，大幅提升了移动网络的业务能力，具备广覆盖、高速率、低时延、安全性强等特点。5G网络支持eMBB、uRLLC、mMTC等场景应用，不仅可以用于人与人之间的通信，提升移动互联网用户的业务体验，更重要的是，可用于人与物、物与物之间的通信，应用场景拓展到工业制造、建筑施工、公共治安、医疗救助等更多领域，助力各行各业的信息化、数字化、智能化转型，实现真正的“万物互联”。城市治理通过5G技术推动基础设施的信息化和数字化，可以在交通管制、污染监测、治安管控、绿化建设、居民管理等方面提升城市运营的效率，助力打造安全、舒适、环保的智慧城市。建筑施工通过5G技术可以提供施工全流程的信息化管控，实现施工环节的精细化管理，降低生产事故发生的概率。

不同行业间的5G网络接入、数据传输、应用服务等需求差异较大。同样，不同行业在网络安全方面需求也是天壤之别，涉及安全架构、安全防护技术、安全措施、安全测评能力的更新。本节将以5G + 智能制造、5G + 智慧能源、5G + 通信反诈、5G + 建筑行业、5G + 物流行业、5G + 电子制造行业、5G + 公共安全行业等为例，介绍5G + 行业安全实践用例。

5.5.1 5G + 智能制造

1. 行业需求

目前，智能制造企业一般存在3个问题：一是成本高，由于企业柔性程度大，产线调整频繁，所以智能制造企业每年要投入较大的技术改造费用；二是网络不稳定，产线采用的无线网络不稳定，跨AP切换掉线严重，业务系统采集、刷新速度慢；三是工程采用的新技术对网络提出了更高的要求，需要灵活部署各种机器人，对网络时延、稳定性、安全性要求高。为了解决这 3 个问题，智能制造企业需要部署 5G 网络，采用园区部署 UPF 和 MEC 的方式，通过多频协同、载波聚合、超级上行、边缘节点、无线资源预留等技术，实现低时延可用，取代 Wi-Fi 网络，满足企业的高可用性、低时延和安全等要求。

2. 应用方案

（1）网络切片

一般来说，智能制造企业一般会有 SCADA、MES、视频和内部办公等网络，一方面各个网络都有特殊要求；另一方面各个网络之间要求相互隔离，确保互不干扰。因此，智能制造企业需要为各个网络设置独立的切片，网络切片之间的业务逻辑相互隔离，为 5G 终端也分配不同的 IP 地址池，如果各切片网络之间需要互访，则可在企业的路由器上配置策略实现互通。

① SCADA 网络切片

SCADA 网络切片用于工控 PLC 设备控制终端传输指令，要求低时延，因此，SCADA 网络切片按 uRLLC 切片类型设计。

- 无线网配置预调度，就近用户侧机房部署 UPF 设备，实现核心网 UPF 设备的下沉，在本地 DC 部署应用侧服务器。
- 终端、无线网、承载网和核心网都要冗余部署，以满足高可靠性要求。
- 应用场景为云化 PLC 等。

② MES 网络切片

MES 网络切片用于海量终端的数据采集，因此，MES 网络切片按 mMTC 切片类型设计。

- 无线网采用专用低频段配合低频天线进行信号发送，实现深度覆盖。
- 应用场景为数据采集、数据看板等。

③ 视频网络切片

视频网络切片用于摄像头的视频信息采集，需要超高速的上行带宽，因此，视频网络切片按 eMBB 切片类型设计。

- 无线网按需配置超级上行（载波聚合），就近用户侧机房部署 UPF 设备，实现核心网 UPF 设备的下沉，本地 DC 部署视频采集服务器、质检算法等。
- 应用场景为园区安防、AI 视觉检测、AR 辅助等。

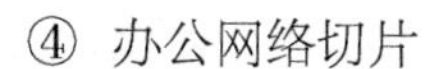

④ 办公网络切片

办公网络切片用于企业员工访问内网进行日常事务处理，对网络没有特殊要求，可以按照普通用户的切片设计。

（2）网络端到端

智能制造部分场景对5G网络的可靠性和性能要求极高，应通过室内分布系统、室外宏站、5G基站进行5G深度冗余覆盖。在园区新建若干5G宏基站，在各车间新建有源室分系统，然后在每个厂房均匀布放多个pRRU点位，通过光电复合缆连接到交换设备RHUB，再通过光缆上连到主机房，RHUB与pRRU之间通过光电复合缆连接。其中，1套RHUB可与若干台pRRU匹配。pRRU均匀布放在厂房内，pRRU覆盖半径为25～30m，根据厂房现场环境，安装在厂区的柱子上。

5G工业互联网定制网需要满足工业互联网SLA要求，在网络组网设计时，分两路部署RHUB头端，进行双层网络保护覆盖，同时增强容量，确保在一层网络发生故障时保障业务不中断。用户园区到运营商主机房之间的光缆按照独立的双物理管道部署，通过不同物理管道的光缆连通至运营商的主备用机房UPF设备。用户专用的2套UPF设备部署在不同地点的机房，互为主备，配置实时同步，如果一方出现故障，则业务会切换到另一个UPF设备。每个UPF设备的上联网络均部署一对路由设备保护，采取双链路上连到出口设备。

5G终端需要用户采购支持双卡切换的终端，支持卡1和卡2互为备份，当卡1不可用时，在短时间内可自动切换业务到卡2。运营商应配合用户对5G终端进行充分的压力测试，得出终端自动切换的时间，确保可以满足智能制造企业的生产要求。

（3）用户网络运营

5G工业互联网定制网应为智能制造企业提供用户角度的全专业网络视图，将传统的“云－网－边－端”终端和业务“5位1体”可视化运营，一屏管控可实现业务SLA实时差异化保障，让用户可以轻松掌握业务网络全局，及时发现故障，快速定位故障点，快速抢修，从而保障网络高可靠运行。

（4）终端接入安全

5G工业互联网定制网应实现7码绑定，对域名、拨号用户名和密码、手机卡的IMSI码、手机的MEID码和IMEI码、内网IP地址进行认证，只有这些码都符合要求，才允许上网。

5.5.2 5G＋智慧能源

特高压直流输电系统是实现大容量、长距离能源输送的主动脉，能将2000km外西部的清洁能源直接送达经济发达的东部负荷中心。电网公司承担着国家能源“西电东送”的重要使命。安全、可靠、绿色、高效，以人民为中心，全面满足用户对美好生活的能源电力需求是电网公司的价值体系。然而，伴随着高可靠性的电网系统，电网公司必然需要满足用户对电网更高的运行维护要求。为了推动智能电网发展和数字化转型，实现更高水平的运行维护，提前发现设备隐患，减轻基层一线班组的负担，打通管理与运行维护的壁垒，电网公司与运营商开展了融合 5G 的智能特高压换流站应用技术研究及业务验证。

针对电网特高压换流站的大型封闭局域场景，运营商打造了基于风筝模式的 5G 智能特高压换流站定制网方案。该方案在提供 5G 通信技术优势的同时，重点将特高压换流站作为重要电力特级保障枢纽，提出高安全性、可靠性、保密性的要求，满足电力对数据不出园区、特殊时期可脱离运营商大网运行等极端情况下业务不中断的两大专网核心应用需求，并结合特高压换流站的业务打造变电站智能检测、移动作业、机器人巡检、智慧安监、智慧工地等应用场景。

基于风筝模式的 5G 智能特高压换流站定制网方案具有较强的普适性，具有高安全性、高可靠性、高保密性的特点。该方案不仅可以普及电力、能源、工业、物流、教育等多个垂直行业市场，还可以对安全性、可靠性、保密性有更高要求的行业具有极强的产业示范和规模复制效应。

1. 行业需求

目前，电网高等级的变电站 / 换流站基于安全考虑，仍存在站内“最后一公里”无线通信瓶颈。特高压换流站中，仍以光纤通信网络作为支撑特高压换流站各类设施通信的骨干网络。面对日常运行维护的移动通信需求，4G 和 Wi-Fi 的安全性不足，无法接入电力管理安全区域。当出现新技术、新监测手段时，运行站点光纤覆盖建设风险大、成本高、个别区域无法穿越，通信承载能力有限，难以有效支撑智能电网各类终端海量接入。随着大规模视频监控、移动作业、无线办公、应急通信、站内通信等大带宽视频、图像、语音流业务，以及在线检测、传感表计、环境监控、无线定位模块等低功耗窄带数据采集业务快速发展，迫切需要构建安全可信、大带宽、低时延、海量传感器的园区无线通信网，在特定的保障需求下，可脱离运营商主干网络独立运行，这是特高压电网发展对 5G 通信网提出的新需求。

2. 应用方案

电力有刚需，5G 有能力。作为 5G 赋能行业数字化转型的领跑者，某运营商联合某电网超高压及产业链上下游合作伙伴，在5G网络eMBB、uRLLC、mMTC三大原生能力的基础上，综合网络切片、MEC、5G时间敏感网络（Time Sensitive Networking，TSN）等创新技术，开创性地提出了“数据不出站，孤网可运行”的5G数字特高压换流站定制网方案，更好地赋能行业数字化转型升级。5G+智慧能源应用体系框架如图5-14所示。

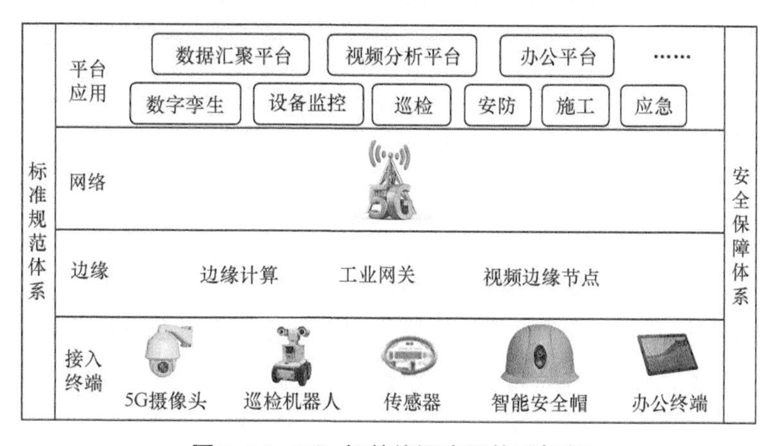

图5-14　5G+智慧能源应用体系框架

- 数据采集：通过5G网络实现数据智能采集、归类、分析，提升数据采集频次和数据量，解决目前换流站内存在大量半结构化数据、非结构化数据、数字孪生对应的数据无法被采集的困境。
- 移动巡检：通过5G网络完善视频监控布置，实现设备外观、表计、开关、刀闸全覆盖，同时利用MEC技术建立换流站设备智能巡检管理平台规范，规范巡视方案、路线和检测项目，实现巡视过程自动录像，满足表计实时监控、数据信息全面管控及应用的需求。
- 智能传感：通过融合电力专网、公网5G构成上行通道，物联网、远距离无线电（Long Range Radio，LoRa）、无线局域网鉴别和保密基础结构（Wireless LAN Authentication and Privacy Infrastructure，WAPI）等下行通道接入各类在线监测、摄像头、动环等终端，实现换流站智能集采、巡视、操作等应用功能。智能传感可以解决目前一次设备监测终端主要以网线或光纤等有线方式连接至监控子站、再上传至监控主站而存在站内有线部署困难的问题，满足智能电网广泛化拓展业务的需求。

5.5.3 5G+ 通信反诈

1. 行业需求

随着智能手机普及、移动互联网渗透率加深，每个人可以随时随地在线，诈骗集团可将骗局低成本覆盖到更大的人群，搜集、窃取与买卖私人信息的事件时有发生。广东省作为通信及经济大省，积极响应国家政策及要求，履行社会职责担当，开展反诈骗工作，净化运营商号码、卡、上网环境，捍卫人民财产安全。为了锻造新型专业化队伍，运营商亟须开展数据资源、人才资源、技术资源等的协同创新管理，探索新一代信息技术驱动的协同管理实现路径，建立系统的、全面的、可持续的常态化工作机制，健全齐抓共管、综合治理的工作管理新格局。

根据“点—线—面”的原则，广东省的运营商首创了“运营网格化（Grid operation）—线条精细化（Fine lines）—决策统筹化（Overall Decision Making，ODM）”的管理模式，立足于各分公司接口人与公安的深度联合，基于语音侧、流量侧分别搭建反诈骗分析模型，统筹汇聚各模型命中的窝点数据，形成精准线索，协助省厅及各地市公安精准打击，扭转了各运营商反诈产品多为单一数据产品，没有形成综合多维度数据，严密贴合犯罪行为串特征的全链条、全企业统一监测产品的形势，打开了运营商企业业务链条多维度联动的局面，构建互联网流量、短信、语音全行业、全链条反诈的屏障，体现了运营商作为国企、央企的责任与担当。

2. 应用方案

当前，我国正处于数字化时代的开端，随着通信、网络技术的快速发展与应用，通信网络诈骗犯罪的犯罪手段与技术不断变化，新型骗术不断涌现。在数字经济时代，新一代信息技术推动防范诈骗生态变革的内在机制是主体要素、资源要素和连接要素的深度融合，推动技术模式升级、流程模式重组、组织模式再造，从而实现新型网络诈骗防范管理的网络化变革、集成化变革和协同化变革，以“点—线—面”的形式逐步递进的内在逻辑，通过“运营网格化—线条精细化—决策统筹化”的管理模式提升新型网络诈骗防范管理价值。通信行业创新管理机制如图 5-15 所示。

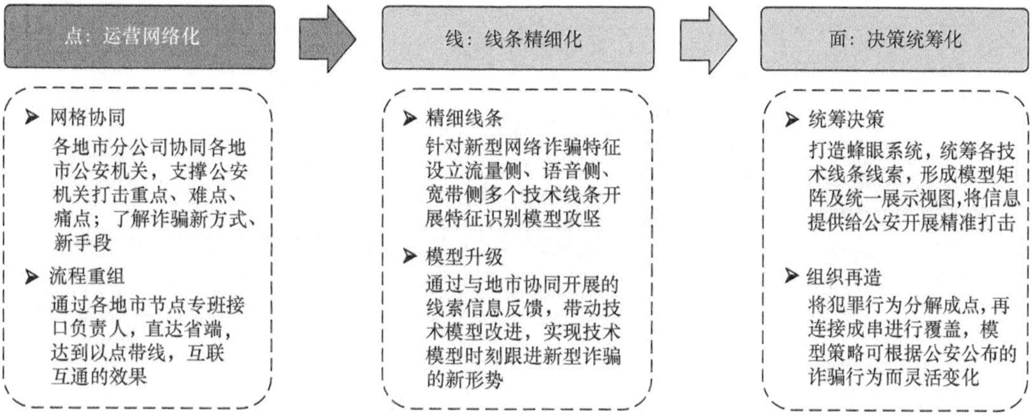

点：运营网络化 → 线：线条精细化 → 面：决策统筹化

点：运营网络化

- 网格协同
  各地市分公司协同各地市公安机关，支撑公安机关打击重点、难点、痛点；了解诈骗新方式、新手段
- 流程重组
  通过各地市节点专班接口负责人，直达省端，达到以点带线，互联互通的效果

线：线条精细化

- 精细线条
  针对新型网络诈骗特征设立流量侧、语音侧、宽带侧多个技术线条开展特征识别模型攻坚
- 模型升级
  通过与地市协同开展的线索信息反馈，带动技术模型改进，实现技术模型时刻跟进新型诈骗的新形势

面：决策统筹化

- 统筹决策
  打造蜂眼系统，统筹各技术线条线索，形成模型矩阵及统一展示视图，将信息提供给公安开展精准打击
- 组织再造
  将犯罪行为分解成点，再连接成串进行覆盖，模型策略可根据公安公布的诈骗行为而灵活变化

图5-15 通信行业创新管理机制

3. 5G+ 通信反诈技术方案

长期以来，诈骗分子猖獗，新型网络诈骗防范工作困难重重，运营商各地之间横跨多个行政区域，涉及多个管理部门，导致区域与区域之间、部门与部门之间、公安机关与企业之间合作有一些难度。

想要解决上述问题，运营商需要分别从运营协同层面实现以点带线互联互通、从技术线条层面实现以线促面构建模型、从决策统筹层面实现点面结合精准定位开展管理工作。

（1）运营网格化：以点带线互联互通

新型网络诈骗防范管理的运营特征主要体现为公安与运营商的协同、各地市公司与省公司之间的协同，公安机关的资源及其抓捕定位的手段与运营商掌握的资源既相互制约又相互促进：一方面，公安机关掌握着执法权，对于群众的报案及涉及诈骗的定位资源拥有绝对的权威，运营商掌握大量的基础数据，但对涉及诈骗人员的定位却存在信息缺失；另一方面，各地市分公司深耕一线，与地市公安部门合作密切，但各地市分公司无法掌握多层次、多方面的基础数据资源，人员及技术层面薄弱，单单依靠各地市电信员工无法形成全面的技术支撑力量。基于公安机关掌握的资源环境和运营商之间，各地市分公司与省公司之间能力的耦合作用，要求双方在问题深度洞察、资源互联互通上深入融合、交叉耦合、互促共赢。运营网格化：以点带线互联互通示意如图 5-16 所示。

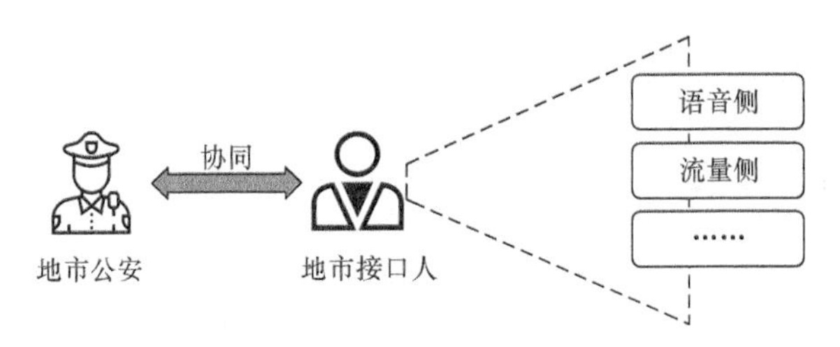

图5-16　运营网格化：以点带线互联互通示意

为了保障资源数据安全需要，破解新型网络诈骗防范的矛盾冲突难题，新型网络诈骗防范生态构建运营化的网格协同管理是必由之路。传统以统筹化为核心的运营模式机动性差，运营成本高。因此，运营商必须实行创新管理，以各地市为基础网格单元，设立反诈专班接口人与地市公安的深度联合，及时了解和支撑公安机关打击重点、难点和痛点问题，了解诈骗新方式、新手段。各地市节点反馈线索信息，可以带动根据语音、流量侧线条模型的联动，深化打击，扩大战果，达到以点带线互联互通的效果。

（2）线条精细化：以线促面构建模型

在技术线条层面，以语音侧、流量侧监测系统为基础、数字化管控及智能协同关键技术为核心，运营商整合“实时监测—快速预警—精细溯源—快速评估—智能干预”一体化技术，打造新型网络防范诈骗技术线条，输出精准线索，以线促面构建精准打击模型。线条精细化：以线促面构建模型示意如图 5-17 所示。

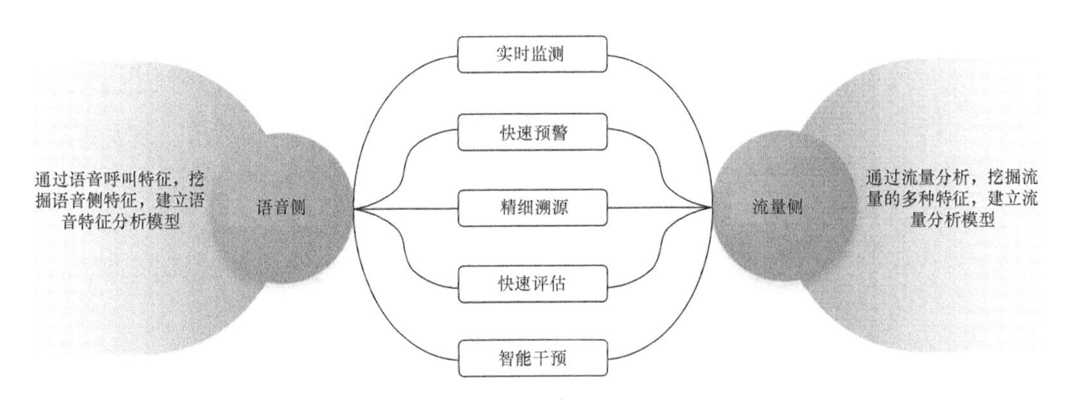

图5-17　线条精细化：以线促面构建模型示意

（3）决策统筹化：点面结合精准定位

打造专业化系统，统筹管理语音侧、流量侧的线索数据，形成区域反诈视图提供给地市公安进行精准打击，运营商通过“集成管理组织”，构建协同化管理模式，实现线索管理决策的科学化与精准化，达到降低管理成本、提高决策效率、保证管理质量、有效防控风险、多方共建共享的目的。

运营商通过多类数据大数据综合分析，解决反诈模块分散独立、未形成合力问题，建立多种单一、混合模型，形成模型矩阵，将犯罪行为分解成点，再连接成串进行覆盖，具体策略可根据公安公布的诈骗行为而灵活变化，及时验证，快速上线拦截，并逐步实现“用数据说话、用数据管理、用数据决策、用数据服务”的目标。

4. 应用效果

广东省电信运营商自确立管理机制以来，实施效果显著，取得了非常好的社会效益，有力保护了广大用户的财产和人身安全。2021年，该运营商累计输出通过IP网络通话（GSM over Internet Protocol，GoIP）设备有效线索共360个，打击窝点18个，现场抓获犯罪分子45人，缴获29台GoIP设备，手机卡上百张，协助相关公安机关打掉一个全国多省接入的集中式GoIP后台，接入点包括山东电信、山西联通和东莞移动等，缴获计算机1台，手机4部，涉案手机卡1400多张，累计重点监测14392个疑似GoIP窝点，并回访确认12985个疑似受害号码。

5.5.4 5G+建筑行业

中国城市轨道交通协会发布的“2021中国主要城市地铁运营线路长度排行榜”显示，2021年中国地铁运营线路总里程为7253.73km，在城市轨道交通中占比超过78.9%。该榜单涉及开通地铁的40个城市，其中，22个城市地铁线路长度超过100km。由此可见，近年来，以地铁轨道建设为代表的城市道路交通基础设施建设发展迅速，线路长度持续增长。道路交通设施施工需要高度信息化系统的有力支撑，但同时也面临日益严峻的网络威胁形势，5G网络+道路交通设施施工的安全解决方案正是在这种场景下应运而生的，是安全思维和安全技术进化的必然。

1. 行业需求

基于5G+MEC，运营商采用零信任安全架构体系，结合MEC、云计算、大数据、人工智能等新技术，利用5G灵活的网络部署模式，面向施工安全管控的应用场景，把信息化手段向前延伸到交通运输类和建筑类施工，为施工现场的员工提供终端设备零操作接入企业内部网络的服务，满足用户移动安全办公的需求。

2. 应用方案

（1）5G+ 交通设施施工安全技术方案

5G + 交通设施施工安全技术方案采用基于零信任 SDP 架构，实现零信任网络构建及 5G 场景安全接入，保障企业及施工环境的网络安全。5G + 零信任安全应用技术方案如图 5-18 所示。

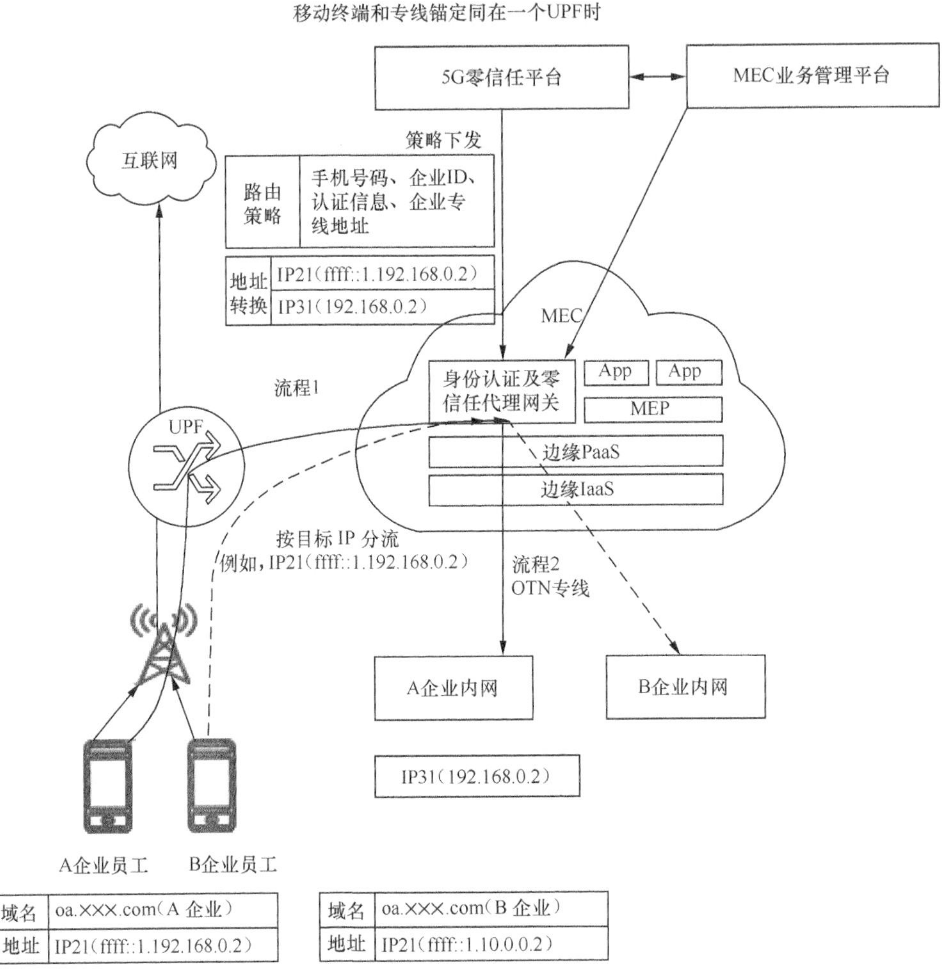

图5-18　5G+零信任安全应用技术方案

该方案流程设计兼顾了操作便利性和网络安全性。企业员工或交通设施施工现场的终端设备需要访问企业内网时，发起 5G 数据连接，经由本地 UPF 设备基于目标 IP 分流到边缘转发代理节点（MEC），在不接入互联网的情况下完成身份认证。然后，代理节点检查

IP包目标地址，如果存在本地路由策略且企业内网为IPv6，则通过OTN专线转发路由到达企业内网；如果存在本地路由策略但企业内网为IPv4，则将IPv6地址转换为IPv4地址路由，再通过OTN专线到达企业内网；如果不存在路由策略，则丢弃相关数据包。

交通设施施工环境的5G＋应用的实现，涉及3个层面的网络配置。其中，运营商大网侧需要完成IP地址预分配，为5G移动办公内网分配一段独占的IPv6地址。同时，运营商需要预配UPF设备分流策略，基于访问目标IP分流，访问指定IP分流到指定代理服务端。另外，运营商在边缘转发代理节点接收并保持路由策略，获取UPF携带手机号码，对全部访问进行合法性校验及专线路由，实现IPv6和IPv4转换。5G零信任平台侧需要实现业务管理，具体包括管理专网信息、员工手机号、管理边缘转发代理节点、路由策略和安全等信息。 企业侧需要开通5G移动专线，实现转发代理节点与企业内网互通，按照要求配置发布企业内部DNS服务。

（2）5G＋交通设施施工安全应用场景

国内某城市地铁建设项目，施工现场具备5G网络条件，可采用安装方便、不需要布线的高清视频安全接入方案监控施工现场。4K摄像头可将高清图像通过5G零信任安全平台回传，自动记录，实现施工场地内移动高清视频实时安全采集回传及可视化指挥调度。5G＋建筑行业施工现场视频监控效果如图5-19所示。

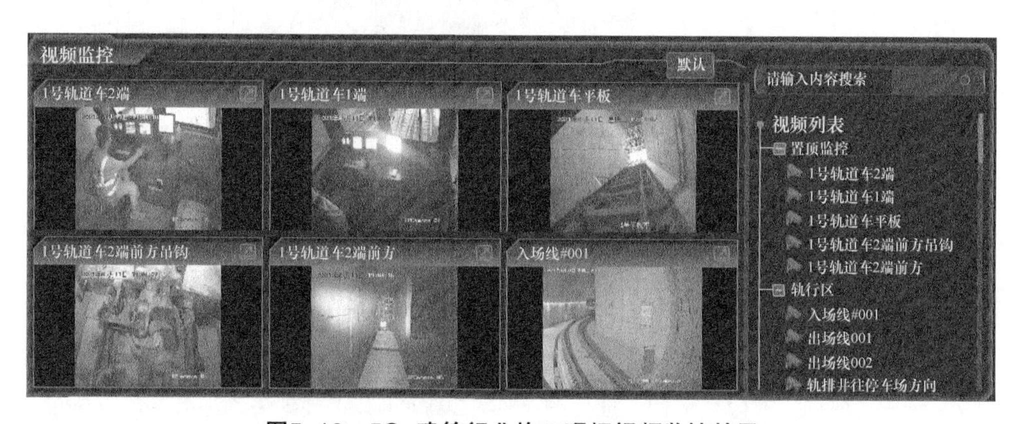

图5-19 5G+建筑行业施工现场视频监控效果

车辆上安装网络摄像机可以观看到轨道机车运行情况与驾驶员操作行为，网络摄像机在室内驾驶位一边安装一个，室外车头一边安装一个，室外吊钩一边安装一个，在平板车前面安装1路领航监控，7路摄像头通过集成主机供电、集成数据。高清视频通过5G零信任安全平台回传到远端控制中心，远端控制中心可以实时查看司机室情况，监控驾驶员的规范操作情况。

该地铁建设项目还部署了综合安全管控平台，承接现场施工中实时监测和上报的数据，通过 5G MEC 平台利用 AI 技术可以进行视频图像的自动化分析，实现物体识别、人员面部识别、行为模式分析、安防区域监控、消防险情识别等，最大限度地提高智能预警，降低工作人员的劳动强度，推动实现“7×24”小时智能安全监控，支撑安全事件快速响应。

综合安全管控平台由智能指挥调度系统、监控中心、安全态势感知、辅助决策支持等业务模块，建设从“感知—预警—隐患处理—应急处置—安全监管”的端到端业务场景，及时纠正人员的违规行为、危险操作等不安全行为，及时排除消防、电力等灾害险情。施工现场人员可以通过 5G 零信任安全平台安全访问综合安全管控平台，实时查看安全态势，进行安全智慧管控。5G + 建筑行业综合安全管控平台工作流程如图 5-20 所示。

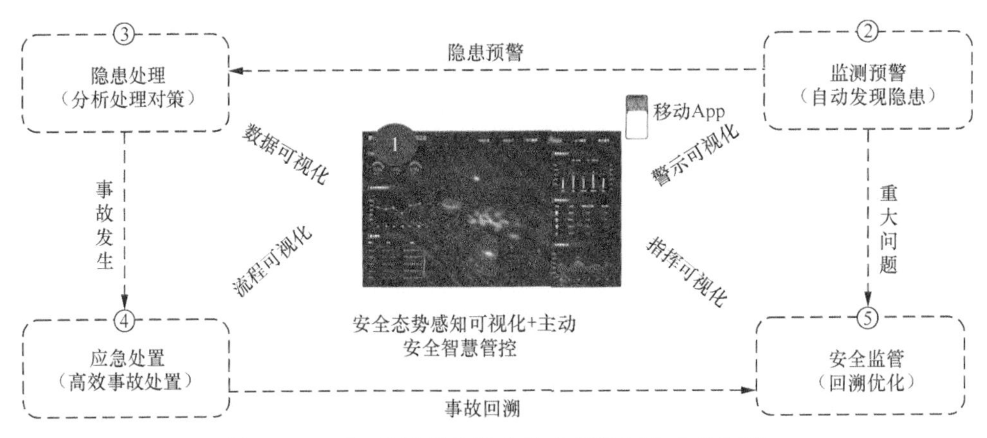

图5-20　5G+建筑行业综合安全管控平台工作流程

5.5.5　5G + 物流行业

党的十九大提出加强物流基础设施网络建设，将物流基础设施纳入国家重要基础设施范畴，引导其规划、建设、运营、推广的工作。2019 年，中共中央、国务院印发的《交通强国建设纲要》指出，打造高效、节能、环保的现代物流体系，科学调配各运输模式占比，加快推进“公转铁”重点项目建设，推进集装箱、工矿原料及大型物件等货物运输由公路向轨道运输方式的逐步有序转移。《国家物流枢纽布局和建设规划》中提出，在 2020—2025 年，全国新建设 120 个国家物流枢纽，基本完成全国物流框架节点的合理布局，通过物流枢纽的辐射带动能力，推动整体物流行业现代化、智能化的提升，从而降低物流成本。

1. 行业需求

虽然物流行业发展迅猛，但物流园区在信息化、智能安防等方面仍存在较大的薄弱点。首先，经营管理与生产安全较大程度地依赖人员的工作经验、工作态度及反应能力，无法有效评估和提升，因此，期望能通过先进的技术和系统保障园区经营管理的有效性；其次，园区较多地采取松散的经营模式，对实际租户的经营状况、货物进出运输、从业人员流动等缺乏有效的管理支撑手段，导致运作无人知晓、经营无法管控、突发事件无法即时响应，亟须利用新技术发掘创新业务经营模式，改善经营效益；最后，以业务租赁为主，经营扩展难度大，政策返还和税收优惠呈逐年减少的趋势，整体营收增长缺乏动力，需要响应政府提升园区信息化水平的号召，打牢信息化底座，推动数字化经营，积累行业发展潜力。

2. 应用方案

（1）5G＋物流园区技术方案

以5G＋视频技术为核心，以物联网为基础，提供“5G＋云＋AI”整体服务，人工智能的多场景应用可以助力物流行业实现园区智能化运营。

货物运输车辆的静态和动态管理可以采用目前国内领先的、多样化的智能监控摄像头，在进出口、道路和重点区域布设，不仅支持根据车辆通行、作业、停车等多场景进行车牌识别、违章停车、危险驾驶等事件处置，也为园区提供2D和AR两种全景监控视频，在同一界面上可以一目了然地、直观地查看园区车辆的整体情况。通过AR可视化控制，智能调度整个园区的人、车、货、场等资源，实时准确地管理车辆的运行情况。

利用5G网络优势，可以实现多路超高清4K摄像监控的高清视频回传，提高安全监控的覆盖范围和能力水平，实时掌握园区车辆的运行情况和基本信息，变被动安防为主动安防，提升安全运营水平，节约管理成本。同时，利用5G网络优势，还可以实现更深层次的人、机、车、设备一体互联，实现智能车辆匹配、自动场站调度、可视化管理，支持智能化停车引导和数字化作业引导，提高生产效率。5G＋物流行业安全应用方案如图5-21所示，具体能力如下。

- 园区内综合安防：提供2D和AR两种全景监控视频，重点针对月台、仓储等主要活动场地，部署人脸智能识别、视频审计检索等功能，实现经营场所“7×24”小时安防监控。
- 车辆快速通行：在园区出入闸口架设高清摄像头和闪光灯，结合AI技术自动识别进出车辆的车型、车牌号码等信息，关联车辆所属公司、承载货物等经营信息，实现车辆出入自动化管控。

● 事件识别监控：车辆违停告警、火灾隐患监控（违规吸烟）、车辆拥堵 / 事件监控、人员活动监控、突发事件监控。

● 物流货车高清安防：通过在卡车、货车内部安装移动高清摄像头，结合远端 AI 分析能力，监控车辆运行情况和司机驾驶行为，实现车辆远程定位、事故辅助取证、安全驾驶识别和预警等功能。

● 设备作业监控：作业叉车上安装无线摄像头，监控并记录叉车的作业动态，通过 5G 网络回传至视频监控系统，以便后台指挥人员整体指挥调度。

● 无人车 / 无人机巡逻：在园区配备智能巡逻车和智能无人机，结合常规巡逻预设和实时远程控制调度功能，可以实现固定路线自动巡逻、突发事件实时移动监控、事故识别预警等服务。多功能巡逻车还可以提供行程预订、短途货物接驳等服务。

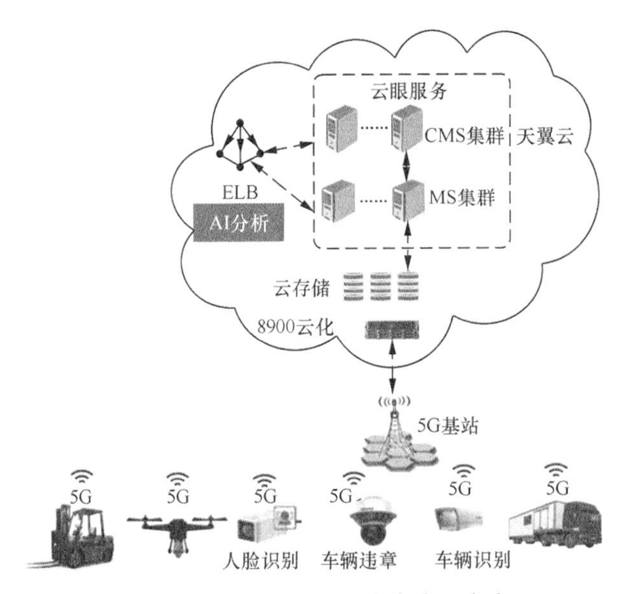

图5-21 5G+物流行业安全应用方案

（2）5G + 物流园区应用场景

国内某公路港积极引入 5G 技术并开展行业创新，利用高清摄像头、无人机、智能传感器和 AI 算力实现人、车、货、场各个物流关键点的综合安全监控，推进园区运作和安防的高效管理，成为当地物流行业数字化建设的示范点。

园区内采用高清摄像头视频采集，支持多家主流设备制式，可在园区出入口、停车场、仓储、交易大厅等地分别接入全景相机、人脸抓拍相机、违停识别球机、车辆识别枪机、黑光相机、热感相机等设备，实现不同功能的智能监控分析。

园区利用5G网络技术优势实现超高清视频实时回传，基于5G核心网+MEC的架构建设部署园区5G切片专网，与传统Wi-Fi无线局域网相比，其覆盖范围和信号稳定性的优势非常明显，并具备AI算力，以支撑数字化、智能化生产经营的需求；而通过5G eMBB场景+视频监控也可以实现无线监控，减少网络布线的成本投入。

该园区基于互联网化思维建设智能视频云平台，涵盖接入、分析、存储三大模块，可以兼容各种不同类型的前端智能化接入设备，数据集中在存储节点统一管理调度，结合AI算法等大数据算法模型，实现人员流动分析、人脸识别、物流运力统计、车辆识别、事故场景预警等智能应用。

园区还充分利用了AI智能技术，实现视频分析智能监控、快速高效、自动识别、主动安防，实现区域全掌控；具备事件自动识别、突发事故、黑名单、火灾隐患等事件自动推送功能，以及具备人车智能识别和运动轨迹回放等功能。5G+物流行业AI应用如图5-22所示。

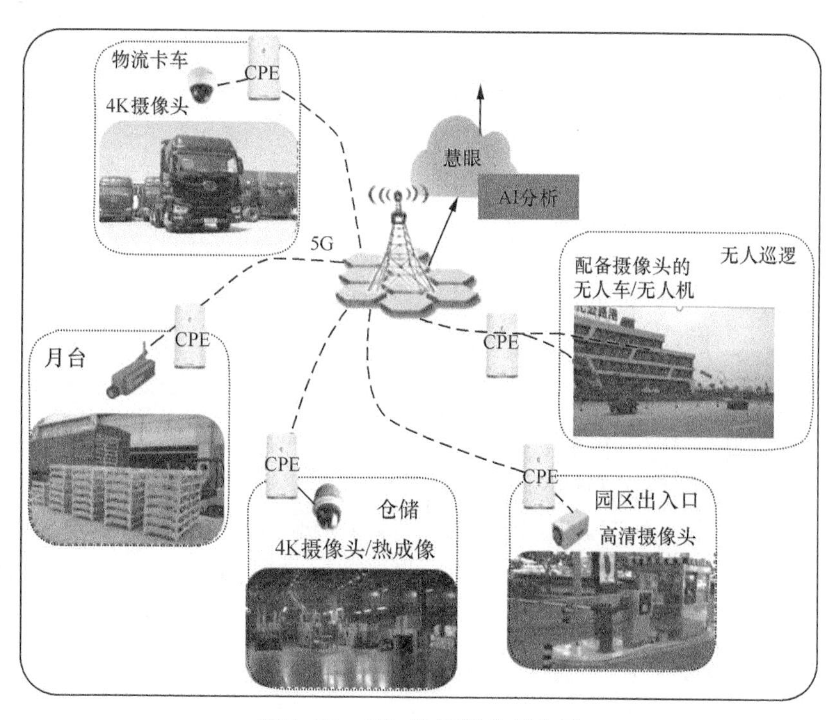

图5-22 5G+物流行业AI应用

5.5.6 5G+ 电子制造行业

近年来，工业互联网的快速发展，工控安全威胁日趋严峻。从历年来的工控系统网络安全大事件可以看出，工控安全关系到工业企业的生命线，每次安全事故的发生，对企业都有可能带来巨大的损失。纵观全国，虽然工业互联网的安全防护体系仍处于建设部署阶段，基础相对薄弱；但从国家政策驱动层面来看，“两化”融合、“互联网 +”《工业互联网企业网络安全分类分级指南（试行）》等政策和法规的实施落地，加速了工业制造领域信息化及安全防护体系化的进程。2020 年以来，广东省政府先后发布了《广东省推进新型基础设施建设三年实施方案（2020—2022 年）》《广东省制造业数字化转型实施方案（2021—2025 年）》等文件，加快推进工业互联网与新一代数字技术的融合创新，支撑制造业高质量可持续发展。

1. 行业需求

国内电子制造业普遍存在以下问题：多品种，小批量类型的作业越来越多，计划管理困难；订单多，无法给出准确交付时间，用户满意度不高；工艺升级快，不稳定，标准化程度不高；成本压力越来越高，提升交付效率迫在眉睫；能耗高，在“双碳”背景下，企业节能减排的压力较大。

2. 应用方案

（1）5G+ 电子制造安全技术方案

该方案通过采用 5G 网络替代传统的 Wi-Fi 网络进行通信控制，硬件和控制中心通过 5G 切片专线加密通道通信，确保数据安全。5G 专网的延伸可以将前端采集设备设置在任意需要监测的现场，5G 切片提供了一个安全、稳定、可靠的传输通道，让能耗实时监测变得容易，数据更加安全和及时。

5G 专网 + 安全网关可以直接接入企业内网，实时监测、诊断工控网络安全，并提供相应的安全策略和手段，为工控安全保驾护航，服务安全生产。5G + 电子制造业安全应用方案如图 5-23 所示。

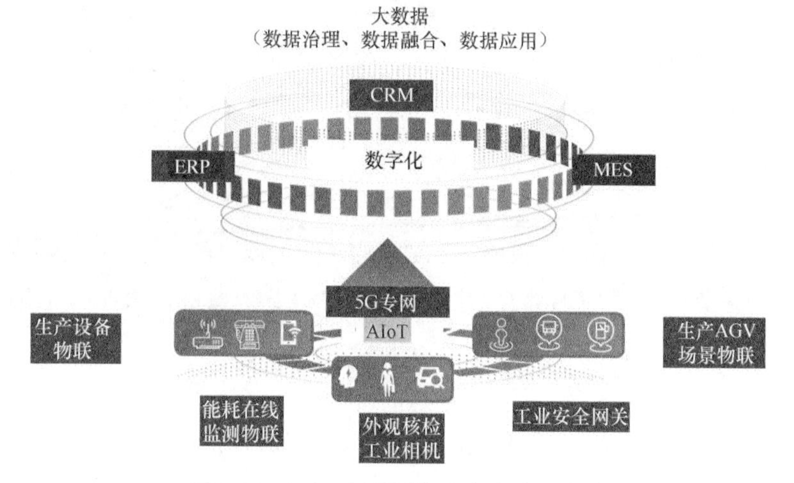

图5-23 5G+电子制造业安全应用方案

（2）5G + 电子制造安全应用场景

国内某智能照明领域企业以安全网关为核心构建了一个多态化的“安全管理中心”，可以拦截并溯源包含木马攻击、恶意域名请求、漏洞利用等多项安全事件，保障工控网络安全、生产设备的健康运行。5G + 电子制造业安全应用网络架构如图 5-24 所示。

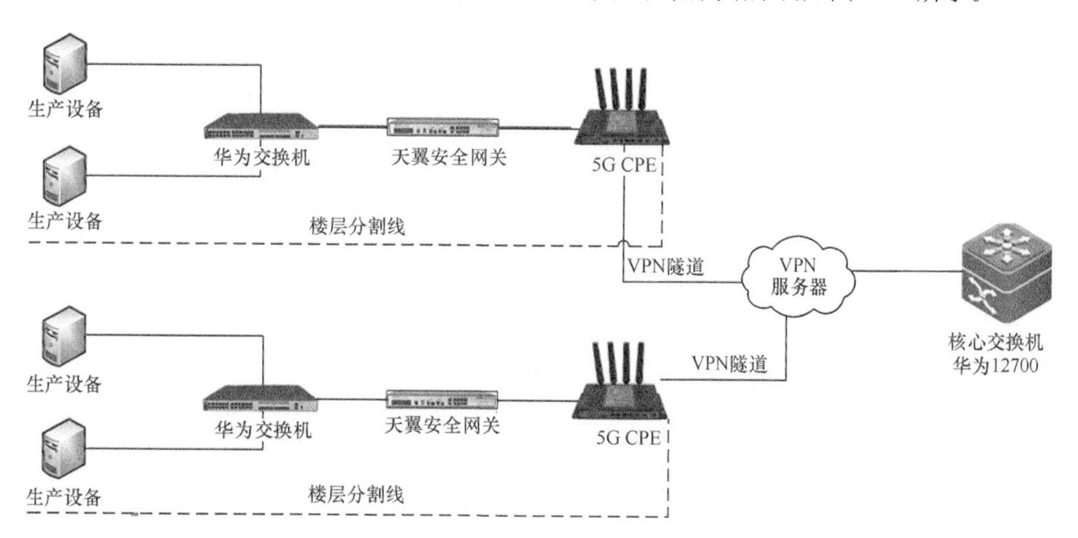

图5-24 5G+电子制造业安全应用网络架构

在工控车间建设以安全网关为安全管理中心，以防病毒软件、封堵生产设备高危端口和禁止自动运行 U 盘作为三重防护措施，保障了通信网络和区域边界的防护，同时，安全网关具备日志审计、防火墙 ACL 设置等功能，满足了安全计算环境要求，形成以安全网关为核心的一个多态化的“安全管理中心”，保障工控网络安全及生产设备的健康运行。

另外，运营商通过配置安全策略实现通信网络和区域边界的防护，协助查杀病毒，降低系统会话链接负载，限制了异常会话链接，减少了病毒攻击威胁，缓减了网络运行的压力。

5.5.7 5G+ 公共安全行业

近年来，安防监控、雪亮工程、移动警务等系列政策的推出，促进了公共安全行业的健康发展。公共安全行业结合 5G 大带宽、低时延的特点以及 MEC、无人机、智能机器人等前沿技术，迈入智能物联时代。

1. 行业需求

5G 将为公共安全各领域带来技术革新，实现多方位、多角度的海量数据收集，促进安全防护由被动向主动、由粗放向精细的方向变化，增强公共安全能力，缩短应急响应时间，推动社会安全治理水平的提升，助力打造安全城市建设。5G 等前沿技术在警务、安防监控等公共安全领域的应用，依托 5G 的 MEC、网络切片等技术，形成构建 5G 公安局域、广域专网服务，做到预先警示、科学防护、紧急处理，提高公共安全远程实时监测、数据智能分析、特定场景识别预警和突发事件应急调度等能力，推动公共安全领域信息化和数据化建设。

2. 应用方案

（1）5G + 公共安全技术方案

该方案采用“5G + 云 + 专线 + 行业云应用”融合模式，通过 5G 网络、云计算、物联网等技术的融合运用，提升公共安全巡逻的实时性、高效性及智能化联动能力，其管道侧以 5G 公安专网为切入点，通过切片实现带宽优先级保障、RB 资源预留等不同安全级别诉求，结合各类安全技术应用，实现端到端的全业务安防体系。5G + 公共安全方案如图 5-25 所示。

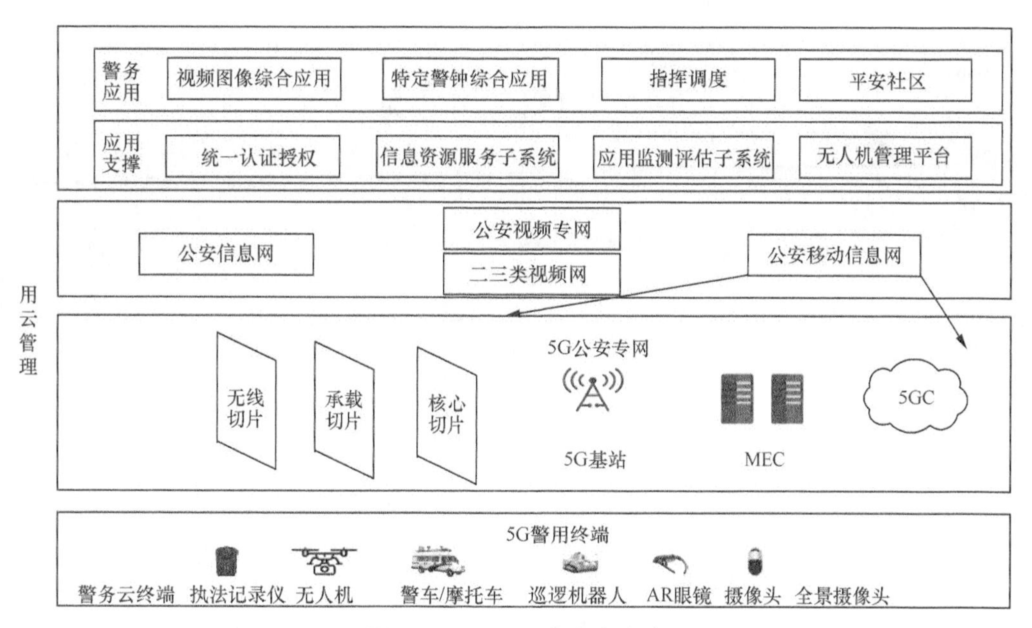

图5-25 5G+公共安全方案

（2）5G + 公共安全应用场景

公共安全应用场景主要涉及移动警务、立体巡防、安防监控、警务基础设施管理四大场景。运营商通过警务云平台、无人机平台、5G 自服务能力平台的自研建设，实现基础资源的跨地域管理和业务应用的跨云管理。

① 移动警务

基于“5G + 云 + 专线 + 警务云应用”融合的移动警务，具备现场信息核对能力，可以对人员身份信息和居住信息、车辆登记信息和驾驶员信息、场所经营者信息等进行快速查询和核对。另外，移动警务也可以满足监控告警联动实时监控的需求，在执行公务或者处理紧急突发事件时，支持实时场景视频监控，有助于及时对事件进行远程分析研判和指挥调度，有力支撑了现场警务工作的开展。5G+ 综合性移动警务应用如图 5-26 所示。

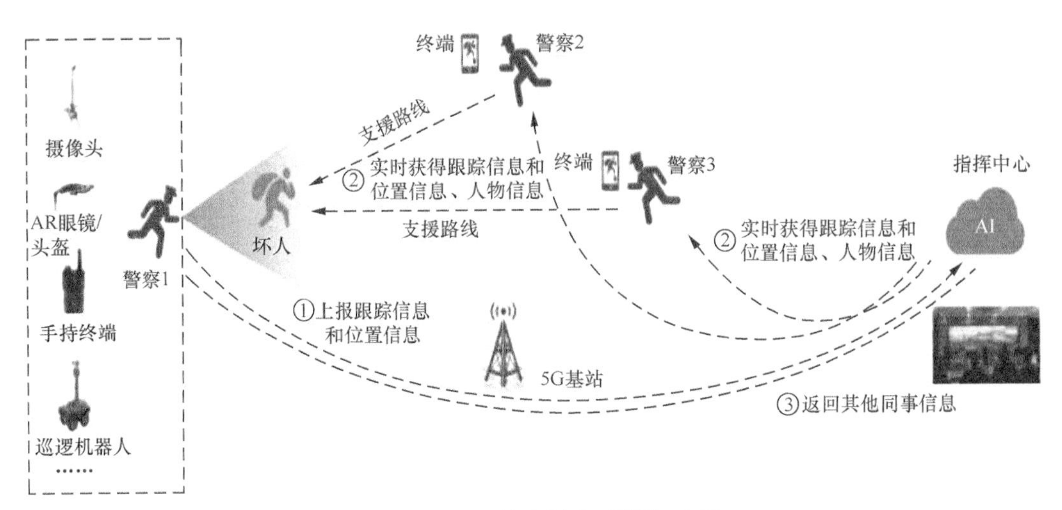

图5-26 5G+综合性移动警务应用

② 立体巡防

立体巡防是将高清摄像头安装在公务车辆或者无人机上，通过 5G 网络传输视频，有效弥补了固定监控设施数量和覆盖角度的不足，有助于消除监控盲点，拓展监控范围，快速响应突发事件。该视频监控模式可以广泛应用于商业步行街、广场、繁忙交通路段等城市重点场所的安全监控，形成 5G + 立体巡防应用，支撑解决应急响应的需求。5G + 公共安全行业立体巡防应用如图 5-27 所示。

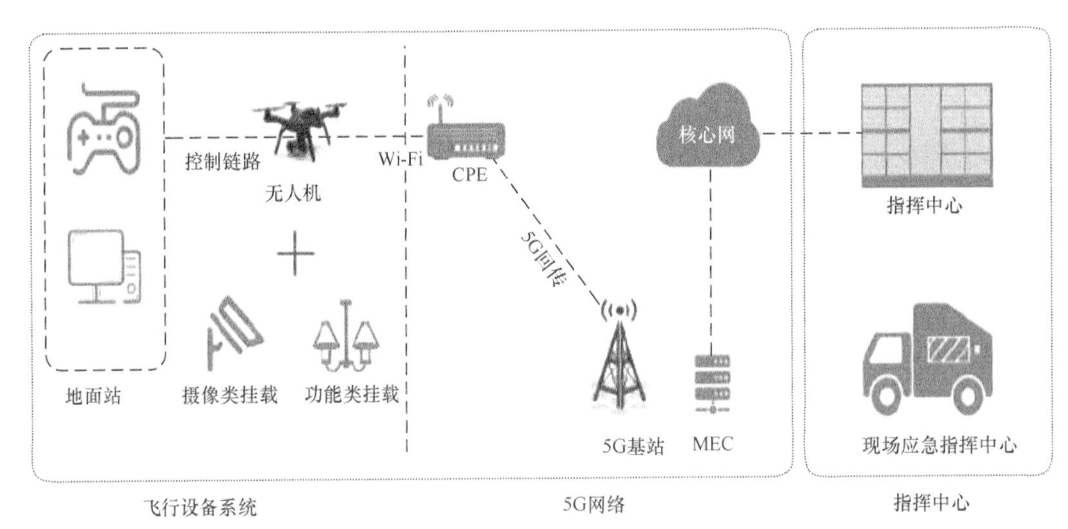

图5-27 5G+公共安全行业立体巡防应用

③ 场所安防监控

针对偏远地区、平安社区、平安城市中的固定安全监控点，通过5G网络＋边缘节点承载高清影像数据传输和存储，降低前端监控点的设备费用，免去网络布线的繁杂施工和维护工作，极大地减少了故障概率，大幅提升了安全监控的稳定性和可用性。5G安全监控模式同样适用于短期商业演出、大型表演活动等临时监控场景，满足高分辨率、低时延、大范围的安全监控需求。5G＋公共安全行业安防监控应用如图5-28所示。

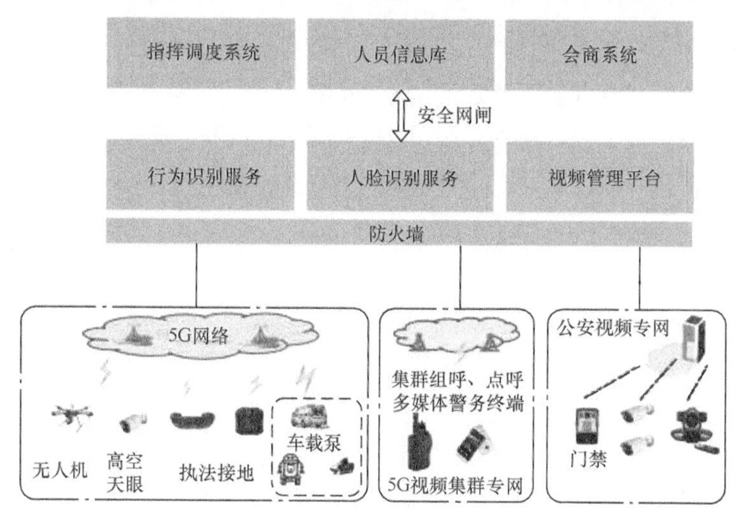

图5-28 5G+公共安全行业安防监控应用

④ 警务基础设施管理

依托5G网络和AI技术构建警务基础设施管理平台，通过标准接口无缝对接警务应用系统，实现全局基础设施可视化运营和指挥调度。同时，该平台基于实时共享数据信息，推动警务部门内部网络化办公，强化内部各系统的互联能力，有利于消除壁垒，加快警务部门信息化和数字化的进程。另外，重大突发事件可以根据现场情况，通过该平台达到实时在线可视化指挥的目的，实现重大突发事件紧急调度能力。5G+ AI智慧道路监控应用如图5-29所示。

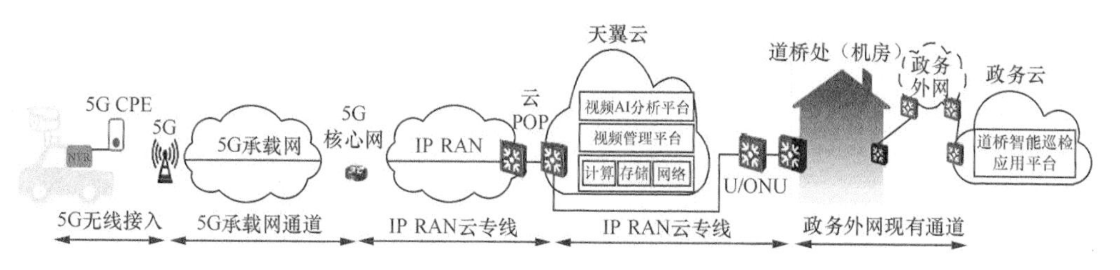

图5-29 5G+ AI智慧道路监控应用

5.6 参考文献

[1] 刘晓峰，孙韶辉，杜忠达，等 . 5G 无线系统设计与国际标准 [M]. 北京：人民邮电出版社，2019.

[2] 何明，沈军，吴国威 . MEC 安全建设策略 [J]. 移动通信，2021, 45(3): 26-29+34.

[3] 沈军，刘国荣，何明 . 5G 专网安全需求分析及策略探讨 [J]. 移动通信，2021, 45(3): 35-39.

[4] 刘豪，梁峥 . 5G 专网发展状况与架构分析 [J]. 通信企业管理，2021(4):38-40.

[5] 刘缘 . 南方电网首个 5G 智能换流站无线专网建成 [J]. 新能源科技，2021(4):8.

[6] 陈晓红，张威威，易国栋，等 . 新一代信息技术驱动下资源环境协同管理的理论逻辑及实现路径 [J]. 中南大学学报：社会科学版，2021, 27(5):1-10.

第6章

5G智能运维实践

6.1 运维数字化转型实践

数字化不仅是优化企业生产的关键技术，而且是连接市场、满足消费者需求、更好地服务消费者的重要方式。这种方式主要体现在 4 个方面：一是利用互联网平台及大数据等技术更好地了解消费者的需求，从单一的产品向“产品 + 服务”的方向升级，提供满足消费者多样化需求的全面解决方案；二是基于智能制造推动制造业变革，以柔性化生产有效满足消费者个性；三是基于智能产品构建起全生命周期的服务体系，通过监测、整理和分析产品使用中的数据提高企业服务的附加值；四是基于互联网社区、众创平台，鼓励消费者直接参与产品设计。

数字化转型的根本目标是重构价值体系，提升用户体验与企业运行的效率，通过模式创新实现新的增长，以达到提升用户体验、提高运营效率、创新业务模式的目的。其中，提升用户体验是指理解用户，丰富用户的接触点，通过数字技术增强销售能力，实现营收增长；提高运营效率包括缩短产品的上市周期，用数据驱动决策制定；创新业务模式是指增加新的产品与服务，实现企业级整合，与社会共享数字化服务。

数字化转型的工作任务是夯实数字化基础，构建数字化平台，加强体制机制和队伍建设，全力推进科技创新，对内实现营销服务、云网运营、资源资产数字化，对外赋能用户解决方案，驱动企业全面数字化转型。

1. 夯实企业数字化基础

夯实企业数字化基础包括业务要素数字化和提升数据质量。其中，业务要素包括“业务对象、业务过程、业务规则”。业务要素的数字化是数字化转型的基础，具体包含用户数字化、产品数字化、服务数字化和云网数字化，业务要素的数字化如图 6-1 所示。提升数据质量需要推进数据治理，依托部门整合组织优势，组建云网运营部数据质量提升工作组，面向数字化转型工作，从设备源头管控数据质量。

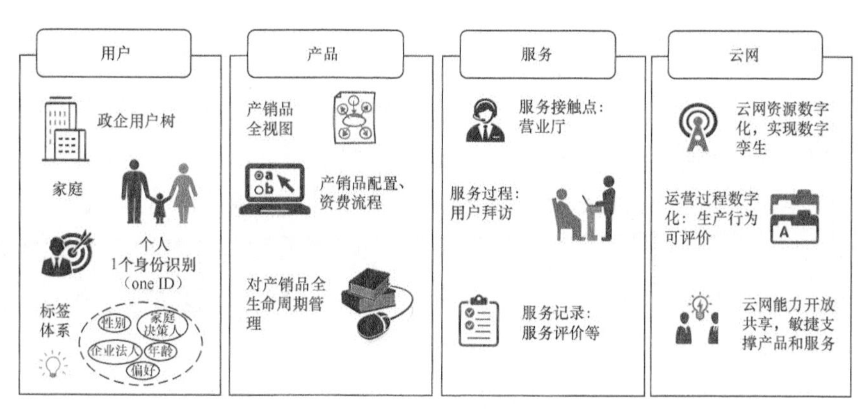

图6-1 业务要素的数字化

2. 构建数字化平台

数字化平台是科技创新的孵化者、基础能力的汇聚者、企业级数据的共享者、激发内部活力繁荣合作生态的赋能者。数字化平台是企业推进经济社会数字化转型的数字化底座。夯实自主掌控的技术底座，打造集中开放云化的业务能力，丰富大数据和 AI 应用能力，提高有竞争力的核心产品能力，构建高效、敏捷、开放的生态体系。数字化平台总体架构如图 6-2 所示。

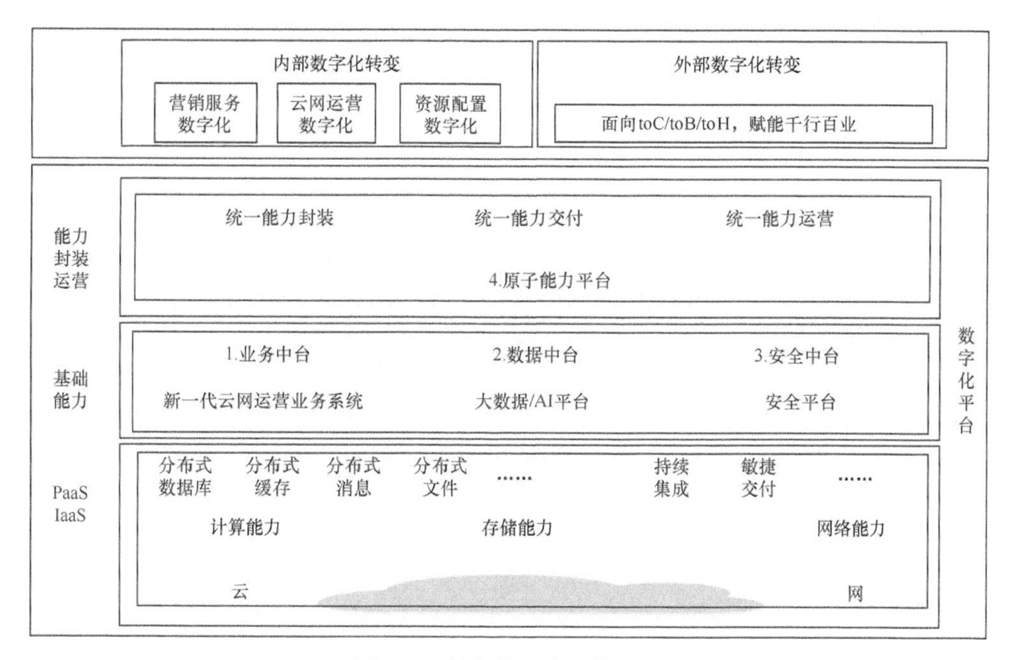

图6-2 数字化平台总体架构

3. 企业内部数字化转型

企业内部推动数字化转型的目标是以用户为中心，通过“四个在线”实现产品创新、生产运营数字化、产业体系生态化、营销服务数字化，打造产品生命周期数据闭环，提升数据透明化与可用性，灵活应对产品管理要求和产品运营需求。例如，打造 AI 智能云呼，针对使用 5G 手机 / 套餐且未打开 5G 开关的用户进行智能提醒（用户打开 5G 开关，体验 5G 网络），从而提高 5G 网络的使用率，提升用户的满意度；数据驱动用户体验提升，以用户为中心，采集、关联感知数据，通过大数据 /AI 建模，提前、主动开展感知修复，助力提升用户对体验的满意度。企业内部数字化转型示意如图 6-3 所示。

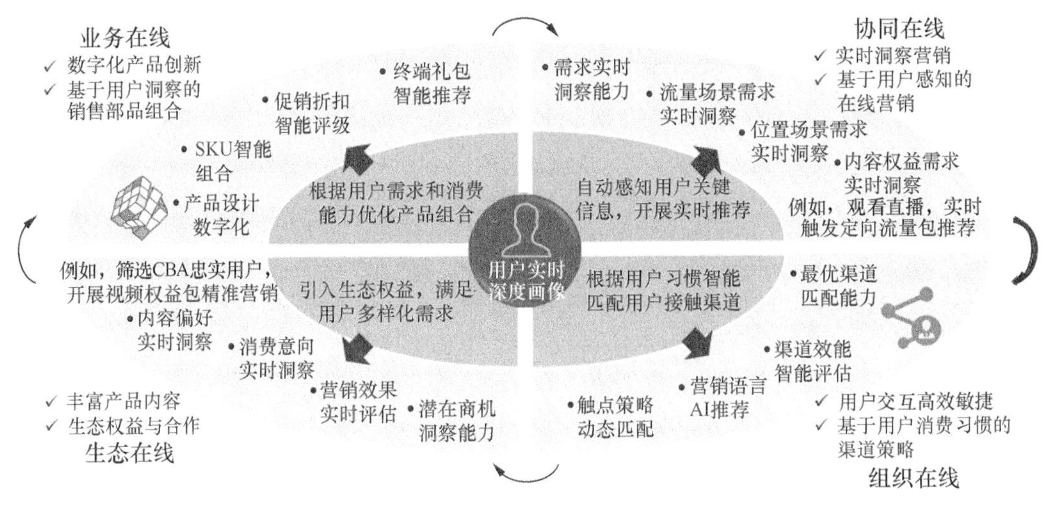

图6-3　企业内部数字化转型示意

企业内部推动云网运营数字化，通过运营数字化转型，全面实现网随云动、降本增效，支撑云网一体化高效运行。夯实基础、全面实现数字化、标签化；优化体制，重构运营手段，通过大数据、AI 赋能云网一体化运营。例如，大数据助力 4G/5G 精准规划，实现高价值区域自动识别，依托海量网络和用户数据，识别大流量、潜在用户的高价值区域，引入价值评估精准规划，拉通跨域数据，从收入常驻价值用户 / 流量 / 商业场景等多维度预估，规划基站投资收益，指导合理建站。

企业内部推动资源配置及运营数字化，投资和成本配置体系实现数字化变革，实现基于效益的动态下达和提前布局。例如，基站智慧节能系统部署自主掌控的 AI 模型算法及多场景精准节能策略，建立自动节能与闭环流程；在保障网络性能与用户感知的条件下，实

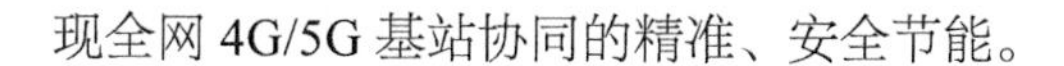
现全网4G/5G基站协同的精准、安全节能。

4. 服务意识演进

落实云网融合运营、云网业务提供、云网安全保卫责任，满足用户对云网业务“产品丰富、交付及时、质量领先、安全放心”的需求，构建涵盖“云－网－边－端”的“运行维护、服务支撑、安全保障、能力开放”的新一代云网一体化运营体系。

新一代云网一体化运营体系实现云网一体化管理，承接对用户“签约”和“履约”两大运营阶段的支撑要求。签约方面，以市场为导向，实现云网业务的产品快速设计、加载、销售、交付；以用户为中心实现云网业务的差异化、定制化、自助式服务，支持优质的用户签约体验。履约方面，面向用户、面向业务，构建签约后用户业务的QoS保障体系，提供端到端网络资源、业务资源视图，基于运营指标的故障精准定位、流程闭环处理、网络弹性伸缩，支持优质的用户履约体验。

5. 运维思想变化

某运营商以前的运营域“烟囱式”系统繁多，投资分散，按照规划逐步整合重构。随着采控能力、资源能力、编排能力的上线，发挥了产品快速加载和业务快速上线的能力优势，逐步融合数字化运营调度与运营保障能力，建立云网态势感知，实现云网智慧运营，全面提升运营服务支撑能力。

以前的运维思想是被动式监控云网运行，现在转变为以用户感知驱动主动维护，围绕“云化、解耦、融合、自动、智能”的目标，推进营销服务、云网运营、资源配置、生态合作等领域的数字化转型，以端到端的业务场景牵引系统建设，以上云为契机推动系统的解耦、重构和升级，统一模型主数据，统一能力开放，强化数据治理体系，加大科技创新。

基于跨业务平台、移动网、宽带网、传输网、光缆网等网络资源，对数据进行整合、关联，提供跨专业的业务端到端拓扑可视、运行态势可视、故障可视服务。AI分析感知数据、运行数据，及时进行云网质量劣化和隐患预警，通过人工干预或调用专业能力自动处理，支持业务早隔离、快调度，预防云网故障影响用户感知。

6. 用户端到端服务

随着新一代运营域各能力中心的落地，云网运营基础能力初步具备，并不断强化，云网运营域快速提供产品和能力封装，数据是底层基础，AI变成基础通用能力，赋能上层场景应用。

（1）数字化贯穿端到端

AI 分析客服申告数据、舆情数据和业务数据等，感知变化，快速发现专业网管无法发现的云网故障，支撑重大故障快速定位。AI 可以实现云网和政企用户跨专业关联分析、故障影响分析，提供可视化的根本原因定位和影响范围，逐步提供在线“一点业务应急恢复”和“一点业务调度”服务。

（2）精准投资建设

利用大数据，着眼 5G 基站分流效益，建议 5G 规划建设侧重 4G 高流量、每用户平均收入（Average Revenue Per User，ARPU）值、4G/5G 高档终端密集区域，尤其对 4G 室外站穿透覆盖的重点室内场所（例如，高档居民楼等），推进 5G 精准覆盖，把投资用在刀刃上；提速 5G 三期工程建设，对 4G 流量上涨过快的区域、5G 终端高密集区域、“网速慢”等感知问题群体投诉区域，加快 5G 先行部署。

（3）提升用户感知

统一网络策略，协同优化 4G/5G 室内外、改善边界体验、提升品牌场景业务感知，确保用户“能用”“愿用”；在保障用户感知的前提下，优化 4G/5G 互操作驻留及切换策略，确保 5G 终端优先驻留 5G 网络；落实机制，加快 SA 业务开通、端到端问题的响应和闭环解决；强化商业业务发展及问题分析，支撑业务快速发展。

7. 智能运维

基于大数据生态建设，运营商可以从态势感知实际需求出发，整合各专业云网数据，实现云网数据集中存储、跨网拓扑数据融合、数据交互、数据稽核等数据能力，满足云网数据开发要求，为不同感知场景应用及其系统提供数据支撑。

运营商可以深度利用网络关联关系，结合网络设备、业务、资源、故障时间点、告警/性能数据通过光缆与传输设备、传输电路与无线、数据中继及承载业务之间的关联关系进行综合分析、快速定位故障点，准确评估影响范围。基于拓扑图形化集中呈现故障信息，实时掌握网络状态，快速感知和排除故障，带来更好的运维体验，提升运维的质量与效率。

运营商可以构建跨专业故障态势感知、业务性能指标关联分析策略规则，实现跨专业关联分析的自动化，故障影响分析的智能化；实现全业务跨专业端到端场景的态势可视、跨专业关联分析自动化、故障影响分析智能化，支撑智能运维；实现企业云网全专业自感、自检、自治、自愈的目标。

6.2 5G 智能运维的必要性

全球科技不断创新和经济飞速发展，5G、AI、大数据、云计算、边缘计算、数字孪生、元宇宙等技术逐渐成为全球经济增长的新引擎，同时，运营商也在 5G 网商业运营、智能制造、智慧医疗、智慧教育等新市场获得新的业务增长。

全球的运营商正在快速推进网络智能化、自动化建设，并期望借助网络数字化转型抓住商业机会，5G 的商业、云网融合，以及由此延伸出智慧城市、智慧农业、智慧教育、智慧医疗和其他行业的一些新应用与新业务。新应用、新业务和新用户不仅对网络性能提出“高可用、大带宽、低时延、高可靠”的要求，更期望获得“在线自助订购、按需分钟级开通、差异化 SLA 保障、数据安全的定制网络、预见性维护和数字孪生可视”等新网络特性。

传统的运营模式和网络能力无法满足数字化转型的要求，因此，2019 年电信管理论坛（Tele Management Forum，TMF）成立了“自治网络（Autonomous Networks，AN）项目”，主要建设领域领先、网络全程端到端的智慧化方法，帮助运营商简单化部署，为消费者与相关领域提供体验，具体包含零故障、零接触、零等待 3 个方面，推动网络能力的全面提升，实现自服务、自发放、自保障，真正实现“将复杂的问题留给运营商，将简化的体验带给消费者”。

运营商通过创新商业模式和网络服务，推出新一代数字化产品，智慧医疗、智能制造、智慧交通（自动驾驶）、智慧城市等，这些垂直行业市场才是其未来创收的主要来源。因此，自治网络对运营商而言是至关重要的，这些服务依赖于大连接、低时延、高可靠性。

自治网络项目成立以来，已在“愿景、框架、标准、理念”等方面达成了广泛共识。越来越多的运营商、相关组织和厂商加入自治网络的探索和实践中，共同推动自治网络的产业化和标准化工作。现在，自治网络即将进入先行运营商体系化部署的新阶段，并开始大规模试点验证。

6.2.1 网络运维智能化的发展趋势

1. 面临的挑战

随着 5G 移动通信网络的快速商用，打开了数字经济快速发展的时代大门，企业通过持续的数字化转型抢占市场。在这一背景下，运营商只有主动参与数字化转型，才能在 5G、云计算、边缘计算等关键技术所创造的市场机遇中盈利。

多年来，在提质增量、降本增效的压力下，企业全面投入数字技术，创新商业模式，期望扩大业务版图。大量企业的日常需求不仅需要低时延、高可靠性、海量连接的网络，还希望运营商提供其他高价值服务和业务，例如，海量数据分析、图像识别、高精定位服务等。运营商要想在新市场中抢占一席之地，必须部署自治网络，尤其是在新商机对网络能力诉求差异化且多样化的情形下，网络管理和运营更加复杂。运营商面临的主要挑战如下。

（1）体验挑战

该挑战包括所有维度的体验完全一致，涉及位置、移动性、质量、服务类型等。

应用示例：从用户行为、体验指标、业务模板和实时配置及变更中提取意图。

（2）业务战略挑战

该挑战包括市场占有率目标、市场扩张策略、产品策略、定价策略等。

应用示例：自治网络提供敏捷性，用于战略决策。

（3）财务挑战

该挑战包括降低基础设施的建设成本和运营成本，实现最优利用率等。

应用示例：实时响应容量需求、快速扩 / 缩容部署。

（4）运营挑战

该挑战包括故障预防、隐患预防、质量指标、性能一致性等。

应用示例：预测和认知运营管理，意图驱动的网络 / 系统决策和实施。

（5）集成与协同挑战

该挑战包括利用合作伙伴生态系统进行协作，实施快速发现服务，统一编排原子能力，实现快速部署业务，助力应用创新等。

应用示例：基于业务需求的服务能力分析，统一编排和部署。

（6）环境挑战

该挑战包括不断增加能源需求、密集网络等。

应用示例：根据商业意图进行自适应的操作和调优，实现节能减排。

（7）安全与隐私挑战

该挑战包括保护合作伙伴之间数据交换的隐私，保护国家和社会的信息安全。

应用示例：确定和预测数据交换中的用户专有信息需求，预测有风险的通信与数据交换，保护国家信息安全。

运营商不再只专注于网络的高效运营和精细化管理，而是从商业和业务角度思考自治网络。自治网络不仅能帮助运营商抢占市场，还能帮助运营商应对眼前的诸多挑战：提升经营业绩、降低成本、改善用户体验等。因此，自治网络在运营商的 ICT 和网络转型战略中发挥着举足轻重的作用。

在推进网络智能化和自动化的过程中，运营商非常关注传统业务和网络的变更和演进，但是传统业务和网络的可行性、改造成本、复杂度是不小的挑战。现网中的不少设备或网元已经超负荷运行，带来可靠性、可用性、扩展性等方面的限制，难以支撑自治网络建设的基本要求，因此，针对存量网络，需要懂得如何再造或割舍。很多运营商已经做好了加大投资来升级网络的准备，以便最大限度地提高投资回报。

同时，运营商还需应对激烈的市场竞争。在这个新服务、新平台随时可能涌现的时代，运营商的市场被一些云厂商、互联网新兴企业抢占。这些新兴企业基于自身的目标、愿景和优势，选用全新的商业模式，针对不同的应用场景，打造多种解决方案。

在技术方面，许多新概念仍处于验证和定义阶段，例如，动态编排、意图驱动、声明式建模等，它们的技术演化实现还有待完成，人工智能框架局限于概念验证和实验室。众多中小企业投入了大量的精力和时间，但回报与投资仍不呈正比。针对运营商提出的特定要求或问题，设备厂商制定了针对性的解决方案，但这类方案是否可以跨领域部署仍有待验证。

在标准化方面，从抽象到具体的用例实现，依然有大量工作要做，这些用例涵盖了所有业务域、网络域。另外，如何使商业生态系统中的互联网领先企业、设备制造商、运营商都采纳这些标准，如何管理这些标准也是不容忽视的问题。这些问题有助于运营商快速地向其他垂直行业大规模输出高价值的商业用例。

2. 愿景

自治网络通过完全自动化的 ICT 和网络的多场景服务、高价值运营和智慧化基础设施，为广大用户和相关领域提供零故障、零接触、零等待 3 个方面的用户体验，基于前沿技术实现“将复杂的问题留给运营商，将简化的体验带给消费者”，自治网络愿景如图 6-4 所示。

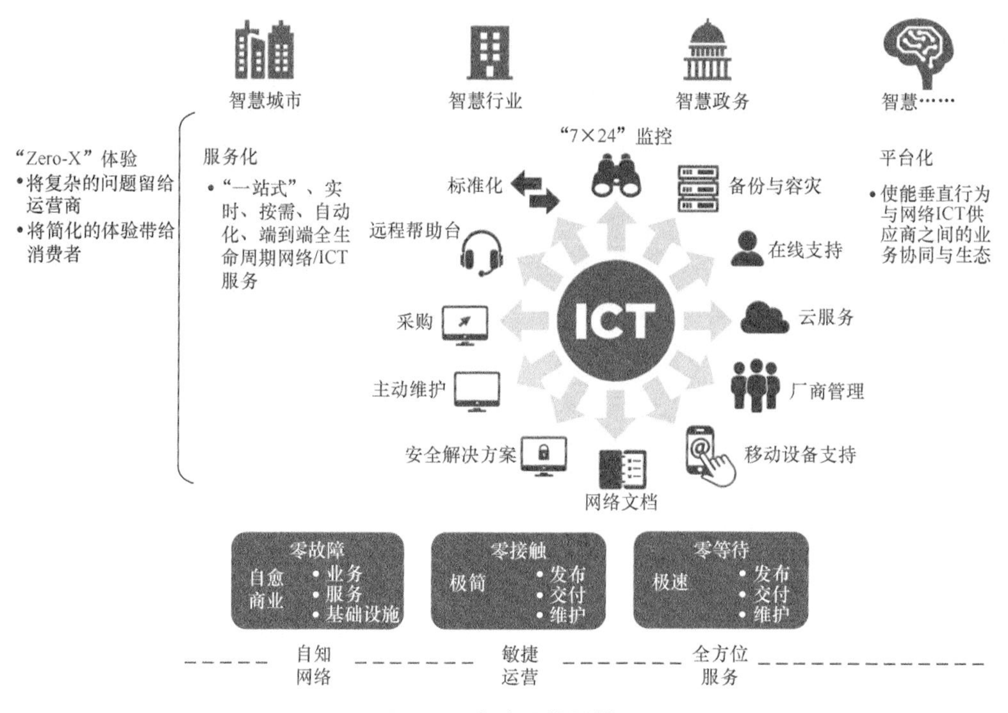

图6–4　自治网络愿景

随着 5G 业务的快速发展，从第二代移动通信技术（2th Generation Mobile Networks，2G）到今天的 5G，"四代同堂"，核心承载各流量需要灵活调度，商业和公众用户业务即开即通，用户需求灵活多样，用户体验驱动业务运营，目前，已有 58% 的人口享受着 5G 技术带来的便利，再加上万物互联的物联网，连接复杂，面向 2025 年数十亿的用户和设备、EB 级的数据流量，只能通过自动化的方式处理数据、保障业务。运营商结合新技术实现创新的网络业务和商业模式，用自动化使能千行百业，实现消费者生活数字化。

自治网络的终极目标是支持一系列创新商业模式和网络业务，通过全自动智能业务、ICT 和网络运营使能垂直行业，实现消费者生活数字化。这一目标的实现需要利用 AI、大数据、云计算、物联网和 5G 技术，使服务更简单易用，最终达到产品上市、业务开通、用户关怀零等待的目的，达到运营、开发、维护的零接触的目的，达到业务、服务、基础设施的零故障体验的目的。

当前，AI、大数据、云计算等技术的发展和成熟使自治网络成为可能，运维运营场景将超越当前 AI 应用较多的新零售、金融等行业中的广告投放、用户支持、投资预测、异常监测等场景，成为 AI 最大规模的应用点之一。经过两年的探索，相关产业各方已达成战略共识，并进入实操立项阶段。

6.2.2 自治网络概述

TMF与论坛会员合作，共同构建了自治网络框架，该框架分为资源运营层、服务运营层、业务运营层3个层级的通用运营能力，可以支撑不同场景和业务需求，以及通过用户闭环、资源闭环、服务闭环、业务闭环4个闭环实现层间全生命周期交互。

自治网络的特点是以自治域为基础，实现数字业务闭环的智能化、自动化资源、服务和业务运营，从而提高全生命周期运营智能化、自动化、最大的资源利用率以及最佳的用户体验。

自治网络框架如图6-5所示，该框架展示了资源运营、服务运营、业务运营各个闭环之间交互和关联的基本原理。用户闭环是拉通资源运营、服务运营、业务运营闭环的主线，而资源运营、服务运营、业务运营闭环则解决了邻接层级之间的交互问题。邻接层级的交互被简化，以业务为驱动，并独立于具体实现方案或技术，例如，实现资源运营、服务运营、业务运营的意图和沟通，而不是基于接口和意图机制从技术的角度执行指令。资源运营意图、服务运营意图和业务运营意图用于相应层级之间的交互。

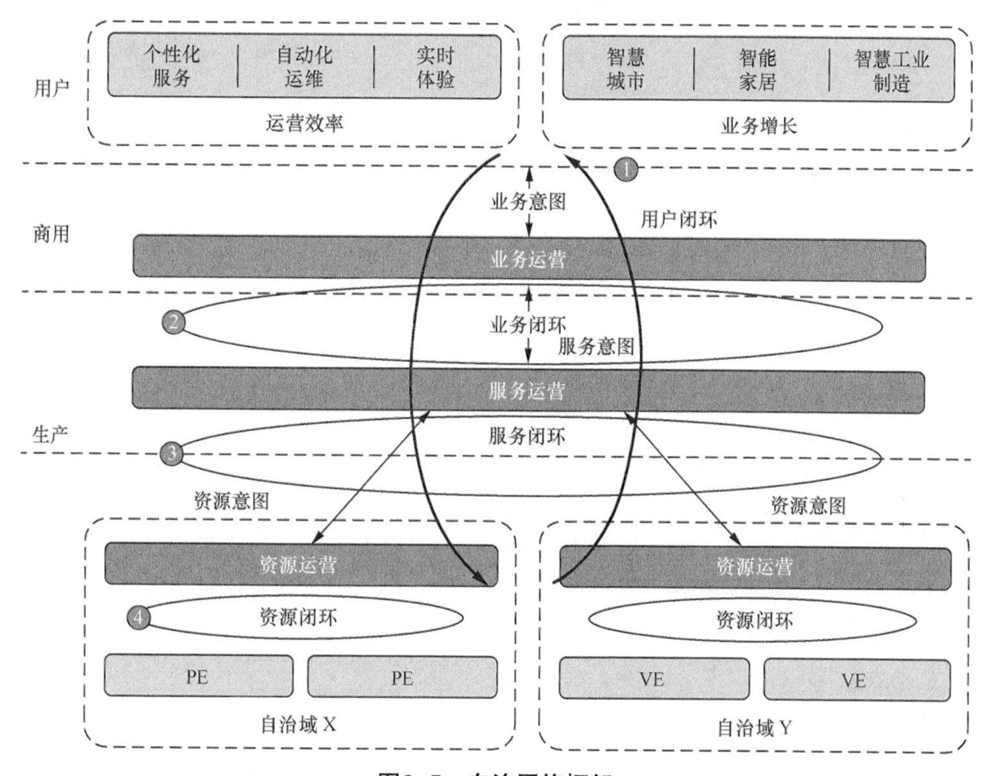

图6-5 自治网络框架

1. 自治域

自治网络业务涉及多个闭环和层级。自治域作为一个基本的最小单元，可以基于运营的业务处理和网络功能，实现自治网络运营生命周期中特定环节的闭环自动化。这样不但能填补不同设备厂商不同方案实施的差异，而且还能降低关键技术的门槛。

自治域的边界是根据每个运营商的网络运营需求和业务决策定义的。自治域的实例化可以由运营商根据一系列的因素（例如，部署位置、网络技术、维护组织关系和业务类型等）定义。例如，从网络基础设施角度来看，自治域实例可以是用户网络、边缘网络、接入网、城域骨干网和核心网等；从业务角度来看，自治域实例可以是内容分发网络（Content Delivery Network，CDN）、软件定义广域网（Software Defined Wide Area Network，SD-WAN）等。

自治域运营的基本方式的具体说明如下。

单域自治：各个自治域根据业务目标以自治域内全生命周期闭环，通过 API 抽象，向自治域的用户屏蔽域内细节和厂商差异。

跨域协调：多个自治域可以通过意图简化接口与上层服务运营交互实现跨自治域协调，实现网络全生命周期闭环。

2. 意图驱动式交互

运营商在 TMF 自治网络项目中引入意图，用来表达用户约束、目标和需求，允许系统相应地调整操作方式，与不同域的用户进行交互。在自治网络等级的中、低层级中，用户约束、目标和需求可以使用现有接口上承载的需求和策略驱动的操作来实现，具有较高等级的自治网络系统能够通过意图驱动的交互来自动调整行为，减少人工干预。这种能力将通过引入定制化的、全新的、不需要人工干预的服务产品来提升业务的灵活性。

（1）意图可理解、可陈述，基础设施中立、可移植

资源层意图：服务的性能与质量目标。

服务层意图：业务需求，例如，连接、带宽、时延或可用性等。

业务层意图：业务用户的目标，例如，交付 SLA。

（2）极简基础设施

极简的架构 / 协议 / 设备 / 站点 / 部署方案，实时感知、边缘 AI 推理。

（3）运营能力

为了支持用户闭环的全生命周期，自治网络的运营能力以分层的方式分类。这些能力应用于自服务、自发放、自保障，支撑全生命周期的用户闭环。

自服务：包括自规划、能力交付，提供网络、ICT服务规划、设计和部署的自定义能力；自订购，提供网络、ICT业务的在线、数字化、一键式订购能力；自营销，提供面向通用和/或个性化宣传，推广的自动化营销活动。

自发放：包括自组织，按需实现资源、服务、业务资源的发放意图解析；自管理，按需实现资源、服务、业务的交付编排和调度；自配置，按需实现资源、服务、业务的交付配置和激活。

自保障：自监控、上报，实时、自动化地持续监控和上报告警；自修复，实时SLA恢复，例如，性能、可用性和安全性；自优化，实时SLA优化。

3. 自治网络分级

为了衡量和实现SLA与用户体验，TMF定义了自治网络等级，以指导网络和服务的智能化和自动化，评估自治网络服务的价值和优势，并指导运营商和厂商的智能升级。自治网络的业务架构为分层自治、垂直协同，构建自动驾驶网络，逐级提升闭环能力，实现从人向机器的生产转变，自治网络分级如图6-6所示。

自治网络等级划分为L0、L1、L2、L3、L4、L5共6个级别。

自治网络等级	L0 手工运维	L1 辅助运维	L2 部分自治网络	L3 条件自治网络	L4 高度自治网络	L5 完全自治网络
执行	P	P/S	S	S	S	S
感知	P	P/S	P/S	S	S	S
分析	P	P	P/S	P/S	S	S
决策	P	P	P	P/S	S	S
意图/体验	P	P	P	P	P/S	S
适用性	N/A（不适用）	选择场景				所有场景
P 人（手工） S 系统（自主）						

图6-6 自治网络分级

L0：手工运维，这是最原始的运维方式。

L1：使用工具辅助自动化，该等级的定位为运维工具化和流程规范化，执行运维任务，研发小工具、脚本实现基础能力自动化，以提高执行效率。

L2：部分自治网络，该等级的定位为流程自动化和辅助分析。

L3：有条件自治网络，该等级的定位为全域数据拉通和检测方面的初级智能化，具备数据平台与AI框架、数据标准化、知识资产化、智能感知检测能力嵌入流程的关键特征，在部分自治网络的基础上，实时动态感知环境态势，自调整、自优化特定网络专业适应实际的场景。

L4：高度自治网络，该等级的定位为诊断、预测、辅助决策方面的高级智能化，具备持续积累知识资产、预防预测、辅助决策、"零接触"执行能力嵌入流程的关键特征，在有条件自治网络的基础上，在更复杂的跨网领域场景中，实现以用户感知为导向驱动网络的预见性、主动式的闭环管理。

L5：完全自治网络，该等级的定位为自动生命周期闭环，具备AI能力支撑自主决策、注入商业意图的核心特征。

自治网络体系通过构建、评估、探索、实践方法，逐渐建立匹配自身发展战略，搭建符合业务体系规划的实践体系。自治网络体系如图 6-7 所示。

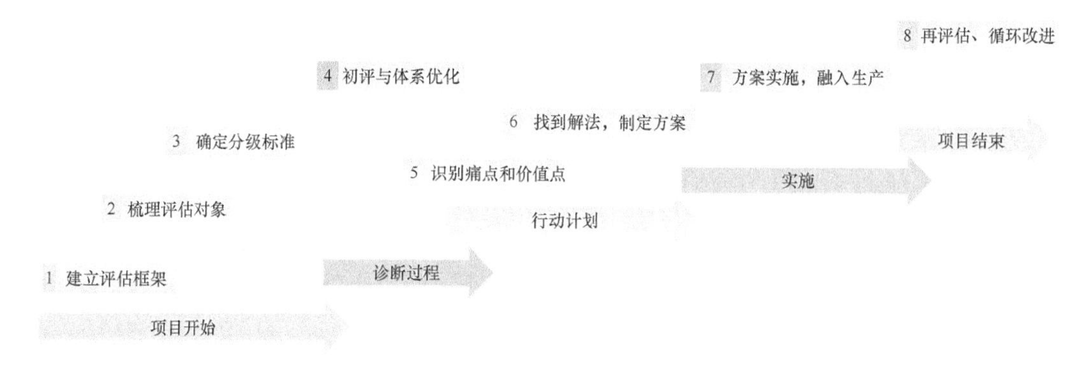

图6-7　自治网络体系

6.2.3　自治网络 L3/L4 智能化运维全流程

自治网络的实现是一个持续迭代、循序渐进的系统工程，具体涉及"顶层设计、能力建设和评价体系"3 个方面和 1 个"迭代演进"循环。

1. 自治网络的实现

(1) 顶层设计

顶层设计承接"促进业务增长"和"提升运营效率"两大自治网络业务目标。

根据自治网络分级标准，开展等级评估并进行体系化的顶层设计，输出“战略目标、目标架构和演进路径”等关键内容。在实际生产网络中，目标架构的资源运营层可能分解为网元层和网络管理层两个子层。简化接口资源运营层可以将封装好的能力开放给上层，从而屏蔽跨厂商或跨域资源管理的复杂性。

（2）能力建设

自治网络实现的核心内容包括系统能力建设和网络能力建设两种。

① 系统能力建设：通过运行支撑系统（Operational Support System，OSS）改造升级、AI 和大数据技术引入，提升包括但不限于“工程管理、网络规划、服务支持、用户体验、运维及资源管理”等运维管理智能化、自动化的能力。

② 网络能力建设：通过能力建设、架构重构、协议优化，提升网络、网元的智能化、自动化的能力。

（3）评价体系

评价体系作为衡量自治网络能力提升对业务运营和商业经营目标影响的“标尺”，可以确保能力提升，满足企业业务发展和商业价值实现的要求。

2.“迭代演进”循环

自治网络能力“迭代演进”循环，将评价体系和分级评估作为衡量自治网络建设成效的标尺，推动自治网络按照 L1 ～ L5 的等级有序发展、持续迭代。自治网络实现方法——“迭代演进”循环如图 6-8 所示，通过该循环，持续提升移动通信网络运维的智慧化能力。

（1）分级评估与短板识别

该评估与识别针对场景化的运维流程，开展智能化、自动化能力的量化评估，识别短板差异和共性问题，制订有针对性的实施计划和提升措施。

（2）系统建设与协调规划

该建设和规划在网络运营管理支撑系统方面，加强全网统一滚动规划，加快异构网络的系统更新；在网络设备方面，进一步细化各专业网络设备的功能技术规范，引导设备厂商提

图6-8 自治网络实现方法——“迭代演进”循环

升设备自治能力。

（3）应用试点与复制推广

运营商与设备厂商合作，积极引入先进的智能化、自动化技术；在规模推广前，选定局部点位或子网进行试点；在新应用部署之后，循环进入第二轮等级评估，从而迭代提高自治能力。

3. 配套运营体系

为了适配自治网络的建设，配套运营体系包含“企业文化（制度）、组织架构、工作流程、人员技能”等方面，也需要进行相应的调整或重建。

4. 智能化运维全流程

智能化运维全流程包含移动通信网络的规划建设业务流程、运营业务流程、维护业务流程、优化业务流程四大类。

其中，规划建设业务流程简称为“规建”，为了加快产品上市，目标用户早日受益，基于价值区域不同，分类建设无线网，自动化精准规划，大数据及 AI 技术赋能，对站点工程质量进行全程管控，完成自动化部署、集成、验证、测试等流程。

运营业务流程，例如，toB/toC 业务实现一键开通，提升用户体验，保障用户满意度。当用户遇到问题时，可通过智能客服自助解决常见问题。例如，利用信令、话单数据，运用大数据技术，识别不良信息、诈骗信息，进行有效封堵、拦截。

维护业务流程具备主动探知和确认网络状态的能力，通过主动的围绕专题（特定组网）或关键绩效指标（Key Performance Indicator，KPI）调度测试能力进行网络测试，例如，时延、带宽，动态感知网络运行态势，预警网络故障，实现一键调度、一键恢复等主动预见性维护的目标。

优化业务流程具备体系化的业务 KPI 和网络质量的探知和评估能力。优化成效的评估是专项优化活动的闭环，也设定了下一轮改进的基线。积累专项优化经验和知识、采用系统性的优化技术可以构建包括资源利用率、可用性、负载分担调节等专项优化能力；逐渐达到动态优化的目的。

自治网络通过上述四大类业务流程，通过实时监测移动通信网络对用户感知的影响，及时采取措施，避免用户流失，争取更多商机，打通全流程，在每个环节明确 SLA 策略，实现全生命周期提升用户体验。智能运维的业务流程如图 6-9 所示。

聚焦网络精准规划、自动集成部署、用户体验感知、弹性资源调整、业务自开通、告警压缩、故障精准定位、业务敏捷恢复等关键能力，构建一键式自动化能力，达到有条件自治的网络。面向用户体验进行容量和流量的整体规划和自动调度，在部署和开通上实现全场景自决策。在优化和维护中达到自动化监测的目的，进而达到问题可“自发现、自诊断、自恢复”的目的。首先，在L3和L4进行经验的积累和技术的锤炼；然后，在市场中检验业务的成效；最后，明确L5的业务模式、配套体系和能力，逐步演进到意图驱动的全自治网络。

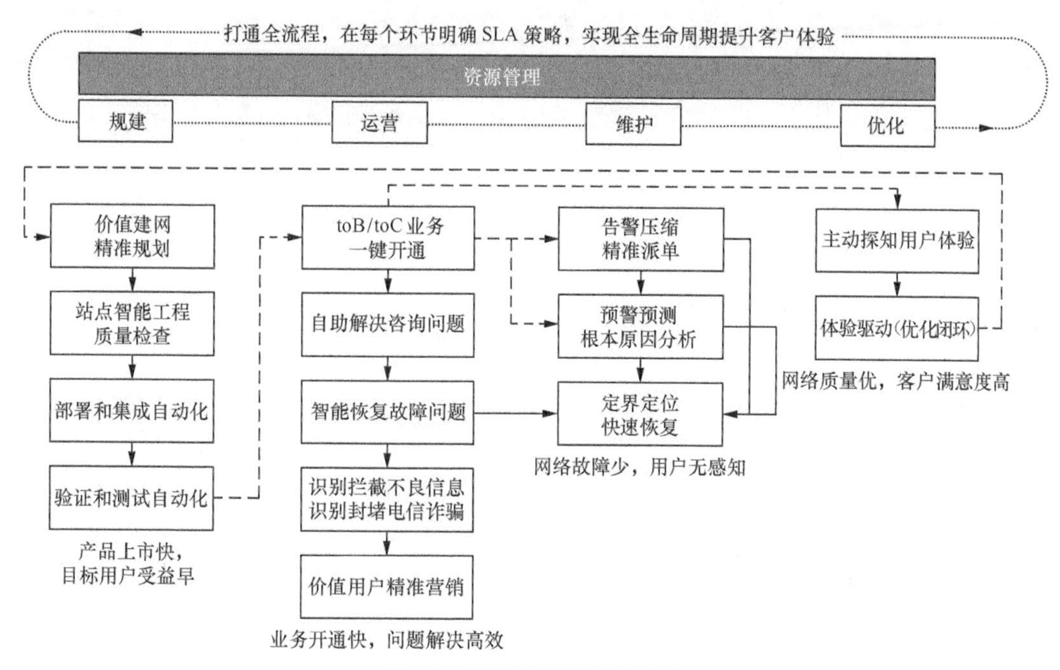

图6-9 智能运维的业务流程

6.3 5G核心网智能运维

6.3.1 人工智能概述

当前，机器学习无疑是数据挖掘分析领域的热门话题，或多或少地取代生产、生活中的人工操作，实现智能化、自动化，尤其是随着图形处理单元（Graphics Processing Unit，GPU）、张量处理单元（Tensor Processing Unit，TPU）等硬件性能提升以及深度学习的推广，人工智能在计算机视觉（Computer Vision，CV）、自然语言处理（Natural Language Processing，NLP）等方面得到了充分发展，人工智能领域涉及的算法较多，在数据建模和人工智能算法选择的时候，根据输入数据的类型是否存在标签等因素综合考虑，选择合适的人工智能算法从而取得较好的效果。机器学习是人工智能领域中较为常见的一种算法，机器学习大致分为以下 3 类。

（1）监督式学习

在监督式学习中，放入模型中训练的数据、测试的数据、验证的数据都是有标签的，模型学习要根据标签学习数据的隐藏表示，常见的监督算法有分类算法和回归算法，具体包括逻辑回归、随机森林分类器、支持向量机（Support Vector Machine，SVM）分类器等。

（2）无监督式学习

在无监督式学习中，放入模型中训练的数据、测试的数据、验证的数据都是没有标签的，模型学习只根据数据的隐藏表示学习它们直接的相似性，相似的数据被分为一类，常见的无监督算法有层次聚类算法、密度聚类算法、关联规则算法以及 K 近邻算法。

（3）半监督式学习

在半监督学习中，放入模型中训练的数据、测试的数据、验证的数据有一半是有标签的，有一半是没有标签的，通常是用模型学习有标签的数据，找到数据的隐藏表示方法，然后对没有标签的数据进行标签标识。半监督学习的常见算法有图论推理算法、拉普拉斯支持向量机等。

1. 特征工程

特征工程旨在将原始数据转换为另一种表现形式，将非正态分布的数据转换为正态分布的数据，将量纲不一致的数据转换为量纲一致的数据，将与标签无关的数据转换为与标签相关的数据，删除或填补异常的数据，提升模型的准确性。在机器学习模型训练的过程中，数据是基础，“脏”数据会影响模型的学习，数据越有效，训练得到的模型越准确。其实，特征工程是寻找或转换与标签强相关的结构化数据，让模型学到数据中更有效的特征表示，同样一份数据，做有效的特征工程比不做有效的特征工程模型学习到的数据隐藏表示会更好，最终结果会有意想不到的效果。数据决定了机器学习的上限，但算法只是尽可能逼近这个上限。

（1）缺失值填补

当数据出现列缺失时，如果缺失较多，则直接删除该列。如果缺失较少，则可以根据需求选择以下填充方式：缺失值用 0 填充；缺失值用均值、中位数或众数填充；缺失值用上下值数据填充；缺失值用插值法填充；缺失值用算法拟合填充。如果数据出现行缺失，则可以删除该行记录；如果时序数据缺失时间，则可以根据时间周期补充缺失的时间，其他特征取值用空值填充，然后参考列缺失值的填充方法。缺失值大部分时序预测算法对缺失值比较敏感，原始数据中可能存在少量漏报或者噪声数据被去除导致原始序列存在缺失值。需要说明的是，根据缺失前后数据点补齐合适的数据便于后续算法训练。

① 线性差值：根据缺失值前后数据点构造线性函数补齐中间缺失位，适用于前后都有少量缺失的数据的情况。

② 局部加权回归：以缺失点为中心，取前后的数据点，用权值函数 w 做加权线性回归，利用回归权值函数对缺失值补齐，适用于表格间存在缺失段的情况。

③ 简单指数光滑：以缺失点为中心，取前后的数据点做一阶指数光滑，求得最优的指数光滑参数，然后对缺失值补齐，适用于表格间存在间隔多个缺失值的情况。

（2）异常值处理

训练数据中存在大量噪声甚至异常数据，为了防止模型采用了错误的模式，在建模前通过统计方法去除噪声数据。

① 箱图准则去噪：通过计算序列的最小值、最大值、下四分位数、上四分位数、中位数，剔除超出正常区间的数据。前置条件是数据服从正态分布，一般大于3-sigma（3西格玛算法）区间的数据为离群点，可将其删除。

② 格鲁布斯检验法去噪：计算G统计量，确定可疑离群点，根据置信区间判断是否接受异常假设。去除迭代检查样本中偏离均值最大的离群点，直到保留下来的样本都在置信区间内。

（3）非数字处理

大部分的机器学习算法和统计分析方法更倾向于处理数字，为了便于机器学习任务或一般统计分析，我们可以考虑将非数字类型字段转为数字字段。

① One-Hot编码：又称为独热编码，使用 N 位状态寄存器来对 N 个状态进行编码。直观来说，在特征工程中，One-Hot编码是将特征列根据样本数据的种类拆分为多列，将原特征列数据映射到新特征列中，样本数据相同编码设为“1”，样本数据不同编码设为“0”。

② Label编码：又称为标签编码，使用 N 个数字映射特征变量去重后的值，或者自己使用字典做映射。如果是无序的离散值，则一般使用One-Hot编码；如果是有序的离散值，则会用到Label编码。

③ Count编码：又称为统计编码，使用频次替换类别，根据数据集计算频次，该方法对离群值敏感，可以通过一些转换解决，例如，离群值或未知类别可以统一替换为某个值。

该编码还有另一种确定方法，如果有些变量的频次一样导致碰撞，即两个类别编码成相同的值，这样可能会使模型退化，原则上我们不希望出现这种情况。

④ Target 编码：又称为目标编码，使用 Label 变量的均值来编码类别变量，数据集中某个特征的变量分组计算 Label 变量的统计量，然后将变量对应的统计量替换掉验证集和测试集中相应的变量，做后续的模型推理。在使用 Target 编码时，注意不能泄露任何验证集的信息，否则会出现过拟合的情况，导致模型泛化能力变低。这时候可以使用 K 折交叉验证（机器学习领域中的一种验证方法）计算折内的统计量，防止过拟合，使模型的泛化能力更好。

⑤ CatBoost 编码：使用 CatBoost 模型对某些特征的变量进行编码，它可以直接处理类别特征，不需要 One-Hot 编码处理。

（4）特征缩放

① 数据归一化：将数据映射到一个指定范围，用于两种场景：一种是数据变为 0 ～ 1 的小数；另一种是有量纲的数转化为无量纲的数。常见的做法有线性转换、对数函数转换两种。

② 数据标准化：将数据经过处理后是均值为 0、标准差为 1 的正态分布。常见的做法包括 z-score 标准化、小数定标标准化、对数模式 3 种。

③ 数据正则化：样本在向量空间上的一个转换，将每个样本缩放到单位范数，它经常被使用在分类和聚类中。常见的做法是使用 L1、L2 范数来实现数据正则化功能。

2. 数据建模

5G 核心网的 KPI 数据种类众多，包含业务 KPI、局向 KPI、接口 KPI、模块 KPI、负向 KPI 等。其中，业务 KPI 可细分为按用户类型 KPI 和按接入类型 KPI；模块 KPI 可细分为模块 CPU、模块消息数；负向 KPI 包含失败次数 KPI、接通率 KPI、成功率 KPI、虚拟资源类型 KPI 等。5G 核心网的 KPI 指标众多，不能靠人工找异常点，因此，需要利用人工智能实现智能 5G 核心网 KPI 异常检测，达到降本增效、智慧运营的目的。

5G 核心网的 KPI 数据众多，时序数据周期不一致、幅度不一致、相位不一致，不能使用一样的模型对 5G 核心网的 KPI 时序数据进行异常检测。此时，根据 KPI 时序数据的波动性进行识别。如果波动性大，则使用高斯检测，高斯检测器适用于无周期并在一定范围内波动的指标；如果波动性小，则再对 KPI 时序数据的周期性进行识别；如果 KPI

指标呈现同环比的周期性，则使用同环比检测，同环比检测器适用于每天有相似规律的场景。如果KPI时序数据存在明显的周期性，则使用Holt-Winters（霍尔特-温特）算法。需要说明的是，Holt-Winters算法的数据适合周期性显著的指标。如果KPI时序数据不存在明显的周期性，则使用指数平滑（指数平滑适用无周期指标）。对5G核心网KPI时序指标进行周期、非周期分类，针对可预测且强周期性指标，采用AI算法来拟合指标曲线，接着对拟合得到的指标进行误差预测，然后进行异常检测；针对告警难、预测无规律变化的指标，采用异常离群点检测，例如，高斯混合模型、孤立森林等，输出各KPI指标异常数据，并产生KPI异常告警。

（1）KPI周期性判断

周期性、准周期序列反映到功率谱上是一个尖峰，而周期不明显、随机序列，则功率谱为钟形或趋于均匀，可以根据数据是否有尖峰来判断其是否为周期性序列。

自相关函数是与序列相同周期的周期序列，使用自相关函数突出周期性，降低噪声影响，判断公式为 $p(\varepsilon \geqslant y)=1-\sum \quad (-1)^{i}\binom{}{}(1-iy/q)^{q} \quad +\alpha$ 。自相关函数是周期性的，由此可以推断出原序列也是周期性的。

（2）同比环比算法

同比环比算法能检测指标的突增、突降的情况。该算法的优点是原理简单、易于理解、不漏报；该算法的缺点是异常误报的情况较多。同比突增公式为 $\frac{p_1-p_3}{|p_3|}>thr_{year}$，同比突降公式为 $-\frac{p_1-p_3}{|p_3|}>thr_{year}$；环比突增公式为 $\frac{p_1-p_2}{|p_2|}>thr_{month}$，环比突降公式为 $-\frac{p_1-p_2}{|p_2|}>thr_{month}$。

KPI时序数据同环比算法示意如图6-10所示，输入5G核心网KPI时序指标，判断该时序数据是具有同比特性还是具有环比特性。如果该5G核心网KPI时序指标具有环比特性，则判断与前一时刻相比，是否超过阈值，超过前一时刻阈值，则报环比异常，否则，报环比正常，输出环比检测结果。如果该5G核心网KPI时序指标具有同比特性，则判断与前一周期相比，同一时刻是否超过阈值，超过前一时刻阈值，则报同比异常，否则，报同比正常，输出同比检测结果。汇总综合环比检测结果和同比检测结果，并上报最终的检测结果。

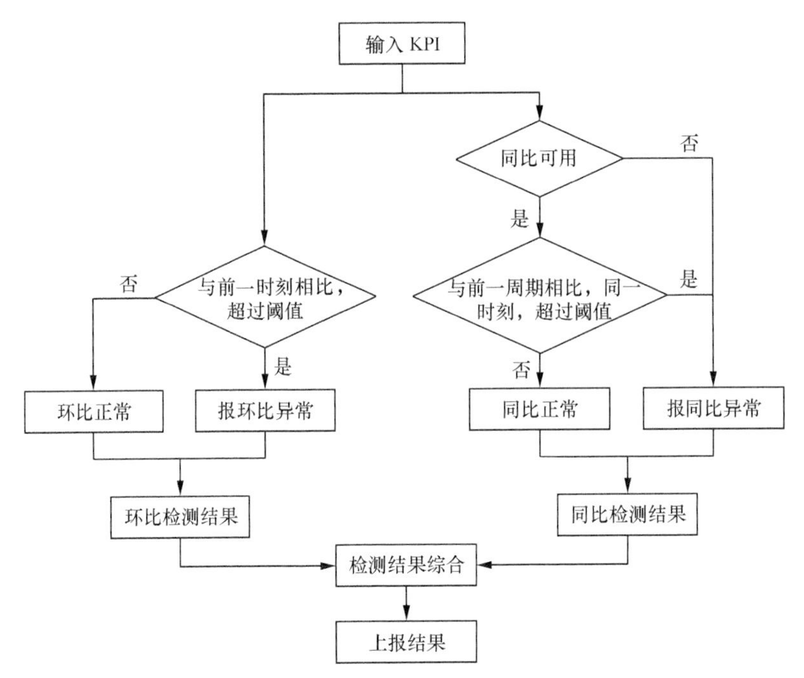

图6-10 KPI时序数据同环比算法示意

（3）高斯检测算法

高斯检测算法适用于正态或准正态分布的数据，n-sigma 准则，如果 n=3，则绝大部分（99.7%）的样板取值集中在（$\mu-3\sigma$，$\mu+3\sigma$）区间，超出这个范围我们可以视其为异常值。如果这些异常值占整体数据不到 0.3%，则这种情况被认为是小概率事件。此时，我们需要先计算出正态或准正态分布数据的均值和标准差，均值的计算方法为 $\mu=\frac{\sum_{i=1}^{N}X_i}{N}$，标准差的计算方法为 $\sigma=\sqrt{\frac{\sum_{i=1}^{N}(X_i-\mu)^2}{N-1}}$。因此，我们可以使用公式 $X>\mu+n\sigma$ 来检测突增，使用公式 $X<\mu-n\sigma$ 来检测突降。

（4）累积检测算法

累积检测算法构建累积和统计量，基于微小波动的值进行累积，寻找观察值与极限值的差异，放大数据的波动，对细小异常进行快速有效检测。

（5）动态阈值检测算法

动态阈值检测算法将数据按周期逐点汇总，对汇总后的数据施加时间窗口，例如，15

分钟，并认为时间窗口内的各点服从同一高斯分布，对时间窗口内的数据应用 3-sigma 规则计算阈值，该时间窗口从左向右逐点滑动，得到数据的历史范围。

（6）预测算法

数据建模的算法有很多种类型。本书只介绍时间序列数据建模相关算法。时序数据是一系列变量（一元或多元变量）在不同时间点所组成的有序序列。时序数据的分类众多，在研究对象方面，时序数据按变量的数量分为一元时序数据和多元时序数据。在时间参数方面，时序数据按变量的类型分为离散时间的时序数据和连续时间的时序数据；在统计特征方面，时序数据按照变量的平稳性分为平稳时间序列和非平稳时间序列。

时序数据分解是将时序变化拆分为多种规律时序数据的一种方法，我们通常会关注周期性和趋势性。时序数据由周期部分、趋势部分、残差部分组成。这 3 个部分可以组合成两种模型，一种是加法模型，另一种是乘法模型。其中，加法模型是将周期部分、趋势部分和残差部分相加得到原时序数据。乘法模型是将周期部分、趋势部分和残差部分相乘得到原时序数据。加法模型的算法为 $y_t=S_t+T_t+E_t$，乘法模型的算法为 $y_t=S_t\times T_t\times E_t$。其中，$S_t$ 是 t 时刻的周期部分，T_t 是 t 时刻的趋势部分，E_t 是 t 时刻的残差部分，y_t 是 t 时刻的观测值。

乘法模型的算法和加法模型的算法看似不一样，但是它们在取对数的形式上可以相互转化，乘法模型的算法经过对数变换后可变为加法模型的算法。二者有截然不同的使用场景，当周期部分不随趋势部分发生变化时，选择加法模型的算法，反之，则选择乘法模型的算法。

$$y_t=S_t\times T_t\times E_t \Rightarrow \log y_t=\log S_t+\log T_t+\log E_t$$

（7）差分自回归移动平均模型算法

差分自回归移动平均模型（Auto-Regressive Integrated Moving Average model，ARIMA）算法基于不平稳时间序列，使用 D 阶差分进行计算后，我们便能得到平稳时间序列。这是一个将不平稳时间序列转换为平稳时间序列的过程，使用时间序列平稳性检验来检测时间序列是否平稳，如果时间序列不平稳，则继续使用 D 阶差分做转换，直到检测为平稳时间序列为止，然后根据它的 p 次滞后值、q 次滞后值建立模型，使用赤池信息量准则（Akaike Information Criterion，AIC）评估指标确定（p,q）的参数空间，选取最优的（p,q）参数，优化算法模型，ARIMA 算法流程如图 6-11 所示，其计算公式为 $X_t=\phi_1X_{t-1}+\phi_2X_{t-2}+\cdots+\phi_pX_{t-p}+\varepsilon_t-\theta_1\varepsilon_{t-1}-\theta_2\varepsilon_{t-2}-\cdots-\theta_q\varepsilon_{t-q}$。其中，$X_t=(1-B)^d(1-B^k)Y_t$，该算法实现步骤比较简单，不断使用 D 阶差分，不平稳时间序列转换为平稳时间序列，再使用内部生成的变量确认（p,q）参数空间。例如，p 次滞后值、

q 次滞后值等，最后使用 AIC 评估指标确定最优的（p, q）参数。这种算法适合短周期的预测，但该算法的缺点是建模时要确认时间序列是稳定的。

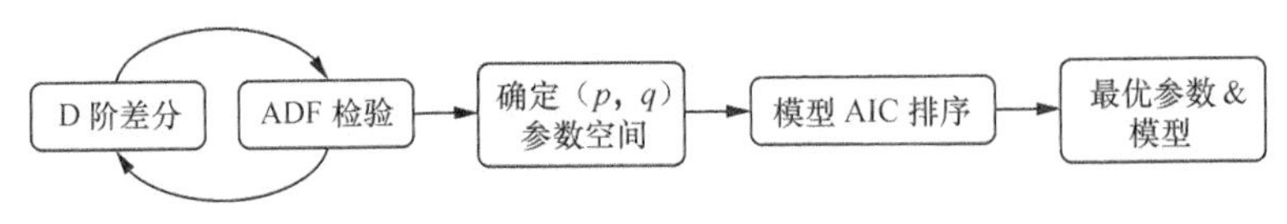

图6-11　ARIMA算法流程

（8）Prophet

Prophet 算法是由 Facebook 公司（现公司名称改为 Meta 公司）开源的时间序列预测模型，可以在 Python 和 R 语言环境下使用。这种算法是一个加法型的回归模型，同时也可以是一个乘法型的回归模型，它有 4 个组成部分：第 1 个是年的周期性部分，自定义周期的傅里叶级数，自动检测变化趋势；第 2 个是季节性部分，也是通过自定义周期的一个傅里叶级数，自动检测变化趋势；第 3 个是周期性部分，也是自定义周期的傅里叶级数，自动检测变化趋势；第 4 个是高斯白噪声。同时，该算法也支持添加重要节日表，针对这种节假日部分，算法能自定义周期完成自动检测变化趋势。

（9）长短时记忆

长短时记忆（Long Short Term Memory，LSTM）网络的初始状态 C 用于存储记忆信息（memory cell），$C(t-1)$ 代表上一时刻的记忆信息，C_t 代表当前时刻的记忆信息。$H(t-1)$ 是前一时刻的输出，h 是 LSTM 单元的输出。

遗忘门决定了前一时刻中 memory（记忆）中是否会被记住，其值设 1 为保留，其值设 0 为舍弃。这里的 $[h_t-1, x_t)]$ 是把两个向量拼接起来的意思，sigmoid 函数能将输入的数据转换为 0 ～ 1 的数据，输入的数据为（$-\infty$，-2）与（2，$+\infty$）时，输出的数据接近于饱和，取值接近为 0 或 1，而输出值接近 0 的输入数据区间，就是遗忘门要丢弃的数据，sigmoid 函数充当了控制信号。遗忘门的公式为 $f_t=\sigma\left(W_f \times \left[h_{t-1},x_t\right]+b_f\right)$。

输入门决定当前的输入有多少被保留下来，是由两个部分决定的：输入门的结果（sigmoid）和新的候选向量（tanh）。其中，输入门的计算公式为 $i_t=\sigma\left(W_i \times \left[h_{t-1},x_t\right]+b_i\right)$ 和 $\widetilde{C}_t=\tanh\left(W_c \times \left[h_{t-1},x_t\right]+b_c\right)$。

首先，用更新门将状态与 f_t 和 C_{t-1} 相乘，确认旧的状态信息是否是我们要丢弃的；然后与 $i_t \times \widetilde{C}_t$ 相加，计算所的值即为新状态值。最后，根据每个状态的程度进行更新。更新门的计算公式为 $C_t=f_t \times C_{t-1}+i_t \times \widetilde{C}_t$。

输出门是由当前记忆信息共同决定的，用 sigmoid 函数计算可得到 0 ～ 1 中的一个数，作为输出门的控制信号。输出门的计算公式为 $o_t = \sigma\left(W_o \times \left[h_{t-1}, x_t\right] + b_o\right)$。

基于时序数据分解算法主要有经典时序数据分解算法、Holt-Winters 算法、基于局部加权回归的季节和趋势分解法（Seasonal and Trend decomposition using Loess，STL），具体介绍如下。

（1）经典时序数据分解算法

经典时序数据分解算法是最基础、最原始的一种时序分解算法。该算法基于“周期部分不随着时间发生变化”这一假设。首先，我们介绍滑动平均，定义时间序列 $\{y_1, y_2, \cdots, y_n\}$ 的 m 阶滑动平均（Moving Average，MA），即 m-MA，其计算公式为 $\hat{T}_t = \frac{1}{m}\sum_{j=-k}^{k} y_{t+j}$，通过前后两个 k 个时刻窗口内的均值得到时刻 t 的趋势部分的估计值，阶数 m 越大，趋势部分越光滑，其中，m=2k+1，因此，m 通常情况下为奇数。但是在很多特殊情况下，周期部分是偶数，例如，一年有 4 个季度，则周期部分是 4。如果数据要做一个 4 阶的滑动平均，然后，对上一步得到的结果再做一个二阶的滑动平均，则得到的最终结果是加权的滑动平均，该公式为 $\hat{T}_t = \frac{1}{2}\left[\frac{1}{4}\left(y_{t-2} + y_{t-1} + y_t + y_{t+1}\right) + \frac{1}{4}\left(y_{t-1} + y_t + y_{t+1} + y_{t+2}\right)\right] = \frac{1}{8}y_{t-2} + \frac{1}{4}y_{t-1} + \frac{1}{4}y_t + \frac{1}{4}y_{t+1} + \frac{1}{8}y_{t+2}$。经典时序数据分解算法的步骤为：①使用滑动平均得到趋势 $\hat{T}_t$，如果 m 为奇数，则直接使用 m-MA，否则使用 2×m-MA；②计算去趋势序列 $y_t - \hat{T}_t$；③间隔为 m 的去趋势序列求平均值，即可得到季节项；④季节项调整，使周期内季节项的和为 0，记为 $\hat{S}_t$；⑤求残差项，公式为 $\hat{E}_t = y_t - \hat{T}_t - \hat{S}_t$。经典时序数据分解算法看似简单，但当时应用却特别广泛，尽管如此，该算法也存在严重依赖“每个季节性的周期部分都是一致”这一假设的一些相关问题。

（2）Holt-Winters 算法

由于经典时序数据分解算法严重依赖“每个季节性的周期部分都是一致”这一假设，所以为了满足季节性部分随时间变化的特性，Holt-Winters 算法被提出。Holt-Winters 算法基于简单指数光滑技术。简单指数光滑的模型比较简单，其计算公式为 $L_0=x_0$，$\hat{x}_t = L_{t-1}$，$L_t = \alpha x_t + (1-\alpha)\hat{x}_t$，给定未知参数 α，定义损失函数 $SSE(\alpha) = \sum_{t=1}^{n}\left(x_t - \hat{x}_t\right)^2$，最小化 $SSE(\alpha)$ 即可得到参数 α 的估计。Holt-Winters 算法在趋势性部分和季节性部分的计算公式为 $L_t=\alpha x_t+(1-\alpha)(L_{t-1}+T_{t-1})$，$T_t=\beta(L_t-L_{t-1})+(1-\beta)T_{t-1}$，$S_t = \gamma(x_t - L_t) + (1-\gamma)S_{t-s}$，$\hat{x}_t(h) = L_t + hT_t + S_{t-s+h}$，其中，$\hat{x}_t(h)$ 表示基于 t 时刻及之前的数据对 $t+h$ 时刻的估计，s

是周期，α、β、γ 是未知参数。最小化损失函数 $SSE(\alpha,\beta,\gamma)=(x_t-\hat{x}_{t-1}(1))^2$ 可以得到参数 α、β、γ 的估计。Holt-Winters 算法能计算出趋势和周期，且能快速适应趋势和周期的变化。但是 Holt-Winters 算法只用到了前向的序列信息，且没有进行光滑，因此，对异常点较为敏感。

该算法的优点是功能强大，既能体现趋势性，又能体现季节性；该算法也存在一些缺点，当应用场景为抛物线型的数据时，所预测的未来时序数据指标属于渐进式，没有跳跃的大幅度变化。一般情况下，该算法仅适用于短期的与近期的预测。如果预测需要延伸至未来，则存在较大的局限性。

（3）STL 算法

STL 算法是一个非常通用的、稳健性强的时序分解方法。其中，局部加权回归法（Locally Weighted Regression，LWR，业内一般写作 LOESS）有时也称为局部多项式回归拟合，是一种估算非线性关系的方法 LOESS。STL 算法中最主要的是 LOESS，这是对二维散点图进行平滑的常用方法，结合了传统线性回归的简洁性和非线性回归的灵活性。当要估计某个响应变量值时，先从其预测点附近取一个数据子集，然后对该子集进行线性回归或二次回归，回归时采用高斯核进行加权最小二乘法，越靠近估计点的值权重越大，最后利用得到的局部回归模型来估计响应变量的值。采用这种方法进行逐点运算可以得到整条拟合曲线，主要环节包含内循环、外循环和季节项后平滑 3 个部分，具体分析如下。

内循环：①去趋势 $Y_v-T_v^{(k)}$；②子序列光滑，对子序列进行局部光滑，并在头尾进行外延插值 1 个时刻点，得到组合长度为 $(N+2\times n_p)$ 的 C_v^{k+1} 序列；③求 C_v^{k+1} 的趋势 L_v^{k+1}，对由 C_v^{k+1} 构成的长度为 $(N+2\times n_p)$ 的序列进行低通滤波，得到长度为 N 的序列 L_v^{k+1}；④ C_v^{k+1} 去趋势，得到周期 $S_v^{k+1}=C_v^{k+1}-L_v^{k+1}$；⑤去周期 $Y_v-S_v^{k+1}$；⑥趋势光滑得到趋势项 $T_v^{(k+1)}$，对⑤得到的结果使用 $LOESS(d=1)$ 进行光滑。

外循环：主要作用是引入一个稳健性权重项，以减少数据中异常值产生的影响，这一项外循环将会考虑到下一阶段内循环的临近权重中去。

季节项后平滑：趋势分量和季节分量都是在内循环中得到的。循环完后，因为在内循环中平滑时是在每个截口中进行的，所以季节项将出现一定程度的毛刺现象，在按照时间序列重排后，就无法保证相邻时段的平滑，还需要进行季节项后平滑。需要说明的是，后平滑基于局部二次拟合，并且不需要在 LOESS 中进行稳健性迭代。

3. 算法评估

在前面的章节中，我们介绍了多类机器的学习算法，具体包括有监督学习的分类算法和回归算法，无监督学习的聚类算法和推荐算法。每类算法的算法评估指标不太一样，下面我们进行具体介绍。

（1）分类算法评估指标

针对一个二分类问题，即将实例分为正类（Positive）或负类（Negative），在实际分类中会出现以下4种情况。

如果正样本被正确预测为正样本，则为真正类（True Positive，TP）。

如果正样本被错误预测为负样本，则为假负类（False Negative，FN）。

如果负样本被错误预测为正样本，则为假正类（False Positive，FP）。

如果负样本被正确预测为负样本，则为真负类（True Negative，TN）。

准确率（*Accuracy*）为对于给定的测试数据集，分类器正确分类的样本数与总样本数之比。其计算公式为 $Accuracy=\dfrac{TP+TN}{TP+TN+FP+FN}$。

精确率（*Precision*）是检索出相关文档数与检索出文档总数的比率，衡量的是检索系统的查准率。其计算公式为 $Precision=\dfrac{TP}{TP+FP}$。

召回率（*Recall*）是指检索出的相关文档数和文档库中所有的相关文档数的比率，衡量的是检索系统的查全率。其计算公式为 $Recall=\dfrac{TP}{TP+FN}$。

检索结果（分类结果）的 *Precision* 越高越好，同时 *Recall* 也越高越好，但事实上，二者在某些情况下是矛盾的。F_1-score 是基于召回率（*Recall*）与精确率（*Precision*）的调和平均，即将召回率和精确率综合起来评价。其计算公式为 $F_1=\dfrac{Precision\times Recall\times 2}{Precision+Recall}$。

针对一个多分类问题，需要使用宏平均（macro-ave）和微平均（micro-ave）。其中，宏平均先在各混淆矩阵上分别计算出查准率、查全率和 F_1，然后再计算出平均值，这样就得到“宏查准率”（*macro-P*）、“宏查全率”（*macro-R*）、“宏 F_1”（*macro-F_1*），其计算公式分别为 $macro\text{-}P=\dfrac{1}{n}\sum_{i=1}^{n}P_i$、$macro\text{-}R=\dfrac{1}{n}\sum_{i=1}^{n}R_i$、$macro\text{-}F_1=\dfrac{2\times macro\text{-}P\times macro\text{-}R}{macro\text{-}P+macro\text{-}R}$。

微平均先将各混淆矩阵的对应元素进行平均，得到TP、FP、TN、FN的平均值，再基于这些平均值计算出“微查准率”（micro-*P*）、“微查全率”（micro-*R*）、“微 F_1”（micro-

F_1），其计算公式分别为 $macro\text{-}P=\frac{\sum_{i=1}^{n}TP_i}{\sum_{i=1}^{n}TP_i+\sum_{i=1}^{n}FP_i}$、$macro\text{-}R=\frac{\sum_{i=1}^{n}TP_i}{\sum_{i=1}^{n}TP_i+\sum_{i=1}^{n}FN_i}$、$macro\text{-}F_1=\frac{2\times macro\text{-}P\times macro\text{-}R}{macro\text{-}P+macro\text{-}R}$。

（2）回归算法评估指标

平均绝对值误差（Mean Absolute Error，MAE）是计算每个样本的预测值和真实值的差的绝对值，然后求和再取平均值。其计算公式为 $MAE(y,\hat{y})=\frac{1}{m}\sum_{i=1}^{m}(|y_i-f(x_i)|)$。

均方误差（Mean Square Error，MSE）是计算每个样本的预测值与真实值差的平方，然后求和再取平均值。其计算公式为 $MSE(y,\hat{y})=\frac{1}{m}\sum_{i=1}^{m}(y_i-f(x_i))^2$。

均方根误差（Root Mean Square Error，RMSE）是在均方误差的基础上再开方。其计算公式为 $RMSE(y,\hat{y})=\sqrt{\frac{1}{m}\sum_{i=1}^{m}(y_i-f(x_i))^2}$。

均值平方对数误差（Mean Squared Log Error，MSLE）计算平方对数误差或损失的期望。其计算公式为 $MSLE(y,\hat{y})=\frac{1}{n_{samples}}\sum_{i=0}^{n_{samples}-1}(\log_e(1+y_i)-\log_e(1+\hat{y}))^2$。

平均绝对百分比误差（Mean Absolute Percentage Error，MAPE）是计算相对误差损失的预期。所谓相对误差，就是绝对误差和真值的百分比。其计算公式为 $MAPE(y,\hat{y})=\frac{1}{n_{samples}}\sum_{i=0}^{n_{samples}-1}\frac{|y_i-\hat{y}_i|}{\max(\varepsilon,|y_i|)}$。

（3）聚类算法评估指标

均绝对百分比误差和方差（Sum of Squares due to Error，SSE）统计参数计算的是拟合数据和原始数据对应点的误差的平方和，其计算公式为 $SSE=\sum_{i=1}^{n}(y_i-\hat{y}_i)^2$。

轮廓系数（Silhouette Coefficient，SC）适用于实际类别信息未知的情况。对于单个样本，假设 a 是与它同类别中其他样本的平均距离，b 是与它距离最近不同类别中样本的平均距离，其轮廓系数为组间与组内距离比：$s=\frac{b-a}{\max(a,b)}$。

卡林斯基・哈拉巴斯系数（Calinski Harabasz Index，CH）通过计算类中各点与类中心的距离平方和度量类内的紧密度，通过计算各类中心点与数据集中心点距离平方和来度量数据集的分离度，*CH* 的值是由分离度与紧密度的比值计算所得。*CH* 越大表示类自身越紧密，类与类之间越分散，即为更优的聚类结果。其计算公式为 *CH*= $s(k)\frac{tr(B_k)m-k}{tr(W_k)k-1}$。

纯度（*Purity*）是一种简单而透明的评估手段，为了计算纯度，我们把每个簇中最多的类作为这个簇所代表的类，然后计算正确分配的类的数量，再除以 *N*。其计算公式为 $Purity(\Omega,C)=\frac{1}{N}\sum_k \max_j |\omega_k \cap c_j|$。

互信息（Mutual Information，MI）用来衡量两个数据分布的吻合程度，是一个有用的信息度量，具体是指两个事件集合之间的相关性。互信息越大，词条和类别的相关程度也越大。其计算公式为 $MI(\Omega,C)=\frac{I(\Omega;C)}{(H(\Omega)+H(C)/2)}$。

兰德指数（Rand Index，RI），将聚类看作一系列的决策过程，即对文档集上所有 *N*(*N*–1)/2 个文档（documents）对进行决策。当且仅当 2 篇文档相似时，我们将其归入同一簇中。其计算公式为 $RI=\frac{TP+TN}{TP+FP+TF+FN}$。

Jaccard 指数用于量化两个数据集之间的相似性，该值的取值范围为 0 ～ 1，该值越大，表明两个数据集越相似。其计算公式为 $J(A,B)=\frac{|A\cap B|}{|A\cup B|}=\frac{TP}{TP+FP+FN}$。

Dice 指数是基于 Jaccard 指数的，其计算值是将 TP 的权重置为 2 倍。其计算公式为 $J(A,B)=\frac{|A\cap B|}{|A\cup B|}=\frac{2TP}{2TP+FP+FN}$。

（4）推荐算法评估指标

覆盖率（*Coverage*）描述的是一个推荐系统对物品长尾的发掘能力，可以简单的定义为推荐系统能够推荐出来的物品占总物品集合的比例。其计算公式为 $Coverage=\frac{|U_{u\in U}R(u)|}{|I|}$。

多样性描述了推荐列表中物品两两之间的不相似性。为了满足用户广泛的兴趣，推荐列表需要能够覆盖用户不同的兴趣领域，即推荐结果需要具有多样性。其计算公式为

$$Diversity(R(u))=1-\frac{\sum_{i,j\in R(u),i\neq j}s(i,j)}{\frac{1}{2}|R(u)|(|R(u)|-1)}$$ 和 $$Diversity=\frac{1}{|U|}-\sum_{u\in U}Diversity(R(u))$$

6.3.2 5G 核心网智能运维建模方案

5G 智能运维场景建模总体方案如图 6-12 所示，该方案分为业务理解、数据理解、数据拟合、模型构建、模型评估、模型应用 6 个阶段。

阶段 1：业务理解。首先，一个 5G 智能运维场景项目的开展，需要调研业务的需求、项目的背景以及最终的实现目标；然后根据收集的需求，转换为设计模型的思路，即需要用到什么算法模型满足业务需求；最后，了解业务数据，每个数据字段的含义、字段枚举值代表的含义等。

阶段 2：数据理解。了解了业务数据后，根据需求筛选需要的数据，并准备对接接口数据的采集、解析、入库；完成数据治理，元数据管理，主数据关联拉通，完善数据质量的端到端监控。

阶段 3：数据拟合。有了数据的基础，在此之上进行数据挖掘分析，完成数据变量的探索，确认每个字段是连续型变量还是离散型变量，确认变量缺失值的占比如何，是否存在离群值，查看各变量的分布情况、取值范围等；针对性通过特征编码、填补缺失值、离群值处理等，或者使用高级的特征筛选方法，例如，过滤法、包装法、嵌入法。另外，不同量纲的数据之间难以比较，需要转换为同一量纲，否则，会出现某些数据对模型的影响大于其他数据，统一量纲后，所有数据对模型的影响被归一化，特别是在线性回归和逻辑回归等线性模型中，对于任何使用梯度下降的算法，会同时加快模型的收敛速度。

阶段 4：模型构建。当我们对数据预处理和特征工程之后，就要选用合适的算法构建模型，调节优化参数，利用训练集迭代训练模型算法。

阶段 5：模型评估。通过测试集验证模型的好坏，如果是分类问题，则以查准率、查全率和 F_1 值等指标评价模型的好坏；如果是回归问题，则以 MSE、RMSE、MAE 等指标评价模型的好坏，阶段性地对每个算法模型进行总结汇总，尝试多种算法模型，在特征工程上多做尝试，往往会有不一样的结果，数据和特征决定了机器学习的上限，而模型和算法只是逼近这个上限。每种模型有着不同场景数据的适应性，往往会有更好的结果，通过前面的模型总结汇总，挑选最好的算法模型。

阶段 6：模型应用。设计应用方案，考虑当前场景的时效性、架构的高可用性、数据量评估、模型需要消耗的资源等，实施并部署最终的应用模型。

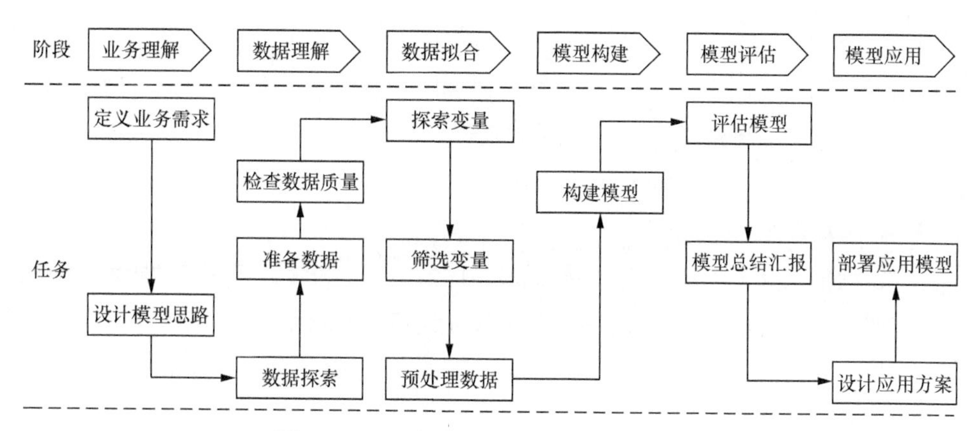

图6-12 5G智能运维场景建模总体方案

6.3.3 5G 核心网的智能异常检测

1. 5G 核心网的智能异常检测业务背景

KPI 是网络整体性能的集中体现。KPI 异常检测的业务背景如图 6-13 所示，在核心网网元升级、关键配置修改时，需要快速发现网络异常，及时回退。核心网网元种类多，复杂网元 KPI 的数量达数千个，人工难以全面精确识别故障异常，无法支撑故障初期快速识别，这些问题都是由于传统的 KPI 监控无法及时发现而产生的。

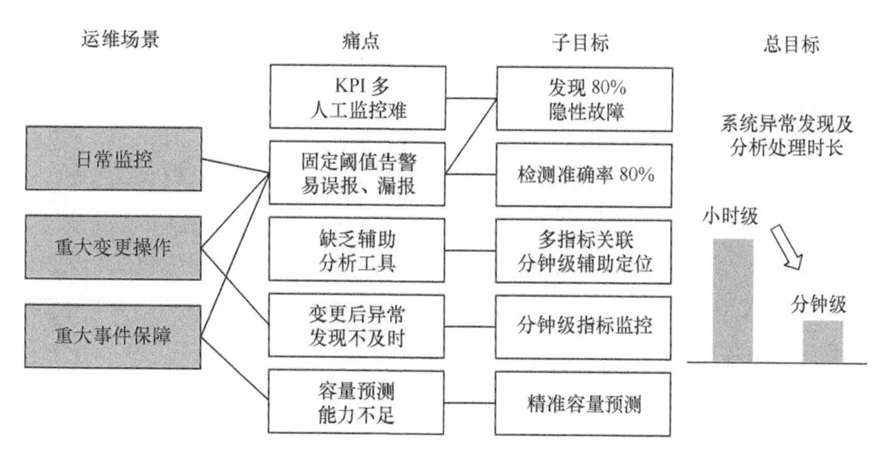

图6-13 KPI异常检测的业务背景

（1）监控指标众多

核心网的网元种类多、容量大，多层、多域、多接口、多协议，KPI 有成千上万个，人工难以全面识别故障异常。重大变更操作场景，一般情况下，运维人员只能观察十几个指标。

（2）告警准确性差

当前，固定阈值无法准确识别多时间段不同情况下的告警，无法满足运营商网络动态变化的运维诉求。日常监控场景精准发现网元无法识别的隐性故障。重大事件保障场景话务量、数据流量等急剧增加，需要精准的容量预测，分析系统是否可能过载。

（3）故障定位效率低

重大变更操作场景，运维人员希望（操作后数分钟内）快速得到 KPI 信息，以确认业务无损，但所有场景检测出异常 KPI 后，需人工分析其影响因素，定位故障原因，效率低、耗时长。

随着大数据技术的发展，运营商可以使用大数据与人工智能技术，建立 KPI 异常智慧监控，实时预测和告警异常情况，保障网络良好运行。该场景的目标为判断 KPI 的异常值，属于异常点检测问题，但是数据是时间序列数据，故选择时间序列预测算法。

2. 5G 核心网 KPI 智能异常检测服务的构建流程

华为 U2020（文件传输协议）可以统一管理传输网设备、接入网设备、IP 网设备、核心网设备。同时，华为 U2020 还提供端到端的业务管理能力，核心网 KPI 可通过华为 U2020 进行输出。大数据分析平台对核心网 KPI 数据进行采集、解析、入库，提取相关数据结构，生成结构化数据，并对数据进行挖掘与分析。另外，大数据建模平台对性能指标预测等网优业务场景进行需求分析、评估，确定需要的数据与对应的数据结构，并对数据进行预处理、特征工程，接着根据场景需求，选择合适的算法，构建基础模型，利用训练数据对模型进行迭代训练、优化参数。大数据建模平台通过使用测试数据对模型最终输出的结果进行验证，确认模型的各项评估指标是否为最优，分析模型的优劣，继续完善特征工程；比对多轮实验数据，多种模型尝试，选择适合该场景的算法模型，利用模型部署现网，完成对当前业务数据的预测，并在后续流程中不断优化参数，不断迭代模型。

（1）数据采集

根据实际场景需求，常用的相关数据采集开源工具有：使用实时数据采集的 Apache Flume、

Apache Kafka，或者使用批处理数据采集的 kettle、DataPipeline 等，轻松完成抽取转换加载（Extract Transformation Load，ETL）处理。

（2）数据处理

考虑到核心网 KPI 数据量大，采用基于 hadoop 的大数据平台对核心网 KPI 进行数据分析和建模，常用的相关工具有“MapReduce- 批处理离线”“Spark- 批处理实时”“Storm- 实时流处理”。其中，“MapReduce- 批处理离线”适合处理吞吐量大、时效性要求不高的数据；“Spark- 批处理实时”是一种准实时的计算框架，介于“MapReduce- 批处理离线”与“Strom- 实时流处理”之间；“Storm- 实时流处理”适合数据量小，低时延的数据计算。运营商可根据自己的需求或场景应用，挑选适合的数据处理计算框架。

（3）数据存储

数据的结构可以分为结构化数据、半结构化数据和非结构化数据。运营商可根据数据的结构类型，选择合适的数据库进行存储。常用的相关数据存储开源工具有内存数据库 Redis 等，非关系型数据库 HBase、MongoDB 等，关系型数据库 Oracle、MySQL 等。

（4）数据治理

在大数据系统中，只有制定了合理的标准和管理流程，才能有序、高效地进行数据的组织和使用。通过数据集成来实现数据的组织和生成，而数据集成的关键在于数据治理。数据治理包括数据标准管理、数据模型管理、数据生命周期管理、数据质量管理、元数据管理、数据安全等。

（5）数据分析与数据挖掘

传统的机器学习算法根据数据是否有标签，一般分为有监督算法和无监督算法两种。其中，有监督算法根据数据标签是否为离散型又可分为分类算法和回归算法。其中，回归算法中具有代表性的有线性回归、多项式回归、决策树、随机森林、神经网络、时间序列分析等。分类算法中具有代表性的有逻辑回归、广义线性模型、决策树、随机森林、神经网络等。无监督算法分为聚类算法和推荐算法两种。其中，聚类算法中具有代表性的有 K 近邻算法、基于层次结构的平衡迭代缩减和聚类（Balanced Iterative Reducing and Clustering using Hierarchies，BIRCH）算法、基于密度的噪声应用空间聚类（Density Based Spatial Clustering of Application with Noise，DBSCAN）算法等。推荐算法中具有代表性的有关联规则算法、协同过滤、贝叶斯推荐等。时序异常检测算法对比见表 6-1，运营商可根据智能运维场景的需要，选择合适的算法。

表6-1 时序异常检测算法对比

算法	优点	缺点	应用场景
决策树	易于理解、可视化、速度快、可混合连续值和离散值，可解决非线性问题	易过拟合，忽略特征之间相互关联，算法会偏向量较大的分支	无线优化中关键参数搜索、定界
广义线性算法	简单易懂、速度快、求解容易	无法处理非线性边界问题	投诉用户预测
关联算法	不需要对数据逻辑了解，只须获知事件的频率	只能搜寻已经存在的规则，连续数值需要预处理分段	KPI 无线问题定界、定位
时间序列分析	可对时序数据建模，预测精度非常高，可解决非线性问题	只适合短期的一个预测，长期预测模型的精度会下降	预测系统未来网元指标趋势
贝叶斯	贝叶斯理论更贴近于人类大脑感知事物的工作方式，算法稳定，不需要参数	朴素贝叶斯有特征独立的强假设要求，需要预先得知先验概率，分类有一定错误率	用户识别
聚类	非监督、算法简单、速度快	只能处理数值型，对离散点敏感，倾向于球状簇，初始值选取对结果有影响	网优场景，栅格组聚类

运营商从核心网华为 U2020 采集 KPI 数据和告警数据，在训练平台上训练模型，实现单 KPI 和多 KPI 的异常检测，首先，尝试在训练中不要求标注数据，在测试中采用标注数据，标注数据来自告警数据反推，以及业务专家标注；然后，对模型进行评估，在异常发生后，2 个采集周期内检测到异常。

训练模型部署到推理平台，华为 U2020 采集的数据送入推理平台，对输入数据做转换，进入模型计算。当检测到异常时，产生静默故障并展示，提示运维专家进行处理。运维专家处理后，将确认结果反馈到训练平台作为标注数据。后续的智能运营还能将故障信息输入故障关联模块做告警压缩，再输入根因分析模块做根因定位。

利用 AI 算法对核心网性能数据进行统计分析，实现性能数据的巡检、建模、自动报表呈现和动态阈值预测，预检预修，提升网络智能精细化运维效率。

数据来自移动核心网，可视化编程平台获取数据后，筛选出每天相应的性能指标，核心网 KPI 数据处理流程如图 6-14 所示。

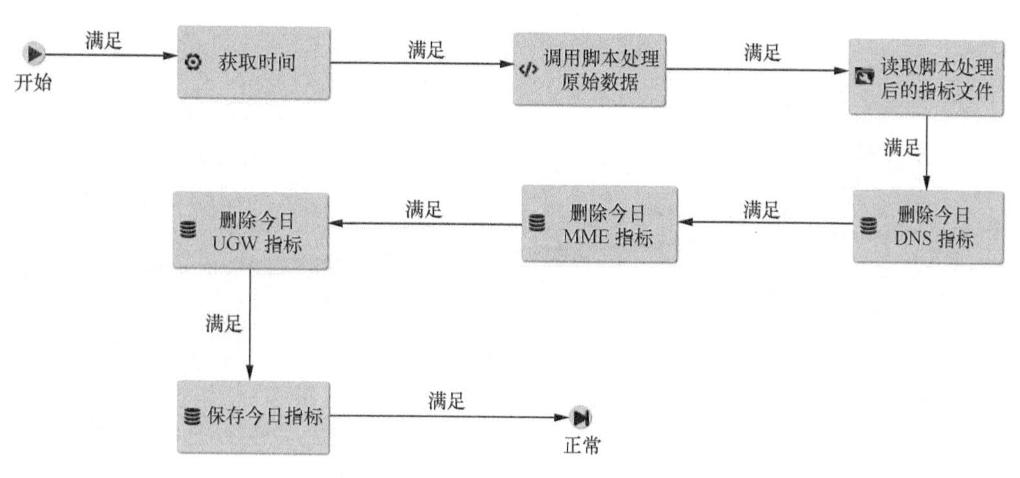

图6-14　核心网KPI数据处理流程

5G 核心网 KPI 数据的采集流程及运行情况示例如图 6-15 所示。

AI预测四指标数据采集		正常	2020-03-26 14:20:00	2020-03-26 14:24:22
AI预测四指标数据采集		正常	2020-03-26 13:20:00	2020-03-26 13:24:09
AI预测四指标数据采集		正常	2020-03-26 12:20:00	2020-03-26 12:24:00
AI预测四指标数据采集		正常	2020-03-26 11:20:00	2020-03-26 11:23:50
AI预测四指标数据采集		正常	2020-03-26 10:20:00	2020-03-26 10:23:40
AI预测四指标数据采集		正常	2020-03-26 09:20:00	2020-03-26 09:23:32
AI预测四指标数据采集		正常	2020-03-26 08:20:00	2020-03-26 08:23:20
AI预测四指标数据采集		正常	2020-03-26 07:20:00	2020-03-26 07:23:11
AI预测四指标数据采集		正常	2020-03-26 06:20:00	2020-03-26 06:23:02
AI预测四指标数据采集		正常	2020-03-26 05:20:00	2020-03-26 05:22:51
AI预测四指标数据采集		正常	2020-03-26 04:20:00	2020-03-26 04:22:43
AI预测四指标数据采集		正常	2020-03-26 03:20:00	2020-03-26 03:22:34
AI预测四指标数据采集		正常	2020-03-26 02:20:00	2020-03-26 02:22:25
AI预测四指标数据采集		正常	2020-03-26 01:20:00	2020-03-26 01:22:15
AI预测四指标数据采集		正常	2020-03-26 00:20:00	2020-03-26 00:25:59

图6-15　5G核心网KPI数据的采集流程及运行情况示例

智能运维平台 5G 核心网 KPI 异常检测模型预测模块如图 6-16 所示，该模块的页面调用前期训练好的 AI 模型，对新的一天进行预测。

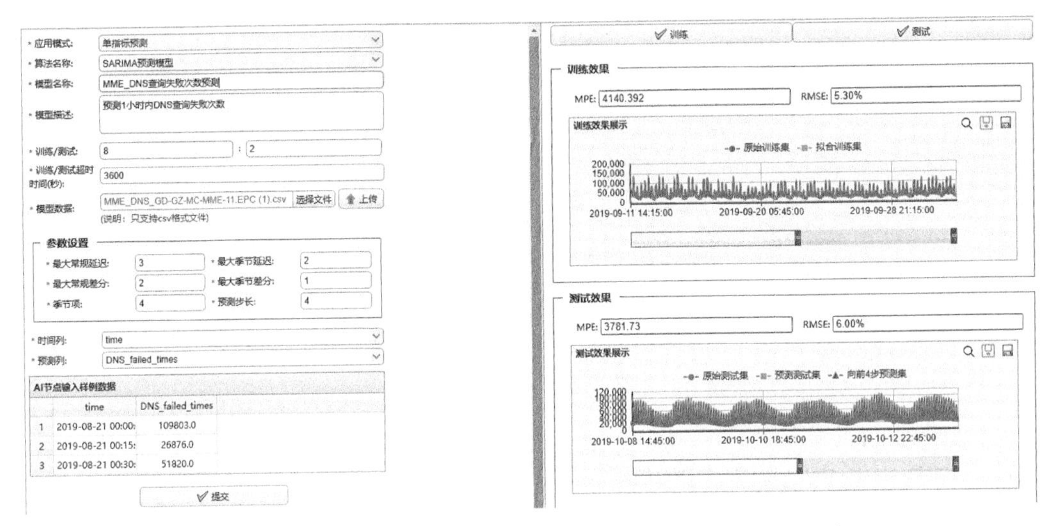

图6–16　智能运维平台5G核心网KPI异常检测模型预测模块

5G 核心网 KPI 异常检测示例如图 6-17 所示，结果输出预测值与实际值拟合状态较好，预测值满足作为动态阈值的要求。

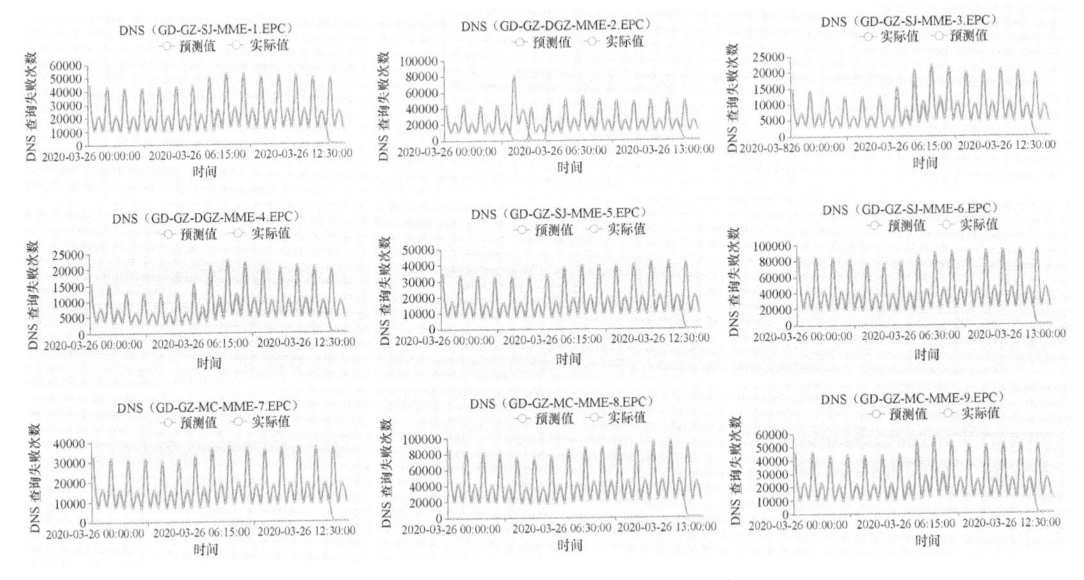

图6–17　5G核心网KPI异常检测示例

6.3.4 智能5G核心网异常检测实践

运营商引入智能KPI异常检测建模实验所需的依赖包，导入相应模块，包含sklearn、numpy、pandas、statsmodels等，具体代码示例如下。

```
# _*_ coding: utf-8 _*_
from __future__ import print_function
from threading import Thread
from time import sleep
from sklearn.metrics import *
from sklearn.neural_network import MLPClassifier
import moxing as mox
import os
import pickle
import string
import pandas as pd
import numpy as np
from statsmodels.tsa.stattools import adfuller
from statsmodels.tsa.arima_model import ARIMA
from statsmodels.tsa.stattools import arma_order_select_ic
from statsmodels.tsa.holtwinters import ExponentialSmoothing
from statsmodels.tsa.seasonal import seasonal_decompose
import warnings warnings.filter warnings("ignore")
```

定义一个load_data函数，读取时序KPI数据文件，输出dataframe，具体代码示例如下。

```
def load_data(data_path):
    with open(data_path, 'r') as f:
        df=pd.read_csv(f)
        return df
```

定义一个interpolate_demo函数，对时序KPI数据统计空值数量，并采用线性方法进行空值填充，同时采用邻近数据均值进行空值填充，具体代码示例如下。

```
def interpolate_demo(series):
    print("empty values:%s"%np.isnan(series).sum())
    series1=series.interpolate(method="linear")
     print("after linear interpolate, empty values:%s"%np.isnan(series).
sum())
    series1=series.interpolate(method="linear")
    print("empty values:%s"%np.isnan(series1).sum())
    series2=series.interpolate(method='nearest')
    print("after nearest interpolate, empty values:%s"%np.isnan(series1).
```

```
sum())
        return series2
```

定义一个 denoise_3sigma 函数，对完成预处理的时序 KPI 数据进行 3sigma 异常点检测。首先，求该时序 KPI 数据的均值和方差；然后，计算 3sigma 的值，将超出 3sigma 上下边界值的点设置为空，便于统计异常点，具体代码示例如下。

```
    def denoise_3sigma(series):
        array_data = series.values
        array_data =[float(i) for i in array_data]
        mu = np.mean(array_data)
        sigma = np.std(array_data)
        up_bound = mu + 3*sigma
        low_bound = mu - 3*sigma
        for i in range(len(array_data)):
            item = array_data[i]
            if (item > up_bound) or (item < low_bound):
                array_data[i] = np.nan
        print("after 3sigma denoise, empty value is %s"%np.isnan(array_
data).sum())
        series = pd.Series(array_data)
        series = series.interpolate(method="linear")
        return series
```

定义一个 denoise_boxplot 函数，对完成预处理的时序 KPI 数据进行箱图 boxplot 异常点检测。首先，求该时序 KPI 数据的四分之一分位点和四分之三分位点；然后，计算箱图 boxplot 的上下边界值，将超出箱图 boxplot 的上下边界值的点设置为空，便于统计异常点，具体代码示例如下。

```
    def denoise_boxplot(series):
        array_data = series.values
        q1 = np.percentile(array_data, 25)
        q3 = np.percentile(array_data, 75)
        delta = (q3 - q1) / 2.
        iqr = delta * 1.5
        up_bound = q3 + iqr
        low_bound = q1 - iqr
        for i in range(len(array_data)):
            item = array_data[i]
            if (item > up_bound) or (item < low_bound):
                array_data[i] = np.nan
        print("after boxplot denoise, empty value is %s"%np.isnan(array_
```

```
data).sum())
        series = pd.Series(array_data)
        series = series.interpolate(method="linear")
        return series
```

定义一个 diff_series 函数，对完成预处理的时序 KPI 数据进行邻近前后节点的残差计算，返回残差值，具体代码示例如下。

```
    def diff_series(series):
        result = list()
        for i in range(len(series)-1):
            result.append(series[i+1]-series[i])
        return result
```

定义一个 stationary_test 函数，对完成预处理的时序 KPI 数据进行连续 5 次的残差计算，并对残差序列进行单位根平稳性检验（adfuller），如果基于 MacKinnon 的近似 p 值大于 1e-4（即 0.0001，科学计数法常用形式），则继续 for 循环，否则，获取测试统计数据的 1% 临界值，adfuller 测试统计小于此值，则退出 for 循环，具体代码示例如下。

```
    def stationary_test(series):
        stationary_array = series.values
        for i in range(2):
            if i > 0:
                stationary_array = diff_series(stationary_array)
            adftest = adfuller(series)
            adf = adftest[0]
            adf_p = adftest[1]
            if adf_p > 1e-4:
                continue
            threhold = adftest[4]
            percent1_threshold = threhold.get("1%")
            if adf < percent1_threshold:
                break
        return i
```

定义一个 arima_demo 函数，找到最好的 AR（p）、MA（q）、D（diff）取值，确认参数 d，自动化定阶参数去 q 值和 p 值，对完成预处理的时序 KPI 数据进行 ARIMA 时序建模并训练，输出预测值，然后计算模型的评估指标 MSE，具体代码示例如下。

```
    def arima_demo(series):
        d = stationary_test(series)
        (p, q) = (arma_order_select_ic(series, max_ar=3, max_ma=3, ic="aic")
["aic_min_order"])
```

```
        print("arma parameter:p-%s,q-%s,d-%s"%(p, q, d))
        arma = ARIMA(series, (p, d, q)).fit(disp=0, method="mle")
        results = arma
        #results.aic
        #results.summary()
        array_data1 = series.values
        array_data1 =[float(i) for i in array_data1]
        array_data2 = results.predict(start=1,end=864)
        error = mean_squared_error(array_data1,array_data2)
        return arma.resid,error,arma
```

定义一个 anomaly_3sigma 函数，对 ARIMA 时序模型输出的 resid 进行 3sigma 异常点检测，检测残差的异常值，首先，计算 resid 数据的均值和方差；然后，计算 3sigma 的值，将超出 3sigma 上下边界点存储在 anomaly_idx 列表中返回，具体代码示例如下。

```
    def anomaly_3sigma(resid):
        resid = abs(resid)
        mu = np.mean(resid)
        sigma = np.std(resid)
        up_bound = mu + 3 * sigma
        low_bound = mu - 3 * sigma
        anomaly_idx = list()
        for i in range(len(resid)):
            item = resid[i+1]
            if (item > up_bound) or (item < low_bound):
                anomaly_idx.append(i)
        return anomaly_idx
```

定义一个 print_error 函数，对 anomaly_3sigma 函数输出的 anomaly_idx 列表打印输出，具体代码示例如下。

```
    def print_error(df, anomaly_idx):
        for item in anomaly_idx:
            record = df.iloc[item]
            print(record)
```

定义一个 save_model 函数，保存 ARIMA 模型参数，具体代码示例如下。

```
    def save_model(clf):
        with open("model_clf.pkl")"wb") as mf:
        pickle.dump(clf, mf)
```

定义一个 main 函数，将以上定义的所有函数串起来，完成数据加载、数据清洗、数据建模、输出异常点检测结果、输出评估指标、保存模型，具体代码示例如下。

```
def main():
    #获取文件路径
    data_path = "./kpi.txt"
    #加载数据集
    series = load_data(data_path)
    #空值处理
    series = interpolate_demo(series)
    #2sigma异常值处理
    series = denoise_3sigma(series)
    #boxplot异常值处理
    series = denoise_boxplot(series)
    #arima数据建模
    arma_resid,error,arma = arima_demo(series)
    #输出异常点检测结果
    print_error(series, anomaly_3sigma(arma_resid))
    #输出评估指标
    print(error)
    #保存模型
    save_model(arma)
if __name__ == "__main__":
    main()
```

此时，我们也可以换用其他的算法模型替代 ARIMA 模型，确认输出的评价指标是否最优，如果是最优评价指标，则将其作为最终的数据模型选择。

定义一个 holt_winter_demo 函数，通过训练 Holt-Winters 模型找到最好的 smoothing_level(alpha), smoothing_slope(beta), smoothing_seasonal(gamma) 取值，对完成预处理的时序 KPI 数据进行 Holt-Winters 时序建模并训练，输出预测值，然后计算模型的评估指标，在 main 函数中替换原来的 ARIMA 数据模型即可，具体代码示例如下。

```
def holt_winter_demo(series):
    series1 = series[0:2880]
     hw = ExponentialSmoothing(series1, seasonal_periods=96,trend='add',
seasonal='add').fit(smoothing_level=None,smoothing_slope=None,smoothing_
seasonal=None,optimized=True)
    print('holt_winter param:smoothing_level-%s,smoothing_slope-
%s,smoothing_seasonal-%s' %(hw.params['smoothing_level'],hw.params['smoothing_
slope'],hw.params['smoothing_seasonal']))
    print(hw.summary())
    array_data1 = series.values
    array_data1 = [float(i) for i in array_data1]
    array_data2 = hw.predict(start=2880,end=2889)
```

```
    array_data3 = array_data1[2880:2889]
    error = sqrt(mean_squared_error(array_data3,array_data2))
    return hw.resid,error,hw

def main():
    ......
    #holt_winter数据建模
    hw_resid,error,hw = holt_winter_demo(series)
    ......
```

智能 5G 核心网异常检测实践中，除了采用上面提到的 ARIMA 模型和 Holt-Winters 模型，还有很多时序预测模型，例如，LSTM、Prophet 等，不同的模型适合不同的数据，在此不再展开论述。

6.4 智慧 5G 节能

6.4.1 智慧 5G 节能减排方案介绍

基站的能耗是造成运营商运营成本居高不下的主要原因之一，因此，提高设备的运行效率、降低设备的运行功耗、改善运营商的运营成本、提升市场的竞争力是当下运营商需要做的重要工作。节能方案整体简介见表 6-2。

表6-2　节能方案整体简介

节能方案	方案简介
定时载波关断（TDD 低频）	在运营商设置的时间段内关断小区载波，关断射频模块的载波，节约能耗
符号关断	设备能实时检测符号有没有数据发送，当检测到符号没有发生数据时，动态关闭符号周期内射频模块的功率放大器，节约能耗
深度符号关断	设备能实时检测符号有没有数据发送，当检测到符号没有发生数据时，动态关闭符号周期内射频模块的无线射频芯片，节约能耗
节能调度	运营商在设备上设置时间段和负载门限，通过剩余最小系统信息（Remaining Minimum System Information，RMSI）广播周期或寻呼帧数量动态调整、符号或时隙汇聚，换取更多没有数据发送的时间窗口，并在该时间窗口内进行符号关断，节约能耗

续表

节能方案	方案简介
SSB智能动态调整（TDD低频）	运营商在设备上设置时间段和负载门限，实时减少SSB波束的个数，换取更多没有数据发送的符号，并进行符号关断，节约能耗
射频通道智能关断（TDD低频）	通过在运营商设置的时间段和负载门限下，动态关闭本小区的部分发射通道，节约能耗
基带智能休眠	当基带芯片上没有激活小区或小区均处于闭塞状态时，使基带芯片动态休眠，节约能耗
pRRU深度休眠（TDD低频）	通过在运营商设置的时间段内关闭部分pRRU，使其进入深度休眠状态，节约能耗
PSU智能关断	动态关断一个或多个已配置的PSU，使用最少数量的PSU支撑网络负载，使PSU始终保持较高的电源转换效率，节约能耗

1. 定时载波关断

（1）方案说明

在某些特定时间段内，基站常常处于空载或者轻载状态，但基站内部设备依然处于running（运行）状态，基站的耗电依然较高。定时载波关断功能可以在运营商事先设置的时段内，关断载波。如果关断的载波在其所处的射频模块（功率放大器）上没有其他处于running（运行）状态的载波，则可关闭该载波所在的射频模块上的功率放大器，以达到节能的目的。定时载波关断原理示意如图6-18所示。

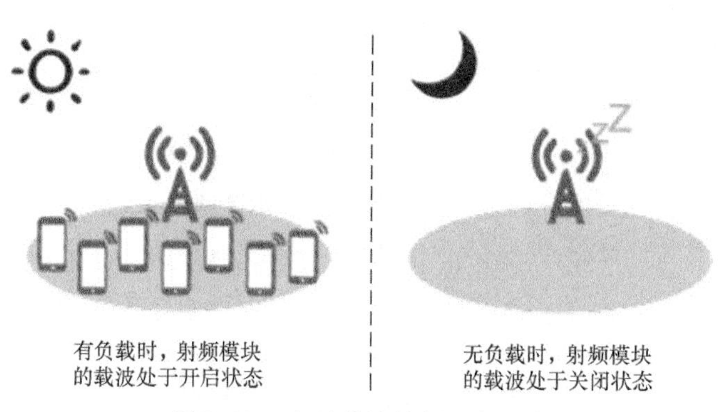

图6-18 定时载波关断原理示意

需要说明的是，以下案例是基于华为设备的使用手册进行操作的。我们可以打开参数 NRDUCellAlgo Switch.PowerSavingSwitch 的子开关“TIMING_CARRIER_SHUTDOWN_SW”来开启载波关断功能，设置 MONRDUCellPowerSaving 下的载波关断时间段参数来满足定时关断载波，该时间段将在设置后生效。参数 NRDUCellPowerSaving.PowerSavingPolicyIndex 和 NRDUCellPowerSaving.PowerSavingType 能唯一确定载波关断生效的不同时段。

（2）网络分析

需要说明的是，以下内容是华为设备手册定时载波关断功能的使用分析，具体情况以具体场景落地为准。

① 增益分析

在特定的时间段内，如果网络没有用户接入，或基站处于空载、轻载，则我们可以通过开启定时载波关断功能来达到节省基站能耗的目的。但在如下场景，节能增益有限。

在射频模块用于多载波功率放大器（Power Amplifier，PA）配置的场景，当某个 NR 小区进入载波关断状态后，如果 PA 上剩余的载波仍然在工作，则该 PA 无法被关断。

在进入载波关断状态前 24 小时内，当射频模块自身温差过大时，为了避免载波关断前后射频模块温差过大导致硬件出现故障，射频模块不会进入载波关断状态。

② 影响分析

定时载波关断功能可以根据运营商设置的时间段定时进入和退出载波关断状态。定时载波关断功能生效后，对于该小区内已有的用户无法为其提供正常业务，掉话率略有增加；对于小区覆盖范围内的新用户，无法接入。

开启定时载波关断功能会导致小区模拟加载无法开启。如果小区模拟加载已开启，则开启定时载波关断时会关闭小区模拟加载。因此，不建议同时打开上述功能。

载波关断生效的时刻与性能指标的上报周期无法保证同步，因此，在载波关断生效时刻所在的性能指标统计周期，关断小区的性能指标会存在小于 5 分钟的统计误差。

（3）网络监控

基站能耗数据可通过 MAE-Access 上的性能指标 VS.EnergyCons.BTS.Adding.NR（整站）或 VS.EnergyCons.BTSBoard（射频模块）来观测。现网可通过对比开启定时载波关断功能前后一周的基站能耗数据，来评估定时载波关断功能的节能增益，由此预期可以观测到，基站能耗数据相对于定时载波关断功能未开启前有明显下降。

因开启定时载波关断导致小区不可用时长可通过 MAE-Access 上的性能指标 N.Cell.Unavail.Dur.EnergySaving 来观测。由于判断定时载波关断功能进入和退出载波关断状态有一定的时延，所以性能指标 N.Cell.Unavail.Dur.EnergySaving 统计的时长相比于运营商设置的定时载波关断时间段存在约 1 分钟的误差。

2. 符号关断

（1）方案说明

射频模块的功率放大器的耗电是基站设备中最多的，它在没有信号输出时，也会产生部分耗电。符号关断功能既能降低基站耗电，又能保证数据传送的完整性。符号关断的原理示意如图 6-19 所示。

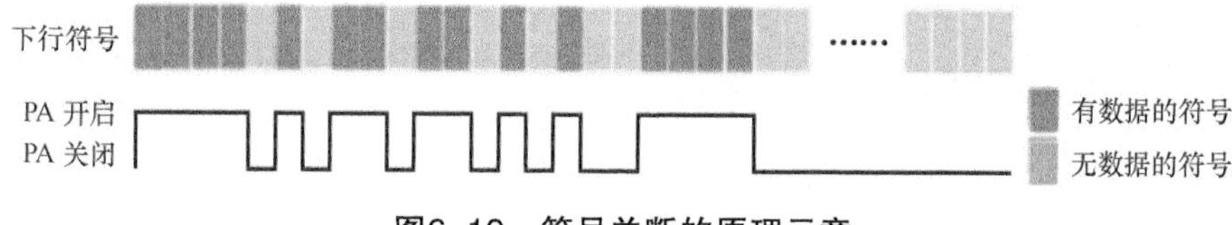

图6-19 符号关断的原理示意

需要说明的是，以下案例是基于华为设备的使用手册进行操作的，打开参数开关 NRDUCellAlgoSwitch.SymbolShutdownSwitch 来开启符号关断功能。

如果基站设备检测到下行通道符号没有发送数据，则会实时关闭射频模块的功率放大器以降低基站耗电。

如果基站设备监测到下行通道符号有发送数据，则会实时打开射频模块的功率放大器保障数据传输的完整性。

（2）网络分析

如果基站设备检测到下行通道符号没有发送数据，则会实时关闭射频模块的功率放大器以降低基站耗电。但在 24 小时内，当射频模块自身温差过大时，为了避免射频模块温差过大可能导致的硬件故障，开通本功能后的节能收益可能会降低。

（3）网络监控

基站能耗数据可通过MAE-Access上的性能指标VS.EnergyCons.BTS.Adding.NR（整站）或 VS.EnergyCons.BTSBoard（射频模块）来观测。现网可通过对比开启符号关断功能前后一周的基站能耗数据来评估符号关断功能的节能增益，由此可以观测到基站能耗数据相对于符号关断功能未开启前有明显下降。

小区处于符号关断状态的节能时长可通过 MAE-Access 上的性能指标 N.PowerSaving.SymbolShutdown.Dur 来观测。

3. 深度符号关断

（1）方案说明

射频模块的无线射频芯片是基站设备中耗电较多的一个。其实，在射频模块没有信号输出时，无线射频芯片会产生部分耗电。深度符号关断功能既能降低基站能耗，又能保障数据传送的完整性。深度符号关断的原理示意如图 6-20 所示。

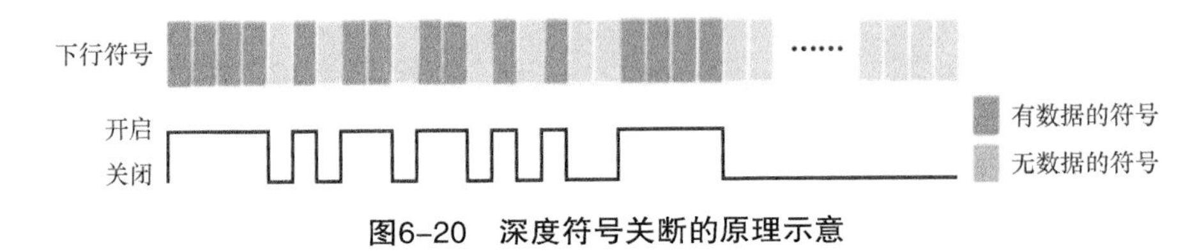

图6-20　深度符号关断的原理示意

需要说明的是，以下案例是基于华为设备的使用手册进行操作的，打开参数 NRDUCellAlgoSwitch.PowerSavingSwitch 的子开关“DEEP_SYMBOL_SHUTDOWN_SW”来开启深度符号关断功能。

如果基站设备检测到下行通道符号没有发送数据，则基站会实时关闭射频模块的无线射频芯片，从而降低基站耗电。

如果基站设备检测到下行通道符号有发送数据，则基站会实时打开射频模块的无线射频芯片，从而保障数据传送的完整性。

（2）网络分析

如果基站设备检测到下行通道符号没有发送数据，则基站会实时关闭射频模块的无线射频芯片，从而节省基站耗电。

（3）网络监控

基站能耗数据可通过 MAE-Access 上的性能指标 VS.EnergyCons.BTS.Adding.NR（整站）或 VS.EnergyCons.BTSBoard（射频模块）来观测。现网可通过对比开启深度符号关断功能前后一周的基站能耗数据，来评估深度符号关断功能的节能增益。

小区处于深度符号关断状态的节能时长可通过MAE-Access上的性能指标N.PowerSaving.SymbolShutdown.Dur来观测。

4. 节能调度

（1）方案说明

公共消息包括寻呼消息、系统消息两个部分。其中，公共消息是以固定周期向UE广播的，不可避免地给基站造成部分耗电，因此，设法降低该广播耗电。节能调度功能的节能方法是获取更多无数据发送的符号，并进行符号关断，大致分为以下4种方式。

① 延长剩余的最小系统信息广播周期动态调整

当基站检测到网络处于轻载或空载时，延长RMSI发送周期，以获取无数据发送的符号。当基站检测到网络处于常规负载时，恢复RMSI广播周期。动态调整RMSI广播周期示意如图6-21所示。

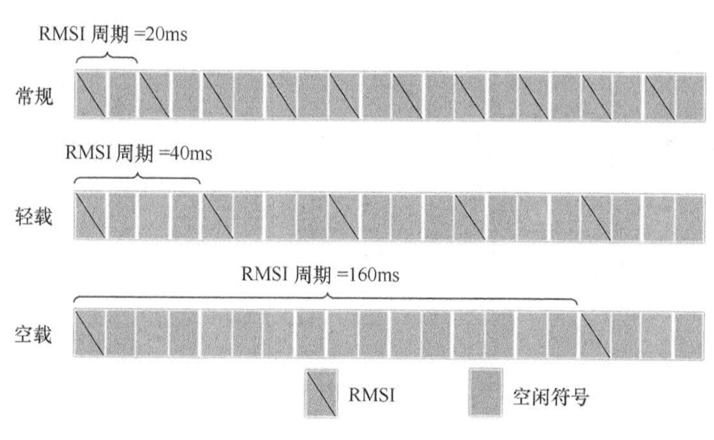

图6-21 动态调整RMSI广播周期示意

② 寻呼帧数量的动态调整

当基站检测到网络处于轻载或空载时，减少寻呼周期T内的寻呼帧（Paging Frame，PF）数量，以获取无数据发送的符号。当基站检测到网络处于常规负载时，恢复寻呼周期T内的寻呼帧数量。动态调整寻呼帧密度示意如图6-22所示。

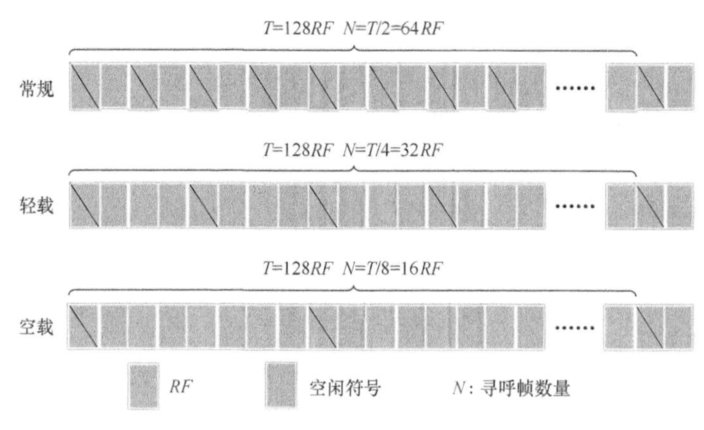

图6-22 动态调整寻呼帧密度示意

③ 符号汇聚

基于物理下行共享信道（Physical Downlink Shared CHannel，PDSCH）数据的大小，对一个时隙内的符号按照“扩频域，压时域”的原则调度汇聚 PDSCH 数据，在一个时隙内支持将时域上有 PDSCH 数据的符号调度汇聚到最少 7 个有 PDSCH 数据的符号所在的频域上，以最大限度获取无数据发送的符号。符号汇聚示意如图 6-23 所示。

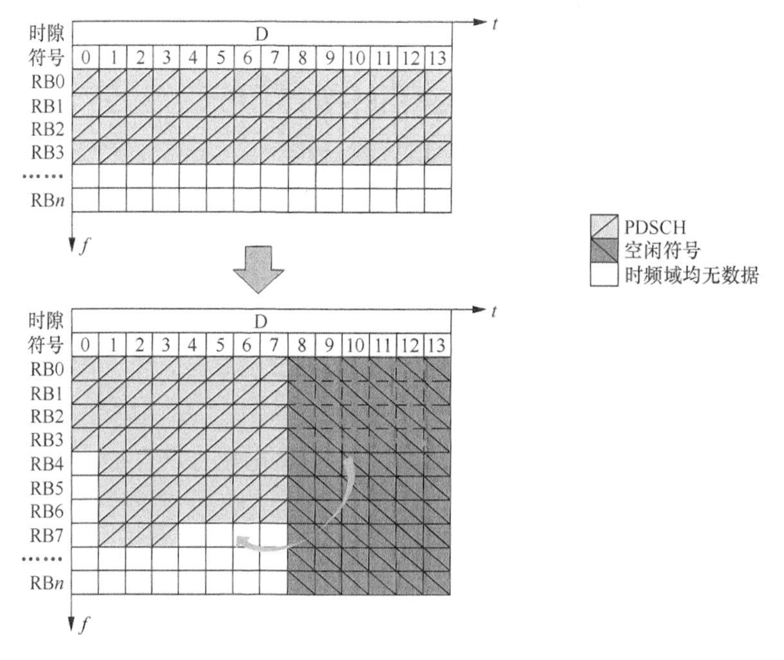

图6-23 符号汇聚示意

④ 时隙汇聚

以增加一定的调度时延为代价，把业务数据汇聚到主信息块（Master Information Block，MIB）/ 系统信息块（System Information Block，SIB）/ 其他系统信息（Other System Information，OSI）/ 寻呼（PAGING）对应的时隙上发送，使业务数据的调度在时域上更集中，以获取无数据发送的符号。时隙汇聚示意如图 6-24 所示。

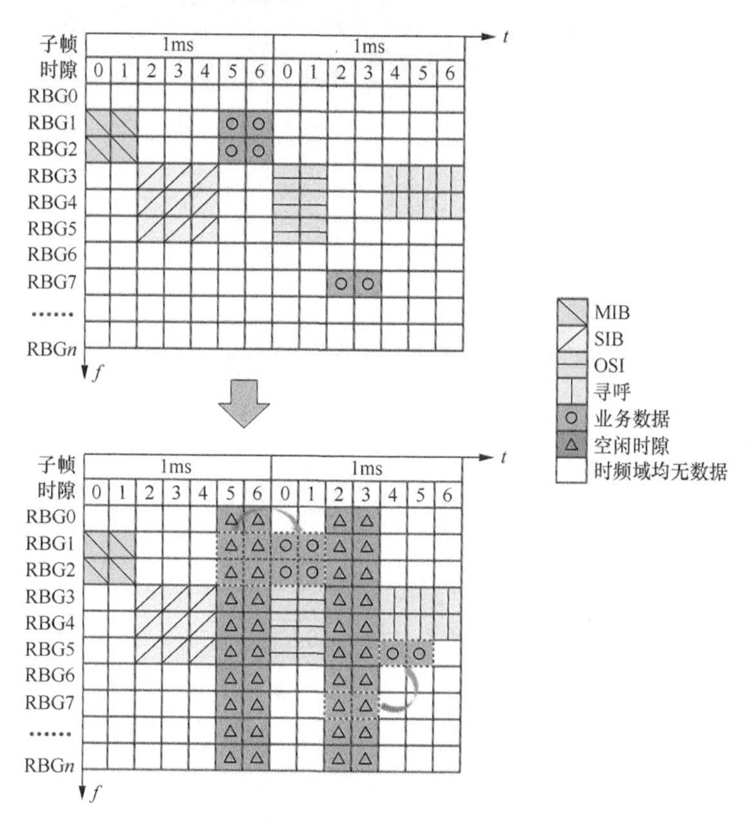

图6–24　时隙汇聚示意

需要注意的是，以下案例是基于华为设备的使用手册进行操作的，打开参数 NRDUCell AlgoSwitch.PowerSavingSwitch 的子开关“POWER_SAVING_SCHEDULE_SW”来开启节能调度功能，通过设置 MONRDUCellPowerSaving 下的参数来设置该功能的生效策略、生效时段。该功能在设置后的固定时间段内均会生效。参数 NRDUCellPowerSaving.PowerSaving PolicyIndex 和 NRDUCellPowerSaving.PowerSavingType 可唯一确定节能调度功能的不同生效策略、生效时段。

在节能调度生效的时间段内，当小区下行物理资源块（Physical Resource Block，PRB）利用率（N.PRB.DL.DrbUsed.Avg/N.PRB.DL.Avail.Avg）小于或等于基站开启节能调度功能时所设置的下行 PRB 门限（NRDUCellPowerSaving.DlPrbThld）时，基站将自动进入节能调度状态。

进入节能调度状态后，如果小区 RRC 连接态用户数（N.User.RRCConn.Avg）小于或等于用户数门限（NRDUCellPowerSaving.UserNumThld），基站将自动调整本小区的 RMSI 广播周期。由于下行汇聚调度，小数据包变成大数据包，减少了下行资源块组（Resource Block Group，RBG）资源浪费，所以 PRB 利用率会进一步降低。

但在开启了节能调度功能的情况下，如果基站满足以下任一条件，则将自动退出节能调度状态。

① 当前时间未在功能生效的时间段内。

② 小区下行 PRB 利用率大于下行 PRB 门限 + 5% 的取值。

（2）网络分析

需要说明的是，以下案例来自华为设备手册节能调度功能的使用分析，具体情况以具体落地场景为准。

① 增益分析

当网络处于轻载或空载时，开通本功能可以提升符号关断的增益，进一步节省基站能耗。

② 影响分析

驻留在该小区的空闲态用户接入时延略有增加。已接入该小区的连接态用户最大等待时延为数据包所在承载 QoS 分类标识符（QoS Class Identifier，QCI）对应分组延迟预算（Packet Delay Budget，PDB）的 10%，此时上行 Ping 时延会增加。

假设小区 A 的邻区为小区 B，小区 A 的 RMSI 广播周期可能会调整，导致小区 A 的 PDSCH 与小区 B 的公共消息之间的干扰，造成小区 A 的下行吞吐率下降，此时，我们建议同时打开公共信道干扰避让开关（NRDUCellAlgoSwitch.CommChnIntrfAvoidSwitch）的子开关“SSB_INTRF_AVOID_SW”。

进入节能调度状态后下行汇聚调度，小数据包变为大数据包，大数据包 MU 配对概率增大，可能导致干扰增加、重传增多、时延增大，用户体验速率可能会下降，也会导致 PDSCH 调度次数减少，但对信道状态信息参考信号（Channel State Information Reference Signal，CSI-RS）干扰减少，部分航道质量指示器（Channel Quality Indicator，CQI）指标（N.ChMeas.CQI.SingleCW.0 ～ N.ChMeas.CQI.SingleCW.15）上升。下行调度汇聚大数据包会导致 MCS 上升，用户体验速率也可能会上升，因此，用户体验速率的变化趋势无法准确判定。

LTE FDD和NR瞬时动态频谱共享场景下，如果同时打开下行数据动态分流模式（gNBPdcpParamGroup.DlDataPdcpSplitMode取值为“SCG_AND_MCG”），则NR小区的下行吞吐率会下降。

公共消息的发送频率降低后会导致平均汇聚级别下降。

（3）网络监控

基站能耗数据可通过MAE-Access上的性能指标VS.EnergyCons.BTS.Adding.NR（整站）或VS.EnergyCons.BTSBoard（射频模块）来观测。现网可通过对比开启节能调度功能前后一周的基站能耗数据，来评估节能调度功能的节能增益。由此可以观测到基站能耗数据相对于节能调度功能未开启前有明显下降。

小区处于符号关断状态的节能时长可通过MAE-Access上的性能指标N.PowerSaving.SymbolShutdown.Dur来观测，由此可以观测到符号关断节能时长相比节能调度功能未开启前有所增加。

5. SSB智能动态调整

（1）方案说明

当小区处于空载、轻载时，在事先确定的时间段内，同步信号块（Synchronization Signal Block，SSB）智能动态调整能实时减少基站中SSB波束的个数，从而获取更多无数据发送的符号，这样便可对符号进行关断，达到节能的目的，SSB智能动态调整原理示意如图6-25所示。与此同时，基站将自动调整小区内的公共信道发射功率，尽可能地保障基站的业务和覆盖不受影响。

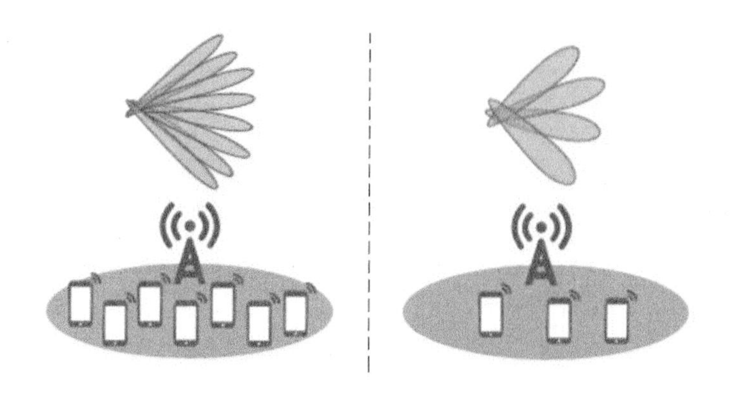

图6-25　SSB智能动态调整原理示意

需要说明的是，以下案例是基于华为设备的使用手册进行操作的。打开参数 NRDUCellAlgoSwitch.PowerSavingSwitch 的子开关“DYNAMIC_SSB_SW”，开启 SSB 智能动态调整功能，设置 MO NRDUCellPowerSaving 下的参数来指定 SSB 智能动态调整功能的生效策略、生效时段，时间段将在设置后生效。参数 NRDUCellPowerSaving.PowerSavingPolicyIndex 和 NRDUCellPowerSaving.PowerSavingType 唯一确定 SSB 智能动态调整功能的不同生效策略和生效时段。

在 SSB 智能动态调整功能生效的时间段内，当小区下行 PRB 利用率（N.PRB.DL.DrbUsed.Avg/N.PRB.DL.Avail.Avg）小于或等于基站设备开启 SSB 智能动态调整功能所设置的下行 PRB 门限（NRDUCellPowerSaving.DlPrbThld），同时小区 RRC 连接态用户数（N.User.RRCConn.Avg）小于或等于基站设备启动 SSB 智能动态调整功能所设置的用户数门限（NRDUCellPowerSaving.UserNumThld）时，小区自动进入 SSB 智能动态调整状态。

但在开启 SSB 智能动态调整功能的情况下，如果基站满足以下任一条件，则将自动退出 SSB 智能动态调整状态。

① 当前时间未在功能生效的时间段内。

② 小区下行 PRB 利用率大于下行 PRB 门限 + 5% 的取值。

③ 小区无线资源控制（Radio Resource Control，RRC）连接态用户数大于用户数门限参数对应的值。

（2）网络分析

需要说明的是，以下案例来自华为设备手册 SSB 智能动态调整功能的使用分析，具体情况以具体落地场景为准。

① 增益分析

当网络处于轻载或空载时，开通本功能可以提升符号关断的增益，进一步节省基站能耗。

② 影响分析

假设小区 A 的邻区为小区 B，SSB 智能动态调整功能在小区 A 生效后，可能会导致小区 A 的 PDSCH 与小区 B 的公共消息之间产生干扰，造成小区 A 的下行吞吐率下降，建议同时打开公共信道干扰避让开关（NRDUCellAlgoSwitch.CommChnIntrfAvoidSwitch）的子开关“SSB_INTRF_AVOID_SW”。

（3）网络监控

基站能耗数据可通过 MAE-Access 上的性能指标 VS.EnergyCons.BTS.Adding.NR（整站）或 VS.EnergyCons.BTSBoard（射频模块）来观测。现网可通过对比开启 SSB 智能动态调整功能前后一周的基站能耗数据，来评估SSB智能动态调整功能的节能增益。由此可以观测到基站能耗数据相对于SSB智能动态调整功能未开启前有明显下降。

小区处于符号关断状态的节能时长可通过MAE-Access上的性能指标N.PowerSaving.SymbolShutdown.Dur来观测。由此可以观测到符号关断节能时长相比SSB智能动态调整功能未开启前有所增加。

6. 射频通道智能关断

（1）方案说明

在事先确定的时间段内，当小区处于空载、轻载时，基站开启的射频通道智能关断功能会自动关断本小区的一部分发射通道以节约基站耗电，射频通道智能关断原理示意如图6-26所示。与此同时，宏基站将自动调整小区公共信道信号的发射模块功率，尽可能保障基站的业务和覆盖不受影响 。但灯柱基站却不支持调整小区公共信道信号的发射模块功率。

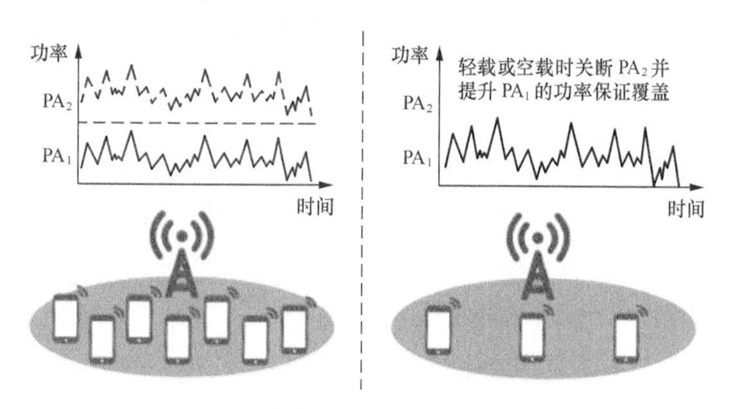

图6-26 射频通道智能关断原理示意

需要说明的是，以下案例是基于华为设备的使用手册进行操作的。参数NRDUCellAlgoSwitch.PowerSavingSwitch的子开关“RF_SHUTDOWN_SW”开启射频通道智能关断功能，设置MO NRDUCellPowerSaving下的参数来指定该功能关断的生效策略、生效时段，时间段将在设置后生效。参数NRDUCellPowerSaving.PowerSavingPolicyIndex和NRDUCellPowerSaving.PowerSavingType唯一确定射频通道智能关断功能的不同生效策略、生效时段。

（2）网络分析

需要说明的是，以下案例来自华为设备手册射频通道智能关断功能的使用分析，具体情况以具体落地场景为准。

① 增益分析

当网络处于轻载或空载时，开启射频通道智能关断功能可节约基站耗电。但在 24 小时内，当射频模块自身温差过大时，为了避免射频模块温差过大可能导致硬件故障，开通本功能后的节能收益可能会降低。

② 影响分析

射频通道智能关断功能是根据运营商设置的时间段和负载门限来进入和退出射频通道关断状态的。

射频通道智能关断功能生效后，单站场景，小区吞吐率和用户吞吐率可能会下降 0 ～ 70%，用户距离基站越远，下降越多。连续组网场景，小区吞吐率和用户吞吐率可能会下降 0 ～ 50%。同时，上述两种场景用户的下行处理时延会增加。

CQI 会下降，如果排名不变，则下行调度调制和编码方案（Modulation and Coding Scheme，MCS）会下降；如果排名下降，则下行调度 MCS 可能会下降，也可能会上升，从而导致下行频谱效率降低，传输相同数据量所需的下行 RB 会增加，因此，下行 PRB 利用率会上升。

宏 gNodeB 下的小区覆盖可能会影响 1dB 左右，导致接入成功率和掉话率会有波动。

灯柱 gNodeB 下的小区覆盖可能会下降 6dB 左右，导致接入成功率下降和掉话率增加。

射频通道智能关断功能生效或退出，可能导致用户切换相关指标值增加。

（3）网络监控

基站能耗数据可通过 MAE-Access 上的性能指标 VS.EnergyCons.BTS.Adding.NR（整站）或 VS.EnergyCons.BTSBoard（射频模块）来观测。现网可通过对比开启射频通道智能关断功能前后一周的基站能耗数据来评估射频通道智能关断功能的节能增益。由此可以观测到基站能耗数据相对于射频通道智能关断功能未开启前有明显下降。

7. 基带智能休眠

（1）方案说明

智能载波关断功能或定时载波关断功能只是让射频模块处于载波关断状态，以此达到节能效果。如果处于载波关断状态的小区对应的基带芯片上的其他激活小区被手动去激活，或该基带芯片上没有其他激活小区，或该基带芯片上没有部署小区，则该基带芯片继续工作就会造成耗电。基带智能休眠功能可在以下任一场景动态休眠基带芯片以达到节能的目的。该功能通过打开参数 gNodeBParam.BaseStationDeepDormancySw 下的子开关“BB_SHUTDOWN_POWERSAVING_SW”来开启。

① 基带芯片上存在激活小区

• 通用公共无线接口（Common Public Radio Interface，CPRI）组网场景

如果基带芯片上的激活小区的定时载波关断功能或智能载波关断功能已生效，或基带芯片上的激活小区被手动去激活，则该基带芯片上的小区均处于去激活状态，此时，该基带芯片进入休眠状态。

• eCPRI 组网场景

如果基带芯片上的激活小区的定时载波关断功能或智能载波关断功能已生效，或基带芯片上的激活小区被手动去激活，则该基带芯片上的小区均处于去激活状态，此时，AAU 上的该基带芯片均进入休眠状态。

如果基带芯片上的激活小区的定时载波关断功能或智能载波关断功能只是部分开启并生效，或基带芯片上的激活小区没有被全部手动去激活，即基带芯片上仍存在激活小区，此时，基带芯片无法进入休眠状态。

基带芯片进入休眠状态后，如果基带芯片上某一去激活小区的定时载波关断功能或智能载波关断功能退出，或某一去激活小区被手动激活，则该去激活小区处于激活状态，即基带芯片上有了激活小区，此时，基带芯片会动态退出休眠状态。

当基带智能休眠功能生效后，如果再打开其他载波关断功能，由于小区资源已释放，所以基站不会再刷新其他载波关断功能的生效状态，即通过命令 DSP NRDUCELLPOWERSAVING 查询其他载波关断功能的“当前状态”为“未生效”。

② 基带芯片上不存在激活小区

CPRI 组网场景，基带芯片可直接进入休眠状态。

eCPRI 组网场景，AAU 上的基带芯片均可直接进入休眠状态。

基带芯片进入休眠状态后，如果基带芯片上有了激活小区，则此时基带芯片会动态退出休眠状态。

（2）网络分析

① 增益分析

当满足如下任一场景时，通过本功能使基带芯片动态进入休眠状态可进一步增加节能收益。

当基带芯片上的激活小区的定时载波关断功能或智能载波关断功能已生效，或基带芯片上的激活小区被手动去激活，则该基带芯片上的小区均处于去激活状态。

需要注意的是，基带芯片上不存在激活小区。

如果基带板或射频模块的工作制式配置为多模，例如，同时配置 LTE TDD 和 NR 制式，则同时部署 LTE TDD 和 NR 制式的基带芯片不会进入基带智能休眠状态。

② 影响分析

本功能退出后，基带芯片会退出休眠状态，并自动重新启动，启动时长为 2 分钟，最长不超过 5 分钟。

（3）网络监控

基站能耗数据可通过 MAE-Access 上的性能指标 VS.EnergyCons.BTS.Adding.NR（整站），或 VS.EnergyCons.BTSBoard（射频模块），或 VS.EnergyCons.BU（BBU）来观测。

现网可通过对比开启基带智能休眠功能前后一周的基站能耗数据来评估基带智能休眠功能的节能增益。由此可以观测到基站能耗数据相对于基带智能休眠功能未开启前有明显下降。

8. pRRU 深度休眠

（1）方案说明

在商场、体育馆、地铁站以及办公楼宇等室内场景下，存在固定时间段内的无线网络处于无业务状态，但射频模块依旧处于运行状态，这样会增加基站耗电。pRRU 深度休眠特性支持在上述无线网络无业务的时间段内关闭部分 pRRU，使其进入深度休眠状态，节约基站的耗电。pRRU 深度休眠原理示意如图 6-27 所示。

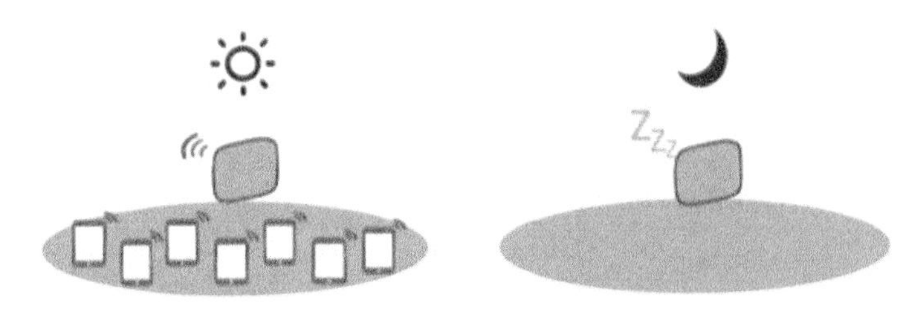

图6-27　pRRU深度休眠原理示意

pRRU 深度休眠特性可以通过开关参数 RRU.DORMANCYSW 来控制，具体介绍如下。

① 在休眠开始时间，参数 RRU.DORMANCYSTARTTIME 配置的时间到达后，会有 2 分钟的平滑时间，2 分钟后指定的 pRRU 进入深度休眠状态。

② 在休眠结束时间，参数 RRU.DORMANCYSTOPTIME 配置的时间到达后，指定的

pRRU 退出休眠状态。退出时，pRRU 会重启一次，重启后，恢复正常工作状态。

pRRU 进入深度休眠状态后，无业务时间段越长，节省的电量越多；无业务的覆盖范围越大，无业务的 pRRU 数量越多，可进入深度休眠的 pRRU 就越多，节省的电量也越多。因为 pRRU 不发射信号，处于节能状态，所以在没有其他故障的情况下不会上报告警。

设备不支持以下操作。

- 通过 Web 进行快速傅里叶变换（Fast Fourier Transform，FFT）频谱扫描。
- 执行命令 STR HWTST，启动单板硬件测试。
- 基站扩制式或版本升级。

（2）网络分析

① 增益分析

室内已部署灯柱基站且在夜间无业务的场景下，建议开启 pRRU 深度休眠特性以降低基站能耗。例如，如果灯柱基站有 96 个 pRRU 的场景下使全部 pRRU 深度休眠，则整站功耗最高可降低 35% ～ 40%，如果每天使全部 pRRU 深度休眠 8h，则整站能耗每天最高可降低 11% ～ 13%。

为了避免 pRRU 深度休眠前后 pRRU 温差过大可能导致硬件出现故障，在进入 pRRU 深度休眠状态前 24h 内，如果 pRRU 自身温差超过如下门限，则 pRRU 不会进入深度休眠状态。

目前，3000 系列 pRRU 休眠温差门限为 35℃，5000 系列 pRRU 休眠温差门限为 34℃。

② 影响分析

pRRU 进入深度休眠状态后不再发射信号，这样会导致覆盖区域内无线信号变差，可能出现 UE 业务质量变差、掉话或无法接入等现象。

（3）网络监控

基站能耗数据可通过 MAE-Access 上的性能指标 VS.EnergyCons.BTS.Adding.NR（整站）或 VS.EnergyCons.BTSBoard（射频模块）来观测。现网可通过对比开启 pRRU 深度休眠功能前后一周的基站能耗数据来评估 pRRU 深度休眠特性的节能增益。由此可以观测到基站能耗数据相对于 pRRU 深度休眠特性未开启前有明显下降。

对于含 NR 的多模灯柱基站，建议使用指标 VS.EnergyCons.BTSBoard 来进行节能效果的评估。

因开启 pRRU 深度休眠特性导致小区不可用时长可通过 MAE-Access 上的性能指标

N.Cell.Unavail.Dur.EnergySaving 来观测。

pRRU 在进入深度休眠状态时需要判断时间等条件，在退出深度休眠状态时有 pRRU 重启、重建小区等操作，因此，性能指标 N.Cell.Unavail.Dur.EnergySaving 统计的时长相比于运营商设置的 pRRU 深度休眠时间段会存在小于 3 分钟的误差。

9. 电源供电单元智能关断

（1）方案说明

电源供电单元（Power Supply Unit，PSU）支持将 110V/220V 交流（Alternating Current，AC）转换成 –48V 直流（Direct Current，DC）。对于输入交流电的基站，一般会配置多个 PSU。一般情况下，我们可以根据基站的最大耗电，配置适度的 PSU 的数量，保障在基站最大负载时，设备也能正常运行。

通常，PSU 电源的转换效率与其输出的功率呈正比。但在多数情况下，基站不能满负载工作，即 PSU 不是满功率输出。因此，PSU 电源的转换效率会降低，而该指标降低会直接影响基站的整体耗电。

为了降低基站能耗，同时又能保证基站可以正常工作，我们引入 PSU 智能关断特性，PSU 智能关断原理示意如图 6-28 所示。

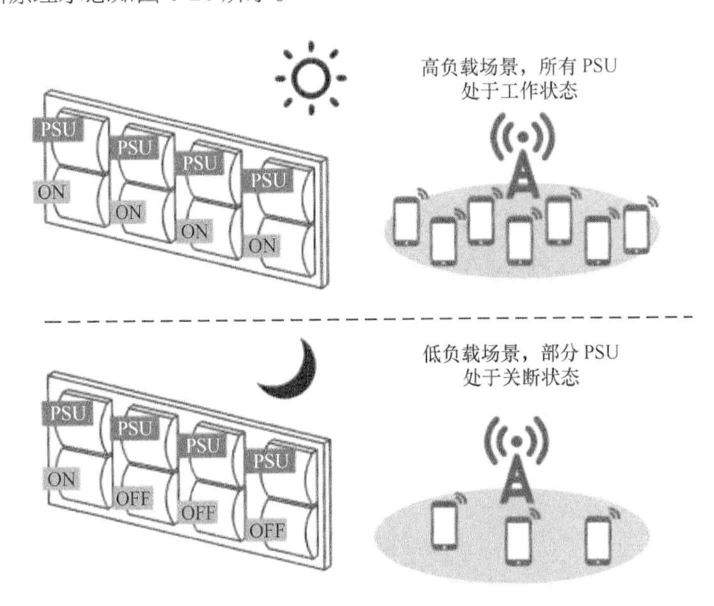

图6-28　PSU 智能关断原理示意

PSU 智能关断特性可通过打开参数开关 PSUIS.PSUISS 来开启，具体介绍如下。

① 在基站配置并使用多个 PSU 供电并且网络处于低负载时，动态使一个或多个已配置的 PSU 处于关断状态，使用最少数量的 PSU 支撑网络负载，从而提升 PSU 的电源转换效率，达到降低基站能耗的目的，并且可以延长 PSU 的寿命。

② 在基站负载增高时，动态使一个或多个已配置的 PSU 处于工作状态，以确保基站可以正常工作。

（2）网络分析

PSU 智能关断特性可以降低基站能耗、延长 PSU 的寿命。该特性节省的能耗与 PSU 的电源转换效率在 PSU 关断前后的差异直接相关。

现网可通过对比开启 PSU 智能关断特性前后一周的 PSU 输入功率和 PSU 输出功率来评估该特性的节能增益。

在 PSU 输出功率不变的情况下，如果该特性打开前 PSU 输入功率比该特性打开后的 PSU 输入功率高得越多，则增益越大。

PSU 输入功率和 PSU 输出功率可以通过如下方式观测（该观测方式存在一定误差，MAE-Access 上的性能指标数据仅供参考）。

PSU 输入功率和 PSU 输出功率可以使用 MAE-Access 上性能指标 VS.EnergyCons.BTS.Measuring.NR 来间接观测。在 NR 单制式下，该指标统计值与 PSU 输入 / 输出功率一致。在多制式下，该指标是汇总 NR 制式的基站耗电，需要与其他制式相应的指标统计值相加得到 PSU 输入功率和 PSU 输出功率。

10. 能耗监控

（1）方案说明

基站设备能通过设置能耗监控功能实现周期性耗电指标的统计。首先，基站设备将耗电指标上报给 MAE-Access，然后呈现给用户直观的展示基站耗电的监控方法。然后，基站设备使用 MAE-Access 采集基站耗电数据。最后，基站设备汇总和分析基站的耗电情况。

能耗监控不仅可以统计整站的能耗，还可以分别统计 BBU 和射频模块的能耗。

（2）基站整体能耗统计

基站整体耗电统计有以下两种方式。

① 累加法

首先，基站周期性地统计风扇、BBU、射频等模块的耗电；然后，得到整个基站的总耗电，并上报给 MAE-Access。

基站内所有配备数字电源的模块都会周期性地上报耗电给 BBU。

在宏站型中，RRU 或 AAU 模块会将能耗定时上报给 BBU。该上报值包括 RRU 或 AAU 对应的电调能耗。BBU 定时获取机电设备的能耗。

在 NR 单模基站中，指标值累积统计的是整个基站的总耗电。

在含 NR 的多模宏基站中，指标值累积统计的是基站中 NR 的耗电。NR 能耗为各物理设备在 NR 上的能耗之和，单个物理设备 NR 的能耗计算公式如下。

单个物理设备 NR 能耗 =(单个物理设备能耗值 / 管理该物理设备的主控数)/ 本端使用该物理设备的制式数。其中，“本端使用该物理设备的制式数”为 NR 所在的主控板上的制式数，该主控板会管理该物理设备。

② 直测法

针对配置的基站，还可以通过为基站供电的 PSU 电源系统统计基站能耗。此时，测量的基站能耗是所有由 PSU 供电的设备（包括但不限于 BBU、射频单元和机电设备等模块）的能耗，基站测量的总能耗上报给 MAE-Access。

基站能耗既可以同时上报交流耗电、直流耗电，也可以分开上报交流耗电、直流耗电。直测法示意如图 6-29 所示。

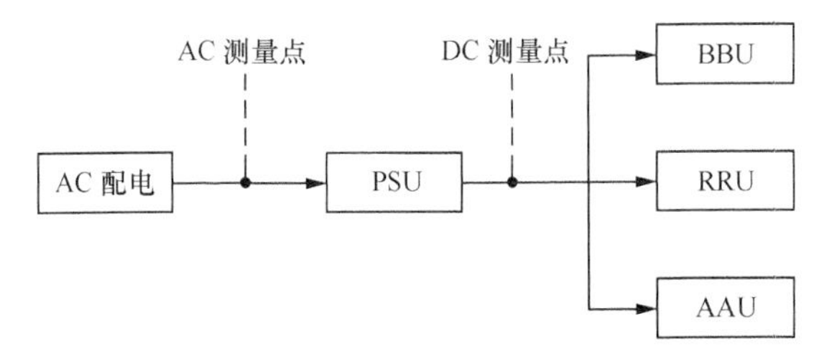

图6–29　直测法示意

如果设置参数 ENERGYCON.MP 为交流“AC”，则总耗电是 PSU 电源系统交流转换为直流之前的耗电。

如果设置参数 ENERGYCON.MP 为直流“DC”，则总耗电是 PSU 电源系统交流转换为直流之后的耗电。

在 MAE-Access 上通过指标 VS.EnergyCons.BTS.Measuring.NR 统计电源系统中所使用的电压、电流，通过公式计算得到 NR 制式消耗的基站耗电。

该指标在设置参数 ENERGYCON.MP 为交流“AC”或“DC”，在 NR 单模场景下，该指标统计的是电源系统所使用的电流、电压，通过公式计算得到PSU输入功率。在含NR的多模场景下，该指标统计的是PSU输入总功率的一部分，例如，双模场景下为PSU输入总功率的一半。

（3）BBU框和射频模块的能耗统计

基站支持累积BBU框、射频模块的耗电，并自行上报给MAE-Access。

BBU框、射频模块的耗电指标汇总时，不对耗电按照制式进行拆分。在汇总含NR的整个多模基站耗电时，可将多模基站内的BBU框、射频模块的耗电指标汇总得到整个站耗电。在分离主控多模基站场景下，由于公共设备的耗电指标会在各个主控板模块上分别进行上报，所以在对耗电指标汇总时，有如下结论。

① 对于BBU框，框号、柜号都相同时，需要去掉重复的耗电指标。

② 对于射频模块，柜号、槽号、框号都相同时，需要去掉重复的耗电指标。

在分离主控多模基站场景下，各个主控板对能耗指标的采样周期和上报周期可能不同步，因此，存在一个采样周期（5min）的误差。

本功能自身不提供节能增益，仅提供给用户直观的基站能耗监控方法。当开通了其他节能特性后，用户可以通过本功能评估节能特性的增益水平。

6.4.2 智能5G节能实践

1. 智能5G节能方案实施背景

（1）能耗持续增加，节能成为关注点

当前，节能已经成为运营商降本增效的一个手段，基站节能、机房节能、云资源节能等深入运营商各种场景。降低能耗是解决环境污染的根本，同时也是运营商降低运营成本、提高运营效益的根本。因此，运营商需要在降低运营成本的同时提升运营的效率，从源头上减少对环境的污染。作为运营商，在移动网络规划、建设、运营中，为了进一步降低运营成本、提高运营效益，就需要探索创新节能方案技术，以达到绿色节能的目的。

（2）能耗占比

随着移动通信网络的快速发展，给用户带来了大带宽、低时延、高并发接入的上网体验，各大运营商都在大力建设5G移动通信网络，基站的大量建设及后续运营会导致整个移动通信网络的耗电随之增加。因此，如何有效降低整个移动通信网络的能耗，打造绿色生活、高效节能的多制式高容量无线移动通信网络，成为运营商解决的重大问题。

据统计，某运营商无线网络能耗占比超过 35%，从整个无线网络设备的能源消耗分布来看，能耗占比较大，核心网设备的能耗占比为 25%，基站设备的能耗占比为 75%；同时，某运营商 2020 年的节能目标明确要求基站单载扇电费下降 3%、4G 基站耗电量下降 5%、5G 基站耗电量下降 10%、全网节约电费预计 2 亿元。针对这种情况，降低耗电需要对基站和移动通信网络的流量变化进行研究，捕获能耗的周期性，运用节能算法，高效开启管理模式，实时动态地调整移动通信网络中的资源使用。

（3）5G 能耗居高不下，节能减排任务充满挑战

5G 移动通信网络给运营商带来大带宽接入、数据量激增的同时，也使运营商面临高耗电的成本运营。

一方面，5G 基站带宽越大，连接的通道数也越多，设备中元器件的集成度不够，导致耗电增加，运营成本变高；5G 移动流量也从原来的二流变成现在的十六流，发射功率也变大。因此，5G 移动基站比 4G 移动基站的耗电明显增加。据统计，5G 单个移动基站的耗电相当于 4G 移动基站的 3 ～ 4 倍。

另一方面，5G 商用频段相比于 4G 更高，而高频频段的覆盖范围小于低频频段。因此，网络部署所需的站点也相对 4G 网络有所增加，5G 移动基站的数量是 4G 移动基站的 2 ～ 3 倍，基站数量的翻倍增长增加了 5G 移动通信网络的耗电，电费支出也翻倍增加，运营成本增多，给运营商带来巨大挑战。

2. 智能 5G 节能场景方案

目前，某运营商成立了无线网络基站节能减排工作小组，拟找出无线基站绿色节能、降本增效的有效解决措施和办法。因此，该运营商对基站设备节能特性技术进行了深入研究探讨，鉴于移动通信网络在流量较低时，很多设备处于空转状态，造成大量能源浪费，节能小组通过结合“潮汐效应”话务与节能策略特性进行联系，研究基于“潮汐效应”分场景节电策略应用，在小区业务量下降的情况下，通过相关门限值和开启时段的设定，实现个性化特定场景的节能效果，在不影响网络指标和用户感知的情况下，达到节能减排的目的，实现基站节能增益最大化。

场景节能方案主要按场景进行分类和管理，具体包括室外场景、某运营商物业场景和室内特殊场景。

（1）室外场景

室外场景是指一般用途（例如，企业等）的室外小区场景，包含 4G 网络和 5G 网络。

节能方案由节能时段和节能实施策略构成。

① 节能时段

根据 4G、5G 不同网络、不同的 KPI、不同的判断算法，节能时段由系统自动生成并下发。

- 4G 节能时段

4G 节能时段的关键指标为下行 PRB 利用率，具体算法实现流程如下。

以小区为维度，获取 4 周下行 PRB 利用率数据进行周潮汐分类分析，生成周效应清晰明显类（有明显的工作日、周末效应）、全周趋势一致类（未来 7 天，每天变化趋势一致）、周效应不明显类共 3 类。

基于过去 28 天的数据，分析每天的节能时段（下行 PRB 利用率≤ 10%）。

基于小区分类及 28 天的节能时段，输出每个小区未来 7 天的节能时段。

按照以上步骤，平台已自动实现每 7 天周期性的更新输出节能时段。

- 5G 节能时段

关键指标为 RLC 层总流量、最大 RRC 连接用户数和基站部署方式，具体算法实现流程如下。

基于上下行流量总和、最大用户数分别计算节能时段。其中，需要基于不同的部署方式选取对应的负荷字段（gNB_Deployment_mode 字段，基站部署方式为“1：NSA”“2：SA”“3：SA_NSA”）。

偶尔出现的数据缺失，以周为周期进行数据补偿，取最近一周相同时间点的数值填补（如果无符合条件的历史数据，则不用补偿）。

对于过去 7 天，“7×24”小时数据完善（含数据补偿）的小区按照如下规则进行节能门限计算。

基于 RRC 用户数：对 7 天同一个时段的 RRC 用户数都为零的时段，认为是零用户时段，拼接该时段，输出为零用户时段。

基于上下行总流量：对 7 天同一个时段的上下行总流量小于门限 N，或者 6 天同一个时段的上下行总流量小于门限 N 且剩余一天对应时段的上下行总流量小于门限“N+1”的时段，认为是可节能时段，拼接该时段，输出为低流量时段。目前，采用的门限 N 是 150MB，门限“N+1”是 200MB。

需要说明的是，零用户时段和低流量时段均为可节能时段。

② 节能实施策略

- 4G 节能策略

室外策略：考虑现网通道配置、白名单、5G 锚点站等因素，在节能时段内，覆盖层实施“符号关断 + 通道关断”方式，容量层实施“符号关断 + 载频关断 + 深度休眠”方式。

室内策略：考虑室分多种因素，包括室分特性（有源 / 无源）、覆盖（2T[1] 共覆盖 /1T 单独覆盖）、频段（单频 / 多频）、设备能力等，需结合实际的场景设计不同的策略。

节能唤醒策略：不区分室内室外，对节能小区 KPI 进行实施监测，如果小区最大 RRC 用户数 > 小区带宽基准用户 ×2 或下行 PRB 利用率 >20%，则停止节能。

- 5G 节能策略

5G 节能策略如图 6-30 所示。

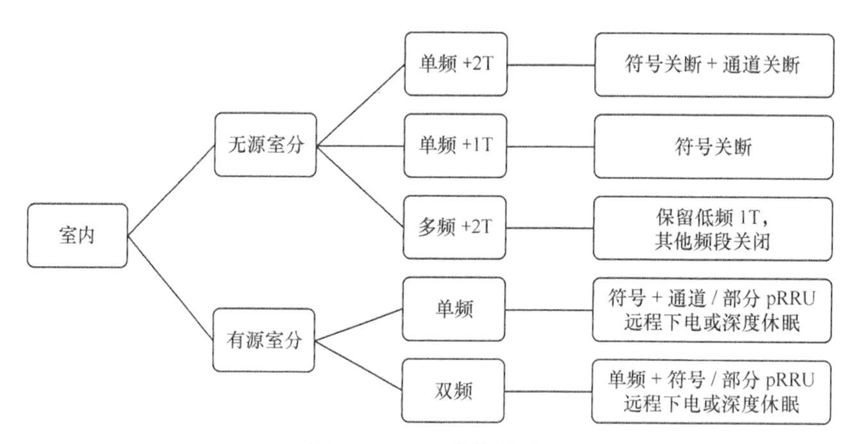

图6-30　5G节能策略

室外策略的具体介绍如下。

特殊需求场景区域、2.1G NR：全天符号关断。

潮汐明显区域、低话务非敏感区域：全天符号关断节能 + 基于 AI 寻优的深度休眠。其中，基于 AI 寻优的深度休眠是指在节能时段内，连续 7 天，每天都存在大于 1 小时的 RLC 层总流量≤ 150MB 的小区作为节能小区。

室内策略的具体介绍如下。

特殊需求场景区域、2.1G NR：全天符号关断。

室内特殊场景（例如，地铁、商场等）：见下文“室内特殊场景”的详细介绍。

节能唤醒策略介绍如下。

1. T 为发射端，T 是 Transmission 的英文首字母缩写。2T 共覆盖，即 2 个发射天线覆盖同一个区域。

基于 4G KPI 的实时监测结果对 5G AAU 进行唤醒，具体指标门限如下。

中兴：PRB 利用率≥ 19%，用户体验速率 < 23Mbit/s，最大 RRC 连接用户数≥ 30。

华为：PRB 利用率≥ 30%，用户体验速率 < 26Mbit/s，最大 RRC 连接用户数≥ 38。

爱立信：PRB 利用率≥ 34%，用户体验速率 <18Mbit/s，最大 RRC 连接用户数≥ 32。

DPI：利用历史 DPI 数据建立总用户及 5G 用户未来 24 小时预测模型，当 5G 用户 / 总用户≥ 6% 时，唤醒 5G AAU。

由于当前 5G 是快速发展网络，设备数量、用户数都在快速增加，所以 5G 的负荷、流量、用户数等指标也成倍增加，因此，节能指标门限将会随着网络的发展及节能的需求而动态调整。

（2）室内特殊场景

部分室内特殊场景，例如，地铁、大型商场、办公楼、会展场馆等，均具有明显的潮汐现象。针对这些明确潮汐规律的特殊场景，要区分 4G、5G 网络及基站潮汐。

当前，室分节能仅支持中兴、华为设备。办公楼、会展场馆等场景的节能策略正在研究中。

3. 智能 5G 节能评估方案

（1）网络质量评估

对于成功实施节能的小区，如果没有保证网络质量、用户感知与节能效果之间的最优化平衡，则需安排地市相关人员周期性的、按不同时间、地理维度，进阶式地对相关 KPI 进行网络质量评估。网络质量评估流程如图 6-31 所示。

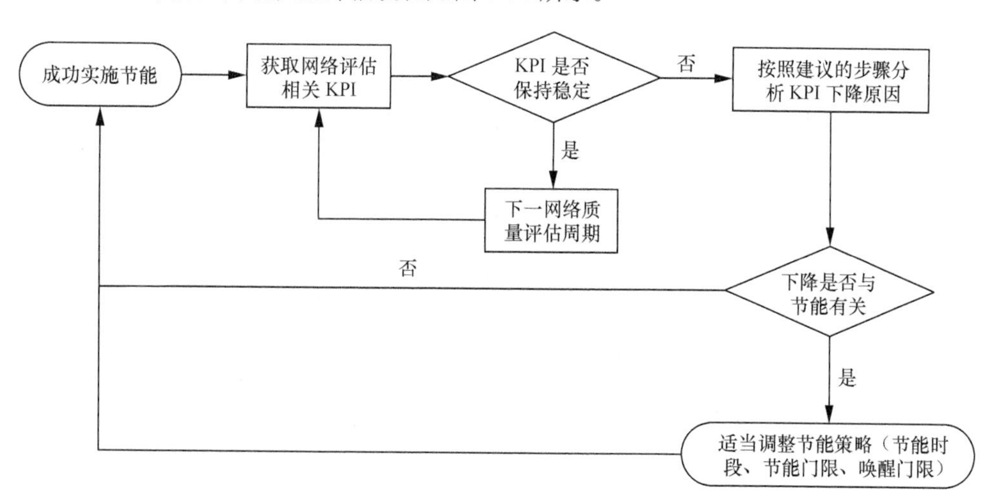

图6-31 网络质量评估流程

① 评估指标

4G 评估指标包括下行 PRB 利用率、最大 RRC 连接用户数、下行用户体验速率、MR 覆盖率、VoLTE 上下行丢包率、CQI 优良比、系统内切换成功率、RRC 连接建立成功率等。

5G 评估指标包括上行 PRB 利用率、下行 PRB 利用率、最大 RRC 连接用户数、下行用户体验速率、SA 无线接入成功率、SA 系统内切换成功率、CQI 优良比、UE 上下文掉线率等。

② 评估流程

对比不同地域级别的 KPI，是否与节能前保持稳定。如果稳定，则在下一周期继续重复网络评估流程；如果 KPI 呈下降趋势，则按以下步骤进行分析和调整。

排查是否存在告警、参数调整等外在因素。从地理维度、时间维度不断缩小范围进行排查。其中，地理维度上，从地市、区县、基站、小区多维度选择性排查；时间维度上，针对节能时段内，以小时级的 KPI 进行排查。

如果在节能时段内，发现 KPI 恶化，需及时唤醒节能小区；如果连续 3 天在同一小区、同一时段均发现 KPI 恶化，则在接下来的 7 天内将该小区、该时段从节能时段中剔除，并根据恶化情况，适当调整进入节能的 KPI 门限。

跟进用户投诉情况：关注节能时段内，与覆盖、网速相关的投诉量的变化情况，如果用户有具体的投诉内容，则根据投诉内容适当调整节能实施策略。

（2）节能效果评估

① 评估指标

- 节省能耗值 = T_0（节能前能耗）$-T_1$（节能后能耗）。其中，T_1 是根据实际网管采集的能耗值，T_0 则采用动态 T_0 算法，在节能时段使用本小区历史未节能的同时段的指标代替，同时考虑同时段的负荷等因素。
- 节能生效比例 = 生效小区数 / 全网小区数。
- 节能生效时长。
- 节能效率 = 节省能耗值 /T_0。

② 关于动态 T_0 算法说明

动态 T_0 算法如图 6-32 所示，传统使用关闭节能采集一周数据的方式并不理想和精确，即对节能前小时级的能耗和负荷进行建模处理，训练各个小时能耗和负荷的可替代关系，当某个小时节能后，T_0 值可以使用模型进行预测和替代处理。

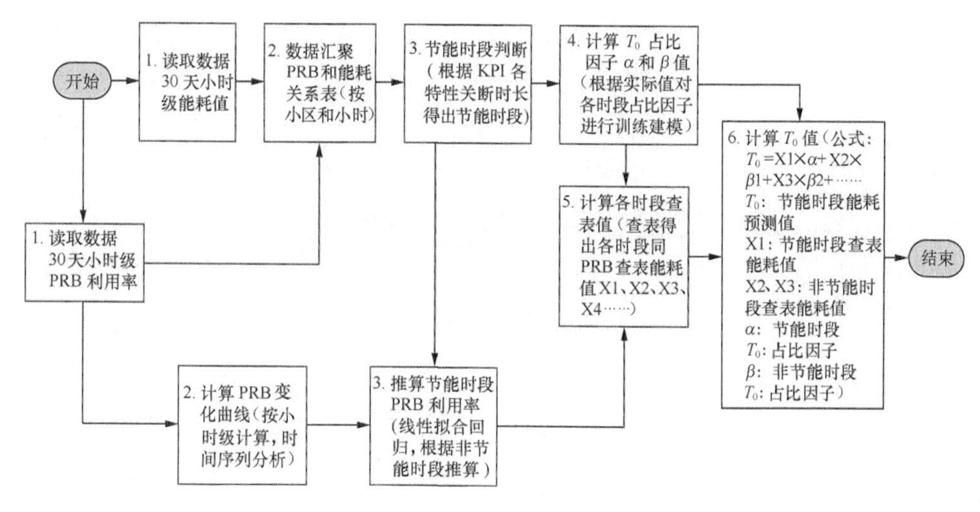

图6-32　动态T_0算法

（3）节能效果和建议

本节主要介绍了 5G 节能技术，包括符号关断、通道关断、载波关断及深度休眠共 4 类节能手段的节能效果和部署建议。5G 节能测试结果见表 6-3。

① 3.5G NR AAU 节能

表 6-3　5G节能测试结果

厂家	AAU型号	网络制式	MIMO	符号关断	通道关断 (64→32)(32→16)	符号关断+通道关断	载波关断	深度休眠	LNR协同智能关断
华为	AAU5613	SA_NSA	64T/R	16.00%	7.00%	18.00%	30.00%	45.00%	30.00%
	AAU5613	NSA		16.10%	7.00%	18.10%	30.20%	45.30%	30.20%
	AAU5639W	SA_NSA		16.00%	7.10%	18.00%	30.00%	45.00%	30.00%
	AAU5639W	NSA		16.10%	7.10%	18.10%	30.20%	45.40%	30.20%
	AAU5639W	SA_NSA		17.70%	7.50%	20.00%	30.00%	45.00%	30.00%
	AAU5639W	NSA		17.90%	7.50%	20.20%	30.30%	45.50%	30.30%
中兴	A9631A S35	NSA		21.10%	8.60%	24.20%	30.10%	71.90%	/
	A9611 S35	NSA		8.70%	10.00%	14.70%	17.40%	61.90%	
	A9611 S35	SA_NSA		7.20%	8.70%	13.70%	16.10%	61.10%	
爱立信	AAU6449	NSA		9.00%	/	20.30%	/	54.70%	
	AAU6449	SA		9.00%		18.00%		54.00%	
	AAU6449	SA_NSA		9.00%		22.30%		55.50%	

注：数据来自 2021 年 9 月。

节能效果基本满足：深度休眠 > 载波关断 > 符号 + 通道关断 > 符号关断 > 通道关断（智能通道关断目前只有华为厂家提供该功能，此处暂不列入）。

NSA-SA 双模制式与 NSA 制式对各节能效果影响不大。AAU 单模改成双模后，负荷及能耗均会增长。其中，华为增幅达 9.88%，中兴增幅达 1.26%，爱立信增幅达 0.93%。另外，华为设备符号关断节能效率从 15.79%（单模）下降到 11.62%（双模），降幅达 4.17%，中兴、爱立信未见明显的影响，3 个厂家的 5G 节能测试结果对比如图 6-33 所示。

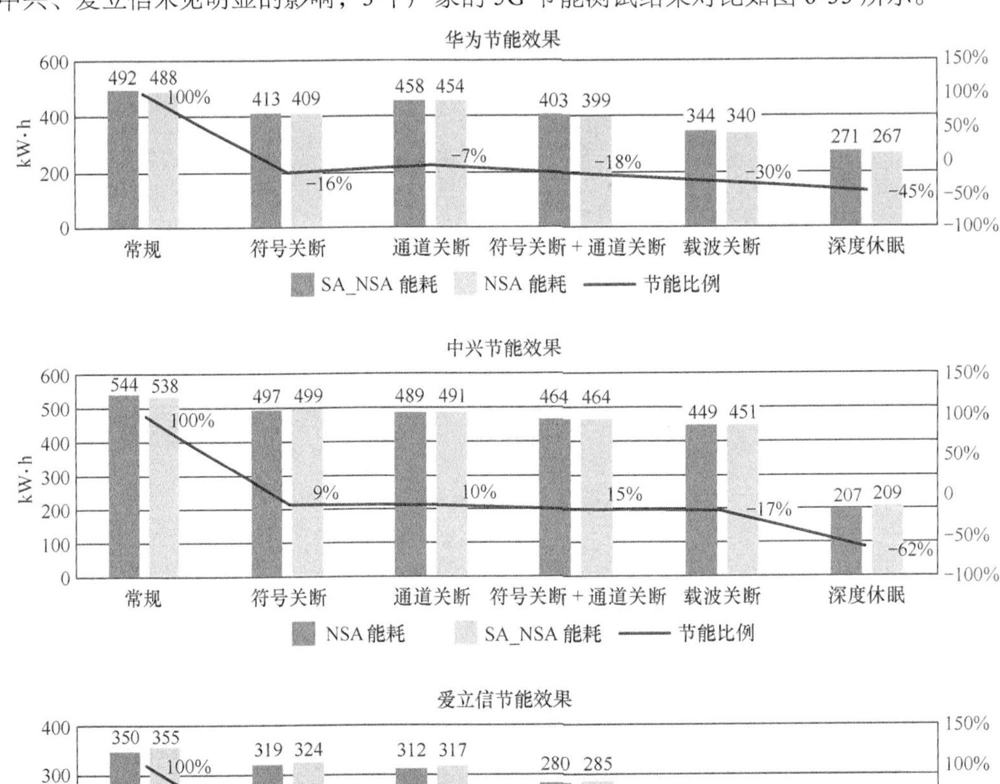

注：数据来自 2021 年 9 月。

图6-33　3个厂家的5G节能测试结果对比

② 2.1G NR RRU 节能

节能效果基本满足：符号关断 > 载波关断 > 通道关断。

部署建议：由于符号关断与载波关断节能效果差别不大，基于现网网络规模及节能手段对比，建议全天开启符号关断。

目前，中兴现网 2.1GHz 设备目前版本均不支持节能，预计下一版本支持节能。目前，中兴正在做入网测试。华为 / 爱立信现网 2.1GHz 设备目前均不支持深度休眠特性，2.1GHz NR 设备节能测试结果见表 6-4。

表6-4 2.1GHz NR设备节能测试结果

厂家	RRU 设备型号	网络制式	不开启任何节能特性	符号关断	通道关断（4 → 2）	载波关断	深度休眠
华为	RRU5916	SA	124.80	60. 40	112.40	56. 00	—
	RRU5904		127.60	74. 80	113.60	73.60	
	RRU5512		186.40	81.20	153.60	70.40	
爱立信	4429		197.25	108.34		85.00	

注：数据来自 2021 年 12 月。

4. AI+ 智能 5G 开关应用

AI+ 智能 5G 开关等新技术应用在平台下统一开展，实现统一管理、统一策略、统一实施、统一评估。

智能硬关断设备是一种智能电源开关控制终端，安装在基站机房的开关电源设备和 RRU/AAU、BBU 等设备之间，通过对基站接入电源进行远程智能控制，达到节约能耗的目的。智能 5G 开关按照受控电源类型可分为交流型智能开关和直流型智能开关。基本实现功能有负载配电功能（≤ 120A）、电量计量功能、智能分断功能、联网监控功能等。

（1）组网架构

为了解决多厂家集中管控及内外网通信方式的问题，实现智能硬关断集中管控，平台开发部署了硬关断中间件模块，数据传输采用标准终端接口通信协议，实现直接控制智能硬关断终端，完成节能操控、状态监控和能耗采集。5G 开关组网架构如图 6-34 所示。

（2）接入要求

采用智能硬关断设备可以完成对基站设备的下电操作，但由于智能硬关断设备硬件厂家多、协议不统一，节能平台无法直接与多厂商不同协议的智能硬关断设备进行通信，完成关断操作；通过采用智能硬关断中间件可以实现节能系统对多厂商智能硬关断设备的控制，从而快速对接多个厂家的智能硬关断设备，达到软节能和硬关断联动的目的。

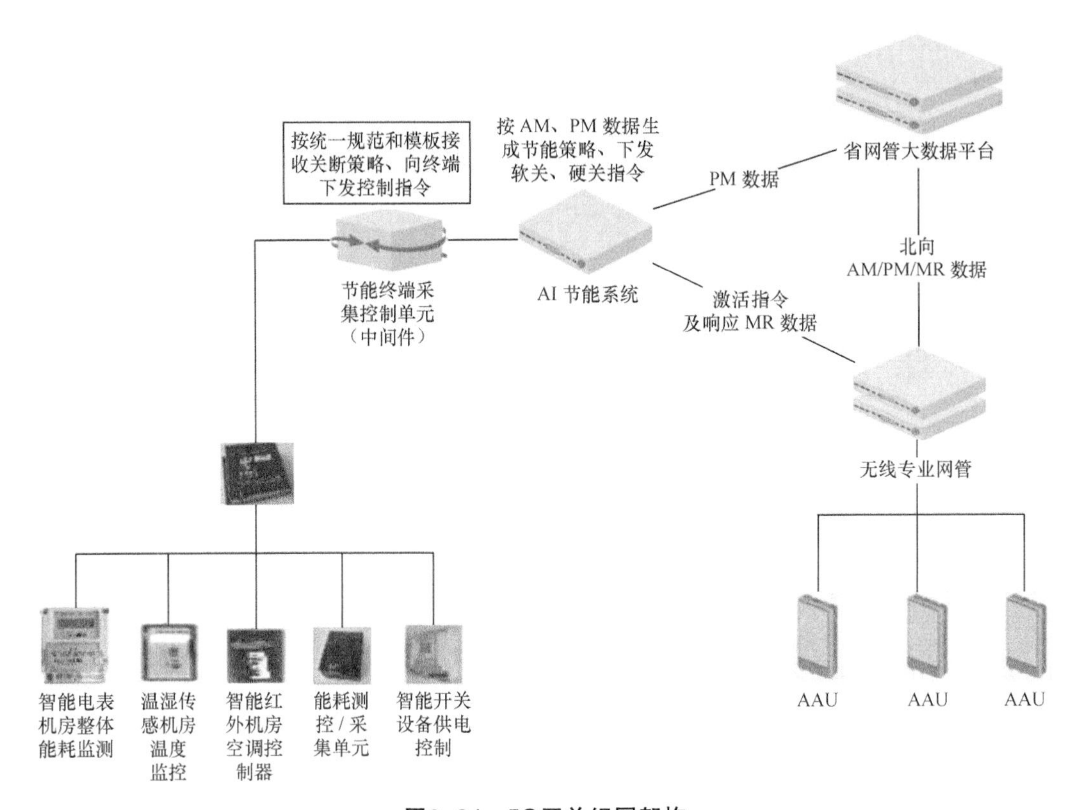

图6–34　5G开关组网架构

智能硬关断设备是为了配合智慧节能系统完成软节能和硬关断联动而专门设计的终端设备，该设备接入平台需满足如下要求。

① 支持 TCP。

② 支持 JSON 或 16 进制协议中的一种。

③ 支持策略存储及执行。

④ 支持远程升级。

⑤ 支持参数设置。

⑥ 支持状态（含告警）信息上报。

（3）主要功能

智能硬关断中间件和智能终端之间主要是协议转换和命令下发以及链路维护，相关功能如下。

协议解析和转换：中间件具备将要下发给各个厂家终端的指令转换为各个厂家的私有协议。

能耗评估：可以采集智能终端的15分钟颗粒能耗数据，完成节能前后的能耗评估。

策略解析：从节能系统节能模块提取节能策略，并将策略解析为可供终端执行的命令。

策略下发：中间件将需要终端执行的命令下发给各个厂家终端。

配置管理：通过对中间件的操作，配置终端设备的参数信息。

告警管理：通过中间件，接收来自终端设备的告警信息。

策略巡检：对已经生成的策略进行策略巡检，并根据策略执行时间，巡检终端是否有执行策略。

链路监测：中间件能够监测和终端链路的状态。

策略存储：中间件能够将下发给终端的策略进行数据存储，供平台进行策略执行和历史查看。

队列监听：中间件能够通过消息队列对来自节能系统的策略信息进行实时监听。

（4）节能策略

智能关断中间件通过采用数据库共享的方式与平台对接数据，由平台生成时控节能策略信息后传送给智能关断中间件，并通过智能中间件将节能策略下发至节能终端。终端上报的通断电状态将实时回传给节能平台，节能策略执行期间可以随时取消节能策略回到通电状态。

平台的智能关断节能策略在深度休眠的基础上继承，选取原则为零时至6时且连续深度休眠时长大于3小时的节能时间窗口。节能策略主要是为办公场所、大型场馆、地铁等日夜潮汐明显的场景完成硬关断节能，智能硬关断作为深度休眠的补充节能手段。

（5）安装选点要求

基站覆盖的区域主要分为城市核心区域、城市一般区域、城市周边区域、城市边远区域4类。

基站选点范围除了覆盖党、政、军等重要区域的基站和已经明确不能节能的基站，优先选择城市一般区域和城市周边区域有条件实施硬关断的基站。

① 选点优先为某运营商自有站点或者铁塔维护站点独享站点，这两种站点不牵扯其他运营商电量分摊的问题。

② 基站业务潮汐效应明显，智慧节能系统节能有效时长较多，具备一定节能潜力。

③ 某运营商4G网络覆盖信号质量较好，便于终端接入。

④ 基站具备终端安装环境：2 个 U 位的安装空间，可提供 DC-48V 15W 供电。

（6）测试结果

在平台执行 AI 节能的基础上，叠加硬关断节能手段，主要为制定 AI 节能策略平台与能耗采集及智能硬关断平台和终端的指令操作及响应的通信协议，使 AI 节能策略平台成功对接能耗采集及智能硬关断平台。经测试，智能终端执行节能策略指令的成功率为 100%，正确率为 100%。

运营商在广州市选定了 10 个 5G 基站作为测试站点，安装智慧运维终端（即智能开关）并完成调试。硬关断节能试点测试结果见表 6-5。

表6-5　硬关断节能试点测试结果

站点名称	EMCU 编号	实施 AI 节能期间能耗				
		2021 年 6 月 9 日	2021 年 6 月 10 日	2021 年 6 月 11 日	2021 年 6 月 12 日	2021 年 6 月 13 日
按 28 个小区统计	总能耗 /（kW・h）	339.02	340.51	340.70	335.86	336.91
	基准能耗/（kW•h）	401.66	401.66	401.66	401.66	401.66
	比例	15.60%	15.22%	15.18%	16.38%	16.12%

硬关断节能试点测试结果分析如下。

① 节能效果整体提升 15.6%。

② 采用智能开关的硬关断策略，设备完全下电的节能效率达 100%，相比深度休眠 45% 的效率约增加 1 倍的节能效果，可以作为 5G 节能空间拓展的重要手段。

广东省 4G/5G 网络部署的都是 AI 节能技术，每年的节能电量达 8854 万 kW・h，每年的节能电费达 7340 万元，规模较大，能力较强。4G/5G 移动网络部署节能方案的成效如图 6-35 所示。

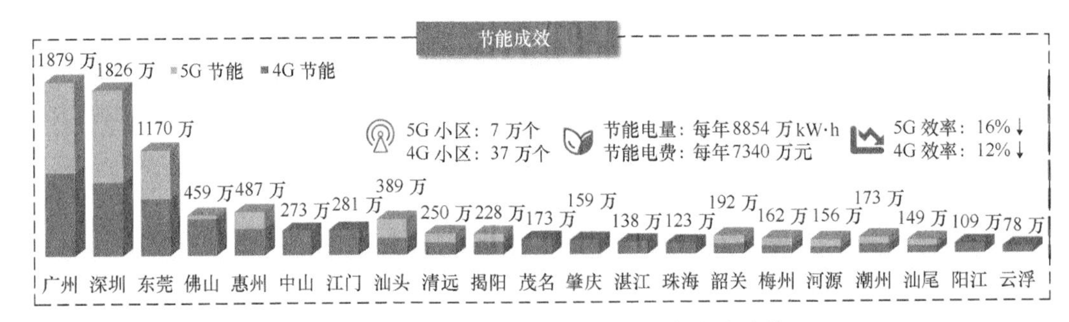

图6-35　4G/5G移动网络部署节能方案的成效

自研掌握基站智慧节能关键核心算法，形成4G/5G协同节能综合解决方案，能快速适应未来4G/5G多场景、用户高速增长带来的话务模型变化，致力建成一个精准、全面、可持续性的节能网络。

构建多层网络精细化场景进阶节能解决方案，完成基站节能从手工静态向AI智能转换，实现节能对象精确化及节能策略精细化，提升节能时长及节能效率。

规范策略部署流程、实施操作流程、安全管理流程等，开发广东无线网智慧节能平台，实现能耗智能分析预测自动化、潮汐智能预测自动化、4G/5G协同唤醒及智能硬关断自动化等功能。

自研掌握基站智慧节能关键核心算法，形成4G/5G协同节能综合解决方案，能快速适应未来4G/5G多场景、用户高速增长带来的话务模型变化，建成一个精准、全面、可持续性的节能网络。

在部署软节能基础上，选取多地市现网站点验证7类智能开关、1类削峰平谷、1类喷淋液冷及2类新风节能等节能新技术产品的节能效果，并自主搭建主设备性能影响测试平台。

本节能项目方案实施后，在企业层面上，节能降本的效益明显，全年节省的电量相当于2.1万户普通家庭一个月的用电量，25428吨标准煤的发电量，节能减排二氧化碳8455吨、减排2307吨碳。

6.5 参考文献

[1] TM FORUM.Autonomous Networks: Empowering Digital Transformation for Smart Societies and Industries[R].TM FORUM Whitepaper，2020.

[2] TM FORUM.Autonomous Networks Business Requirements & Architecture[R].TM FORUM IG1218，2020.

[3] Kuala Lumper.D. Sun, C. Maître.Autonomous Networks-the network of the future being designed and built today![R]. TM Forum Digital Transformation Asia Conference，2019.

[4] TM FORUM.Autonomous Networks: Empowering Digital Transformation for the Telecoms Industry[R].TM FORUM Whitepaper，2019.

[5] 3GPP.Study on concept,requirements and solutions for levels of autonomous network[R].3GPP Rel-16 TR28.810，2019.

[6] 3GPP.Study of enablers for Network Automation for 5G. Status: Under change control[R].3GPP Rel-16 TR23.791，2019.

[7] [美] 爱丽丝・郑，阿曼达・卡萨丽 . 精通特征工程 [M]. 北京：人民邮电出版社，2020.

[8] [土] 锡南・厄兹代米尔，迪夫娅・苏萨拉 . 特征工程入门与实践 [M]. 北京：人民邮电出版社，2020.

[9] [美] 弗朗西斯卡・拉泽里 . 郝小可译 . 时间序列预测：基于机器学习和 Python 实现 [M]. 北京：机械工业出版社，2022.

[10] 华为 . 5G RAN 节能减排特性参数描述 [R]，华为技术有限公司，2020.

第7章

展　望

7.1 5G-Advanced

3GPP 在 2021 年把 5G 演进的名称确定为 5G-Advanced，并于 2021 年年底对 R18 版本进行 5G-Advanced 课题立项，预计在 2023 年年底冻结 5G-Advanced 版本。

随着 XR 业务的发展，行业数字化转型的网络确定要求增长，对 5G 网络的容量、速率、时延等 SLA 保障和网络确定性都提出了更高要求。当前，5G 架构和技术还存在不足，需要进一步演进至满足更大容量、更高速率、更低时延、更确定可靠的要求。5G-Advanced 将进一步融合数据、运营、信息、通信技术（Data Operation Information Communication Technology，DOICT），在频谱重构、上行增强、全场景物联、通感融合、自动驾驶、绿色低碳等方向创新，实现 10 倍以上的能力提升。5G-Advanced 演进的技术预计在 2025 年应用，将实现赋能不同行业规模发展、XR 沉浸式感知优化、万物互联迈向智联等场景目标。

本章节将 5G-Advanced 的网络演进架构方向和关键技术发展进行展望。

7.1.1 网络架构

在 2G/3G 时代，核心网采取定制化的通信技术（Communication Technology，CT）设备形态，满足语音业务、短信等增值业务，以及低速数据的需求；在 4G 时代，核心网采取全 IP 接口，逐步向信息技术（Information Technology，IT）网络架构发展，实现信息通信技术（Information Communication Technology，ICT）初步融合；进入 5G 时代，虚拟机、容器、SBA 架构等技术的引入使 ICT 进一步融合；对于 5G-Advanced，其核心网进一步增强数据技术（Data Technology，DT）和运营技术（Operational Technology，OT）融入 ICT，实现 DOICT 融合。

DT 技术方面，除了实现 QoS 参数调整、切片控制、路径选择、智能分析、配置优化，还进一步与意图网络、联邦学习、数字孪生等新技术完美结合，实现网络数智化。OT 技术方面，通过端到端的确定性 SLA 提供精准网络，从 5G 局域网的 TSN 时延确定性通信到 5G-Advanced 阶段，将演进至核心网和承载网衔接的端到端跨域通信确定性网络（Deterministic Networking，DetNet）。IT 技术方面，5G 网络、SDN、NFV、虚拟机、容器、SBA 等 IT 技术架构，以及 5G+MEC 边缘服务的云网融合、算力下沉、云网协同共同推进算力网络的发展。5G-Advanced 阶段，网络和算力高效协同，实现网络资源及算力资源高效合理的利用。CT 技术方面，5G 核心网网元之间采取服务化接口，不再采取原来

2G/3G/4G时代的网元之间点对点架构，实现网元之间交互的简化。5G-Advanced的核心网将演进为“集中式+分布式自治域”共存的极简网络。集中式网络采取集中部署的网络架构，采用切片等方式为专网提供接入管理，该场景通常适用于行业专网不需要自主运维的场景；分布式自治域网络是指构建一个独立完整的网络，在自治域内实现网络的运维管理、终端的接入管理，以及用户数据不出园区的安全管理。5G-Advanced的核心网通过打造各个自治域实现网络的进一步扁平化和自运维、自管理，满足各行各业的个性化需求。

5G-Advanced的网络架构在5G云原生、SBA、边缘计算等特性的基础上，进一步增强网络融合的能力，构建云网融合一体化的组网。

（1）云原生增强

5G核心网设计之初就是采用云原生（Cloud Native）技术，核心网的控制面基于服务的架构（SBA），通过网络功能虚拟化（NFV）和软件定义网络（SDN），使用虚拟机或者容器，并在容器内部将功能分解为微服务，以实现控制面各网络功能的交互，以及实现功能迭代、平滑或在线动态升级。

云原生增强在NFV基础上进行云化增强，通过软件优化硬件资源利用率，实现5G网络的灵活部署及功能开发、测试；通过并引入云化安全机制，实现5G基础设施的安全内生。

（2）边缘网络

在4G网络，3GPP R14标准定义了控制面和用户面分离（Control and User Plane Separation，CUPS）的架构，但分离仍不够彻底，例如，服务网关（Serving Gateway，SGW）、分组数据网络网关（Packet Data Network Gateway，PGW），除了处理用户面流量转发，还需处理承载建立、变更、释放等控制面信令。演进到了5G网络，5GC控制面采取SBA架构，控制面功能由多个网络功能（Network Function，NF）承载，用户面功能单独由UPF承载，实现控制面和用户面彻底分离，从而也为5G的用户面功能根据需要灵活部署提供了条件。边缘的UPF可以与MEC融合部署，部署在更靠近用户的位置，就近为用户提供云网融合的、统一调度的灵活部署架构，为用户提供低时延、高可靠、灵活选择应用的体验。

5G-Advanced阶段的网络架构，将在用户面分离的基础上，进一步实现分布式网络架构与边缘业务更灵活、更高效地部署。

（3）网络即服务

5G核心网控制面基于SBA，以NF的角色取代传统的网元角色，每个NF可以部署多种服务能力，实现网络服务的解耦与对外能力开放。“服务”作为5G核心网的定制及编排的颗粒度，通过 HTTP2.0 接口协议，灵活调用 API 交互，从而实现 5G 核心网的功能基于虚拟化平台架构快速、弹性部署。相比传统的网元之间点对点架构，5G 核心网简化了业务信令流程，具备更灵活的按需定制能力。

在 SBA 的基础上，5G-Advanced 可充分利用网络即服务（Network as a Service，NaaS）的灵活性，根据垂直行业的个性需求提供定制化服务。展望 5G-Advanced 的 NaaS 架构，运营商可深度参与网络服务的定义和设计，让 5G 网络为各行各业提供更敏捷、体验更佳的差异化方案，以 5G 为关键举措，赋能行业，实现数智化。

7.1.2 关键技术

5G-Advanced 将具备智慧、融合和使能 3 个特征。

智慧：随着 5G 业务及网络规模的日益增长，5G 网络复杂度将不断增加，增强网络功能和提高网络运营都需要结合 AI 技术。5G 网络引入 AI 技术后，可实现更高质量、更敏捷的业务能力，实现更高效率甚至自动运作的网络运营。

融合：公众用户、行业用户对 5G 网络具有即时性和场景多样化的需求，一个用户网络可以涉及多种接入方式，多种终端、多种鉴权、认证系统。未来 5G-Advanced 可实现全覆盖、无缝切换、统一鉴权认证、计费等融合组网，将促进 5G 网络与千行百业的专网、基础的家庭网络和天地一体网络融合组网，为各行各业提供满足多需求演进的组网方案。

使能：5G 网络的能力解耦开放特性，结合行业个性化需求，可为用户提供定制的网络能力，未来 5G-Advanced 进一步赋能，真正实现 5G 网络的定制化。

为实现以上 3 个特征，5G-Advanced 将在网络智能化、行业网融合、天地一体网络融合、XR 交互增强、确定性通信能力增强、家庭网络融合、网络切片增强、定位测距与感知增强、组播广播增强、策略控制增强等方面演进。本节我们将主要介绍网络智能化、行业网融合、天地一体网络融合、XR 交互增强、确定性通信能力增强的关键技术优化。

1. 网络智能化

目前，5G 在无线自治化网络（Self-Organized Network，SON）、基站节能、核心网自动驾驶、端到端业务感知分析等智能化工作上都取得了一定的成绩，但仍处于 5G 网络智能化的初级阶段。

针对 5G 网络的智能化，3GPP 组织定义了 5G 核心网网元网络数据分析功能（Network Data Analytics Function，NWDAF），NWDAF 结合了人工智能和通信技术的特性，也是首次在移动通信核心网中定义人工智能，首次从移动网络架构底层规范网络智能化。NWDAF目前还没有商用，其将作为5G网络的智能大脑，通过与核心网元的实时交互，实现网络移动性、QoS等智能管理。一方面，NWDAF致力于核心网络内部的运营智能化提升网络性能和用户体验；另一方面，NWDAF对MEC、终端、基站的端到端协同调度，实现对终端、应用实时监测、决策等跨域互动的能力。

除了NWDAF，3GPP还新定义了管理数据分析功能（Management Data Analytic Function，MDAF），对5G网络的接口、采集、流程等信息统一标准。目前，NWDAF与MDAF均未商用，且二者之间的协作方式仍不明确。在5G-Advanced阶段，希望MDAF能在网络的覆盖增强、资源优化、故障检测、移动性管理、能量节省、寻呼性能管理、SON协作等多个场景实现部署和应用，能联动NWDAF精准分析和智能决策，实现更精准的故障定位及更高效的时延、可靠性、切片等SLA保障。同时，在5G网络架构NWDAF和MDAF的基础上，结合机器学习、联邦学习来训练各网络功能，再利用认知技术、数字孪生对产生的大量5G网络大数据进行预测、监测、调整，以达到意图驱动网络的数智化阶段。

2. 行业网融合

5G通信技术作为全面构筑经济社会数字化转型的关键基础设施，与垂直行业的应用融合，赋能新兴信息产品和服务，并逐步渗透经济社会各行业、各领域，重塑传统产业发展模式。5G与云计算、大数据、人工智能等技术深度融合，将支撑传统产业研发设计、生产制造、管理服务等生产流程的全面深刻变革，助力传统产业优化结构、提质增效。根据5G应用评估体系，2021年中国信息通信研究院《5G应用创新发展白皮书》中筛选出VR/AR、超高清视频、无人机、车联网、工业互联网、智能电网、智慧医疗、智慧教育、智慧金融、智慧城市5G十大先锋应用领域。

在5G赋能千行百业的风口，5G与各个行业之间的跨领域融合也面临重重挑战。一是各个行业需要深入协同。5G行业应用融合，涉及多个领域，行业政策、行业标准、技术融合、示范试验等工作需要协同推进。二是应用技术需要进一步标准化。面向行业相关的需求，网络、终端等需要满足与个人用户不同的、更高的、更个性化的要求，包括对网络的保障、对网络的使用等。三是需要进一步探索运营模式。传统的通信业通过提供带宽和流量进行计费收费，随着5G行业融合的发展通信，5G已经深度成为产业的一部分，并为产业的变革提供了新的发展模式，如何设计新的运营模式，实现运营商和行业企业实现双赢，这些都是当前的重点工作。

从运营商自身的角度看，需要实现“云－网－边－端”的协同，形成一体化的解决方案，需要在终端、平台、网络“融数融智”，提升智能化的能力；需要与行业做有效融合、切实满足行业要求，增强组网架构、运营管理、终端的安全能力，实现企业自身的网络体系与5G 网络融合，构建统一管理、无缝切换的融合行业网络。

3. 天地一体网络融合

卫星网络可以解决沙漠、海洋、山区等偏远或条件恶劣环境的覆盖问题，以及满足灾害发生时的应急通信手段等。卫星网络和蜂窝网络的协作融合和天地一体化概念早在几年前被提出。天地一体网络结合空间技术、空间通信、激光传输、星链计划等，在全球范围内实现全方位、全覆盖的地面通信，为使用者提供精准、快速的通信。依托地轨卫星、卫星通信、激光传输、空间通信技术，可以实现定位、运行、轨迹、图像、探测等众多信息快速传输，并接入地面接收站，实现天地一体网络融合，信息互联互通。天地一体网络的应用范围非常广，除了在手机、计算机等终端接收信号，可在国防项目、农业、建筑、民航、地面交通、海上航行、航天试验、海洋探测、生态、气象、国土资源等众多方面发挥作用。3GPP 在 R15 中定义了非地面网络（Non-Terrestrial Networks，NTN），并在 R16 中提出 5G 网络与 NTN 网络集成架构，将在 R17 中形成首批产品和应用。5G-Advanced 的网络架构演进将进一步研究解决卫星和蜂窝网络的无缝切换问题，实现卫星接入、回传的网络架构兼容，在天地一体网络的移动性管理、动态 QoS 管理、终端功耗节能等方面进行功能增强。

4. XR 交互增强

分析 4G、5G 的网络演进过程，基本都是先有网络，再发展应用。5G 之前，大家认为4G 网络的大带宽已经满足了用户对通信的要求。随着大带宽和低时延的 5G 网络规模部署，XR 产业也大力发展。XR 是现实环境与虚拟计算机人机交互的各类扩展现实业务的总称，包含 AR、VR 和 MR。XR 将广泛应用于娱乐、工业、教育、健康等业务场景。

XR 的交互通信能力增强，是 5G 网络应用的关键抓手。XR 应用的多项交互增强技术，将在 5G-Advanced 阶段实现。XR 交互通信能力增强的中心思想在于通过 VoLTE/VoNR 多媒体实时高清语音或视频通道，扩展多媒体数据通道传递 XR 的信息内容，通过扩容多媒体数据通道，实现通话过程的屏幕分享、AR 结合的沉浸式体验等，实现听觉、视觉、触觉、动觉同步实时交互的极致体验。

XR 交互将需要更灵活的媒体编解码处理能力和更短的媒体连接路径。5G-Advanced 在沉浸式语音及音频服务（Immersive Voice and Audio Service，IVAS）编码的应用基础上，通过网络统一调度多媒体数据通道进行数据与操作的传递，通过技术演进合并和渲染，实现网络与媒体管理的融合。XR 交互增强对网络和终端都提出了更高的要求。在网络侧，统一管理平台通过灵活的编排和资源管理调度，以及开放更多更实时的信息、多流业务分层编码及传输的全新 QoS 机制、多业务流间的传输协同和统一的调度等技术演进，提升 XR 交互感知、提高网络效率、提供垂直行业敏捷调用。终端侧需要根据音视频通信协议栈进行升级更新，以支持多媒体数据通道的建立；需要开放接口供应用层调度，实现多媒体数据通道的可编排的媒体处理能力，终端除了升级支持 Web 引擎实时处理数据通道的业务数据，还需升级支持实时 UI 呈现，灵活扩展业务。

5. 确定性通信能力增强

虽然 5G 的大带宽已经能较好地满足 toC 业务的需求，但根据业界专家预测，对 5G 网络的需求，80% 的需求来自企业级用户（toB）业务。toB 业务中的工业互联网对具备移动能力灵活的部署和对网络性能稳定均提出了需求，并有较多的应用场景。因此，在移动无线网络中探讨确定性，已经从“天方夜谭”演进至“迫在眉睫”。确定性网络并非新的概念，确定性网络应用于无线的场景，近年来，多个组织均对其进行了大量的研究和定义。业界对确定性网络服务进行分级，从带宽保证、抖动保证、时延保证、低时延 / 抖动、超低时延 / 抖动逐级递进，确定性服务等级见表 7-1。

表7-1 确定性服务等级

确定性服务等级	阶段 1	阶段 2	阶段 3	阶段 4	阶段 5
指标	带宽保证类	抖动保证类	时延保证类	低时延 / 抖动保证类	超低时延 / 抖动保证类
时延	NA	<300ms	<50ms	<20ms	<10ms
抖动	NA	<50ms	<50ms	<5ms	<100ms
带宽	带宽保证	10 ～ 100Mbit/s	3Mbit/s ～ 1Gbit/s	100Mbit/s ～ 1Gbits	<2Mbit/s
丢包率	丢包保证	$<10^{-3}$	$<10^{-5}$	$<10^{-6}$	$<10^{-9}$ ～ $<10^{-6}$
可靠性	NA	99.9%	99.99%	99.999%	99.9999%
隔离性	QoS 隔离	软隔离	软隔离	软隔离	硬隔离

3GPP 从 5G 的 R15 开始就定义确定性通信能力，并且在 R16 定义了 5G 与外部时间敏感网络（Time Sensitive Networking，TSN）集成组网，3GPP TSC 确定性网络组网如图 7-1 所示。

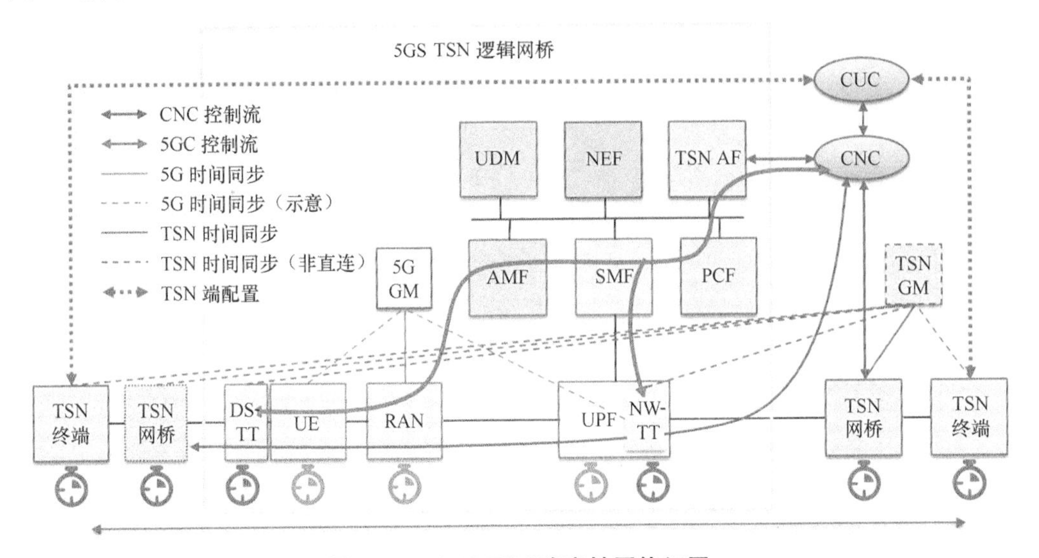

图7-1 3GPP TSC确定性网络组网

5G 网络中的终端、无线、核心网，以及用于 TSN 系统和 5G 系统之间用户面的交互 TSN 转换器、终端侧 TSN 转换器（Device-Side TSN Translator，DS-TT）、网络侧 TSN 转换器（Network-Side TSN Translator，NW-TT）作为一个整体，可以视作 TSN 时延敏感网络的逻辑网桥。TSN 系统的集中网络配置（Centralized Network Configuration，CNC）通过与 5G 核心网的 TSN 应用功能（TSN Application Function，TSN AF）对接协作，实现网桥 / 端口管理、QoS 映射管理等。在 TSN 的同步机制方面，整个 5G 端到端系统可以看作时间感知系统，在 5G 网络内，5G 内部最高级时钟（Grand Master，GM）与 UE、gNB、UPF、NW-TT 和 DS-TT 的时间同步，NW-TT 和 DS-TT 转换器需要支持存储转发等 TSN 机制要求的相关功能。5G 系统整体对于 TSN 是透明的逻辑网桥，PCF 根据网络时延测量结果，经过 SMF 下发数据传输通道调度策略进行 QoS 保障。5G 网络除了支持 4G 时期定义的带宽型保障和非带宽型保障的两种 QoS 流，还专门针对时延特性，定义了延迟关键保障型带宽（Delay-critical GBR），并新定义了 QoS 参数 MDBV 和分组数据包 PDB。其中，MDBV 是指在 5G 接入网络的分组包时延预算内，接入网络需要服务的最大数据并发容量。PDB 是终端和核心网 N6 出口之间时延的上限，同一个 QoS 业务流中，上行和下行的 PDB 值相同。当 PDB 参数应用于 Delay-critical GBR 场景，在 PDB 时延范围内，如果传输的数据突发量并没有超出 MDBV，而且业务流速达不到保障带宽，那么将对超出 PDB 时延的数据包进行丢弃。5G 系统内部通过 Delay-critical GBR 的专有带宽保障类型和时延参数 PDB，协同满足 TSN 系统的调度要求。

3GPP TSC 关键技术见表 7-2，确定性能力的提供涉及高精度时间同步、确定性转发、TSN 管理协同、网络拓扑发现、以太网会话类型的支持等，对终端、无线基站、5GC 用户面及 5GC 信令面都提出了要求。

表7-2 3GPP TSC关键技术

关键功能	说明	涉及网元	其他
高精度时间同步	1. 5G 内时间同步 • UE<->gNB • gNB<->UPF 2. TSN 内时间同步 • UE/DS-TT<->TSN GM • UPF/NW-TT<->TSN GM	UE/gNB、UPF	UPF 需支持 • IEEE 1588v2 协议、GPS/ 北斗等（gNB-UPF）。 • IEEE 802.1AS（UPF-TSN GM 之间），以及多 TSN 域
确定性转发	1. 上行报文转发：UPF/NW-TT 支持 802.1Qbv。 2. 下行报文转发：UE/DS-TT 支持 802.1Qbv。 3. 结合 uRLLC：双 PDU 会话、超低时延调度	UE、gNB、PCF、UPF	• gNB：采用 DcGBR 保障，并且支持 TSCAI。 • N3 传输：采用确定性转发技术，例如，FlexE。 • N6 传输：采用 TSN 组网。 • UE/DS-TT 可选支持 FRER、双 PDU 会话等冗余传输机制
TSN 管理协同	1. 5GS 网桥信息报告：向 TSN CNC 发送网桥信息。 2. 5GS 网桥配置：从 TSN CNC 接收配置信息。 3. QoS 管理：QoS 映射、QoS 流管理	UE、gNB、PCF、SMF、TSN AF	• 经由 TSN AF 与 TSN CNC 交互，实现 DS-TT、NW-TT 和 RAN 相关参数的采集、配置和 QoS 流的管理
网络拓扑发现	1. 终端侧拓扑发现 • UE/DS-TT 实现拓扑发现 • UPF/NW-TT 实现拓扑发现 2. 网络侧拓扑发现 • UPF/NW-TT 实现拓扑发现	UE、UPF	• UE/DS-TT 可选支持 802.1AB 协议（LLDP），提供终端侧的网络发现。 • UPF/NW-TT 需支持 802.1AB 协议（LLDP），提供网络侧和终端侧的网络拓扑发现
Ethernet 类型的 PDU Session	支持 Ethernet 类型的 PDU 会话	UE、gNB、SMF、UPF	• 通过部署来保障无环路，或通过 Spanning-tree 协议来防护

R17 定义了 5G 独立组网的确定性能力，但 5G 的确定性网络架构仍不完善。目前，5G 仍然是各网络域内的确定性能力增强，但网络各域间协同不足，网络与终端应用间的协同不足，并不是一体化的确定性网络架构，业务 SLA 和网络 KPI 未能对齐，从而也难以把业务应用的确定性需求有效地映射到网络层面实现确定性。移动网尤其是空口保障确定性难度大，端到端确定性保障仍存在很大挑战。

未来，5G-Advanced 的确定性通信能力增强，包含增强用户 KQI 和网络 KPI 的映射管理能力，增强网络实时时延、带宽、抖动、时间同步等的精确度量，增强终端、无线接入网、核心网的端到端调度协同。5G 系统除了内部的协同，还需感知应用的数据传输情况，最终通过确定性服务管理、网络能力调度与控制、保障与度量 3 个层面端到端保障，形成闭环优化。5G-Advanced 关键技术增强方向如下。

- 大上行能力：更加灵活的频谱组合方式，进一步扩大上行带宽和提高速率；结合人工智能预测算法，合理分配上行资源，降低干扰。
- 低时延能力：更加灵活的时隙配置和调度方式，进一步降低时延；通过智能预调度算法，按需调度资源，降低时延和功耗。
- 超低时延 / 抖动能力：通过 DetNet 的业务保护机制（多发选收）支持广域的高可靠性；通过周期确定性及 N3 路径确定性提高可靠性；基于 RAN 调度反馈机制提高可靠性；支持 5G 网络和工业应用协同调度提高可靠性；网关下沉实现超稳定性、超低时延。
- 高可靠性能力：一方面，通过更加合理的重复增强技术以较低资源开销满足可靠性需求；另一方面，提高信道可用性，降低重传次数和时延。
- 高精度定位能力：一方面，部署 5G 上行到达时差（UpLink Time Difference Of Arrival，UTDOA）、增强型小区标识（Enhanced Cell Identity，ECID）定位技术等，与 5G、超带宽（Ultra Wide Band，UWB）、蓝牙等技术融合，增强高精度定位能力；另一方面，增强平台能力，将定位技术转化为面向垂直行业的定位能力，特别是“北斗 +5G”“室外 + 室内”定位能力。

7.1.3 3GPP R18 关键课题

本节在介绍 3GPP 的 R18 5G-Advanced 关键课题之前，先介绍制定课题的 3GPP 的组织结构，3GPP 工作组架构如图 7-2 所示。3GPP 组织包括项目协调组（Project Cooperation Group，PCG）和技术规范组（Technique Specification Group，TSG）。其中，PCG 主要负责 3GPP 的综合管理、时间计划、工作分配等；TSG 根据不同的专业领域区分为 4 组。TSG 的 4 组分别为 TSG GERAN 组（GSM/EDGE 无线接入网）、TSG RAN 组（无线接入网）、TSG SA 组（业务与系统）、TSG CT 组（核心网与终端）。其中，TSG CT 组是由前期 CN 核心网和 T 终端两个工作组合并而来的。

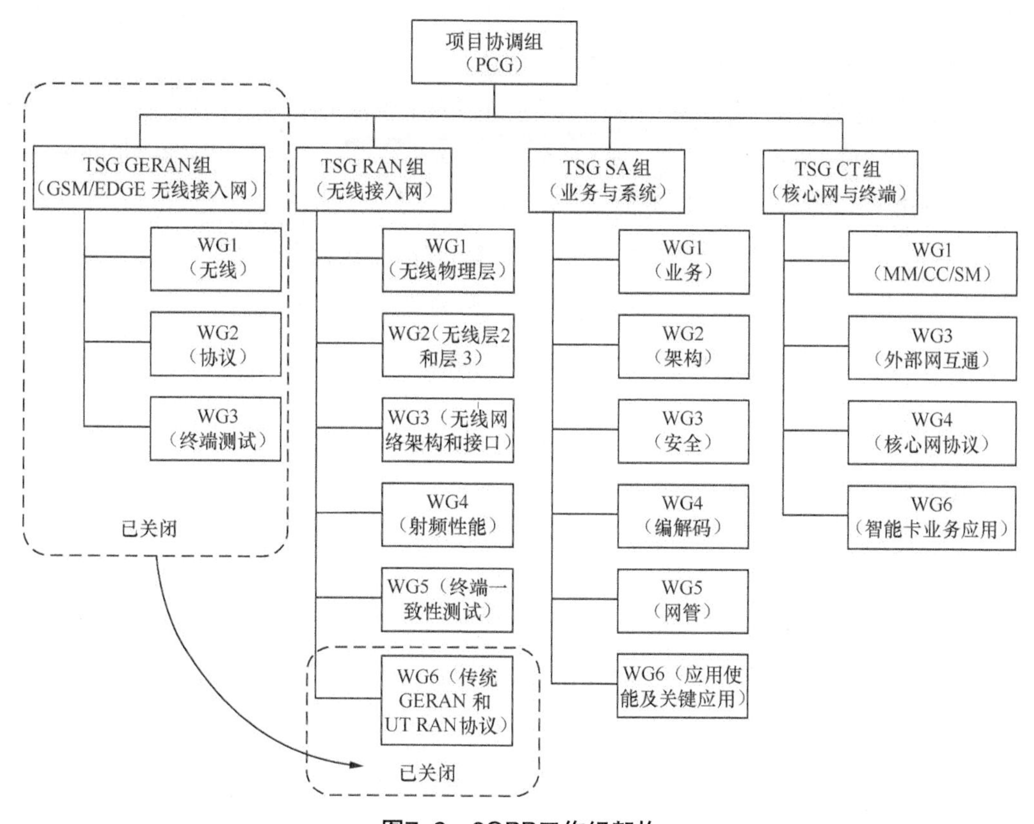

图7-2 3GPP工作组架构

TSG GERAN 组此前负责 2G 时代的 GSM 和 EDGE 无线接入规范，随着移动网络的发展，2016 年 3GPP 在 TSG RAN 工作组下设立 WG6 Legacy RAN Radio and Protocol，负责维护 GERAN 工作组相关的协议，关闭了 TSG GERAN 工作组。

TSG RAN 组负责定义 UTRA/E-UTRA 网络在 FDD 和 TDD 两种模式下的功能、要求和接口，由 6 个工作组（Work Group，WG）组成。

（1）RAN WG1 主要负责为 UE 终端、4G、5G 及更高版本的无线接口物理层协议制定规范。

（2）RAN WG2 主要负责为二层、三层无线接口架构和协议（例如，MAC、RLC、PDCP、SDAP）、无线资源控制协议，以及无线资源管理流程制定规范。

（3）RAN WG3 主要负责为整个 UTRAN/E-UTRAN/NR 网络架构和相关网络接口的协议制定规范。

（4）RAN WG4 主要负责为 UTRAN/E-UTRAN/NR 的射频方面制定规范。

（5）RAN WG5 负责终端一致性测试。

（6）RAN WG6 负责涵盖了 2G 和 3G 无线电功能方面的工作，随着 GERAN 和 UTRAN 标准及其核心网络稳定，3GPP 在 2020 年 6 月确定关闭工作组，后续如果还有 GERAN 相关工作，则由 TSG RAN 的工作组负责。

TSG SA 组负责定义系统的整体结构、完整性，目前，TSG SA 分为 6 个工作组。

（1）SA WG1（SA1）负责业务能力，定义业务和特征、业务能力和网络支持业务结构的发展。

（2）SA WG2（SA2）负责结构，定义整体结构及其运营、演进，定义不同的业务需求、能力下不同的子系统承载要求，例如，分组和电路交换网的业务质量。

（3）SA WG3（SA3）负责安全框架的定义。

（4）SA WG4（SA4）负责编解码的定义，主要是语音、音频、视频、图形和与新兴服务（例如，XR 和游戏）相关的其他媒体类型的编解码器规范，以及这些内容的系统建设和交付。

（5）SA WG5（SA5）负责管理和协调，包括运营、保障、履行和自动化等方面的工作，以及与网络运营商外部实体（例如，服务提供商和垂直机构）的管理互动工作。

（6）SA WG6（SA6）是垂直市场的应用支持和关键通信应用组，SA6 的主要目标是为 3GPP 垂直业务提供应用层架构规范，包括架构需求、功能架构、过程、信息流、与非 3GPP 应用层解决方案的互通及适当的模型部署。

TSG CT 组负责定义核心网络和终端规范，包含终端接口（逻辑和物理）、终端能力（如执行环境）和 3GPP 核心网等。

（1）CT WG1 的主要目标是生产、增强和维护 UE 到核心网络接口及核心网络内接口的规范。

（2）CT WG3 的主要目标是详细功能和相关协议的规范、增强和维护。

（3）CT WG4 的主要目标是指定核心网络内的协议。

（4）CT WG6 负责制定和维护 3GPP 安全接入应用程序的规范和相关测试规范，以及这些应用程序与移动终端之间的接口。

2021 年 12 月，3GPP 确定了 5G-Advanced 第一个标准版本 R18 的课题项目：RAN 组

28 项、SA2 组 28 项、SA3 组 4 项、SA4 组 12 项、SA5 组 5 项、SA6 组 6 项。

1. 无线课题

5G-Advanced 无线方面，2021 年年底，TSG RAN 组确定 R18 的首批 28 项课题项目。其中，28 项课题围绕提升容量与覆盖的能力、升级 eMBB 及 XR 业务服务能力、灵活高效的频谱使用、低碳网络及低能耗终端、高精定位及车联网扩展，无线 AI 智能六大方面，解决 5G 发展中遇到的难点。

（1）提升容量与覆盖的能力，提供更广链接范围

覆盖能力方面，5G-Advanced 将通过提升组播广播传输效率，引入车载中继，结合无人机、卫星等天地一体网络融合等方式提供更广泛的覆盖能力。

容量方面，5G-Advanced 将通过扩展收发端天线数目和 MIMO 并发流数、结合多传输接收面板（Transmission Receiver Plane，TRP）间的相关协作来提供更大的容量。同时，首批立项的课题中，有 4 项课题将从空域、时域、频域、功率 4 个维度提升上行能力。在空域上，5G-Advanced 将通过上行正交端口扩容、上行 8Tx 传输、FR2 上行多 TRP 研究实现 MIMO 增强；在时域上，5G-Advanced 将研究多个上行提升方向、子带双工提升 TDD 频段的上行覆盖体验和频谱资源的双工演进课题，通过动态 / 灵活 TDD 将调整上下行资源分配，满足上行的突发需求；在频域上，5G-Advanced 将就终端在多个上行频谱的快速灵活切换的多载波增强课题，提升多用户上行时的体验和系统容量；在功率域上，5G-Advanced 将研究终端到终端中继、多路径中继等多种方式的 5G 旁链路（Side Link，SL）中继增强课题，利用分集多路径增益，大幅拓展上行覆盖和体验。

5G 引入毫米波频段虽然具有超大带宽、大容量的特点，但是同时也带来了覆盖方面不足的问题。5G-Advanced 将通过两个课题的研究，以实现毫米波在广域覆盖和局域垂直应用领域的协同。一方面，通过结合 AI 算法，优化波速管理，降低时延，降低能耗；另一方面，采用低成本补点覆盖、多面板上行增强，优化毫米波的上行容量与时延性能。

（2）升级 eMBB 及 XR 业务服务能力，提供更优感知体验

eMBB 增强型移动宽带是 5G 的基础网络能力，而 5G-Advanced 将从更大容量、更广覆盖、更好体验 3 个方面提升 eMBB 的服务能力。首批立项的 28 项课题中，有 11 项课题致力于提升 eMBB 全方面的服务能力。5G-Advanced 通过移动性切换优化，SON 与最小化路测（Mini-mization of Drive Test，MDT）数据采集增强，下行小包数据、多频多连接业

务连续性优化，结合终端的双卡双待硬件共享等多举措，提供更优的感知体验。

XR 和实时通信业务充分利用了 5G 网络的 eMBB 和 uRLLC 的特性。5G-Advanced 可以更好地实现网络和实时业务的联合，网络侧提升对实时业务的感知能力和 QoS 质量管控能力，结合传输能力的增强和多流技术，在有限的空口资源下，实现 XR 的大带宽、低时延、高突发业务体验。

（3）灵活高效的频谱使用，满足超大带宽及垂直行业需求

数据预测，到 2030 年平均每户每月上网流量（Dataflow of Usage，DoU）将超过 250GB，同时，各行业对千兆超大带宽的移动网络也提出了需求。因此，更高效、更灵活的 Sub100GHz 全频谱更需要各行业共同积极推进。首批立项的 28 项课题中，有 4 个课题涉及灵活高效的频谱应用：多载波联合调度、信道归一、终端多频段快速灵活切换、频谱使用方式增强。同时，动态频谱共享增强、存量频谱支持及演进，将使 5G 更好地支撑各行业，实现电力、铁路等垂直行业的应用需求。

（4）低碳网络及低功耗终端，端网合力打造绿色生态

可持续发展的绿色低碳理念，已经贯穿我们的生产经营全流程。5G-Advanced 将围绕比特能效提升、网络设备和终端设备能耗降低的目标，通过网络功耗精准建模及 KPI 定义，结合时、频、空、功率等多维度动态关断技术，以及提升终端的深度睡眠、超低功能唤醒等，实现终端和网络协同的绿色低碳生态。

（5）高精定位和车联扩展，垂直行业新应用

随着物联网的发展，用户对高精定位的要求越来越迫切，高精定位将是移动物联网的关键研究领域之一。而车联网扩展垂直行业的新应用是 5G-Advanced 的重要研究场景之一。5G-Advanced 高精定位的目标是对移动终端的定位达到厘米级，并且要结合实现终端的低功耗和超长续航能力。高精定位应用到车联网 V2X 等新场景，结合终端到终端的 SL 定位，实现高精定位；能耗方面，通过空闲、非激活态的增强，降低终端功耗，实现低功耗高精定位（Low Power High Accuracy Positioning，LPHAP）；以及开展对载波聚合定位导频或载波相位等研究，用于辅助提升定位精度。同时，SL 通信频谱把大带宽、高可靠、低时延的终端直连应用到 V2X 更高阶的自动驾驶场景。

（6）无线 AI 智能，打造深度学习人工智能

智能化是 5G-Advanced 的一大特征，而在无线侧引入 AI 和机器学习（Machine Learning，ML）的思想，在 4G、5G 初期也有所研究，而本次首批通过的课题中，将

有 2 个课题专门研究无线与 AI/ML 的深度结合，通过协议定义新的无线 AI/ML 接口规范，更好地将智能与无线技术融合。一方面，协议定义统一的空口 AI 架构和数据接口为 AI/ML 模型的建立提供了数据基础，通过 AI/ML 模型训练，数据的自动采集与分析，实现更优的算法、更加智能的场景；另一方面，在空口技术上，可以通过对基站侧和终端侧的数据联合 AI/ML 算法，结合配置参数优化灵活调度，实现空口性能的优化，进一步从整体网络架构上提升网络管理能力和整体用户体验，提升时延、可靠、连接、能效等性能指标。

2. 业务与系统

3GPP 的 SA2 工作组负责定义无线移动通信系统的端到端网络架构，其关键版本、特性往往会伴随系统架构的演进而升级。2021 年年底，SA2 工作组确定了 5G-Advanced R18 网络架构的 28 项课题项目，包含端网协同增强、工业互联网增强、数智化能力开放、实时通信的新通话功能及无缝覆盖与衔接 5 个方面。

（1）端网协同增强，提升定位、近距离通信、物件管理、组播 / 广播能力

一方面，R18 将通过对 UE 作为新类型的定位参考点、测距服务和 SL 边缘连接、近距离通信等终端和网络协同增强的深入研究，提升定位的精度和终端通信效率，以满足垂直行业对 5G-Advanced 的诉求；另一方面，R18 计划通过加强网络对终端的识别和管控能力，广播组播支持优化，终端和网络侧策略协同，异常场景的终端无缝恢复等多项举措，优化用户体验。

（2）工业互联网增强，实现真正意义上的低时延、高可靠

针对工业互联网低时延、低抖动的需求，虽然 5G R17 已经有了初步的定义和考虑，但是在网络全程质量保障、终端管理和节能、特殊的通信场景等方面仍不够完善。R18 的首批研究课题将对动态组管理、时延敏感的 DetNET 确定性网络、工业控制协议的适配、低时延低抖动的 TSN 传输网络应用研究，使 5G-Advanced 网络在工业机器对机器通信、智能电网等工业自动化垂直领域提供确定性 QoS。同时，R18 将通过扩展不连续接收模式（extended Discontinuous Reception，eDRX）机制的研究优化，提升可穿戴设备、工业传感器和视频监控等低能力（Reduced Capability，RedCap）终端的节能能力。空口与业务联合的调度、灵活开放的 5GS 时间同步能力，提升空口容量、降低端到端时延，实现 uRLLC 业务支持。针对更灵活的非公共网络（Non-Public Network，NPN）部署方式，

例如，对独立专网非公共网络（Stand-alone Non-Public Network，SNPN）、公共网络集成非公共网络（Public Network Integrated Non-Public Network，PNI-NPN）、NPN 之间的移动性支持能力进行增强，满足工业互联网的场景使用要求。

（3）数智化能力开放，增强上层应用和 5G 网络的联动

5G 网络架构在设计之初就考虑了网络智能化、网络能力开放，并在 R18 之前进行了定义。R18 阶段进一步研究 NWDAF 网络数据分析的架构增强、数据收集和数据存储增强、提高 NWDAF 分析正确性、增加漫游情况下的数据和分析；进一步为应用层 AI/ML 操作提供智能传输，监控与 UE 相关的 5G 系统中的网络资源利用率，向 UE 或授权第三方开放，协助应用程序 AI/ML 操作，实现流量的差异化调度，实现 QoS 保障和策略增强。AF 和 UE 管理运营和分配 / 再分配（即成员选择、组性能监控、充分的网络资源分配和保障），实现 UE 上运行的应用程序用户端和应用程序服务器之间基于 AI/ML 的协作应用程序联合学习操作。同时，增强 5G 网络的服务功能链（Service Function Chain，SFC），通过用户面 UPF 能力的实时开放，避免能力信息上报的迂回路由，支持 UPF 更好地集成到 5GC 的 SBA 中。

（4）实时通信的优化及新通话功能，提升 toC / toB 用户的综合体验

随着更多的物与人之间的即时交互等新业务及更多类型的设备涌现，XR、工业应用等对网络流量、业务模型提出了更多的需求和更大的挑战。实时通信需求的 XR/ 媒体业务具有高吞吐量、低时延和高可靠性要求，并且由于高吞吐量要求终端侧的高功耗，UE 电池水平可能会影响用户体验。R18 将研究增强 5G 有限的无线资源分配和端到端的 QoS 策略控制，在支持吞吐量、时延、可靠性和设备功耗之间权衡。一些高级 XR 或媒体服务可能包括视频和音频流之外的更多模式，例如，来自不同传感器的信息与用于更沉浸体验的触觉或情感数据，将通过 QoS 选择和分组处理、保证时延和可靠性满足不同类型业务流的服务需求，增强 QoS 机制，确保最佳服务体验。

而在实时通话方面，将通过 IP 多媒体子系统（IP Multimedia Subsystem，IMS）网络演进，在基础话音业务体验基础上，提供高清、可视、可交互、可信的 5G 新通话服务。垂直行业的服务要求不同于普通电话服务，例如，需要利用拨号盘新入口，聚合企业用户，增强 IMS 架构或功能支持等。

（5）无缝覆盖与衔接，增强多样式覆盖和业务全场景支撑的能力

在网络的融合连续覆盖方面，R18 增强卫星通信与移动网络的融合、无人机系统 /

无人驾驶航空器/城市空中交通（Unmanned Aerial System，UAS/Unmanned Aerial Vehicle，UAV/Urban Air Mobility，UAM）等空中通信，以及汽车作为中继器的覆盖补充、支持多媒体优先级业务拥有5G网络能力，从空间上实现无缝覆盖。以上的接入方式在R18之前已经提出，在5G-Advanced将实现更平滑的业务切换。例如，卫星通信与5G网络的融合，将考虑不同的动态延迟、有限带宽等回程特性，支持具有卫星网络中的星际链路（Inter Satellite Link，ISL）或上行路径上变化的延迟回程，具有卫星回程的gNB情况下的有限带宽的架构增强，基于检测的上行路径卫星回程的数据包交付延迟、带宽的QoS策略控制增强，以及对移动性、UE唤醒时间的预测、感知和通知、节能优化的架构增强。

在业务场景方面，5G-Advanced将在新一代多连接接入流量导向、转换，拆分(Access Traffic Steering Switch Splitting，ATSSS)技术优化，以及在网络切片、AM接入和移动性策略控制等方面增强，确保跨PLMN漫游、非3GPP接入、EPC接入的业务场景的无缝衔接，全方位确保用户感知。

7.2 6G

6G将对不同领域、技术进行融合，3GPP、ETSI、互联网工程任务组（Internet Engineering Task Force，IETF）、电气和电子工程师协会（Institute of Electrical and Electronic Engineers，IEEE）等标准开发组织的协作将比5G时期更紧密。虽然预计2025年才开始进行6G的标准协议制定，但是全球已经对6G初期的愿景、应用、关键指标和技术方面开展了演进研究。例如，ITU-T通信工作组FG Net-2030已经发布了一系列白皮书，欧盟也针对6G发布了相关新战略和创新研究议程，美国于2018年开始进行6G芯片及空天地一体研究实践，美国的the Next G Alliance联盟在2020年主导提升北美的移动技术领先地位，日本和韩国正促成6G的研发和试点，韩国设定2028年首个商用国家的“引领6G商业化”目标。《中华人民共和国国民经济和社会发展第十四个五年规划和2035年远景目标纲要》（以下简称“十四五”规划）明确要“前瞻布局6G网络技术储备”，从2019年开始部署6G技术研发方案，工业和信息化部联合科学技术部、国家发展和改革委员会成立中国IMT-2030推进组，科学技术部联合国家发展和改革委员会、教育部、工业和信息化部、中国科学院、自然科学基金委成立国家 6G 技术研发推进工作组和总体专家组，未来通信论坛等组织也积极开展 6G 愿景、网络架构、关键技术等研究。

7.2.1 6G 愿景

2020 年，5G 商用在全球快速铺开，在拓展“人联”的基础上，更在千行百业的终端之间建立了“物联”，移动通信实现了从“人联”走向“万物互联”。业界普遍预测 6G 的商用时间为 2030 年左右，根据各界对 6G 的愿景和期望，6G 的内容将远超通信范畴。如果 4G 网络切实让人民改变生活、5G 赋能各行业改变社会的话，则 6G 将深入改变人类对社会的感知和控制。

新一代通信协议的形成一般会分为几个阶段：研究未来可能出现的应用；从这些应用中提炼一系列具体的功能业务需求；尝试将所有业务需求以不同的服务类型维度进行归纳；将服务类型与应用进行关联。ITU-R、3GPP、欧盟等机构设定了 6G 从愿景到应用的时间计划，6G 发展整体路线如图 7-3 所示。

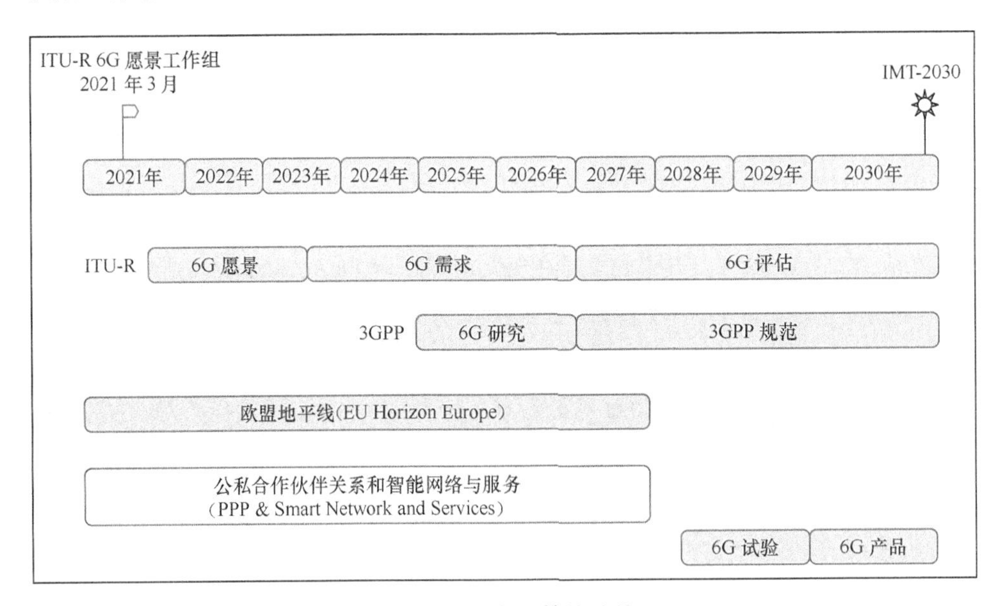

图7-3 6G发展整体路线

在 5G 网络中，各种应用分为 eMBB、uRLLC 和 mMTC 3 种服务类型。其中，eMBB 的应用需求主要是高速率、大容量、高效率；uRLLC 的应用需求集中在高可靠性和极低时延；

而 mMTC 的应用需求则为高效率和海量连接。

6G 的潜在应用包括但不限于以下几个方面。

① 以人为中心的极致沉浸式体验，例如，VR/XR 视频应用、触觉与多感官通信、裸眼全息视频等。

② 感知系统协同可以实现高精定位、成像和制图，进而实现手势动作识别传导控制，进一步增强人类感知。

③ 广泛应用于产业升级，大幅提升工业等产业的灵活性、通用性、实用性和效率等。

④ 社会的智慧化改造，6G 将广泛支撑智慧城市、智慧社区、智慧楼宇、智慧生活的应用。

⑤ 空天地一体的移动覆盖能力。其中，很多应用在 5G 的展望中已被提及，但从现实角度来看，期望在 6G 阶段实现真正的部署似乎更合理。

在当前的 6G 研究中，针对 5G 已有的 3 种服务类型进行了细化，例如，安全高可靠低时延通信（Secure ultra-Reliable and Low-Latency Communication，SuRLLC）、三维集成通信（Three-Dimensional Integrated Communication，3D-InteCom）、非传统数据通信（Unconventional Data Communication，UCDC）、超高速低时延通信（ultra High Speed with Low Latency Communication，uHSLLC）、远距离高移动性通信（Long Distance and High Mobility Communication，LDHMC）、极低功耗通信（Extremely Low Power Communication，ELPC）、可靠 eMBB、大规模 uRLLC（massive ultra-Reliable & Low-Latency Communication，muRLLC）等。由此可知，很多候选服务类型是基于 5G 服务类型进行重新组合而得。

一方面，6G 的关键性能将在 5G 基础上有新的突破。2019 年全球 6G 峰会发布了首个 6G 白皮书，初步明确了 6G 的关键性能：6G 的峰值速率会达到 100Gbit/s 至 1Tbit/s，室内定位精度达到 10cm，通信时延为 0.1ms，连接密度每平方千米达 1000 万台设备，移动速度为 1000km/h，连接数量和网络流量以百倍的速度增长，可靠性高达 99.9999%。欧洲 5G 基础设施协会（5G Infrastructure Association，5G-IA）憧憬 6G 的性能有质的飞跃，展望 6G 的容量、体验速率、时延、终端密度等性能将比 5G 提升 10 倍以上，定位精度提升 30 倍，能效提升 300 倍，6G 性能目标如图 7-4 所示。总体来说，6G 网络应该具有天地一体传感的协同，达到超大规模和超高密度，通过网络、边缘与终端的协同达到广泛的适应性，面向业务和服务的高质量的可用性。

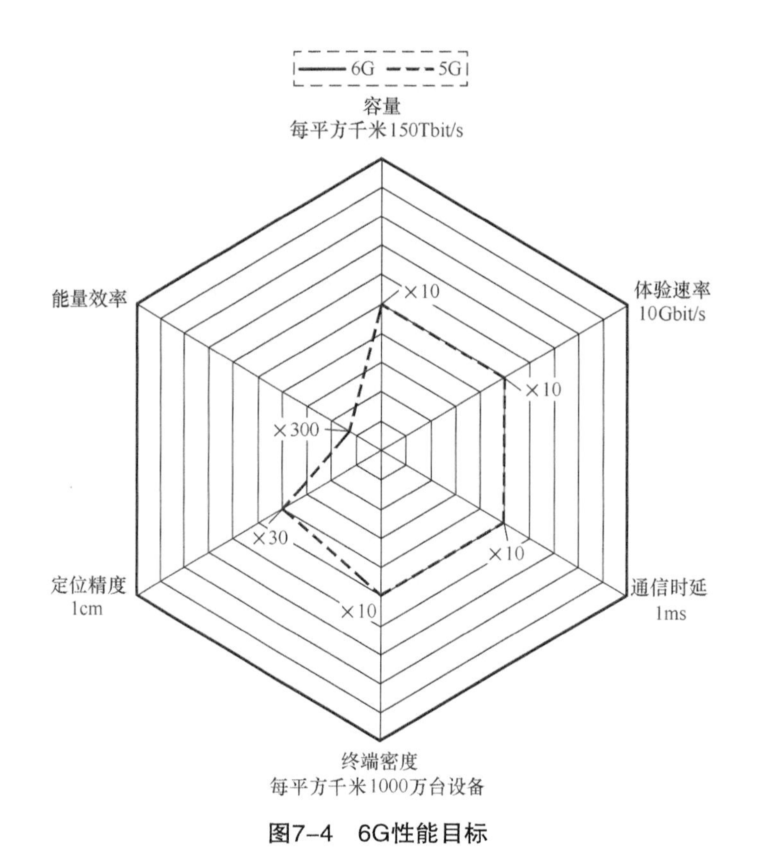

图7-4　6G性能目标

另一方面，除了关键性能的提升，6G 将为各领域带来巨大的变革。例如，华为认为 6G 网络将重塑社会和经济，未来，6G 将跨越人联和物联，迈向万物智联，6G 将推动各垂直行业的全面数字化转型，成为构建物理世界与数字世界连接的神经中枢，并具备通信、感知、计算等融合的能力，实现物理世界、生物世界和数字世界无缝融合；中国移动对 6G 的愿景是全场景泛在链接、分布式范式演进、数据孪生网络、自治网络、确定性时延、算网一体、服务随选等架构；中国电信认为 6G 网络应该具备智能内生、绿色共享、安全可信、泛在链接、柔性开发五大特征；中国联通对 6G 网络的愿景是全域融合、极致链接、弹性开放、智能原生、数字孪生、绿色共享。

7.2.2　网络架构

移动网络的架构根据业务需求发展演进。6G 网络的架构是“去中心化”，具备 AI 原生能力面向用户为中心。6G 的网络架构展望最为关键的是灵活和高效两个词，以网络的快速、简易集成为目标，例如，网络中的子网，100GHz 频段以上的节点，通感一体的网络，NTN 和地面网络的通信、分布式计算网络等的网络融合。未来 6G 通信网络除了需要支持专用网络和垂直行业应用，还需要支持公共和私人智能网络服务。针对垂直领域实现专用通信的灵活网络架构解决方案的同时，不增加整体网络架构的复杂性，降低用户、开发人员的操作难度和应用程序的复杂度，充分发挥 6G 网络的灵活性和功能。

5G-IA 认为对比 5G，6G 的网络架构差异主要有 10 个方面，5G 与 6G 的网络架构对比见表 7-3。

表7-3 5G与6G的网络架构对比

	5G	6G
服务类型	点到点 QoS 传输	点到多点传输，包括质量管控和网络应用感知的可配置逻辑网络拓扑，以及计算、同步和 AI 服务
资源能力	通信	通信 + 计算 + 传感
云原生范围	仅 5GC 的控制面	E2E 端到端，用户面、控制面和管理面
架构范围	接入网 + 核心网	终端 + 接入网 + 核心网
微服务应用	无	E2E 端到端，所有平面
资源感知	仅在无线空口	所有用到的资源，包含计算、传输和无线
可信范围	可信节点	可信自适应服务、网中网
AI/ML 集成	上层应用	AI 原生集成
准入控制	接入控制	执行控制
设备 / 节点分离	CU/DU 分离、IAB 集成接入回传	完全灵活

3GPP 在 2019 年公布了 6G 网络演进的时间计划，将于 2023 年开启 6G 的研究，计划 2025 年下半年开展 6G 标准化，预计 2028 年完成 6G 标准制定。行业内预计从 2026 年开始将启动首个 6G 标准 R21 的制定，到 2030 年将冻结 R23 版本。6G 的网络架构主要围绕全域融合、数字孪生网络、内生确定、智能算网、安全可信、绿色共享六大方面开展。

1. 全域融合

5G-Advanced 天地一体网络研究的是如何解决卫星、空基和移动蜂窝网络的融合，而相关发布的白皮书也展望了在 6G 时代实现覆盖广度和深度的全域融合。

覆盖广度上，展望 6G 在天基（高 / 中 / 低轨道卫星）、空基（临空 / 高空 / 低空飞行器）、地基（蜂窝 /Wi-Fi/ 有线）的立体全覆盖，网络深度融合和无缝连接，实现随时随地网络接入及业务平滑切换。

覆盖深度上，一方面，从超密集链接、覆盖盲点、高频段深度覆盖等方面提升用户使用的感知，6G 深度覆盖率达 100%；另一方面，未来 6G 进行空间通信、设备之间直接通信、物理和虚拟空间的通信等研究，拓展覆盖的多维深度。

融合设计上，6G 时期，虚拟化、微服务、智能化推动实现空天地一体化网络的智能重构。一方面，除了核心网的虚拟化和微服务化，进一步实现接入网络和承载网络的虚拟化及微服务化，从专用硬件中解耦，实现包含接入网的端到端 SBA，灵活部署、按需扩展，为在地面或空间的节点上按需部署接入网络、为核心网和接入网一体化部署提供了基础。另一方面，网络统一编排结合大数据 AI 技术，实现空天地网络的 NaaS 智能重构。一体化设计的网络架构可以提供更加灵活的部署模式。从初始地面的基站经过天基回传网络接入地面核心网模式，演进至基站的 DU 部署至卫星节点、CU 部署地面，甚至把核心网边缘节点部署在卫星上，天基节点具备基站及部分核心网功能等模式。空天地一体化网络架构在 5G 时期已提出，但真正要实现全域融合仍存在较多问题，例如，虚拟化异构对各种复杂接入点的适应问题，网络编排器的统一编排适配问题，天基、空基、地基的移动性切换问题。

2. 数字孪生网络

数字孪生网络（Digital Twin Network，DTN）是指物理网络实体及虚拟孪生体实时交互映射的网络系统。构建一个网络孪生体需要数据、模型、映射和交互 4 个关键要素。通过这 4 个关键要素，数字孪生网络进行算法模型的验证，从而降低物理网络的试错成本，极大地提高了数值化决策效率。

同时，数字孪生网络平台通过物理网络和数字网络实时交互数据，相互影响，帮助实现更加安全、智能、高效、可视化的智慧 6G 网络，将数字孪生网络作为 6G 网络的关键使能技术和平台，可助力 6G 网络实现柔性网络和智慧内生等目标。数字孪生网络可作为实现 6G 网络数据感知、智能控制、安全内生、全生命周期自治的重要基础。面向未来 6G 网络构建数字孪生网络，需要进一步探讨数字孪生网络的场景和需求，明确数字孪生网络的定义和统一架构；在数据采集、数据存储、数据建模、接口标准化和支撑大规模网络的兼容性、可靠性和安全性等关键方向上深入研究，逐步推进数字孪生网络技术的成熟和应用。

3. 内生确定

5G-Advanced 的关键技术中介绍了 5G 网络的确定性通信能力和趋势。随着垂直行业对融合网络的时延确定性要求，未来，6G 一方面将会实现内生确定性，另一方面会更好地实现跨域网络的确定性。

6G 内生确定性方面，需要继续提升时间的精准同步性、无线空口资源的灵活可分配性，实现移动网络的确定性。

跨域协同方面，需要考虑融合组网的确定性协同问题，例如，移动网络和固网二层 TSN、三层 DIP 网络异构组网，需经过统一管理，实现跨层跨域端到端的确定性。

无线资源分配、端到端 SLA 保障、QoS 多维度度量、多路由选路、高精度时间同步、融合网络确定性等是 6G 确定性网络的重要研究项目。

4. 智能算网

5G-Advanced 的展望中介绍了 5G 网络在设计之初就考虑网络智能的问题，并新引入核心网元 NWDAF 和 MDAF，在 NWDAF 和 MDAF 的基础上，再结合机器学习、联邦学习，在一定程度上实现网络的数智化。但 5G 网络采集和分析的数据源主要是网络功能接收到的数据，没有考虑来自基层设施、环境终端和传感感知的数据，也没有考虑外部 AI 服务在 5G 网络架构的直接使用，更没有考虑原生 AI 的数据管理、分布式架构等。整体上 5G 主要是利用网络把数据传送到云端集中处理的云 AI，并没有真正实现网络和 AI 的整体融合，6G 的网络架构将实现智能内生，由云 AI 转向网络 AI。原生 AI 的支持是 5G 和 6G 在网络架构上的根本差异之一。新的网络架构对内能够利用智能来优化网络性能，增强用户体验，自动化网络运营，实现智能连接和智能管理，同时，对外能够为各行业用户提供实时 AI 服务、实时计算类新业务。

数据、算力、算法是 AI 的三大支柱，6G 网络架构就是需要构建一个计算资源靠近终端用户、满足行业柔性的超高性能的基础设施。6G 分布式架构网络有机实现“云 - 网 - 边 - 端”协同，实现泛在计算互联，以及网络资源、计算资源利用效率提升，最终实现云网融合、算网一体。未来，边缘计算与通信的深度融合，使 6G 可以满足极致性能、数据本地处理的行业场景，将算力从集中扩展至边缘，实现网络所至即算力所达的算力网络。

智能内生和算力网络都涉及编排管理。网络 AI 涉及的资源是分布式、多类型的，需要在网络架构上新增对大规模分布式异构资源进行智能调度的能力。根据智慧内生网络的特点，设计新的 AI 框架和分布式学习算法，考虑模型的计算依赖和迁移，AI 各层数据传输要适配网络各节点的传输能力等，通过分层分布式的调度适应复杂环境，真正体现 6G 网络的 AI 原生。算力网络同样需要算力运营及算力服务编排，实现算力资源和网络资源的管理，例如，对算力资源的感知、度量和 OAM 管理，实现对终端用户的算网运营，以及对网络资源的管理功能。算力网络通过合理的算网联合编排服务，降低计算网络联动的总体能耗，实现绿色低碳的算网最优。智能内生和算力网络相辅相成，未来的 6G 时代将 DOICT 各项技术深度融合。

5. 安全可信

移动网络除了融入人们生活的衣、食、住、行方方面面，还逐渐规模应用于垂直行业的各种场景，因此，用户也对移动网络的安全可信提出了更高的要求。未来，6G 网络是安全内生和原生可信的，具备自我保护的网络安全防护能力和身份认证网络应用均可被完全信任。

（1）安全内生

传统的网络安全防护是在发生攻击时，借助设备网管及外在的系统配合分析和防护，安全内生的 6G 网络架构通过大规模使用 AI 和 ML，可以实现网络仿真和数据训练，以提升模型准确性，实现安全威胁发现时间提升至秒级，结合标靶演练给出针对性的安全防护手段。一方面，随着无线物理层的密钥增强、量子密钥及区块链技术的防篡改能力在 6G 网络的应用，未来 6G 网络自身具备更强的安全能力；另一方面，6G 的原生智能特性，通过对 6G 大数据分析和机器学习，结合神经网络，实现异常情况的准确预测、安全问题的及时预警。同时，AI 技术结合 6G 可编程网络的特性，也将对安全问题进行敏捷自动处置，大大提升 6G 网络自身的安全防护能力。

（2）原生可信

关于网络的可信，ITU 在 2015 年开始从物联网领域着手制定规范和标准，并逐渐扩展至“云－网－边－端－业”整个生态。在 2018 年，ITU 在 5G 网络的安全架构方面进行标准化。未来，6G 网络各个方面标准在制定时，已经离不开对网络通信可信任架构的考虑。

针对 6G 空天地一体化统一认证的需要，以及分布式网络架构的特性，对 6G 网络的可信提出更高的要求，尤其是 6G 网络本身就被赋予与各行业融合和提供数据接口能力的期待。同时，AI 建模和机器学习需要大量的数据训练，对数据隐私的保护提出了更大的挑战。可信的设计包含网络安全、隐私和韧性三大特征。

其中，网络安全包含完整性、机密性、可用性三个方面。6G 网络在设计的时候，需要根据设备、业务的重要性，考虑不同的安全需求，制定不同程度的安全保护。

隐私包含身份和行为两种信息，即对用户身份的密码鉴权及相关应用数据加密。6G 的分布式组网将结合分布式账本技术（Distributed Ledger Technology，DLT）、类区块链技术、后量子加密技术等，加强对用户信息的保护。

韧性是指网络遇到故障或受到攻击时还能提供并被接受服务的能力水平，包含识别、规避、转移、控制、接受 5 个流程。6G 网络通过态势感知进行风险识别、开展风险规避、风险转移、控制影响范围、接受残余风险。

6. 绿色共享

根据可持续发展的国家战略要求，在 4G、5G 网络时期，运营商就研究如何能够降本增效，实现更低的碳排放和运营成本，在无线基站的节能方面做了大量的研究和实践。中国电信和中国联通的无线共建共享部署除了减少建网投资成本，资源共享也降低了后续的运营成本和碳排放。

随着 AI 和算力网络的发展，不单是无线基站方面的能耗需要关注，后续针对 AI 模型、算法及其算力网络产生的能耗等方面也需要在 6G 架构设计之初充分考虑。算网的共建共享也值得进一步探讨。

7.2.3 无线技术

纵观整个无线通信的发展历史，无线网络的业务需求可以总结为：更高速率、更低时延、更大量的连接数、更高的可靠性、更高的移动性、更好的连接性、更强的安全性、更好的可维护性、更低的功耗、更低的成本等方面，但随着网络结构越来越复杂，网元数量成倍上升，智能化、自维护、自优化等功能点需求也逐渐增加。ITU 的一份 6G 展望文档中，总结了 1G 到 5G 的无线网技术要点。

在设计 5G 标准时，其中一个重要考量是更充分的灵活性。这个思路实际上从 2G 开始就一直贯穿整个无线通信行业发展。具体而言，2G 提供了频率复用和业务信道的灵活分配；3G 提供了语音和数据业务灵活使用选项，也具备了动态编解码及初步 QoS 能力；4G 开始可以灵活使用不同带宽、不同天线端口数目、不同的频率调度范围等；5G 进一步提供灵活的子载波宽度、监听周期、动态时域调度等选项。总体而言，网络灵活性主要体现在网络自身的感知能力、足够多的技术选项和可以对不同场景的自适应能力 3 个方面。

6G 无线网络提出了超灵活的概念。这个概念下有 7 个关键赋能分类，数十项具体能力需求，其中，7 个关键赋能包括的具体内容如下。

一是多波段组合应用提出 6G 要具备将微波、毫米波、太赫兹，以及可见光通信组合应用的能力。

二是新的物理层与 MAC 设计。每次无线通信技术的更新换代，都会为物理层和 MAC 层带来巨大革新。6G 提出了更丰富的调制编码要求、更灵活的波形、CP 和带宽组合及更多样化的多址技术等。

三是新的异构网设计提出多接入点技术、海陆空一体化通信、超大规模天线阵列、小站、去蜂窝化组网等。

四是集成传感通信。

五是智能通信。

六是绿色通信。

七是安全通信。

1. 无线系统的技术发展

无线系统是移动通信的关键核心，由于新需求的提出、新场景应用的需要、新的网络目标特性，特别是新频率的使用，在无线系统方面，6G 将会迎来许多新的创新和新的变化。

新波形的引入：6G 高频段的使用，为了解决多径衰落而使用的正交频分复用技术（Orthogonal Frequency Division Multiplexing，OFDM）可以继续使用，但已不具备优势，需要引入新波形，适应收端发端距离较近、视距（Line of Sight，LoS）信道占主体的通信环境，以减少 OFDM 使用循环前序的额外开销。

新编码的使用：解决信道编码是实现无线通信的基础，2G 使用了卷积码、3G/4G 使用了 Turbo 码、5G 使用了极化码和低密度奇偶校验（Low Density Parity Check，LDPC）码，信道编码创新发展推动着编码技术的不断发展，带动了移动技术的发展。当前综合应用信道编码和超大规模 MIMO（Massive MIMO）等技术，使传输速率已接近香农极限，同时，面对 6G 提出的超大带宽、超低时延、超低功耗等诉求，需要新的信道编码以适应发展。目前，信源与信道的联合设计方法、三层智能通信结构的一些有益的探索正在进行中。

新多址接入方式：无线通信依托无线网络通过设备间的数据传输实现，从 2G 到 5G 发展了多种的多址接入方式，实现了多用户服务；预期 6G 接入的用户数量极大、数据包大小差别大、接入设备种类多、接入流量类型多、场景化需求差别也较大，需要研究新的多址接入方式以适应需要。

超大规模 MIMO：为了满足 6G 密集站点部署、短距离站间距部署、大带宽需求和多频率的使用，6G 网络存在多种频率的天线、多种形式的天线、密集的天线，6G 研究超大规模的工作势在必行。

2. 太赫兹通信

无线通信中最重要的一个性能指标是传输速率，而提高传输速率的技术手段主要有更大的可用带宽、更多的天线端口、更高阶的调制 3 种。在 2G 到 5G 的发展过程中，带宽从 2G 的 200kHz，3G 的 1.25 ～ 5MHz，4G 单小区最大 20MHz 到 5G 的 100 ～ 400MHz，每次发展都有 5 倍以上的增长，因此，预计在 6G 系统中，小区带宽将达到 500Mbit/s 以上。同时，在 6G 的愿景中，峰值速率可能达到 1Tbit/s，而目前在毫米波频段内，还没有被分配的带宽非常有限，如果要满足上述速率要求，那么频谱利用率就要提升到每赫兹 40bit/s，这个目标的实现非常难。

在这种带宽和速率要求下，很难依靠重耕低频频段来获取，更可行的方法是进一步开拓高频频段，并继续采用 5G 已经采用的多层频段的方式，根据需要接入“高频段”（24 ～ 71GHz 的毫米波）、“中频段”（2 ～ 6GHz）和“低频段”（2GHz 以下），通过低频段与中频段的配合使用，实现更广范围的室外覆盖、更深度的室内覆盖，通过中频段与多个低频段的协同，实现更高速的带宽提供，通过高频段的使用，提供热点接入和固定接入服务；而太赫兹频段被视为最重要的备选方案之一，但其在无缝覆盖、广域覆盖和对移动性的支持方面还需解决许多问题。

基于无线自由空间传播模型公式，传播损耗与频率 f 和距离 d 的平方呈正比，即频率提高 10 倍，相同传播距离时，能量损耗将相差 100 倍（20dB）。同样地，在相同频率下，传播距离增加 10 倍，能量损耗也将相差 20dB。

$$L_{bf}=32.4+20\log f+20\log d$$

其中，

L_{bf}：自由空间基本传输损耗，单位为 dB。

f：频率，单位为 MHz。

d：距离，单位为 km。

太赫兹频段（0.1 ～ 10THz 频段）在整个电磁波谱中位于微波和红外波频段之间。由于在电磁波谱的特殊位置，太赫兹既具有微波频段的穿透性和吸收性，又具有光谱分辨特性。同时，该频段有非常丰富的未分配资源，ITU 在 2019 年世界无线电大会（WRC-19）上，在 275 ～ 450GHz 为移动业务分配了 4 个全球标识频段，带宽合计达 137GHz，为后续的超宽频通信提供了基础资源。

太赫兹频段的衰减除了自由空间传播损耗，大气分子吸收的影响也变得显著，因此，大气窗口区对于太赫兹通信有着极其重要的作用。不同的研究和仿真均表明，在 0.1 ～ 1THz 有 3 个较明显的吸收峰，分别在 0.556THz、0.751THz、0.987THz 附近。而其余频率范围则存在多个连续的宽频传输窗口，能为 6G 提供充裕的空闲带宽。

3. 超大规模天线技术

超大规模天线是在大规模天线基础上的进一步演进，通过设计更多的天线端口，实现更高的能量利用率、更精确的用户定位以及更好的干扰控制。其主要优点如下。

- 在多端口的支持下，可以实现更大范围的波束扫描，尤其是垂直维度的扫描角度将得到显著提高，为未来的空天通信立体覆盖提供基础。
- 更多端口可以使波束赋形有更好的指向性，既能提高用户接收的功率强度，也能减少对周边其他用户的干扰，进一步提升用户所在位置的信噪比。
- 更好的信噪比有利于使用更高阶的调制方式和多流传输，实现 6G 的频谱利用率目标。
- 在太赫兹频段上，天线阵子尺寸进一步缩小，同时得益于芯片工艺的提升，结合二者的优势使超大规模天线在保证兼顾能耗、重量、尺寸的前提下成为现实。

超大规模天线虽然有以上诸多优点，但也存在难以克服的困难和挑战，具体困难和挑战如下。

- 多端口需要重新设计参考信号的发送位置和间隔，从而兼顾时频域测量的可靠性、开销和移动性要求。
- 多端口参考信号大量增加后，为了实现精准的波束赋形，需要设计更完备的测量反馈机制，避免上行反馈开销过于庞大而抵消多端口带来的增益。
- 在天线实现上，如果使用全数字电路，成本将过于高昂，可能运营商无法接受，转而沿用 5G 的数模结合方式，因此，需要在标准中设计更细致的波束管理逻辑，避免用户频繁在不同波束之间切换而影响网络性能。

4. 智能反射面

为了弥补高频通信中过高的路径损耗，除了应用超大规模天线技术，业界也在积极探索基于电磁超表面的智能反射面（Intelligent Reflecting Surface，IRS）技术。

电磁超表面是指一种厚度小于波长的人工层状材料。电磁超表面可实现对电磁波相位、极化方式、传播模式等特性的灵活有效调控。控制电磁超表面中每个元原子对入射信号的反射方式（改变相位、时延甚至极化），理论上可以使入射能量反射并聚焦某个指定位置，实现类似电磁透镜效果，从而增强原本存在的阻挡信号的传播，或者消除指向用户的干扰信号。

实际计算可知，通过智能反射面的传播损耗，与入射距离 *d1* 和反射距离 *d2* 乘积的平方呈正比，而不是二者之和，因此，其路径损耗会随着 *d1*、*d2* 的增加而急剧增加，最终无法得到理想中的增益。

仿真结果显示，智能反射面部署的反射元数量越多，增益越高，在不同场景对比中，对于有阻挡的非视距（Non Line of Sight，NLoS）传播场景增益较明显，而对于视距传播场景的增益效果非常有限。

在智能反射面的部署方面，仿真计算中，假设信号源与目标终端相隔 50m，从智能超表面装置的部署位置与信号源重叠部署开始，逐渐拉远，移向目标终端，整个增益变化趋势显示，当智能反射面贴近信号源或目标时，增益达到最高。因此，在将来的应用中，智能反射面装置与信号源有机结合将成为常见的方案之一。

5. 通信感知一体化

在 6G 的愿景中，人工智能、智慧城市、数字孪生等技术概念在人们的日常业务中广泛存在，而这些技术涉及的海量数据需依赖各种各样的感知采集元器件。广义上，大部分感知元器件通过对电磁波的感应、采样和量化等手段实现对目标状态和属性的识别、定位和测量，例如，雷达、摄像头、微波 / 红外线 / 紫外线探测器等，并通过特定路径（例如，以太网、光纤网络等）将感知数据传回到数据中心。而无线通信网同样是应用电磁波进行通信的成熟技术，因此，将通信技术和感知技术融合一体，成为 6G 发展中的一个热门议题。

根据 IMT 2030（6G）推进组发布的《通信感知一体化技术研究报告》，在通信感知一体化的技术发展过程中，通信与感知将分阶段、分层次融合演进，其技术趋势主要包括“业务共存、能力互助、网络共惠”3 个阶段。其含义是在制定 6G 无线标准时，需要在保证无线通信能力的基础上，逐步加入感知能力，具体包括以下几项考量。

- 频段使用：在 4G 和 5G 阶段，国内主要是用 700MHz ～ 3.5GHz 的低频区，带宽在 10 ～ 100MHz。在这种配置下，定位能力在 1 ～ 10m 量级，可以满足基本的目标定位测量和感知要求，但无法满足高精度需求；而在毫米波段，5G 小区带宽最高可达 400MHz，定位精度在分米量级，可以满足更精准的感知需求，但如果需要满足超高精度定位（厘米量级）、人体手势表情识别、微小物件跟踪、设备小型化等要求，则需要使用更高的太赫兹甚至可见光频段。

- 新波形设计：上述研究报告中指出，已有文献针对收发机分置雷达面向车联网场景设计了一种通感一体化新波形，通信和感知分别采用 OFDM 设计和调频连续波（Frequency Modulated Continuous Wave，FMCW），能够以较高的时频资源利用率同时实现目标探测、通信信道估计、数据传输。
- 新参考信号：此前，通信技术中设计的参考信号主要用于强度、质量和相位等信息的测量，例如，下行的 CSI-RS 和上行的 SRS 等，在 LTE 和 5G R16 中也引入了 PRS。虽然更多不同的参考信号可以令通信系统实现更多的功能，但无疑也会影响整体系统的性能，包括容量和用户体验速率下降等。6G 在大带宽的背景下，为设计更多种类参考信号带来可能。
- 更精细的波束赋形：在 6G 高频段和超大规模天线技术的加持下，也为目标感知和跟踪能力提供了基础。

毫无疑问，6G 网络中具备发射和接收无线信号能力的基站小区节点将远远大于目前的 4G/5G 规模，因此，如果 6G 技术标准实现了通信感知能力一体化，则会对整个业务生态带来质和量的提升。

6. 无线 AI 技术

近几年，随着大数据、算力、算法飞速发展，大数据、AI、云计算等技术兴起，科学进入新一轮革命，人工智能从最早的统计分析到机器学习，跨入深度学习，以前不可能用机器解决的问题迎刃而解，在图像处理、语音识别、自然语言处理、多智能体强化学习、目标检测、人脸识别、推荐系统等领域取得了突破性进展，越来越受到大众关注。5G 时代，5G 网络的部署和商用都离不开 AI 技术，5G 的新型网络架构、新型空口技术、新型部署方式都用到了人工智能技术，网络切片根据资源使用进行高频率的动态调整，很可能以小时计，需要人工智能技术来实现。大规模多 MIMO 的天线数众多，功率增加，相比于 4G，5G 基站覆盖范围变小，站点数变多，功率增加，运营成本增加，需要使用 AI 技术实现基站节能，通过载波关断等技术优化无线网络，节约成本。由此可见，AI 在 6G 使用的场景更多，例如，信道预测、信号生成、信号处理、网络状态跟踪、网优部署、智能调度、智能运营等场景。

传统的信道设计是各功能模块独立设计与优化，但人为的设计无法避免在模块优化过程中造成额外的性能损失，存在部分设计的理论缺失或无法分析损失的来源，AI 技术可以降低损失及提高性能，信道上的大量数据用于模型的训练，让模型学习信道上的高维特征变量，提取“精华”，给信道设计提供辅助能力，降低性能损失。让模型学习和总结无线传输的环境帮助系统高效完成波束管理、参数调优、功率控制、智能调度等任务。基于卷积神经网络（Convolutional Neural Networks，CNN）和 LSTM 的无线信道建模，实现信道估计和预测，将信道上的信号看作时序数据，对历史的一段时间信号数据进行特征提取，并将权重参数保存在模型中，当进行推理时，如果将当前信道的时序数据作为输入，就可以对未来的信道信号进行预测。此时，引入注意力机制，让模型学习未来某一时刻的信道信号更关注于历史时间段内的多个时刻的信号数据，从而提取更有效的特征；另外，还能对信道数据进行升维，让模型在数据的高维空间更能提炼和表达数据的特征，让模型学到更显著有效的特征。

信道估计是 MIMO 中的一个重要过程，接收器根据导频序列来估计发送器和接收器之间的信道状态信息来实现信道估计，传统的基于最小均方误差的方法在 MIMO 中不适用，成本高、计算复杂，通过强化学习的非监督算法的信道估计，通过强化学习训练智能体，从千万种符号向量自由组合，并累计每步获得的奖励，直到结束，让智能体学习每种组合的总奖励，并选择最优组合，在一定概率下探索未知组合，以达到总奖励最大化，最终智能体能从过往的学习经验中选择探索到的符号向量作为额外的导频信号，此时获得的奖励最大，即信道估计的最小均方误差最小，从而更新信道估计，强化学习主要用于最优化对符号向量的选取，以一种高效计算的方式来解决这个问题。这种方式可以降低信道估计的误差。

信道状态信息预测主要是根据时间、空间、频率角度的信道状态信息来预测和映射其他信道状态信息。但随着信道的时间变化，反馈时延会导致信道的状态信息不准确，特别是在快衰减信道。基于深度学习的信道选择联合信道外推网络能解决这个问题，通过深度模型学习信道的频域、时域、空域的相关性，就能以相对较低的损耗完成信道的预测。这也就意味着，只使用小部分的天线信道就能预测所有天线信道，进而能在所有天线信道中选择最优的天线组合方案，信道选择联合信道外推技术减少了大规模天线系统的导频开销，节约了频谱资源和能效。

信道编码是信号传输的基础，汉明码、卷积码、极化码等不断优化编码方案，不断逼近香农极限，但极化码之后就一直没有最新的编码技术突破，但随着深度学习的兴起，编码的瓶颈得到了突破，译码器的性能得到改善，通过对抗生成网络的算法实现高效译码，含有噪声的信道信号经过对抗生成网络中的生成器，生成译码结果，然后输入对抗生成网络中的辨别器，让模型学习分辨哪个是正确信号译码得出的结果，哪个是错误信号译码得到的结果，得到结果后进行反向传播，进行反向传播时分别只对辨别器和生成器更新。另一个不更新，反复多轮训练，让模型学习信道信号的隐性的、独有的特征，生成器和辨别器更新参数后，就能学习到真正的译码规则，最终实现低密度奇偶校验码译码算法。

传输层拥塞控制技术是网络工程中的重要技术，提升传输效率、减少网络时延，但传统算法存在算法复杂、调优难、获取信息有限等问题，而引入 AI 能解决多维度复杂场景，深度强化学习的引入能将已训练好的模型与现网的运行环境结合，通过反馈，不断优化模型，将拥塞窗口、往返路程时间（Round Trip Time，RTT）、带宽、丢包率等作为输入，算法模型输出是发送窗口或者是拥塞窗口的选择。结合实际运行环境的反馈，将累积的奖励函数作为优化目标，优化算法模型。强化学习的智能体，通过离线学习的方式加快收敛速度，能快速部署到现网中为决策提供辅助信息，相比于传统的算法，在不同的 RTT、带宽、丢包率、队列大小背景条件下，性能都得到提升。

7.2.4 安全展望

1. 安全驱动力

移动网络通信是全球现代化发展的关键核心基础设施，也是保障世界稳定和健康发展的重要推力。在出现重大变故时，移动网络通信充分保障了人类的沟通和信息共享，有力促进不同国家之间的交流和合作，因此，移动网络通信的安全和全球人类息息相关，必须进行顶层设计，全面覆盖安全需求，努力攻克安全关键技术，共同推进安全防护体系，确保移动网络通信稳定可用。6G 移动网络将开启智能交互、XR、元宇宙等全新应用场景，推动全球人类进行一个全新的智慧时代。6G 将助力打造绿色低碳、数字化和清洁环保，以及拥有数字政府、智能交通、智慧医疗等智能交互体系的智慧城市。工业 4.0、车路协同及无人驾驶、元宇宙等前沿技术支撑的各大行业将越来越需要 6G 技术的支持。与此同时，6G 又将带来数据和流量的爆炸性增长，亟须提供相关手段保障这些大流量和大数据的可用性、可靠性、机密性。全球现代化经济发展和各国人民对美好生活的向往追求，将会不断驱动 6G 安全朝着创新的方向前进。

6G 将支撑更大规模的万物互联，覆盖新型网络和工控、物联网等海量终端，例如，产业互联网、卫星网络、身体感测网络等，真正消除地球上移动网络的盲点，实现全球随时随地泛在的全域覆盖一体化网络。真实世界将和数字世界进行深度融合，人类社会的生活越来越依靠6G的稳定运行，数字政府时代将推动各种重要数据通过6G传输，包括防疫管理、人类生活和经济发展的公共信息、身份隐私、资源（例如，水下等网络资源）、日常生活（例如，网购、团购）和工业互联网的重要数据（例如，垂直行业的采购、生产和物流）。同时，为了满足各行各业提高沟通效率和生产率、增强用户体验的需求，6G架构将更趋于“去中心化”，采用类似区块链的架构，并围绕用户提供差异化，定制化的服务。从“中心化”向“分布式”的架构转型将推进6G的安全架构做出适应性的调整。6G将推动CT、IT、OT和DT的技术深层次融合，通过智能联结和协同学习，实现6G的能力提升。AI技术、区块链技术、数字孪生等技术正为6G注入新活力，成为技术驱动力。CT网络通信能力和IT内生能力的融合，也对6G网络的安全能力提出内生安全需求。

随着6G的发展，短视频等应用将很大可能被元宇宙和智能驾驶替代，新的主流应用包括AR辅助远程医疗，元宇宙游戏、MR装修设计、虚拟触觉技术和远程操作。从万物互联到智慧互联，未来，6G将承载更高的业务应用价值，这将吸引更多网络安全攻击者谋取非法利益。针对新通用技术和新的业务应用，6G应提供更强的安全防护能力，同时，根据网络智能扩展的特点，要求安全能力按需、弹性部署，智能适配业务应用、网络和终端等环境，保障6G网络与业务运行安全。6G时代应在传统安全防护的基础上，支持可信性扩展，包括信息安全、物理安全、隐私、韧性和可靠性，实现广义6G的安全可信。

2. 安全愿景

6G网络针对面临的诸多安全挑战，还应当提供高智能的安全能力，实现网络通信、应用服务、网络安全一体化共生演进。

人工智能技术将深入结合6G网络，增强6G网络的各种流量、行为和特征分析，以及攻击识别的决策能力，实现6G网络全方位的安全防护。依托人工智能技术，6G网络具备安全内生机制，实现主动免疫、自我演进、按需提供安全服务的能力，实现从“网络安全”到“安全网络”的转变。

6G网络安全内生应具备以下特征：一是主动免疫，基于可信任安全技术，为6G核心网、边缘应用等提供主动安全防御功能；二是弹性自治，根据6G个人用户和企业应用的安全需求，实现安全资源能力的动态编排、灵活调度和弹性部署，提升6G网络韧性；三是虚拟共生，利用数字孪生技术实现实体网络与虚拟网络安全的协同与演进；四是泛在协同，通过

“云－网－边－端”的一体化运营，准确感知整个网络的全景安全态势，敏捷处置网络安全风险。6G 安全特征如图 7-5 所示。

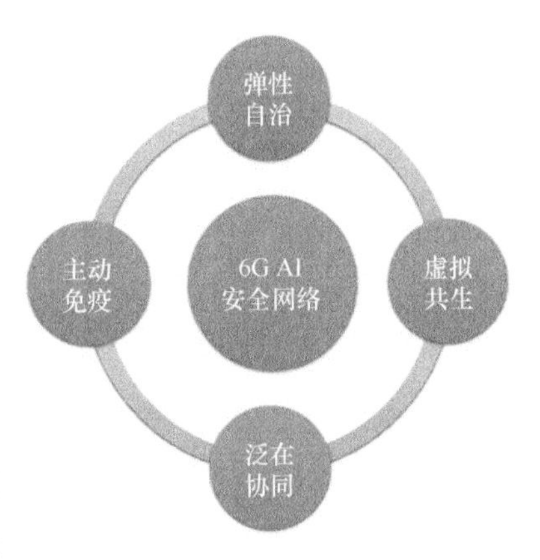

图7-5　6G安全特征

（1）主动免疫

与传统的安全防护体系相比，6G 网络中的安全防护机制在多个方面得到增强，初步实现了主动免疫。首先，增强接入认证的功能，基于 5G 的多网络接入认证技术，研究“空 - 天 - 海 - 地”一体化新型网络的轻量级接入认证技术，实现星链等异构融合网络随时随地无缝接入。其次，增强加解密功能，应用量子密钥等当今世界较强的密码技术，可以有效增强 6G 网络的安全性。最后，区块链技术具有“去中心化”的能力，应用在 6G 网络，有助于构建更安全的通信环境，在 6G 网络的核心基础设施上应用可信计算技术，从而保障 6G 网络网元的可信启动、可信度量和远程可信管理，使 6G 网络中的核心功能运行持续符合预期，为 6G 网络的核心基础设施提供主动安全防御能力。

（2）弹性自治

6G 将是“空 - 天 - 海 - 地”泛在化和虚拟化的网络，将不再有传统的网络边界，将面临安全资源和安全环境的多样化和异构化难题，因此，6G 网络安全应具备内生、智能、弹性可伸缩的可信任框架。6G 网络基础设施的安全服务要具备原子能力，可进行组合和拆分，通过 SDP、NFV 等技术，构建按需组合、敏捷高效的安全能力资源池，实现按需组合、灵活部署和弹性伸缩的安全能力，适应泛在化和虚拟化网络的安全需求。

（3）虚拟共生

6G 网络将创造一个基于物理世界的虚拟新世界。物理网络与虚拟网络的安全能力，通过实时交互影响，实现不断进化和共生，从而实现虚拟网络与物理网络在安全能力上的内在统一，提升数字孪生网络的统一安全水平。数字孪生网络可广泛应用于安全攻防演练、安全应急演练、安全运维、安全数据配置等场景，具备低成本试错的优势，经过不断测试，形成多样化的智能决策能力，最终反哺物理网络，以数字孪生的方式提升 6G 物理网络的安全。

（4）泛在协同

未来，6G 网络安全领域将广泛和深度应用网络安全的 AI 和大数据分析等技术，建立“云－网－边－端”一体化处理机制，全方位感知安全网络态势，通过共识决策机制完成内生安全进化，实现网络安全的自主智能安全防护。

3. 安全场景需求

（1）数字孪生网络场景

数字孪生网络中，虚拟孪生网络与物理网络可以相互作用，而且虚拟孪生网络还是一个新技术，可能存在各种未知的安全漏洞，很容易遭受第三方攻击，伪造或篡改虚拟孪生网络下发给物理网络的指令，严重威胁物理网络中的设备安全、网络安全和业务安全。

（2）感知和通信一体化场景

未来，6G 网络可以实现感知和通信一体化，这就要求超细粒度的信息保护机制，尤其重点保护普通用户的敏感信息，企业商业机密信息等。

（3）空天地一体化场景

空天地一体化首先应考虑无线链路中数据机密性、完整性和可用性的问题，其次应关注轻量化认证鉴权技术，天基节点的安全加固和可信技术，共享网络资源的有效隔离和精细化管理技术，支持多操作系统多应用协议的一体化防护架构。

（4）数据安全与隐私保护场景

首先，6G 需要实现海量数据频繁认证环境下跨系统 / 跨境 / 跨生态圈的数据源认证；其次，6G 需要实现海量数据分布式安全存储和安全计算；最后，6G 需要实现支持大尺度高动态的细粒度跨域访问控制。

（5）超高速率、超大连接和超低时延场景

第一个是超高速率数据流的加密和完整性保护需求；第二个是超大连接场景的海量设备安全接入需求，第三个是超低时延场景的高效安全需求。

4. 安全关键技术

（1）AI 技术

针对 6G 网络数据的爆发性增长，应用 AI 和大数据技术可快速鉴别网络安全异常，提高 6G 网络的安全防护自学习能力，实现 6G 网络的真正内生安全防护，切实减少运营商在 6G 网络的安全防护成本，推动 6G 网络的商用，为各行业提供更优质的服务。

（2）区块链技术

区块链技术生成的系统操作日志和业务感知指标是篡改成本极高的企业数据，值得企业信赖。6G 网络应用区块链技术可以有效解决认证鉴权问题，推动多方信任等难题得到有效解决。

（3）轻量级接入认证和无线物理层安全技术

6G 网络需要轻量级接入认证技术，解决设备随时随地高速接入、不同域高速接入等问题。挖掘 6G 网络的多种新型无线传输模式特征，可实现传统认证机制的补充和增强。

（4）数据安全及隐私保护技术

6G 网络时代，用户隐私数据会更多地在终端侧和边缘侧流动，为了保护用户隐私数据，可应用隐私计算的核心算法，实现隐私数据的加密保护和共享计算，以及隐私数据保护的授权等，建立 6G 网络的用户隐私数据全生命周期保护机制。

（5）密码算法

为了保证 6G 网络的底层安全密钥体系的安全，要使用较强的非对称密钥算法，要求其可以抵抗量子攻击；同时为了满足 6G 网络时代的各种微型设备接入，需要应用轻量级的密码算法和密钥管理机制。

一个智能、内生的安全 6G 网络是实现万物智联的前提，但是 6G 安全仍存在诸多挑战，顶层安全设计未确定，安全体系、标准和核心技术待制定，6G 网络的安全建设需要继续关注并且持续投入。

5. 量子安全

继大数据、AI、区块链技术的应用后，量子科技成为新一轮科技革命和产业变革的前沿领域，量子通信作为量子领域代表性产业之一，得益于国家的提前布局和支持，已逐步从研究走向应用，从试验走向成熟。

（1）量子安全通话

量子安全通话是使用了量子安全技术的一种服务（包括量子密码），具备一定抵抗量子计算的能力，对语音信息加密的通话服务；针对政务、金融、军工等高保密行业用户提供量子安全等级的安全通话，保护用户通话安全，保护信息安全。

量子安全通话有三大关键技术，具体介绍如下。

① 量子安全芯片：采用国产安全芯片，具有高安全、高性能、高可靠性的特点，可以抵御多种侵入式、半侵入式攻击，同时内置硬件加解密算法模块，可以满足不同应用场景对通用加密算法和国密算法的需求。

② 量子密钥管理服务平台：基于量子密钥分发技术，能够为用户解决信息被窃取、被篡改的问题，确保信息的机密性、真实性、完整性和行为的不可抵赖性，能够为政府、企业以及用户提供安全、可靠、可信的信息安全交互服务。

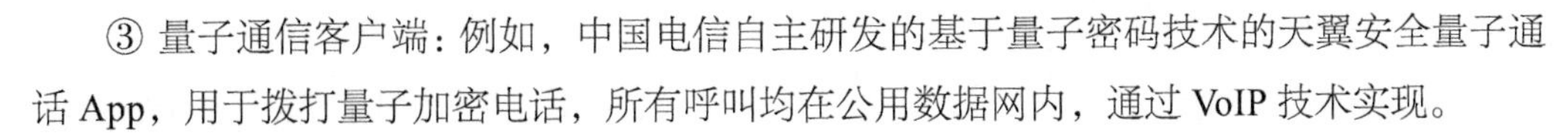

③ 量子通信客户端：例如，中国电信自主研发的基于量子密码技术的天翼安全量子通话 App，用于拨打量子加密电话，所有呼叫均在公用数据网内，通过 VoIP 技术实现。

（2）量子密码学

量子密码学的理论基础是量子力学，而以往密码学的理论基础是数学。与传统密码学不同，量子密码学利用物理学原理来保护信息。美国科学家威斯纳首先将量子物理用于密码技术。威斯纳在“海森堡测不准原理”和“单量子不可复制定理”的基础上，逐渐建立了量子密码的概念。“海森堡测不准原理”是量子力学的基本原理，是指在同一时刻以相同精度测定量子的位置与动量是不可能的，只能精确测定二者之一。“单量子不可复制定理”是“海森堡测不准原理”的推论，是指在不知道量子状态的情况下复制单个量子是不可能的，如果要复制单个量子，就只能先作测量，测量这一量子系统会对该系统产生干扰，从而得到该系统测量前状态的不完整信息。因此，窃听量子通信信道就会产生不可避免的干扰，合法的通信双方则可由此而察觉到有人在窃听。量子密码技术利用这一原理，使从未见过面且事先没有共享秘密信息的通信双方建立通信密钥，然后再采用已由香农定理证明是完善保密的一次一密钥密码通信，即可确保双方的秘密不泄漏。

（3）量子 + 6G 移动通信

6G 带来的“空 - 天 - 地 - 海”全域覆盖网络，范围更广、安全风险点更多、移动设备的通信安全更重要，恰好给量子通信和量子安全留出填补空间。

目前，已有的研究表明，量子密钥在 6G 移动通信网络中进行端到端数据传输加密，量子纠缠引入 6G 通信网络切换策略，提升网络通信效率，可让未来 6G 移动终端用户通信得到极大的安全保障。

7.3 展望智慧运营

随着 5G、SDN 等新技术的引入，运营商网络的异构网络复杂化和网络安全问题日益突出。为了进一步解决网络运营成本高、稳定性要求高、服务需求个性化等问题，运营商可以在丰富的数据和算力资源的基础上，利用 AI 作为使能技术，提高运营商网络各个方面的性能和效率。AI 在运营商网络中应用潜力巨大，大体分为近期、中期、远期 3 个阶段。近期，在运维领域，AI 辅助节省大量人工，降本增效；中期，在管控领域，AI 充分释放网络潜能，实现网络的灵活、高效和自动化；远期，形成闭环自动化，运行和精准个性化服务，全面提升网络能力和用户业务体验。

国内外电信行业上下游企业正在积极开展网络 AI 相关研究与落地应用。国内外运营商积极推进 AI 应用，从多角度切入，在智能网络质量感知、智能用户服务、智能业务等多方面进行 AI 的应用示范推广。运营商相继推出了各自的 AI 平台，发布 AI 应用发展和相关应用白皮书。传统设备厂家加大 AI 相关软件、平台和设备研发力度，端到端产业链生态正在良性发展。

AI 可以应用于运营商网络的规划、部署、运维、优化等各个环节，实现感知预测、智能优化和智能管控等功能，提高网络各个层级自动化闭环的效率与性能。故障根因分析就是一个经典的感知预测案例，对于传统方式，由于网络规模庞大且复杂，在核心网、承载、无线和终端等跨域上难以统一指标和根因分析。应用 AI 后，我们可以借助历史学习和推理算法建立多维数据之间的关联关系，以辅助故障定因。例如，关联规则挖掘算法可以从大量历史数据中学习归类，建立强关联规则，并据此推测出造成事件发生的概率最大的根因点。与此类似的，在 5G 移动性负载均衡智能优化场景下，可以根据用户的运动轨迹来预测切换发生，同时利用 AI 预测不同小区间的负载，从而实现异频、异系统之间的负载均衡。对于网络服务部署智能管控场景，传统的手动部署网络服务至数据中心云资源池往往很难实现随需、实时、高效、可控，在云网融合、网络虚拟化的新一代网络架构下，可以利用 AI 解决资源量化、资源预测、优化匹配问题，从而更好地管理和编排网络服务。

电信业的智能化演进不是一蹴而就的，AI 在运营商网络中的应用和发展过程面临运营模式、技术性能、产业生态和安全风险 4 个维度的挑战。运营模式方面，需要人员需求转变、运营模式转变、业务模式转变和行业基因转变；技术性能方面，面临数据挑战、算法挑战、算力挑战；产业生态方面，需要新型产业生态、新型网络架构和新型评估方式与可解释能力，还会面临监督审查问题；安全风险方面，需要面对网络安全风险、系统安全风险、信息安全风险和算法安全风险。

网络智能化能力分级从低到高分为人工运营（L0）、辅助运营（L1）、初级智能化（L2）、中级智能化（L3）、高级智能化（L4）、完全智能化（L5）5 个等级。其中，L0 的等级特征是全人工操作；L1 的等级特征是少数场景通过工具辅助实现数据感知和执行流程的智能化；L2 的等级特征是部分场景下可实现数据感知、分析和执行的智能化，决策和需求映射仍依赖人工；L3 的等级特征是除了需求映射仍依赖人工，其他流程可实现智能化；L4 的等级特征是系统已形成完整流程的智能化闭环，部分场景仅需要人工参与需求映射并辅助决策；L5 的等级特征则是实现全场景完全智能化。目前，多数落地的网络智能化场景可达到

L2 ～ L3 级。网络智能化能力分级为网络智能化演进明确了发展目标，牵引运营商网络向智能化不断迈进。

元宇宙的概念越来越火，近几年，智能运维（Artificial Intelligence Operations，AIOps）发展得如火如荼，运营商也朝着构建云网运营“元宇宙”的方向努力。云网协调、数字孪生、数字世界和物理世界相互对应，将云、核心网、无线网、承载网、接入网、基础设施在数字世界和物理世界之间虚实映射，丰富云网融合视图，实现资源动态管控，加强云网数据底座建设和数据运营。各网络元素数字化，将相关网管数据、资源数据等入湖、整治、关联、打标，实现孪生数据存储、孪生数据建模、孪生数据管理、孪生数据服务、孪生数据仿真等模块，对上层应用提供孪生基础能力，对内 / 对外各种场景化应用进行赋能，提升智能调度运营和用户服务工作。只要简单佩戴虚拟现实设备，利用 AR/VR 技术，使用建、维、营一体化“云网全生命数字孪生模型”，就能进入数字世界，开展运营商的云网日常维护和故障处理。

7.4 确定性网络

随着新一代通信技术的发展，传统的工业自动化和控制等多个行业面临转型升级，5G 深入工业核心网络，对端到端通信时延和数据包通信可靠性提出了严格的要求。确定性网络具有高可靠的确定性通信服务能力，为数据包传输提供 QoS 特征，例如，时延、丢失和可靠性的边界，保障工控业务性能与可用性的需求。

7.4.1 体系架构

以太网技术诞生于 20 世纪 70 年代，进入串行通信年代，之后随着技术的不断发展，经历了传统以太网时代、实时以太网时代，以太网以其简单、灵活、可扩展性、兼容性、快速技术进步以及带宽持续提升等优势在工业自动化领域得到广泛应用。尽管以太网技术一直处于不断发展的过程中，交换技术的采用也大大减少了网络时延，但是以太网协议采用的是尽力而为通信机制，它在大多数情况下会按顺序发送大量数据包，但仍缺乏确定性和实时性，时延可能随拥塞波动，也可能产生丢包，整个转发路径无资源预留，所有数据流共享带宽，某些服务类别或流程无法得到比其他类别或流程更优惠的待遇。因此，从诞生之日起，它就伴随着如何保障带宽、时延等指标，实现网络质量确定，支持对网络质量敏感的业务，特别是近年来，自动驾驶、车联网、智慧交通、工业控制、智慧农业、智慧医疗、远程手术、无人驾驶、VR 游戏等应用对端到端对网络的时延、抖动要求等确定性要求大大提高。

随着确定性网络需求的普遍化，2012 年 11 月，IEEE 802.1 音频视频桥接任务组成为时间敏感网络（TSN）工作组，TSN 工作组主要的研究范围是基于以太网的桥接协议，为以太网提供确定性解决方案，根据数据流量的不同优先级，提供不同程度的端到端有界时延的保障和更小的抖动，解决传统以太网数据传输的时序性、低时延和流量整形问题。随着研究范围从音视频范围扩展到电气设施、自动化系统、无线电、工业控制、矿业及区块链等多个领域，各领域的确定性需求不再局限于以太网等二层网络，需要在 LAN 边界之外进行确定性转发，需要在路由层面考虑确定性服务方案。

目前，确定性网络的研究包括时间敏感网络、灵活以太网、确定性网络（Deterministic Network，DetNet）、确定性 IP（Deterministic IP，DIP）、确定性 Wi-Fi（Deterministic Wi-Fi，DetWi-Fi）、第五代移动通信确定性网络（5G Deterministic Network，5GDN）的技术、发展和标准。相关研究分别针对不同的网络层级进行，进展不一，灵活以太网（FlexE）目前在实验与商用阶段，确定性网络目前在标准制定阶段。

确定性网络在 IP 层运行，并通过低层技术（例如，MPLS 和 IEEE 802.1 时间敏感网络）提供服务，使 IP 网络做到“准时、准确、快速”。确定性网络能够提供确定性服务质量，支持软件定义网络；服务形态上，能够提供灵活切换确定性服务和非确定性服务，同时能根据需要自主控制提供确定性服务质量的等级。DetNet 服务质量需要实现以下两个主要目标。

① 为应用程序提供从源到目的的 5 种典型的 QoS 要求：有界时延、超低抖动、零拥塞损失、带宽保障及可靠性服务能力。

其中，DetNet 使用资源分配、服务保护和显式路径 3 种技术提供上述服务能力。

资源分配是通过将专用网络资源（例如，链路带宽和缓存空间）预先分配给 DetNet 流来实现，例如，网络切片和边缘计算等技术。资源分配大大减少了甚至完全消除了由网络内的数据包转发队列排队导致的数据包丢失，通过时钟同步、频率同步、调度整形、优先级划分、抖动消减、缓冲吸收等机制共同作用，同时也降低了乱序和时延，使端到端时延、抖动和乱序的最坏情况值变得可控。

造成数据包丢失的其他重要因素是设备故障和链路故障。服务保护通过数据包复制和消除及数据包编码技术，生成多条保护路径，通过多条路径发送数据包副本，并在目的地附近消除副本。当某些路径出现故障时，服务保护能够实现路径的快速切换，不会导致数据包的丢失，满足用户数据传输可靠性需求。

显示路径按照规划路径进行转发，可以避免路由或桥接协议收敛时造成短暂中断或丢包。

② 与尽力而为的服务共存。

DetNet 服务应不受拓扑限制，可同时传输 DetNet 流和非 DetNet 流，满足不妨碍现有服务保障机制，例如，优先级调度、分层 QoS、加权公平队列等。同时，DetNet 网络中应使用策略来检测 DetNet 数据包是否在正确的接口上传输，限制非 DetNet 流占用的带宽资源，以保证确定性服务正常。

DetNet 并不是对原有 IP 网络的颠覆，而是在 IP 网络的基础上，提供一种更高级的 QoS 服务保障能力。目前，IP/MPLS 网络的 QoS 保障技术通过在网络入口处，为数据包分配不同的优先级，然后根据优先级将报文调度到不同的队列进行传输，可以保障高优先级报文在排队转发时优先通过，但无法做到有界的时延保障。因此，DetNet 需要通过运用网络演算这种数学工具来进行 IP 网络时延保障能力的分析，为确定性网络调度提供依据。

7.4.2 网络演算

3GPP 对于垂直行业确定性网络 KPI 的定义包含可用性、可靠性、端到端时延和带宽。当前，路由器 / 交换机等设备已经可以做到 99.999% 以上的可用性，可以达到 10 年不宕机的可靠性，现在最大的挑战是端到端时延的保障。端到端时延是指在每个数据接收发送周期时的时延上界承诺，例如，时延要小于 5ms，或者 8ms 等的确定性需求。端到端时延主要是网络时延，网络时延可分解为发送时延 + 传播时延 + 处理时延 + 排队时延。端到端时延组成如图 7-6 所示。

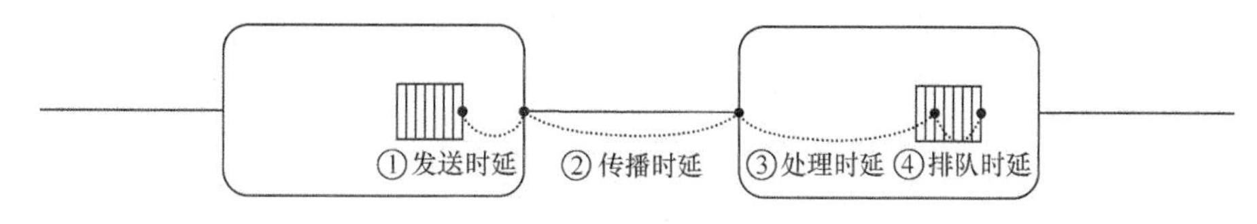

图7-6　端到端时延组成

1. 发送时延

发送时延是指主机或者路由器发送数据帧所需要的时间。例如，在设备上作为并行存储的 1500 字节报文，转换成串行数据流从 10GE 端口上的光纤或电缆去发送，整个并行串行转换及发送完成的时间约为 1.2ms。发送时延与包长、端口速率相关，为确定值，占网络时延比例较小。

2. 传播时延

传播时延是指电磁波 / 光波在信道中传播一定的距离需要花费的时间，源和目的的距离是固定的，光速也是恒定的，都是客观无法更改的。因此，传播花费的时间即时延也是固定的，光纤越长，传播时延越大，为确定值，占网络时延比例较大。

3. 处理时延

处理时延是指主机或者路由器在收到数据帧时进行处理花费的时间；与报文封装、查表次数和编辑这些指令的操作时间相关，基本为确定值，占网络时延比例较小。

4. 排队时延

排队时延是指数据报文在端口处有一个存储、转发、调度、转发的过程，跟端口缓存的大小相关，数据报文需要在输出队列中排队等待转发的时间。

其中，光纤时延、发送时延、处理时延上下幅度不会有太大的变化，基本上为确定值，承载网保证时延有界性的关键是在保障排队时延。

在网络 QoS 保障方面，出现过多种保障方案，例如，以定长信元为单位的 ATM、IP 网络的资源预留协议等方法，但都由于复杂性、扩展性和成本的原因没能获得成功。目前，IP/MPLS 网络的基于流分类的 QoS 保障技术可以确保高优先级报文在排队转发时优先通过，但无法做到最坏时延有界的保障。其他专网、网络切片、轻载的方案同样面临成本、可预测性、差异化等级化保障能力的挑战。确定性要求的是要满足最坏时延接近最小时延，极低的时延变化。这个时候就需要确定性网络演算理论。

网络演算是一种网络性能分析数学方法，主要用于通信网络等系统的可预测性分析。网络演算主要是通过对数据流模型、到达曲线、服务曲线，流量整形理论分析，并推导论证缓存边界、时延边界，用于网络服务确定性应用。

到达曲线描述的是流量的行为特征，例如，流量突发速率是流量到达行为的上包络。

服务曲线描述的是设备的服务能力，主要与设备的缓存能力和调度器中特定队列的服务能力，主要包括两个方面：一是流量到达后，等待调度服务的最长时间；二是流量可以获得的平均最小转发速率。服务曲线是服务能力的下包络。

网络演算主要是提取流量到达特征，通过流量模型拟合算法，建立到达曲线，结合服务曲线，使网络系统变得易于计算分析。网络演算的主要方法有确定性网络演算（Deterministic Network Calculus，DNC）和随机网络演算（Stochastic Network Calculus，SNC）。确定性网络演算是基于到达曲线和服务曲线计算出100%的时延上界，而随机网络演算在建模时引入了概率论，计算满足特定概率的时延上界。

需要说明的是，缓存上界：是到达曲线和服务曲线之间的最大垂直距离，是流量在设备上占用的最大缓存上限。

需要说明的是，时延上界是到达曲线和服务曲线之间的最大水平距离，是报文在设备调度转发中的最大等待时长，即一个流量的最大突发状态刚好赶上一个调度器最忙碌的状态。

受到达曲线α约束的流穿过提供β服务曲线的系统，输出流量受到达曲线α的约束，到达曲线、服务曲线和缓存上界、时延上界如图7-7所示，到达曲线α代表到达行为的上包络，即流量到达模型的上界，服务曲线β代表设备服务能力的下包络，即服务能力的下界。

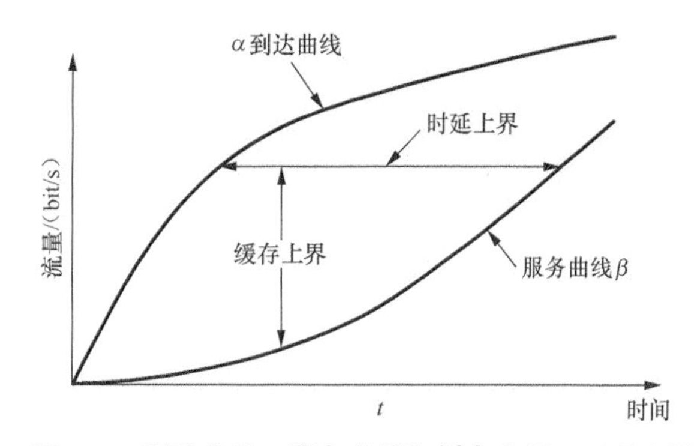

图7–7 到达曲线、服务曲线和缓存上界、时延上界

网络演算理论可以与设备QoS队列调度相结合，基于队列的流量到达曲线、队列资源及时延三维特征参数应用网络演算算法，为高优先级队列增加时延属性，配合管控面的路径、队列、资源规划算法，规划设备队列数量、队列时延等级、队列预留资源、业务队列路径等，从而保证业务网络级时延上限。

7.5 参考文献

[1] IMT-2030(6G)推进组. 6G网络架构愿景与关键技术展望白皮书[R]. 2021.

[2] The 5G Infrastructure Association. European Vision for the 6G[R]. 2021.

[3] 董文 [加]、朱佩英 [加] 著 . 华为翻译中心译 . 6G 无线通信新征程 . 跨越人联、物联，迈向万物智联 [M]. 北京：机械工业出版社 . 2021.

[4] IMT-2030（6G）推进组 . 太赫兹通信技术研究报告 [R]. 2021.

[5] 王玉文，董志伟，李瀚宇，等 . 典型大气窗口太赫兹波传输特性和信道分析 [J]. 物理学报 . 2016，65（13）. 93-99.

[6] IMT-2030（6G）推进组 . 通信感知一体化技术研究报告 [R]. 2021.

[7] Luo Changqing, Ji Jinlong, Wang Qionlong, et al. Channel state information prediction for 5G wireless communications: A deep learning approach. IEEE Transactions on Network Science and Engineering. 2018.

[8] Zhang L , Wang M , Yang Z , et al. Machine Learning for Internet Congestion Control: Techniques and Challenges[J]. IEEE Internet Computing, 2019, 23(5):59-64.

[9] IMT-2030（6G）推进组，6G 网络安全愿景技术研究报告 [R]，2021.

[10] 苗春华，王剑锋，魏书恒，等 . 基于量子密钥的移动终端加密方案设计 [J]. 网络安全技术与应用 . 2018(6): 38+44.

[11] 聂敏，寇文翔，卫容宇，等 . 基于最优纠缠度的量子移动通信 6G 网络小区软切换策略 [J]. 激光与光电子学进展 . 2020, 57(15): 238-244.

[12] 陈李昊，张嘉怡，高涛，等 . 网络演算白皮书 [R]. 2020.

缩略语

英文缩略语	英文全称	中文说明
2G	2nd Generation mobile networks	第二代移动通信技术
3D-InteCom	Three-Dimensional Integrated Communications	三维集成通信
3GPP	Third Generation Partnership Project	第三代合作伙伴计划
4G	4th Generation mobile networks	第四代移动通信技术
5G LAN	5G Local Area Network	承载在 5G 网络上的局域网
5G	5th Generation mobile networks	第五代移动通信技术
5GC	5G Core	5G 核心网
5GDN	5G Deterministic Network	第五代移动通信确定性网络
5G-IA	5G Infrastructure Association	5G 基础设施联盟
5GS	5th Generation mobile networks system	第五代移动通信技术系统
5QI	5G QoS Identifier	5G 质量标记
6G	6th Generation mobile networks	第六代移动通信技术
AAA	Authentication Authorization Accounting	认证授权计费
AAU	Active Antenna Unit	有源天线处理单元
AC	Alternating Current	交流
ACL	Access Control List	访问控制列表
AF	Application Function	应用功能
AGV	Automated Guided Vehicle	自动导引车
AI	Artificial Intelligence	人工智能
AIOps	Artificial Intelligence Operations	智能运维
AMBR	Aggregate Maximum Bit Rate	最大聚合比特率
AMF	Access and Mobility Management Function	接入和移动性管理网络功能
AN	Autonomous Networks	自治网络
AP	Access Point	接入点
API	Application Program Interface	应用编程接口
App	Application	应用程序
AR	Augmented Reality	增强现实
ARIMA	Auto Regressive Integrated Moving Average	差分自回归移动平均模型
ARP	Address Resolution Protocol	地址解析协议
ARP	Allocation and Retention Priority	分配和保留优先权

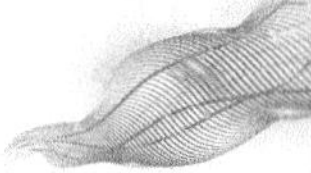

续表

英文缩略语	英文全称	中文说明
ARPU	Average Revenue Per User	每用户平均收入
AS	Access Stratum	接入层
ASBR	Autonomous System Boundary Router	自治系统边界路由器
ATSSS	Access Traffic Steering Switch and Splitting	接入流量切换与分流管理技术
AUSF	Authentication Server Function	鉴权网络功能
BBU	Base Band Unit	基带处理单元
BD	Bridge Domain	桥接域
BE	Best Effort	尽力而为
BFD	Bidirectional Forwarding Detection	双向转发检测机制
BGP	Border Gateway Protocol	边界网关协议
BGP-LS	BGP-Link State	BGP 链路状态协议
BIRCH	Balanced Iterative Reducing and Clustering Using Hierarchies	基于层次结构的平衡迭代缩减和聚类
BOSS	Business & Operation Support System	业务运营支撑系统
BSR	Buffer Status Report	缓存状态报告
BSS	Basic Service Set	业务支撑系统
BUM	Broadcast/Unknown-unicast/Multicast	广播 / 未知单播 / 组播
CDM	Code Division Multiplexing	码分复用
CDN	Content Delivery Network	内容分发网络
CE	Customer Edge	用户边缘
CGI	Cell Global Identity	全球小区标识
CH	Calinski-Harabasz	卡林斯基 • 哈拉巴斯系数
C-IWF	Customized-Interworking Function	信令互通网关
CMP	Certificate Management Protocol	证书管理协议
CNC	Centralized Network Configuration	集中网络配置
CNN	Convolutional Neural Networks	卷积神经网络
CORESET	Control Resource Set	控制资源集
CPCAR	Control Plane Committed Access Rate	控制平面承诺访问速率
CPE	Customer Premise Equipment	用户前置设备

续表

英文缩略语	英文全称	中文说明
CP-OFDM	Cyclic Prefix Orthogonal Frequency Division Multiplexing	循环前缀正交频分复用
CPRI	Common Public Radio Interface	通用公共无线接口
CQI	Channel Quality Indicator	航道质量指示器
CRM	Customer Relationship Management	用户关系管理系统
CRS	Cell Reference Signal	小区参考信号
CSI-RS	Channel State Information Reference Signal	信道状态信息参考信号
CSMF	Communication Service Management Function	通信服务管理功能
CT	Communication Technology	通信技术
CU	Centralized Unit	集中处理单元
CU	Control plane & User plane	控制面及用户面
CUPS	Control and User Plane Separation	控制面与用户面分离
CV	Computer Vision	计算机视觉
CVE	Common Vulnerabilities & Exposures	通用漏洞披露信息
DBSCAN	Density-Based Spatial Clustering of Application with Noise	基于密度的噪声应用空间聚类
DC	Data Center	数据中心
DC	Direct Current	直流
DCI	Data Center Interconnect	数据中心互连
DCI	Download Control Information	下行控制信息
DDoS	Distributed Denial of Service	分布式拒绝服务
DetNet	Deterministic Network	确定性网络
DetWi-Fi	Deterministic Wi-Fi	确定性 Wi-Fi
DFT-S-OFDM	Discrete-Fourier-Transform-spread Orthogonal Frequency Division Multiplexing	离散傅里叶变换扩频正交频分复用
DIP	Deterministic IP	确定性 IP
DLT	Distributed Ledger Technology	分布式账本技术
DM-RS	Demodulation Reference Signal	解调参考信号
DN	Data Network	数据网络
DNC	Deterministic Network Calculus	确定性网络演算

续表

英文缩略语	英文全称	中文说明
DNN	Data Network Name	数据网络名称
DOICT	Data Operation Information CommunicationTechnology	数据、运营、信息、通信技术
DPI	Deep Packet Inspection	深度包检测技术
DRB	Data Radio Bearers	数据无线承载
DSCP	Differentiated Services Code Point	差分服务代码点
DS-TT	Device-Side TSN Translator	终端侧 TSN 转换器
DT	Data Technology	数据技术
DTN	Digital Twin Network	数字孪生网络
DU	Distributed Unit	分布处理单元
EAM	Enterprise Asset Management	企业资产管理系统
EBGP	External Border Gateway Protocol	外部边界网关协议
ECID	Enhanced Cell Identity	增强型小区标识
ECMP	Equal Cost Multi Path	等价多路径路由
eCPRI	enhanced Common Public Radio Interface	增强通用公共无线接口
eDRX	extended Discontinuous Reception	扩展不连续接收模式
ELPC	Extremely Low-Power Communications	极低功耗通信
eMBB	enhanced Mobile Broad Band	增强型移动宽带
EMS	Element Management System	网元管理系统
eNodeB	Evolved Node B	4G 基站
EPC	Evolved Packet Core	演进的分组核心网，即 4G 核心网
ERP	Enterprise Resource Planning	企业资源规划
ETL	Extract Transformation Load	抽取、转换、装载
ETSI	European Telecommunications Standards Institute	欧洲电信标准协会
EVPN	BGP MPLS-Based Ethernet VPN	基于 BGP 和 MPLS 的以太虚拟专用网
FFT	Fast Fourier Transform	快速傅里叶变换
FIB	Forward Information Data Base	转发表
FlexE	Flex Ethernet	灵活以太网
FMCW	Frequency Modulated Continuous Wave	调频连续波
FN	False Negative	假负类

续表

英文缩略语	英文全称	中文说明
FP	False Positive	假正类
FR	Frequency Range	频率范围
FTP	File Transform Protocol	文件传输协议
GBR	Guaranteed Bit Rate	保障比特率
GM	Grand Master	最高级（时钟）
GPS	Global Positioning System	全球定位系统
GPU	Graphics Processing Unit	图形处理单元
GRE	General Routing Encapsulation	通用路由封装
GTP	GPRS Tunneling Protocol	GPRS 隧道协议
GTP-U	GPRS Tunnel Protocol for Userplane	用户面使用的 GPRS 隧道传输协议
HA	Highly Available	高可用
HMI	Human Machine Interaction	人机交互
HostOS	Host Operate System	宿主机操作系统
HTTP	Hyper Text Transfer Protocol	超文本传输协议
HTTPS	Hypertext Transfer Protocol Secure	超文本传输安全协议
IaaS	Infrastructure as a Service	基础设施即服务
IAB	Integrated Access Backhaul	集成接入回传
IAM	Identity and Access Manager	身份访问管理
ICMP	Internet Control Message Protocol	互联网控制报文协议
ICT	Information and Communication Technology	信息与通信技术
IEEE	Institute of Electrical and Electronic Engineers	电气和电子工程师协会
IETF	Internet Engineering Task Force	互联网工程任务组
IGP	Interior Gateway Protocol	内部网关协议
IKE	Internet Key Exchange	互联网密钥交换
IMEI	International Mobile Equipment Identity	国际移动设备识别码
IMSI	International Mobile Subscriber Identity	国际移动用户识别码
IMS 域	IP Multimedia Subsystem	IP 多媒体系统
IMT	International Mobile Telecommunications	国际移动通信
IoT	Internet of Things	物联网
IPSec	Internet Protocol Security	互联网安全协议

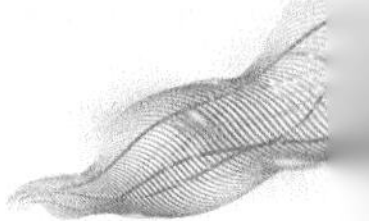

续表

英文缩略语	英文全称	中文说明
IPv6	Internet Protocol version 6	第 6 版互联网协议
IRS	Intelligent Reflecting Surface	智能反射面
IS-IS	Intermediate System-to-Intermediate System	中间系统到中间系统
ISL	Inter Satellite Link	星间链路
IT	Information Technology	信息技术
ITU	International Telecommunications Union	国际电信联盟
IVAS	Immersive Voice and Audio Service	沉浸式语音及音频服务
KPI	Key Performance Indicator	关键绩效指标
L2TP	Layer 2 Tunneling Protocol	第二层隧道协议
L2VPN	Layer 2 Virtual Private Network	二层虚拟专用网络
L3VPN	Layer 3 Virtual Private Network	三层虚拟专用网络
LAG	Link Aggregation Group	链路聚合
LDAP	Lightweight Directory Access Protocol	轻量级目录访问协议
LDHMC	Long Distance and High Mobility Communications	远距离高移动性通信
LDP	Label Distribution Protocol	标签分发协议
LDPC	Low Density Parity-Check	低密度奇偶校验
LoRa	Long Range Radio	远距离无线电
LoS	Line of Sight	视线线路
LPHAP	Low Power High Accuracy Positioning	低功耗高精度定位
LSTM	Long Short Term Memory	长短时记忆网络
LTE	Long Term Evolution	长期演进
MAC	Medio Access Control	媒体接入控制
MAE	Mean Absolute Error	平均绝对值
MAPE	Mean Absolute Percentage Error	平均绝对百分比误差
Massive MIMO	Massive Multiple-Input Multiple-Output	大规模天线技术
MCG	Master Cell Group	主小区组
MCS	Modulation and Coding Scheme	调制和编码方案
MDAF	Management Data Analytic Function	管理数据分析功能
MDBV	Maximum Data Burst Volume	最大数据并发容量
MDT	Mini-mization of Drive Test	最小化路测

续表

英文缩略语	英文全称	中文说明
MEC	Multi-access Edge Computing	多址接入边缘计算
MEID	Mobile Equipment Identifier	移动设备识别码
MES	Manufacturing Execution System	制造执行系统
MIB	Master Information Block	主信息块
M-LAG	Multichassis Link Aggregation Group	跨设备链路聚合组
mMTC	massive Machine Type Communication	大规模机器类型通信
MPLS	Multi-Protocol Label Switching	多协议标记交换
MR	Mixed Reality	混合现实
MSE	Mean Square Error	均方误差
MSLE	Mean Squared Log Error	均值平方对数误差
muRLLC	massive Ultra-Reliable & Low-Latency Communication	大规模高可靠低时延通信
NaaS	Network as a Service	网络即服务
NAS	Non-Access Stratum	非接入层
NEF	Network Exposure Function	网络开放功能
NETCONF	Network Configuration Protocol	网络配置协议
NF	Network Function	网络功能
NFV	Network Functions Virtualization	网络功能虚拟化
NFVI	Network Functions Virtualization Infrastructure	网络功能虚拟化基础设施
NFVO	Network Functions VirtualiZation Orchestrator	网络功能虚拟化编排器
NGMN Alliance	Next Generation Mobile Networks Alliance	下一代移动网络联盟
NLoS	Non Line of Sight	非视线线路
NLP	Natural Language Processing	自然语言处理
NMI	Normalized Mutual Information	互信息
Non-GBR	Non-Guaranteed Bit Rate	非保证比特速率
NPN	Non-Public Network	非公共网络
NR	New Radio	新无线
NSA	Non-Standalone	非独立组网
NSD	Network Service Descriptor	网络服务描述符
NSMF	Network Slice Management Function	网络切片管理功能

续表

英文缩略语	英文全称	中文说明
NSSAI	Network Slicing Selection Assistant Information	网络切片选择辅助信息标识
NSSI	Network Slice Subnet Instance	子网切片实例
NSSMF	Network Slice Subnet Management Function	网络子切片管理功能
NTN	Non-Terrestrial Networks	非地面网络
NWDAF	Network Data Analytics Function	网络数据分析功能
NW-TT	Network-Side TSN Translator	网络侧 TSN 转换器
OCC	Orthogonal Cover Code	正交覆盖码
OCR	Optical Character Reader	光学字符阅读器
OFDM	Orthogonal Frequency Division Multiplexing	正交频分复用技术
OMC	Operation and Maintenance Center	操作维护中心
OSI	Other System Information	其他系统信息
OSPF	Open Shortest Path First	开放最短路径优先协议
OSS	Operational Support System	运行支撑系统
OT	Operational Technology	运营技术
OTN	Optical Transport Network	光传送网
PA	Power Amplifier	功率放大器
PaaS	Platform as a Service	平台即服务
PCEP	Path Computation Element Communication Protocol	路径计算单元通信协议
PCF	Policy Control Function	策略决策功能
PCG	Project Cooperation Group	项目协调组
PCS	Physical Coding Sublayer	物理编码子层
PDB	Packet Delay Budget	分组数据包时延预算
PDCCH	Physical Downlink Control CHannel	物理下行控制信道
PDCP	Packet Data Convergence Protocol	分组数据汇聚协议
PDSCH	Physical Downlink Shared CHannel	物理下行共享信道
PDU	Protocol Data Unit	协议数据单元
PF	Paging Frame	寻呼帧
PFCP	Packet Forwarding Control Protocol	报文转发控制协议
PGW	PDN Gateway	PDN 网关

续表

英文缩略语	英文全称	中文说明
PHR	Power Headroom Report	功率余量报告
PHY	Physical Layer	物理层
PIM	Physical Infrastructure Management	物理基础设施管理
PKI	Public Key Infrastructure	公钥基础设施
PLC	Programmable Logic Controller	可编程逻辑控制器
PLMN	Public Land Mobile Network	公共陆地移动网
PNI-NPN	Public Network Integrated NPN	公共网络集成
PQ	Priority Queueing	优先队列
PRB	Physical Resource Block	物理资源块
pRRU	pico-Radio Remote Unit	微型射频拉远单元
PSA	PDU Session Anchor	会话锚点
PSU	Power Supply Unit	电源供电单元
PTP	Precision Time Protocol	精确时间协议
PUCCH	Physical Uplink Control CHannel	物理上行控制信道
PUSCH	Physical Uplink Control CHannel	物理上行共享信道
PW	Pseudo Wire	伪线
QCI	QoS Class Identifier	QoS 分类标识符
QoS	Quality of Service	服务质量
RAN	Radio Access Network	无线电接入网
RBG	Resource Block Group	资源块组
RDI	Reflective QoS flow to DRB mapping Indication	反射式 QoS 流和 DRB 映射指示
RE	Resource Element	资源元
RedCap	Reduced Capability	降低能力
RFID	Radio Frequency Identification	射频识别技术
RHUB	Real-Time CollaborationHUB	实时协作服务器
RI	Rand Index	兰德指数
RIT	Radio Interface Technology	无线接口技术
RLC	Radio Link Control	无线链路控制
RMSE	Root Mean Square Error	均方根误差
RMSI	Remaining Minimum System Information	剩余最小系统信息

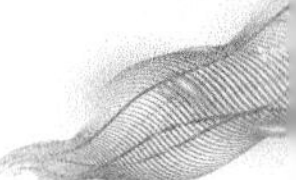

续表

英文缩略语	英文全称	中文说明
RPO	Recovery Point Objective	容忍的数据丢失量
RQI	Reflective QoS Indication	反射式 QoS 映射指示
RRC	Radio Resource Control	无线资源控制
RRU	Radio Remote Unit	射频拉远单元
RS	Reference Signal	参考信号
RSRP	Reference Signal Received Power	参考信号接收功率
RSVP-TE	Resource ReSerVation Protocol-Traffic Engineering	基于流量工程扩展的资源预留协议
RT	Route Target	路由目标
RTO	Recovery Time Objective	数据恢复时间
RTT	Round Trip Time	往返路程时间
SA	Standalone	独立组网
SaaS	Software as a Service	软件即服务
SBA	Service Based Architecture	基于服务的体系架构
SBI	Serial Bus Interface	串行总线接口
SC	Silhouette Coefficient	轮廓系数
SCADA	Supervisory Control and Data Acquisition	监控与数据采集系统
SCG	Secondary Cell Group	辅小区组
SCTP	Stream Control Transmission Protocol	流控制传输协议
SDAP	Service Data Adaptation Protocol	服务数据适配协议
SDN	Software Defined Network	软件定义网络
SDP	Software Defined Perimeter	软件定义边界
SDS	Software Defined Security	软件定义安全
SD-WAN	Software Defined Wide Area Network	软件定义广域网
SFTP	Security File Transform Protocol	安全文件传输协议
SGW	Serving Gateway	服务网关
SIB	System Information Block	系统信息块
SID	Segment Identifier	段标识符
SIM	Subscriber Identity Module	用户识别卡
SL	Segment List	段列表

续表

英文缩略语	英文全称	中文说明
SL	Side Link	旁链路
SLA	Service Level Agreement	服务级别协议
SMF	Session Management Function	会话管理网络功能
SNC	Stochastic Network Calculus	随机网络演算
SNMP	Simple Network Management Protocol	简单网络管理协议
SNPN	Stand-alone NPN	独立专网
S-NSSAI	Single Network Slice Selection Assistance Information	切片标识
SoC	System on Chip	分离单片系统
SON	Self-Organized Network	自治化网络
SPA	Single Packet Authorization	单包授权
SPF	Shortest Path First	最短路径优先
SQL	Structured Query Language	结构化查询语言
SR	Segment Routing	段路由
SRH	Segment Routing Header	段路由扩展报文头
SRIT	Set of Radio Interface Technology	无线接口技术集
SRv6	Segment Routing IPv6	基于 IPv6 转发平面的段路由
SSB	Synchronization Signal Block	同步信号块
SSE	Sum of Squares due to Error	均绝对百分比误差和方差
SSO	Single Sign On	单点登录
STL	Seasonal and Trend decomposition using Loess	基于局部加权回归的季节和趋势分解法
STN	Smart Transport Network	智能传送网
STN-B	Smart Transport Network B	STN 承载网汇聚层设备
STN-ER	Smart Transport Network ER	STN 承载网核心层设备
SuRLLC	Secure ultra-Reliable and Low-Latency Communication	安全高可靠低时延通信
SVM	Support Vector Machine	支持向量机
SyncE	Synchronous Ethernet	同步以太网
TAC	Tracking Area Code	跟踪区域标识
TAI	Tracking Area Identity	TA 标识

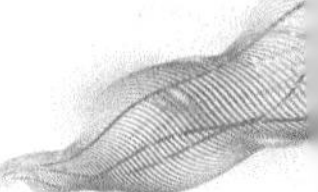

续表

英文缩略语	英文全称	中文说明
TB	Transport Block	传输块
TCO	Total Cost of Ownership	总体拥有成本
TDD	Time Division Duplex	时分双工
TE	Traffic Engineering	流量工程
TI-LFA	Topology Independent Loop-Free Alternate	拓扑无关的无环路备份路径
TMF	Tele-Management Forum	电信管理论坛
TN	True Negative	真负类
toB	to Business	面对行业用户
toC	to Customer	面对公众用户
TPU	Tensor Processing Unit	张量处理单元
TRP	Transmission Receiver Plane	面板传输
TRS	Tracking Reference Signal	跟踪参考信号
TSG	Technique Specification Group	技术规范组
TSN AF	TSN Application Function	TSN 应用功能
TSN	Time Sensitive Networking	时间敏感网络
TTI	Transmission Time Interval	传输时间间隔
UAM	Urban Air Mobility	城市空中交通
UAS	Unmanned AeriaI System	无人机系统
UAV	Unmanned Aerial Vehicle	无人驾驶航空器
UCDC	Unconventional Data Communications	非传统数据通信
UDM	Unified Data Management	统一数据库
UE	User Equipment	用户设备
uHSLLC	ultra-High-Speed-with- Low-Latency Communications	超高速低时延通信
ULCL	Uplink Classifier	上行分流
UPF	User Plane Function	用户面功能
uRLLC	ultra-Reliable & Low-Latency Communication	超可靠和低延迟通信
URSP	User Route Select Policy	路由选择策略
UTDOA	UpLink Time Difference Of Arrival	上行到达时差
UVP	Under Voltage Protection	欠电压保护

续表

英文缩略语	英文全称	中文说明
UWB	Ultra Wide Band	超带宽
V2X	Vehicle to Everything	车与外界的信息交互
VIM	Virtual Infrastructure Management	虚拟基础架构管理
VLAN	Virtual Local Area Network	虚拟局域网
VM	Virtual Machine	虚拟机
VNF	Virtual Network Feature	虚拟网络功能
VNF	Virtualized Network Function	虚拟化的网络功能模块
VNFM	Virtual Network Functions Manager	虚拟网络功能管理
VNI	VxLAN Network Identifier	VxLAN 网络标识
VoIP	Voice over Internet Protocol	基于 IP 的语音传输
VoLTE	Voice over LTE	4G-LTE 网络承载语音
VoNR	Voice over NR	5G 网络承载语音
VoWi-Fi	Voice over Wi-Fi	Wi-Fi 网络承载语音
VPLS	Virtual Private LAN Service	虚拟专用网业务
VPN	Virtual Private Network	虚拟专用网
VPWS	Virtual Private Wire Service	虚拟专线业务
VR	Virtual Reality	虚拟现实
VxLAN	Virtual extensible Local Area Network	虚拟可扩展局域网
WAF	Web Application Firewall	网站应用防火墙
WAPI	Wireless LAN Authentication and Privacy Infrastructure	无线局域网鉴别和保密基础结构
WDM	Wavelength Division Multiplexing	光波分复用
WLAN	Wireless Local Area Networks	无线局域网络
XR	eXtended Reality	扩展现实